A REVOLUÇÃO DA IA na GESTÃO de PROJETOS

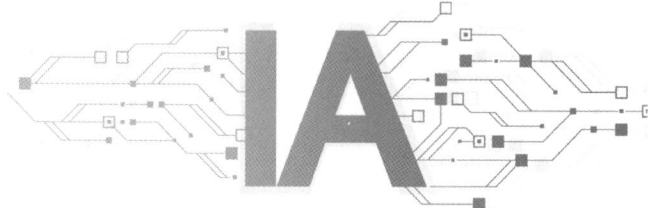

Tradução
Arysinha Jacques Affonso

Revisão técnica
Fábio Giordani
Certified Project Management Professional (PMP®) pelo PMI®; Certified ScrumMaster® (CSM®) pela Scrum Alliance; Certified ITIL® Foundations; Certified Change Management Professional® (CCMP®) pela Human Change Management Professionals HUCMP®.
Mestre em Administração e Negócios pela Pontifícia Universidade Católica do Rio Grande do Sul (PUCRS).
MBA em Gestão Estratégica de Negócios e Pessoas pela ESPM-Sul.
Professor nos programas de pós-graduação da ESPM-Sul, da PUCRS e da Universidade LaSalle.

K16r Kanabar, Vijay.
A revolução da IA na gestão de projetos : elevando a produtividade com IA generativa / Vijay Kanabar, Jason Wong ; tradução : Arysinha Jacques Affonso ; revisão técnica : Fábio Giordani – Porto Alegre : Bookman, 2025.
xxii, 378 p. il. ; 25 cm.

ISBN 978- 85-8260-678-0

1. Inovação. 2. Inteligência artificial. 3. Gestão de projetos. I. Wong, Jason. II. Título.

CDU 005.591.6

Catalogação na publicação: Karin Lorien Menoncin – CRB 10/2147

VIJAY KANABAR, Ph.D. | JASON WONG
Prefácio por **Ricardo Viana Vargas, Ph.D.**

A REVOLUÇÃO DA IA na GESTÃO de PROJETOS

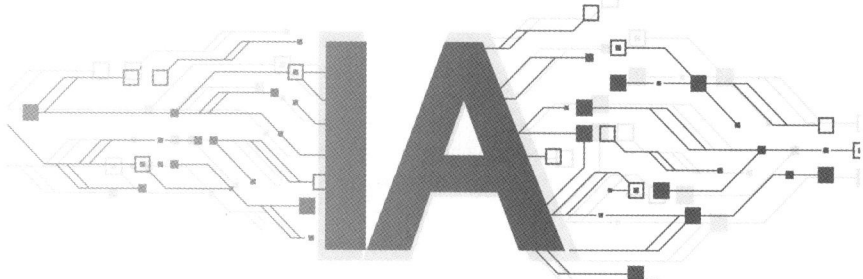

ELEVANDO A PRODUTIVIDADE COM **IA GENERATIVA**

Porto Alegre
2025

Obra originalmente publicada sob o título *The AI Revolution in Project Management: Elevating Productivity with Generative AI*, 1st edition

ISBN 9780138297336

Authorized translation from the English language edition, entitled *The AI Revolution In Project Management: Elevating Productivity With Generative AI*, 1st edition, by Vijay Kanabar and Jason Wong published by Pearson Education, Inc., publishing as Pearson; Copyright © 2024.

All rights reserved. No part of this book may be reproduced or transmitted in any form or by any means, electronic or mechanical, including photocopying, recording or by any information storage retrieval system, without permission from Pearson Education, Inc.

Portuguese language edition published by GA Educação LTDA., Copyright © 2025.

Tradução autorizada a partir do original em língua inglesa da obra intitulada *The AI Revolution In Project Management: Elevating Productivity With Generative AI*, 1st edition, autoria de Vijay Kanabar e Jason Wong, publicado por Pearson Education, Inc., sob o selo Pearson, Copyright © 2024.

Todos os direitos reservados. Este livro não poderá ser reproduzido nem em parte nem na íntegra, armazenado em qualquer meio, seja mecânico ou eletrônico, inclusive fotorreprografação, sem permissão da Pearson Education, Inc. A edição em língua portuguesa desta obra publicada por GA Educação LTDA., Copyright © 2025.

Gerente editorial: *Alberto Schwanke*

Editora: *Simone de Fraga*

Preparação de originais: *Ildo Orsolin Filho*

Leitura final: *Simone de Fraga*

Capa (arte sobre capa original): *Márcio Monticelli*

Editoração: *Clic Editoração Eletrônica Ltda.*

Reservados todos os direitos de publicação, em língua portuguesa, a
GA EDUCAÇÃO LTDA.
(Bookman é um selo editorial do GA EDUCAÇÃO LTDA.)
Rua Ernesto Alves, 150 – Bairro Floresta
90220-190 – Porto Alegre – RS
Fone: (51) 3027-7000

SAC 0800 703 3444 – www.grupoa.com.br

É proibida a duplicação ou reprodução deste volume, no todo ou em parte, sob quaisquer formas ou por quaisquer meios (eletrônico, mecânico, gravação, fotocópia, distribuição na Web e outros), sem permissão expressa da Editora.

IMPRESSO NO BRASIL
PRINTED IN BRAZIL

Os autores

Dr. Vijay Kanabar é professor associado e diretor de Programas de Gerenciamento de Projetos no Metropolitan College da Boston University. Em reconhecimento às suas excelentes contribuições para o campo, ele foi homenageado com o Prêmio de Excelência em Ensino PMI Linn Stuckenbruck em 2017. Kanabar já atuou como consultor de organizações como Blue Cross Blue Shield, Staples, United Way e Fidelity Investments, nas áreas de treinamento e tecnologia. Como autor reconhecido, ele mergulhou na pesquisa de Inteligência Artificial (IA) há três décadas, desenvolvendo sistemas especialistas em IA com capacidade para apoiar os profissionais na estimativa de custos de projetos. Além disso, tem certificações como PMP, PMI-ACP e CSM.

Jason Wong é líder de TI em um hospital de Boston e professor adjunto da Boston University, onde trabalha com gerenciamento de projetos, programas e portfólios e compartilha seu conhecimento de IA generativa com os alunos, orientando-os a dominar os métodos necessários para o desenvolvimento de sistemas nessa área. Ele trabalha com os conceitos fundamentais e as técnicas avançadas essenciais para a criação de modelos de IA de ponta. Wong empresta sua experiência profissional na liderança, no gerenciamento e na supervisão de diversos projetos e produtos de TI, com foco especializado em prontuários eletrônicos e sistemas de arquivamento e comunicação de imagens (PACS). Jason Wong é mestre em sistemas de informação e é certificado PMP, PMI-ACP e CSPO.

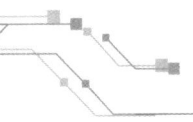

Dedicatória

Queremos dedicar este livro aos nossos mentores, aos colegas, aos profissionais da gestão de projetos e aos nossos alunos, que moldaram a nossa forma de pensar e o nosso trabalho na área ao longo dos anos. Seus *insights* e sua parceria nos fizeram melhores como profissionais e educadores. Seu apoio nos levou ao que somos hoje.

Dedico este livro à minha família: minha esposa, Dina, minha filha, Meera, e meu filho, Anish, companheiros leais do passado e meu "Ave, César" dos dias de hoje.

Acrescento meus sinceros agradecimentos à minha mãe, Chandrika, que continua perguntando se o livro ficou pronto ("Sim, mãe, ficou pronto") e às minhas irmãs, Rekha e Bina, e às suas famílias. Gostaria de manifestar meu mais profundo agradecimento à minha sogra, Manjula, e à sua família em Vancouver. Por fim, a meus muitos primos e amigos, peço que não me esqueçam simplesmente porque eu não estou participando dos grupos de WhatsApp.

—Vijay Kanabar

Eu gostaria de dedicar este livro aos aspirantes e atuais gerentes de projetos que desejam trabalhar com a inteligência artificial. Espero que este livro contribua com o conhecimento necessário para aqueles que desejam efetivamente liderar projetos e equipes de forma eficaz no nosso cenário tecnológico em constante evolução. Minha esperança é que nestas páginas você entenda como aproveitar a IA como uma ferramenta e parceira na entrega de iniciativas bem-sucedidas que realmente façam a diferença no mundo. Quero também estender meus agradecimentos aos meus amigos, que me apoiaram ao longo do caminho.

Por fim, dedico este livro à minha família: minha mãe, Kristina; meu pai, Peter; minha irmã, Jennifer; e minha fiel companheira, Sophie. Eles me incentivaram muito, e eu não teria conseguido sem esse apoio.

—Jason Wong

Agradecimentos

Os nossos sinceros agradecimentos à editora-executiva, Laura Norman, pelo apoio e incentivo inabaláveis, que foram fundamentais para concretizar este livro. Sua dedicação em investir tempo e experiência teve um efeito profundo no sucesso deste projeto. Seu compromisso e sua orientação foram fundamentais para impulsionar este trabalho para concluirmos de forma rápida e eficiente.

Nossos agradecimentos também à editora de desenvolvimento, Margaret Anderson. Seus *insights*, suas perspectivas e sua paciência contribuíram significativamente para a qualidade e profundidade do livro.

Aqui vai também o nosso reconhecimento aos demais colaboradores da equipe editorial: à editora de produção Tracey Croom, por gerenciar a equipe; à copidesque Liz Welch, por refinar o conteúdo, e a Danielle Foster, pelo projeto gráfico e editoração, que aprimoraram o leiaute visual do livro. Laura Robbins, da Vived Graphics, é responsável pelas ilustrações; Dan Foster, pela revisão; e Rachel Kuhn, pela indexação. Nossos agradecimentos a todos.

A liderança do Project Management Institute (PMI) tem uma importante influência, garantindo o impulso necessário para que projetos assim como este apoiem o letramento em IA.

Uma menção especial é reservada para a equipe, colegas e alunos do Metropolitan College da Boston University. Sua dedicação e seu compromisso com a pesquisa e excelência moldaram este trabalho e abriram caminho para oportunidades acadêmicas e profissionais. Ao corpo docente, nosso agradecimento pelas colaborações, discussões e conhecimentos compartilhados, que cultivaram um espaço de desenvolvimento e criatividade na gestão de projetos.

Prefácio

Uma nova era na gestão de projetos

Passei a maior parte da minha vida profissional navegando no intrincado mundo da gestão de projetos, como empreendedor e líder de projetos humanitários nas Nações Unidas, compartilhando ideias no meu *podcast* ou como líder voluntário no PMI. Durante essa jornada, vi o campo evoluir de inúmeras maneiras, mas até agora, nada foi tão transformador em minha própria experiência quanto a chegada da inteligência artificial (IA).

A IA não é apenas uma palavra da moda; é uma ferramenta que muda a forma como gerenciamos projetos e nos envolvemos com os *stakeholders*. Imagine um mundo onde a IA possa vasculhar montanhas de dados para entender as necessidades dos *stakeholders* (ou partes interessadas) melhor do que qualquer ser humano poderia fazer.

Isso não é ficção científica. Isso está acontecendo agora! A IA generativa pode nos ajudar a identificar, envolver e nos comunicar com as partes interessadas de maneiras que nunca imaginamos possíveis. Ela pode automatizar o dia a dia, liberando nosso tempo para nos concentrarmos em questões estratégicas que exigem *insights* humanos.

Mas não vamos esquecer que a tecnologia é uma ferramenta, não um substituto para as habilidades humanas. Embora a IA possa nos ajudar de várias maneiras, desde a formação de equipes até a tomada de decisões, ela tem suas armadilhas – e não são poucas. Questões como considerações éticas, preconceito e nuances em uma tomada de decisão nos lembram que a supervisão humana é insubstituível. Devemos usar a IA de forma responsável, garantindo que ela esteja alinhada com nossos padrões éticos e complemente as habilidades humanas. Isso é o que nossas organizações esperam de nós e o que a sociedade deseja de seres humanos responsáveis.

Em *A revolução da IA na gestão de projetos*, Vijay Kanabar e Jason Wong nos ajudam a conduzir essa intrincada máquina, apresentando cenários do mundo real, como do Walmart, que já está aproveitando a IA para tornar seus processos de compras mais eficientes.

Outro tema relevante abordado pelo livro são as metodologias ágeis e IA. A integração da IA com abordagens adaptativas de gestão de projetos, como Agile e Scrum, é empolgante. A IA pode ajudar a criar *backlogs* detalhados de produtos e até mesmo articular a visão de um projeto. É como ter um assistente superpoderoso que entende intimamente as necessidades do seu projeto.

Esses exemplos são indicações claras de como o futuro pode ser brilhante, mas temos de orientar o navio corretamente.

A inteligência artificial é poderosa, mas, como qualquer ferramenta, tem limitações e desvantagens. Uma das maiores preocupações das pessoas em relação à IA é o viés na tomada de decisão. Por exemplo, um sistema de IA projetado para selecionar currículos e eleger os melhores candidatos poderia, inadvertidamente, favorecer indivíduos de determinadas origens. Essa é uma preocupação grave, e os gerentes de projetos responsáveis precisam estar cientes disso, especialmente ao usar IA no recrutamento ou no envolvimento de *stakeholders*. É fundamental construir confiança e relacionamento com as partes interessadas na gestão de projetos.

Outra limitação é a ausência do "toque humano". Embora a IA possa analisar dados e gerar respostas, ela não consegue entender a emoção humana ou as sutilezas das relações interpessoais. Não esqueçamos: a IA não tem sentimentos.

A privacidade de dados, área que também exige nossa atenção, é abordada por Vijay e Jason neste livro. À medida que alimentamos os sistemas de IA, a questão da propriedade desses dados e de como eles são usados se torna cada vez mais importante. Os gerentes de projetos devem garantir que os dados sejam armazenados com segurança e que seu uso esteja em conformidade com as leis de privacidade e os padrões éticos.

Diante dessa revolução, vivo um misto de esperança e cautela: esperança na incrível eficiência e nos ótimos *insights* que a IA promete; cautela nas considerações éticas e práticas que a acompanham.

Então, ao virar as páginas deste livro, convido você a explorar este admirável mundo novo. Vamos aprender juntos, aplicar nosso conhecimento de forma responsável e liderar nossos projetos para o sucesso nesta emocionante era da IA.

Nossas organizações e a sociedade merecem isso.

Ricardo Viana Vargas, Ph.D.

Ricardo é um líder experiente em operações globais, gestão de projetos, transformação de negócios e gerenciamento de crises. Como fundador e diretor administrativo da Macrosolutions, empresa de consultoria com operações internacionais em energia, infraestrutura, TI, petróleo e finanças, ele gerenciou mais de US$ 20 bilhões em projetos internacionais nos últimos 25 anos.

Como ex-presidente do Project Management Institute (PMI), Ricardo criou e liderou a Brightline Initiative, de 2016 a 2020, e foi diretor de gestão de projetos e infraestrutura das Nações Unidas, com mais de 1.000 projetos humanitários e de desenvolvimento.

Ele escreveu 16 livros sobre o tema, fez 250 palestras em 40 países e apresenta o "5 Minutes Podcast", que atingiu 12 milhões de visualizações. Seu curso no LinkedIn Learning, "Generative AI in Project Management", tem mais de 52 mil alunos.

Ricardo é doutor em engenharia civil, mestre em engenharia industrial e graduado em engenharia química.

Prólogo

A interseção entre gestão de projetos e IA

A gestão de projetos, em sua essência, é uma disciplina que organiza tarefas complexas, administra recursos e garante a conclusão de projetos dentro de parâmetros definidos de escopo, tempo, custo e qualidade. Ao longo dos anos, muitas metodologias testadas e aprovadas foram estabelecidas, moldando a abordagem e execução de projetos. Do enfoque linear do modelo preditivo à abordagem ágil adaptativa, a gestão de projetos evoluiu continuamente para atender às necessidades de setores e organizações.

E chegamos à era da inteligência artificial (IA) generativa: um reino em que as máquinas imitam os processos de inteligência humana, como aprendizado, raciocínio e autocorreção. A fusão da IA com a gestão de projetos empolga, com a promessa de aproveitar enormes poderes computacionais para agilizar processos, antecipar riscos e otimizar recursos de maneiras inimagináveis.

Com a IA, gerentes de projetos como você podem explorar reservatórios de dados de conhecimento, obter *insights* de padrões invisíveis ao olho humano e tomar decisões rápidas e informadas que antes eram impossíveis. Imagine um cenário em que uma ferramenta de IA pudesse prever possíveis gargalos do projeto com semanas de antecedência ou sugerir alocações ideais de recursos com base em dados históricos e na dinâmica do projeto. Esses recursos podem transformar até a estrutura da gestão de projetos, tornando-a mais proativa do que reativa.

Além disso, a integração da IA na gestão de projetos sinaliza uma mudança cultural nas organizações – um movimento para abraçar a inovação e permanecer ágil em um cenário tecnológico em rápida mudança. As organizações dispostas a aproveitar o poder combinado do gerenciamento de projetos e da IA podem obter uma vantagem competitiva, entregando projetos com maior eficiência, custos reduzidos e qualidade aprimorada.

Navegando neste livro

A jornada do conhecimento é muitas vezes tão importante quanto o destino. À medida que os leitores embarcam na exploração do encontro entre gestão de projetos e IA, eles percebem que a estrutura deste livro foi projetada para um aprendizado enriquecedor.

A ênfase da narrativa parte das nossas pesquisas sobre geração de texto por ferramentas de IA. Embora os recursos da IA se estendam a várias modalidades, como geração de vídeo e imagem (p. ex., DALL-E), este livro se concentra na geração de texto. Isso permite compreensão e exploração mais profundas de como a IA pode ser aplicada de forma eficaz aos dados textuais na prática de gerenciamento de projetos.

Cada capítulo pode ser pensado como uma tapeçaria de múltiplas camadas. Os estudos de caso fictícios são usados para destacar as possibilidades do mundo real. Ilustramos cenários em que ferramentas de IA como ChatGPT, Google Bard e Claude teriam papéis fundamentais no planejamento, na organização e no gerenciamento das entregas do projeto. Todas as respostas generativas de IA vistas no texto são produzidas pelo ChatGPT, a menos que outra fonte seja indicada. Essas narrativas servem a dois propósitos: elas pintam uma imagem vívida das capacidades da IA e destacam as nuanças e complexidades da engenharia de *prompt* com essas ferramentas.

O livro vai além da leitura passiva; mergulhe no diálogo único, em que autores, IA e leitores podem participar de conversas dinâmicas. É uma oportunidade para os leitores questionarem, ponderarem e desafiarem ativamente o desenrolar da narrativa. O livro foi escrito por humanos que usam exemplos gerados por IA para ilustrar como os gerentes de projetos podem aproveitar a IA em seu trabalho.

Em meio a esse diálogo, um guia técnico, ao final dos capítulos, oferece um mergulho em um ou mais tópicos para os interessados no "como fazer". Esses guias desmistificam ferramentas de IA, fornecendo *insights* práticos, instruções passo a passo e exemplos tangíveis. Garantem ainda que você entenda o potencial teórico da IA e tenha a oportunidade de praticar com as ferramentas e técnicas e aproveitar suas aplicações práticas.

Compreendendo as ferramentas e a terminologia

O mundo da IA é tão vasto quanto intrigante. Como em qualquer campo especializado, tem ferramentas, terminologias e algumas sutilezas. Pode parecer assustador para um novato, mas um olhar mais atento revela um ecossistema estruturado para diversas aplicações.

Os produtos de IA, como ChatGPT, Google Bard ou Claude, apresentados neste livro, têm pontos fortes diferentes e atendem a necessidades distintas. Embora todos se enquadrem como ferramentas generativas de IA, as sutilezas em funcionalidades, algoritmos e interfaces podem afetar significativamente sua aplicação no gerenciamento de projetos.

Pense na diferença entre um martelo e uma chave de fenda. Ambos são ferramentas, mas seu *design* e sua funcionalidade têm usos específicos. Da mesma forma, um *prompt* projetado para o ChatGPT pode gerar uma resposta diferente no Google Bard, pelas diferenças subjacentes ao desenvolvimento desses produtos.

A diversidade de ferramentas reflete os variados desafios e requisitos dos profissionais. Algumas ferramentas podem se destacar na análise de dados, enquanto outras podem funcionar muito bem para processamento de linguagem natural ou modelagem preditiva. Os profissionais devem entender essas diferenças, selecionando a ferramenta de IA certa para a tarefa.

> **FERRAMENTAS DE IA** Consulte o Capítulo 10, "Ferramentas de IA para a gestão de projetos", para algumas recomendações.

Alguns conteúdos ou recursos destacados em nossos capítulos e guias técnicos devem ser adquiridos à parte. Por exemplo, o ChatGPT Plus funciona em modelo de assinatura. Seus recursos avançados, como recursos GPT-4, *plug-ins* e a ferramenta de Análise Avançada de Dados estão disponíveis apenas para assinantes.

Além das ferramentas, a terminologia da IA tem papel importante. Termos como "*token*" ou "janela de contexto" não são apenas jargão; são conceitos fundamentais que definem como a IA interage, entende e responde. Compreender esses conceitos é essencial para quem deseja integrar a IA de forma eficaz em seus fluxos de trabalho. Eles equipam você com o conhecimento para antecipar o comportamento da IA, entender suas limitações e aproveitar plenamente suas capacidades.

Também pode ser útil esclarecer alguns termos de *software*:

- **Plug-ins:** neste livro, nos referimos exclusivamente aos *plug-ins* do ChatGPT. No entanto, outra IA, o Bard, também introduziu *plug-ins* recentemente.
- **Extensões:** referem-se a extensões de navegador da internet comumente encontradas em navegadores populares, como Google Chrome, Firefox e Edge.

Aprendizagem interativa e aplicação

Os livros tradicionais fornecem conhecimento em um formato linear, com o autor transmitindo sabedoria e o leitor consumindo passivamente o conteúdo. No entanto, na era das tecnologias interativas e do reino dinâmico da IA, acreditamos que a experiência de aprendizagem pode – e deve – ser mais imersiva.

Este livro não é apenas uma compilação de informações; é uma plataforma interativa. Ele é projetado para promover uma experiência de aprendizagem multidimensional, obscurecendo as linhas entre leitura passiva e engajamento ativo. Fizemos um esforço para criar um ambiente em que os leitores não sejam apenas consumidores de conteúdo, mas participantes ativos da narrativa que se desenrola.

No centro dessa abordagem interativa estão os estudos de caso fictícios, que fornecem exemplos ilustrativos e catalisadores. Ao navegar por essas narrativas, você é convidado a se envolver com os cenários, questionar as respostas da IA e experimentar seus próprios *prompts*. É uma abordagem prática: permite que os leitores testemunhem as capacidades da IA em tempo real e em ambientes realistas.

Complementando esses estudos de caso está a conversa entre os autores, a IA e os leitores. Ela serve a vários propósitos: desmistifica conceitos complexos, fornece perspectivas diversas e incentiva você a desafiar e validar sua compreensão. Essa interação dinâmica garante que a aprendizagem não seja uma via de mão única, mas uma jornada colaborativa.

Por fim, os guias técnicos no final de cada capítulo atuam como mergulhos profundos na implementação prática da IA. Eles fazem uma espécie de transição da teoria à aplicação, garantindo que o conhecimento adquirido seja conceitual e acionável.

Considerações éticas e práticas

Navegar no mundo da IA não é apenas entender suas capacidades, mas também estar profundamente ciente de suas limitações e considerações éticas. A IA, ainda que tenha um poder preditivo, é apenas uma ferramenta. E como tal não pode substituir o toque humano, a intuição e o conhecimento que os profissionais experientes trazem para a mesa.

Do ponto de vista prático, entender as capacidades da IA é fundamental. Por ter um potencial cativante, a IA merece um olhar perspicaz. As ferramentas de IA, independentemente de sua sofisticação, têm limitações. Essas limitações não são apenas em termos de capacidade computacional, mas também na forma de vieses inerentes, janelas de contexto e "alucinações" ocasionais. Um profissional experiente sabe que a IA pode fornecer *insights* inestimáveis e melhorar a tomada de decisão, mas não pode atuar sozinha. A intuição, a experiência e o julgamento humanos são insubstituíveis.

Além do prático está o domínio do ético. Em uma época em que as violações de dados e as preocupações com a privacidade são manchetes, o uso ético da IA não é negociável. Ao alimentar os sistemas de IA com dados do projeto ou da empresa, é preciso ter cuidado e estar atento a possíveis implicações. Essa consciência vai além das preocupações imediatas da privacidade de dados, estendendo-se ao impacto mais amplo das decisões baseadas em IA. Por exemplo, se uma ferramenta de IA recomenda uma alocação de recursos que pode levar a demissões, as implicações éticas de tal decisão precisam ser cuidadosamente consideradas.

Além disso, as políticas de compartilhamento de dados das plataformas de IA devem ser escrutinadas. Diferentes plataformas têm abordagens variadas para o uso de dados, e entender essas diferenças é fundamental. Por exemplo, embora o ChatGPT possa refinar seu modelo com base nas interações do usuário, outras plataformas, como Claude, talvez tenham uma postura diferente.

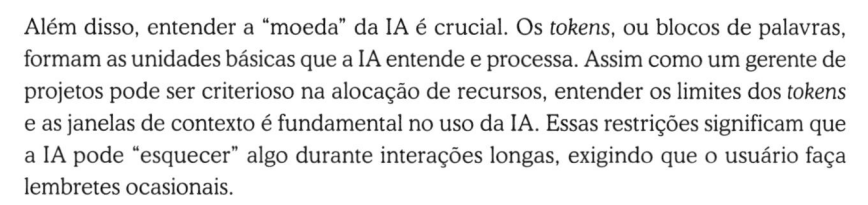

Além disso, entender a "moeda" da IA é crucial. Os *tokens*, ou blocos de palavras, formam as unidades básicas que a IA entende e processa. Assim como um gerente de projetos pode ser criterioso na alocação de recursos, entender os limites dos *tokens* e as janelas de contexto é fundamental no uso da IA. Essas restrições significam que a IA pode "esquecer" algo durante interações longas, exigindo que o usuário faça lembretes ocasionais.

Igualmente importante é o entendimento de que a IA pode "alucinar".

ALUCINAÇÃO DA IA Este termo significa que a IA pode, às vezes, gerar resultados imprecisos com base em dados factuais e *prompts* razoáveis.

Por isso, é essencial avaliar o conteúdo gerado por IA com discernimento, cruzando referências e validando sempre que necessário. Por exemplo, se você não tiver certeza quanto a uma resposta gerada pela IA, pode ser uma boa ideia copiá-la e colá-la em uma nova sessão de bate-papo e pedir que a própria IA verifique sua precisão. Se a IA tiver acesso à *web* – por meio de *plug-ins*, ou se for nativa –, você pode solicitar citações em seus *prompts*. Além disso, o uso de fontes tradicionais, como uma pesquisa rápida no Google ou uma revisão de periódicos acadêmicos, fornece uma camada de validação, garantindo que as informações geradas sejam precisas e confiáveis.

Privacidade de dados e responsabilidade do usuário

Na era digital, os dados são uma espécie de ativo da empresa. Seu valor é imenso, em termos dos *insights* que podem oferecer. Os riscos potenciais associados ao seu uso indevido são uma grande preocupação, mesmo com novas aplicações generativas de IA. A interseção entre IA e privacidade de dados é uma área muito importante e exige o entendimento dos meandros do tratamento de dados por plataformas de IA. Cada dado alimentado em um sistema de IA deixa uma pegada digital. Quer se trate de cronogramas de projetos, alocações de recursos ou dados financeiros, a sensibilidade dessas informações varia, assim como as possíveis repercussões de sua exposição.

Você também deve entender o ecossistema em que as plataformas de IA operam. Diferentes ferramentas de IA têm políticas variadas sobre retenção, compartilhamento e uso de dados. Por exemplo, embora algumas plataformas possam usar dados de interação do usuário para melhorar e refinar seus algoritmos, outras podem priorizar o anonimato do usuário e não armazenar dados de interação.

OBSERVAÇÃO O ChatGPT usa seus *prompts* de entrada, dados e saídas para futuros treinamentos, a menos que o usuário desative o compartilhamento de dados. Já o Claude não usa suas interações para treinar seu modelo.

Para concluir, a privacidade de dados e a responsabilidade do usuário são pilares gêmeos. Juntos, eles garantem que a adoção da IA seja eficaz, segura e responsável.

Embarque na jornada

A jornada para a confluência de gestão de projetos e IA não é uma mera exploração de ferramentas e técnicas. É uma viagem ao futuro de como os projetos são pensados, executados e entregues. À medida que os capítulos deste livro se desenrolam, eles pintam um quadro em um mundo em que as metodologias tradicionais de gerenciamento de projetos se fundem perfeitamente com as capacidades da IA generativa.

Essa jornada exige curiosidade e cautela: curiosidade para explorar as inúmeras maneiras pelas quais a IA pode aumentar as capacidades humanas, oferecendo novos *insights* e soluções; cautela para navegar pelo cenário com cuidado, sempre priorizando considerações éticas.

Uma das verdades inegáveis do domínio da IA generativa é sua rápida evolução. O ritmo em que os avanços estão ocorrendo é impressionante, e novos recursos e capacidades estão surgindo constantemente. Reconhecendo isso, fornecemos aos leitores um repositório *on-line* para acessar as informações e ferramentas mais atuais. Esse repositório será atualizado periodicamente com informações sobre novas tecnologias, assim que estiverem disponíveis.

Ao final deste livro, você terá adquirido uma ampla compreensão de várias competências e capacidades da IA generativa essenciais na disciplina de gerenciamento de projetos, como ferramentas de planejamento de projetos, ferramentas de gerenciamento de tarefas, ferramentas de colaboração e comunicação, ferramentas de gerenciamento de documentos, ferramentas de gerenciamento de riscos, ferramentas de orçamento e gerenciamento de custos, ferramentas de monitoramento de desempenho, ferramentas de gerenciamento de recursos, ferramentas de gerenciamento de qualidade e *software* de gestão de projetos aprimorado por IA.

À medida que avançar na leitura dos capítulos, você descobrirá as excelentes capacidades da IA, como ilustrado na tabela a seguir, para competências específicas.

COMPETÊNCIA	CAPACIDADE				
TAREFAS DE GESTÃO DE PROJETOS	EXPLICAÇÃO DE CONCEITOS	COMUNICAÇÃO	CRIATIVIDADE, BRAINSTORMING E TOMADA DE DECISÃO	ENSAIOS E DRAMATIZAÇÃO	RESUMOS E RELATOS
Gestão de *stakeholders*	✔	✔	✔	✔	
Planejamento do projeto	✔	✔	✔		✔
Avaliação de riscos	✔	✔	✔		✔
Alocação de recursos	✔	✔	✔		✔
Priorização de tarefas	✔	✔	✔		✔
Pauta e ata da reunião		✔	✔		✔
Liderança e comunicação	✔	✔	✔	✔	✔
Acompanhamento e controle		✔			✔
Gerenciamento de mudanças	✔	✔	✔	✔	✔
Gestão do conhecimento	✔	✔			✔

A melhor maneira de começar é mergulhar de cabeça. Você pode aprender a engenharia de *prompt* que for relevante para você, de acordo com a necessidade. Sugerimos que você apenas baixe o aplicativo e comece imediatamente. Explique para a IA qual é o seu cenário e peça-lhe para lidar com o seu problema ou oportunidade. Surpreenda-se!

Sumário

1 O ALVORECER DE UMA ERA 1
    Não robôs 2
    A IA e a Lei de Brooks 7
    Inteligência artificial 16
    ChatGPT 24
    Engenharia de *prompts* 27
    Ética e responsabilidade profissional 30
    Pontos-chave a serem relembrados 31
    Guia técnico 32
    Inteligência artificial 16
    ChatGPT 24
    Engenharia de *prompts* 27
    Ética e responsabilidade profissional 30
    Pontos-chave a serem relembrados 31
    Guia técnico 32

2 OS *STAKEHOLDERS* E A IA GENERATIVA 35
    Identificação dos *stakeholders* do projeto 37
    O impacto da IA nas expectativas dos *stakeholders* 42
    Análise dos *stakeholders* com IA 46
    A comunicação orientada por IA e o envolvimento de *stakeholders* 54
    A IA pode ser um *stakeholder* no gerenciamento do projeto? 60
    Ética e responsabilidade profissional 61
    Pontos-chave a serem relembrados 63
    Guia técnico 64

3   CONSTRUINDO E GERENCIANDO EQUIPES COM O USO DE IA 67

Recrutamento e seleção assistidos por IA 69

Integração, treinamento e desenvolvimento de equipes orientados por IA 74

Melhorando a liderança com IA. 80

Usando ferramentas de IA para aprimorar a colaboração em equipe 91

IA na resolução de conflitos e tomada de decisão 98

Ética e responsabilidade profissional............................. 108

Pontos-chave a serem relembrados 109

Guia técnico 110

4   ESCOLHENDO UMA ABORDAGEM DE DESENVOLVIMENTO COM IA 115

Compreendendo abordagens preditivas, adaptativas e híbridas do ciclo de vida... 118

Usando a IA para selecionar a abordagem de desenvolvimento de projetos.. 122

Personalizando sua abordagem com IA. 134

Ética e responsabilidade profissional............................. 138

Pontos-chave a serem relembrados 140

Guia técnico 141

5   PLANEJAMENTO COM APOIO DA IA EM PROJETOS PREDITIVOS 145

Início do projeto assistido por IA 147

Planejamento assistido por IA 156

Definição do escopo do projeto assistida por IA.................... 163

A IA na criação da EAP 166

Criando um cronograma a partir da EAP usando IA 172

Estimativa e orçamento de custos aprimorados por IA............... 176

Ética e responsabilidade profissional............................. 182

Pontos-chave a serem relembrados 183

Guia técnico 184

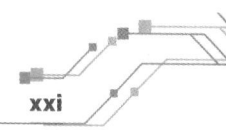

6 PROJETOS ADAPTATIVOS E IA 189

Projetos adaptativos 192
Prompts para Scrum 197
Estimativas com metodologias ágeis 207
Execução do projeto 210
Medição e acompanhamento de projetos 217
Ética e responsabilidade profissional 222
Pontos-chave a serem relembrados 222
Guia técnico 223

7 MONITORAMENTO DO TRABALHO NO PROJETO COM IA 225

Dirigir e gerenciar o trabalho no projeto 227
Gestão da qualidade com IA 234
IA no monitoramento e controle do trabalho do projeto 239
Validando e controlando escopo, cronograma e custo com IA 242
Ética e responsabilidade profissional 248
Pontos-chave a serem relembrados 248
Guia técnico 250

8 O PAPEL DA IA NA GESTÃO DE RISCOS 259

Identificação de riscos com IA: compreendendo ameaças e oportunidades 262
Aprimorando os métodos tradicionais de identificação de riscos com IA 264
Análise qualitativa de riscos e IA 271
Análise quantitativa de riscos e IA 275
IA em resposta a riscos 285
IA no monitoramento de riscos 288
Ética e responsabilidade profissional 292
Pontos-chave a serem relembrados 293
Guia técnico 294

9 FINALIZANDO PROJETOS COM IA 299

Lançamento de produtos e serviços 301

Verificação e validação de resultados do projeto e testes
de usabilidade com IA 307

Implantação com conhecimento de IA 313

Encerramento do projeto 317

Entrega de valor 324

Ética e responsabilidade profissional 325

Pontos-chave a serem relembrados 326

Guia técnico 327

10 FERRAMENTAS DE IA PARA A GESTÃO DE PROJETOS 333

Valor e implicações das ferramentas integradas de IA
à gestão de projetos 334

Fatores a considerar ao avaliar ferramentas de IA 335

Sistemas de gestão de projetos 337

Ferramentas de agendamento 343

Ferramentas de comunicação e reunião 345

Ferramentas de produtividade e documentação 348

Ferramentas de colaboração e *brainstorming* 351

Ética e responsabilidade profissional 352

Pontos-chave a serem relembrados 356

Guia técnico 357

11 DE OLHO NO FUTURO 359

A adoção da IA é um benefício para o gerenciamento
de projetos 361

O futuro das empresas impulsionado pela IA 363

Riscos da IA 364

Use a IA apenas para atender a uma necessidade 366

Considerações finais 367

ÍNDICE 369

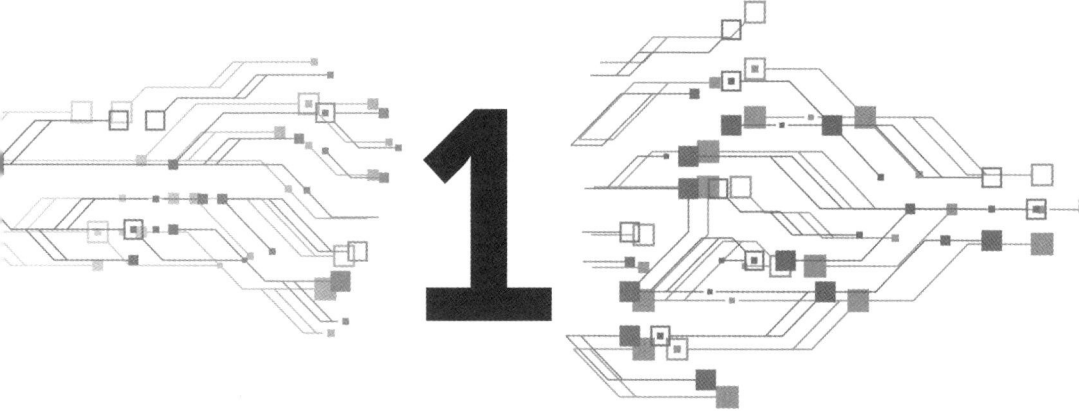

O alvorecer de uma era

Nos próximos anos, os projetos serão planejados, executados e gerenciados de forma nunca vista antes. A inteligência artificial (IA) generativa, grande ferramenta de criação de conteúdo, é uma fonte de recursos avançados que permitirá a rápida criação de um plano de projeto com base em cenários simulados; o reagendamento de planos com facilidade; a previsão de riscos; e a oferta de soluções rápidas em tempo real.

O gerenciamento moderno de projetos ganhou força no início dos anos 1960, quando as empresas começaram a valorizar os benefícios de um trabalho organizado em projetos. Iniciativas ambiciosas da Nasa, como o envio de pessoas à Lua, exigiam um gerenciamento de projetos eficaz. Em todos os setores da economia mundial, as empresas começaram a adotar técnicas e ferramentas de gerenciamento de projetos para garantir sucesso e eficiência. Esse período viu o estabelecimento de padrões e melhores práticas, uma decorrência da educação formal e de treinamentos em gerenciamento de projetos em organizações dedicadas.

A colaboração global, o desenvolvimento profissional e a pesquisa acadêmica levaram ao advento de ferramentas tecnológicas, que posicionaram o gerenciamento de projetos como disciplina distinta e necessária, crucial para a execução eficiente e o sucesso de projetos complexos.

A integração da IA ao gerenciamento de projetos é uma mudança transformadora e o início de uma nova era. As ferramentas de IA ajudarão a otimizar o uso de recursos, antecipar os gargalos do projeto e automatizar tarefas comuns. Isso permitirá que os gerentes de projetos se concentrem na elaboração de estratégias, na entrega de valor e no gerenciamento das partes interessadas (ou *stakeholders*, como vamos também denominá-los ao longo desta edição) e de suas preocupações.

Não robôs

Muitos de nós crescemos em um mundo em que a IA era ficção científica presente na tela do cinema. Em geral, era representada por um robô humanoide, divertido e fascinante, e que nos impressionava com suas capacidades. Esses personagens cativavam nossa imaginação, fazendo-nos pensar em um mundo em que as máquinas poderiam raciocinar e agir como nós, algum dia. Esses robôs, no entanto, nunca chegaram a trabalhar e não nos ajudaram a planejar e organizar projetos ou a aumentar nossa produtividade.

Mais recentemente, a tecnologia interativa, como Siri, Alexa e outros assistentes de voz ou *chat*, tem nos desafiado quanto às possibilidades da inteligência artificial. Há um certo temor em fazer uma pergunta em voz alta e receber uma resposta relevante de uma entidade não humana. Essas interações pareciam novas e muito úteis: qual é a previsão do tempo para hoje? Quantos minutos vou levar até o trabalho hoje? O que há na minha agenda para o dia? Com a integração dos dados, esses assistentes de IA podem fazer algo útil e prático.

Ainda que esses assistentes de IA fizessem a comunicação com dispositivos e *chatbots* tradicionais, faltava uma interação "humana" profunda, persistente e contínua com uma entidade que poderíamos reconhecer como um colega, ou até como um verdadeiro especialista.

Entra aí a *IA generativa* e os modelos de linguagem contextual com base em uma arquitetura que gera texto muito similar ao humano.

> **FERRAMENTAS GENERATIVAS DE INTELIGÊNCIA ARTIFICIAL** Esses modelos de IA usam algoritmos de computador para criar conteúdo textual em resposta a um *prompt*. Muitos dos novos produtos de IA generativa podem criar vários tipos de conteúdo, como áudio, código de programação, imagens e vídeos. É aí que vemos a utilidade da inteligência artificial aplicada ao gerenciamento de projetos.

Projetado para conversar com humanos em linguagem natural, o resultado de produtos de IA, como o ChatGPT, é coerente e envolvente. O ChatGPT é um especialista em vários assuntos, capaz de entender e gerar textos semelhantes aos textos humanos com base nas instruções (*prompts*) que recebe. Ele pode responder a perguntas, auxiliar em várias tarefas e manter conversas naturais sobre tópicos que vão da medicina ao gerenciamento de projetos. Essas ferramentas estão sempre disponíveis, têm um tempo de resposta muito rápido e parecem ansiosas para ajudar.

Ferramentas como o ChatGPT são uma evolução na IA conversacional. São projetadas para entender muito bem o contexto, ajudar nas tarefas ou participar de uma conversa de forma que seu interlocutor sinta como se estivesse realmente falando com outro ser humano. A experiência de conversar com essas ferramentas é distinta. É como se você conversasse com um verdadeiro especialista em todos os assuntos.

Mas atenção. Assim como a advertência nos maços de cigarros, toda conversa com o ChatGPT deve começar ou terminar com um aviso dizendo: "Ei, eu não sou um humano de verdade". Neste sentido, vale citar um trecho do livro de Reid Hoffman, *Impromptu*, que revela suas conversas com a versão mais recente do ChatGPT, GPT-4:

> *Espero que você, como leitor, não esqueça que o GPT-4 não é um ser consciente, diante de sua mente maravilhosamente humana. Na minha opinião, essa conscientização é fundamental para entender como, quando e onde usar o GPT-4 de forma produtiva e responsável.*[1]

Um breve comentário sobre a comparação com os *chatbots* tradicionais, que muitos de nós podem ter experimentado como assistentes no atendimento ao cliente. Eles muitas vezes pareciam robóticos e excessivamente roteirizados. Em muitos casos,

---

[1] Hoffman, R. (2023). *Impromptu: Amplifying Our Humanity Through AI*. Dallepedia LLC.

esses *chatbots* não conseguem responder às nossas perguntas e, portanto, nos frustram. Já as ferramentas generativas de IA são adaptáveis e contam com conhecimento e capacidades além do que um *chatbot* convencional é projetado para lidar. Isso resulta em uma experiência de conversa mais humana, reduzindo a frustração do usuário e oferecendo respostas mais precisas e diferenciadas.

O impacto do ChatGPT vai além de apenas responder a perguntas; também está redefinindo a maneira como percebemos a IA. Não estamos mais limitados a perceber a IA como uma entidade programada – como um robô programado para andar, levantar peso ou construir. Em vez disso, estamos entrando em uma era em que a IA pode ser uma ferramenta valiosa – um *coach*, um companheiro, um mentor, um colaborador em várias esferas da vida e do trabalho e em disciplinas como gerenciamento de projetos. Essa IA moderna tem o potencial de entender o contexto, fornecer *insights* e aumentar as capacidades humanas dos gerentes de projetos e sua produtividade.

Vamos demonstrar essas capacidades com um estudo de caso em que usamos nossa experiência no mundo real com profissionais de gerenciamento de projetos e usuários de IA, alterando detalhes e identificando informações para ilustrar o seu impacto transformador.

IA EM AÇÃO: ROTATIVIDADE NO PROJETO SWIFT

Este exemplo é baseado em nossa experiência com uma companhia de seguros que chamaremos de New Era Insurance, em Hartford, Connecticut. Os gerentes de projetos nessa organização enfrentavam obstáculos, e os projetos tiveram um mau desempenho em algumas métricas-chave, como custo e cronograma. A liderança sênior atribuiu o fato a uma suposta falta de precisão no cálculo dos projetos. No entanto, uma conversa com os gerentes de projetos e outros membros da equipe revelou que a causa-raiz do problema eram as más práticas de gestão de mudanças e a rotatividade de pessoal. Este último ponto foi uma fonte significativa de estresse para os gerentes de projetos. Vamos mostrar aqui como a IA pode diminuir esse problema e ajudar no recrutamento de integrantes.

Existe um alto risco de desperdício de tempo e perda de produtividade quando um membro deixa a equipe do projeto ou sai da organização. A rotatividade elevada nos projetos pode levar à redução da eficiência, ao aumento dos custos de recrutamento e treinamento e a uma queda no ânimo da equipe, com potencial de afetar os resultados finais do projeto. Além disso, a rotatividade coloca mais pressão sobre os gerentes de projetos, que têm de lidar com a integração de novos membros e a manutenção da consistência do projeto. A IA pode ajudar na questão da rotatividade, acelerando o processo de recontratação? Vamos ver um exemplo.

Ellen, gerente de projetos com longa experiência na New Era Insurance, vivia um dilema. Jen, membro-chave da equipe, decidiu sair no meio de um projeto muito importante. A saída ameaçava o cumprimento dos cronogramas, o que não agradaria as partes interessadas (os chamados *stakeholders*). No entanto, equipada com os novos recursos de seu sistema de RH orientado por IA generativa, Ellen estava otimista quanto à substituição e ao retorno rápido à normalidade.

Quando Jen apresentou sua demissão, Ellen entrou na plataforma de IA corporativa da empresa, de codinome "HR-GPT". Ela verificou a descrição do cargo e os detalhes do projeto. Em poucos minutos, o HR-GPT extraiu uma lista de potenciais candidatos, oriunda de bancos de dados internos e plataformas de trabalho externas. O sistema de IA selecionou currículos, combinando candidatos com as habilidades e os conhecimentos necessários para o projeto.

Ellen foi notificada sobre os principais candidatos, e a IA agendou entrevistas com base na disponibilidade de Ellen, dos candidatos e das salas de conferência. O HR-GPT preparou um conjunto de perguntas para avaliar as habilidades dos candidatos em relação às necessidades do projeto. Isso economizou horas de trabalho para Ellen.

Após as entrevistas, Ellen ficou dividida entre dois candidatos. Ela recorreu novamente ao HR-GPT, que fez uma análise comparativa de ambos, com base em suas respostas, seus desempenhos anteriores no trabalho e sua adequação à cultura da empresa. Isso facilitou a decisão de Ellen.

Avanço rápido: quando o novo funcionário, Max, foi selecionado, o HR-GPT passou para o modo de integração (também chamado *onboarding*). Max recebeu uma série de tutoriais personalizados sobre o projeto. Esses tutoriais, gerados pela IA, vieram de documentação, discussões anteriores da equipe e trechos de código para ajudá-lo a entender o estado do projeto. Esse tipo de integração demanda quantidade significativa de tempo da equipe do projeto.

No primeiro dia de Max, ele não teve que sair em busca de materiais ou permissões de acesso. O HR-GPT já havia configurado sua estação de trabalho, concedido a ele acesso aos arquivos necessários e até agendado um encontro virtual com a equipe.

Ellen observou, com satisfação, como Max rapidamente se integrou, armado com *insights* e conhecimentos que normalmente exigiriam semanas. O projeto não só se manteve nos trilhos, como ganhou impulso, com sangue novo.

Muitos profissionais estimam que até 90% do tempo de um gerente de projetos é dedicado à comunicação, e uma boa parte desse tempo poderia ser melhor usada. Vamos estudar isso mais a fundo, olhando primeiro para o tempo que Ellen levaria sem o HR-GPT e, depois, com HR-GPT (**Tabela 1.1**). Nesse cenário, a IA economizou a Ellen cerca de 25 horas em tarefas de recrutamento, entrevista, tomada de decisões e integração. Dado que essas tarefas são principalmente relacionadas à comunicação, podemos inferir que uma proporção significativa do tempo de um gerente de projetos é gasta com esse assunto. Você pode constatar como a IA generativa pode ser altamente eficaz para recrutar novos funcionários quando um projeto enfrenta mudanças inesperadas na equipe.

TABELA 1.1 Tempo economizado com HR-GPT		
ATIVIDADE	TRADICIONAL	COM HR-GPT
Anúncio da vaga e pesquisa de candidatos	Pesquisar e escrever uma descrição do cargo, postar em várias plataformas e revisar manualmente os currículos. Tempo estimado: 8 horas	Uma hora para inserir as especificidades da função e do projeto. Tempo economizado: 7 horas
Agendamento de entrevista	Coordenar com os candidatos e reagendar, se necessário. Tempo estimado: 4 horas	Uma hora para agendamento automatizado. Tempo economizado: 3 horas

continua

ATIVIDADE	TRADICIONAL	COM HR-GPT
Preparação da entrevista	Elaborar perguntas personalizadas e revisar detalhadamente o currículo dos candidatos. Tempo estimado: 6 horas	Uma hora para perguntas, geradas por IA, específicas para a função em aberto. Tempo economizado: 5 horas
Comparação entre candidatos e tomada de decisão	Revisar as notas da entrevista, decidir e, talvez, discutir com os colegas. Tempo estimado: 4 horas	Uma hora para revisar a comparação e análise instantâneas da IA. Tempo economizado: 3 horas
Preparação para a integração (onboarding)	Organizar documentação, configurar estação de trabalho, conceder acesso a arquivos e organizar um primeiro encontro com o grupo. Tempo estimado: 8 horas	Uma hora (basicamente automática) Tempo economizado: 7 horas

A IA e a Lei de Brooks

Suponha que confiemos que a IA possa gerenciar com eficiência a rotatividade e as transições do projeto. Nesse caso, estaríamos prontos para questionar um dos princípios mais conhecidos na área de gerenciamento de projetos, a Lei de Brooks.

LEI DE BROOKS Acrescentar pessoas a um projeto de *software* atrasado vai atrasá-lo ainda mais.

Fred Brooks cunhou isso em seu livro clássico de 1975, *The Mythical Man-Month*.[2] A validade da Lei de Brooks é intuitivamente evidente. A sobrecarga de comunicação aumenta quando mais pessoas são adicionadas a um projeto. Mais tempo é gasto integrando os novos membros da equipe, coordenando e redefinindo a comunicação entre eles. Tais mudanças deixarão menos tempo para as tarefas de desenvolvimento planejadas para os membros da equipe e resultarão em mais problemas no cronograma.

Vamos ver como o ChatGPT entende a Lei de Brooks.

---

2 Brooks, F. (1975). *The Mythical Man-Month*. Addison-Wesley.

Prompting é um processo simples. Você faz uma pergunta, chamada de *prompt*, e o ChatGPT fornece uma resposta. Se você tem experiência com ChatGPT, talvez já conheça sua interface de bate-papo (**Figura 1.1**)

What is Brook's Law?

Brooks's Law is a principle in software engineering which posits that "adding human resources to a late software project makes it later." It was introduced by Frederick P. Brooks in his 1975 book, "The Mythical Man-Month: Essays on Software Engineering."

The law emphasizes the often counterintuitive nature of managing software projects. One might assume that adding more people to a project that's running behind schedule would accelerate progress, but Brooks argues otherwise. Here are some reasons why:

1. **Ramp-up Time:** New personnel need to be trained and brought up to speed, requiring time from existing team members.
2. **Communication Overhead:** As the team size increases, the number of channels for communication among team members increases combinatorially. This leads to more time spent in meetings and in communications rather than actual development.
3. **Task Partitioning:** Some tasks are indivisible, meaning they can't be effectively broken down further for multiple people to work on simultaneously.
4. **Interpersonal Dynamics:** Larger teams can lead to more complex interpersonal dynamics, including potential conflicts, that can slow progress.

FIGURA 1.1 Interface do ChatGPT com um *prompt* e a respectiva resposta.

Um usuário iniciante vai perceber que o ChatGPT funciona como uma página da *web* com uma barra de pesquisa, mas com uma aparência organizada e limpa. Então, o que é tão diferente no ChatGPT?

Para começar, o que você vê na Figura 1.1 é uma resposta exclusiva e bem-escrita ao *prompt*. Você dificilmente encontrará a mesma resposta em outro lugar, em meios impressos ou digitais. Em princípio, o ChatGPT não informa referências ou fontes de sua resposta ao *prompt*. Sempre que você solicita, as ferramentas generativas de IA produzem uma resposta exclusiva ao *prompt* informado. É provável que você encontre variações nessas respostas, mesmo que use novamente o mesmo *prompt*.

É importante observar que isso não garante a precisão da resposta. Mais adiante neste capítulo, nos aprofundaremos nos fundamentos da IA generativa e no seu potencial para produzir informações enganosas ou "alucinadas".

Para continuar, o ChatGPT entende o contexto de cada consulta que recebe; não vemos esse comportamento nos mecanismos de busca. Para ilustrar, vamos fazer uma pergunta ao ChatGPT com base no nosso estudo de caso da New Era Insurance.

Para termos um novo ponto de vista a respeito, vamos reunir algumas ideias do ChatGPT e ver o que ele diz?

APRESENTAÇÃO DE *PROMPTS* E RESPOSTAS O estilo de texto separado que você vê abaixo indica (neste livro) um "diálogo" com uma ferramenta de IA, como o ChatGPT. O *prompt* está indicado entre aspas.

"ChatGPT, imagine que a IA está ajudando um gerente de projetos a integrar um novo membro da equipe a fim de garantir o cumprimento dos prazos. A ideia é provar que a IA tem potencial de diminuir as restrições tradicionais apontadas pela Lei de Brooks."

Sua análise de como a IA generativa pode ajudar a mitigar os desafios da Lei de Brooks é perspicaz. Vamos detalhar as razões para isso.

- **Integração automatizada:** usar a IA no *onboarding* é uma boa ideia. Garante consistência e rapidez, bem como disponibilidade 24 horas por dia, 7 dias por semana. Pode reduzir drasticamente o tempo necessário para que um recém-chegado se torne produtivo, embora não substitua completamente a interação com os humanos.
- **Comunicação aprimorada:** embora a IA possa simplificar a comunicação, nem sempre conseguirá capturar com precisão as nuanças, emoções e intenções humanas. No entanto, para comunicações diretas, a IA pode ser muito eficaz.
- **Alocação de tarefas:** a IA pode usar dados para otimizar a distribuição de tarefas, mas é importante observar que nem todas as tarefas são quantificáveis. Algumas delas exigem criatividade, toque humano ou outros intangíveis que uma IA pode ter dificuldade para entender.
- **Análise preditiva:** os *insights* orientados por IA podem ser valiosos para o gerenciamento de projetos, mas sua qualidade vai depender dos dados em que se baseiam. Eles devem ser usados como mais uma ferramenta do arsenal de tomada de decisão de um gerente.
- **Documentação e passagem de conhecimento:** embora a IA possa ajudar a manter a documentação atualizada e sugerir informações relevantes, a criação de documentação significativa e aprofundada exige uma visão humana, especialmente em projetos complexos.
- **Automação da rotina:** este é um dos benefícios mais evidentes da IA. Automatizar tarefas rotineiras pode ajudar a manter o ímpeto do projeto e garantir que os recursos humanos sejam alocados para tarefas mais complexas e de valor agregado.

Observe como nossa conversa flui de confirmar o que sabemos sobre a Lei de Brooks para testar uma hipótese sobre sua validade se a IA for usada. A resposta é amigável, útil e perspicaz. Vários fatores-chave contribuem para esse comportamento. Ao contrário das respostas dos mecanismos de busca, o processamento avançado de linguagem natural dos sistemas de IA analisa e compreende as solicitações humanas.

Além disso, grandes conjuntos de dados de treinamento expuseram o produto de IA a diversas conversas e estilos de escrita, o que a ajuda a gerar respostas mais humanas. Por fim, entre o primeiro e o segundo *prompt*, notamos a consciência contextual – o ChatGPT considera partes anteriores da conversa ao formular respostas, em vez de reagir, de forma isolada, ao segundo *prompt*.

As ferramentas de IA podem ajudar em praticamente todos os aspectos do gerenciamento de projetos, desde a idealização e execução até o fechamento do projeto. Elas oferecem *insights*, geram conteúdo e auxiliam na resolução de problemas relacionados ao projeto.

Vamos ilustrar alguns trechos de sua capacidade, começando com a fase inicial.

> *"Precisamos implementar um sistema de RSVP para sabermos quantos funcionários participarão dos eventos planejados pelo RH na New Era Insurance. Quais ideias e recursos do projeto vêm à mente? Apresente uma versão concisa de uma possível solução de projeto."*

Aqui está uma versão concisa da solução de projeto para o sistema RSVP:

- Aplicativo RSVP baseado na *web*:
  a. Os funcionários criam perfis, visualizam anúncios de eventos e confirmam presença.
  b. Lembretes e notificações de eventos são enviados automaticamente.
- Integração de aplicativos móveis:
  Desenvolva uma versão compatível com dispositivos móveis com notificações *push*.
- Integração de agenda:
  Permite a sincronização de eventos RSVP com agendas pessoais, como o Google Agenda e o Outlook.
- *Feedback* e análise:
  a. *Feedback* pós-evento para os participantes.
  b. Painel de RH mostrando o número de participantes e as avaliações do evento.

- Sistema de lista de espera:

    Para eventos com capacidade máxima, crie uma lista de espera automatizada.

- Segurança e acessibilidade:

    Garanta a proteção de dados e torne o sistema acessível a todos os colaboradores.

- Recursos de comunicação:

    Anúncios de RH relacionados a eventos e uma plataforma para responder dúvidas dos colaboradores.

Essa solução é aprimorada a partir de dados de treinamento. Embora as recomendações sejam valiosas para uma solução de projeto, a decisão final requer intuição, experiência e julgamento humanos.

Experiência diversificada

O ChatGPT é versátil. A consulta a seguir demonstra sua profundidade de conhecimento em análise de negócios, ferramentas e técnicas, como *must-have*, *should-have*, *could-have*, *won't-have* (MoSCoW), para priorizar recursos.

> *"Um analista de negócios entra em cena para ajudar o gerente de projetos com o projeto RSVP. Também precisamos trabalhar com RH e TI para priorizar os recursos. Precisamos marcar uma reunião."*

Aqui está uma proposta de como o analista de negócios pode colaborar com RH e TI e usar o ChatGPT para priorizar os recursos do sistema RSVP:

1. Reunião com o RH para discutir requisitos:

    a. Objetivo: compreender as principais necessidades do RH para a gestão de eventos.

    b. Ação: o analista de negócios agenda uma sessão de *brainstorming* com a equipe de RH para listar todos os recursos desejados. O uso do ChatGPT pode facilitar esse processo, gerando sugestões de recursos com base nos padrões do setor.

2. Viabilidade técnica com a TI:

    a. Objetivo: avaliar quais são os recursos tecnicamente viáveis e quais são os necessários.

    b. Ação: o analista de negócios colabora com a equipe de TI para avaliar a lista de recursos proposta. Isso vai exigir o conhecimento da atual infraestrutura de TI, possíveis necessidades de integração e eventuais restrições.

3. Considerações sobre a experiência do usuário (UX):
   a. Objetivo: garantir que o sistema seja fácil de usar e atenda às necessidades dos colaboradores.
   b. Ação: o analista de negócios pode usar o ChatGPT para gerar histórias de usuários ou simular possíveis interações com usuários. Isso ajuda a entender a perspectiva dos colaboradores e a priorizar recursos que aprimorem a experiência do usuário.
4. Sessão de priorização:
   a. Objetivo: classificar os recursos com base na importância, na viabilidade e no impacto.
   b. Ação: o analista de negócios promove um *workshop* com representantes do RH e da TI. Os recursos são classificados usando métodos como o MoSCoW (*must-have, should-have, could-have, won't-have*) ou atribuindo valores numéricos. O ChatGPT pode ajudar fornecendo *insights* sobre o impacto potencial de cada recurso, com base em projetos semelhantes ou padrões do setor.
5. Marcar a reunião:
   a. Objetivo: finalizar a lista de prioridade e dar início à fase de desenvolvimento.
   b. Ação: o analista de negócios marca uma reunião com o gerente de projetos, o RH e líderes da TI. Durante a reunião, a lista de recursos é apresentada e aprovada. Qualquer ajuste pode ser feito com base em contribuições adicionais das partes interessadas.
6. Documentação:
   a. Objetivo: garantir que todos os requisitos e suas prioridades estejam bem documentados.
   b. Ação: Após a reunião, o analista de negócio cria um documento detalhado descrevendo cada recurso, sua prioridade e eventuais notas ou instruções relacionadas a ele. Esse documento serve como o principal guia para a fase de desenvolvimento e implementação.

"Usando uma estrutura de tabela, exiba recursos com uma técnica de priorização e prepare a equipe do projeto para a sessão de priorização."

Você pode estruturar a sessão de priorização usando o método MoSCoW. Esse método ajuda as partes interessadas a se concentrarem nos requisitos mais críticos.

Aqui está a tabela para a sessão de priorização:

RECURSO	DESCRIÇÃO	PRIORIDADE (MOSCOW)	COMENTÁRIOS DOS STAKEHOLDERS
Aplicativo RSVP baseado na *web*:	Permite que os funcionários visualizem eventos e RSVP.	*Must-have*	
Integração com aplicativos móveis:	Versão compatível com dispositivos móveis e notificações *push*.	*Should-have*	
Integração com agenda	Sincronizar eventos RSVP com agendas pessoais.	*Should-have*	
Feedback e análise	*Feedback* pós-evento e painel de RH.	*Must-have*	
Sistema de lista de espera:	Lista de espera automatizada para eventos.	*Could-have*	
Segurança e acessibilidade	Proteção de dados e acessibilidade para todos os colaboradores.	*Must-have*	
Recursos de comunicação	Anúncios de RH e uma plataforma para consultas de funcionários.	*Should-have*	

Etapas da sessão de priorização:

1. Apresentar o método MoSCoW: antes de mergulhar na tabela, apresentar brevemente o método MoSCoW, garantindo que todos os membros da equipe entendam cada categoria.

2. Apresentar o recurso e sua respectiva descrição: o analista de negócios explicará cada recurso e sua descrição.

3. Votação dos *stakeholders*: depois que cada recurso for discutido, os envolvidos votarão as prioridades. Eles podem concordar com a sugestão inicial ou apresentar uma alternativa.

4. Comentários dos *stakeholders*: esta coluna permite que os envolvidos expliquem seus votos ou acrescentem ideias.
5. Revisão e finalização: depois que todos os recursos forem discutidos e votados, volte nos pontos em que houve dúvida ou divisão de votos. Discuta e defina a prioridade.
6. Documentação: após a sessão, o analista de negócios deve documentar e distribuir as prioridades entre a equipe do projeto para eventual consulta.

Esse *prompt* ilustra como a IA generativa pode ajudar a priorizar e criar um tutorial para a equipe do projeto.

"O escopo do projeto foi definido. Precisamos gerenciar as partes interessadas. Você consegue identificar riscos com algum stakeholder dentro do projeto RSVP? Um risco de que temos conhecimento é que não há consenso sobre o valor de usar a IA para gerar código para o projeto.

Selecione os riscos em que a probabilidade é alta e o impacto é alto. Apresente as informações em formato de tabela."

RISCO	DESCRIÇÃO	RESULTADO POTENCIAL
Opiniões divergentes sobre a integração da IA	Os *stakeholders* têm opiniões distintas sobre a geração de código por IA.	Atrasos no desenvolvimento, aumento de custos, IA subutilizada.
Resistência dos usuários finais à mudança.	Os colaboradores resistem ao novo sistema RSVP, em função de sua complexidade ou por desconhecimento.	Redução da eficácia do sistema, diminuição da participação em eventos.
Limitações técnicas do departamento de TI	Preocupações da TI com a integração da IA por falta de experiência ou possíveis complicações.	Falhas técnicas, atrasos no projeto, sistema incompleto.
Expectativas funcionais do RH	As necessidades específicas do RH podem entrar em conflito com as visões da TI ou de outros departamentos.	Desalinhamento do sistema com as principais necessidades do usuário, utilidade reduzida.

continua

RISCO	DESCRIÇÃO	RESULTADO POTENCIAL
Segurança e privacidade de dados	Preocupações com o manuseio e processamento de dados dos colaboradores pelo sistema de IA.	Violação de privacidade, não conformidade, possíveis problemas legais.

O próximo passo do gerente de projetos é solicitar uma estratégia de resposta a riscos. Os *prompts* podem ser rapidamente executados, de forma semelhante à já demonstrada. Não falaremos disso aqui. No entanto, este tópico é abordado no Capítulo 8, "O papel da IA na gestão de riscos". Agora vamos ver como a IA pode ajudar um gerente de projetos a utilizar habilidades sociais.

Os projetos geralmente falham se houver problemas de comunicação, especialmente no contexto de poucas habilidades sociais com os membros da equipe do projeto ou com as partes interessadas. As respostas da inteligência artificial são uma oportunidade valiosa para o desenvolvimento de habilidades sociais.

Vamos descrever um exemplo e ver como o ChatGPT fornece orientações e dicas em um cenário que pode resultar na demissão repentina de um colaborador valioso.

"Aqui está uma situação que ocorreu no trabalho hoje. Diga-me se eu fiz algo errado, como gerente de projetos:

Eu: Lamento, mas você tem que ir a Atlanta. O cliente quer uma reunião presencial.

Membro da equipe: Tenho medo de voar. Não viajo de avião desde a pandemia.

Eu: Você quer que eu diga ao cliente que meu analista de negócios tem medo de voar?"

Nessa situação, existem alguns aspectos que poderiam ter sido tratados de forma diferente:

1. **Empatia e compreensão:** quando o membro da sua equipe menciona o medo de voar, é essencial responder com empatia e compreensão. Expressar simpatia por suas preocupações teria sido mais adequado. Você poderia ter dito algo como: "Entendo que você fique ansioso ao voar, especialmente após a pandemia. Vamos discutir isso mais a fundo e ver se conseguimos encontrar uma solução boa para ambos os lados."

2. **Comunicação aberta:** em vez de sugerir imediatamente o cancelamento do projeto, seria melhor uma conversa aberta e construtiva. Você poderia ter perguntado sobre as preocupações da pessoa e explorado possíveis soluções ou alternativas.

3. **Mantenha o profissionalismo:** dizer ao cliente que o membro da sua equipe tem medo de voar pode não ser a abordagem mais profissional. Proteger a privacidade da equipe e tratar suas preocupações internamente é essencial.

Uma resposta mais adequada poderia ser:

"Sinto muito pelo seu medo de voar, especialmente dadas as circunstâncias atuais. O cliente prefere uma reunião presencial, e queremos atendê-lo. Vamos trabalhar juntos para encontrar uma solução que o deixe confortável com a viagem. Há alguma preocupação específica que você tenha que possamos resolver? Talvez possamos agendar um voo direto, fornecer suporte adicional ou providenciar alguém para acompanhá-lo. O seu bem-estar é importante para nós, e faremos o nosso melhor para tornar esta viagem a mais tranquila possível."

Essa resposta é genuinamente empática. O ChatGPT não apenas possui competências técnicas, mas também habilidades sociais ou *power skills*. O resultado provavelmente será positivo. A confiança e o respeito pelo gerente de projetos devem crescer após essa conversa, ao contrário do que ocorreria na situação anterior.

Essa capacidade do ChatGPT não funciona apenas no gerenciamento de projetos. Peter Lee, em *The AI Revolution in Medicine*, faz uma observação semelhante, depois de documentar seu primeiro contato com a IA:

Nunca, em meio a minhas altas expectativas sobre como a inteligência artificial poderia melhorar os cuidados médicos, imaginei que ensinar os seres humanos a serem mais empáticos seria um de seus poderes.[3]

Inteligência artificial

Nesta seção, definimos inteligência artificial (IA) e termos-chave a ela relacionados, além de introduzir seu significado no contexto da IA generativa. Esta introdução, embora seja técnica, fornece contexto essencial e esclarece a terminologia relevante para nossa discussão sobre IA no gerenciamento de projetos.

A história da IA

A IA, como disciplina, surgiu com o Dartmouth Summer Research Project on Artificial Intelligence, organizado por John McCarthy, em 1956. A McCarthy é

---

3 Goldberg, C, Kohane, I e Lee, P. (2023). *The AI Revolution in Medicine: GPT-4 and Beyond*. Pearson Education.

atribuída a criação do termo "inteligência artificial" para descrever como as máquinas poderiam simular aspectos da inteligência humana. No entanto, as ideias subjacentes podem ser rastreadas até a probabilidade bayesiana e o raciocínio lógico aristotélico. Indiscutivelmente, o mais influente dos fundadores da IA foi Alan Turing, cujo ensaio de 1950 "Computing Machinery and Intelligence" explora como a inteligência pode ser testada e como as máquinas podem aprender automaticamente.

Trabalhos subsequentes, como o artigo de 1960 de Marvin Minsky, "Steps Toward Artificial Intelligence", lançaram as bases matemáticas para a IA, incluindo a otimização baseada em gradiente. Outra contribuição seminal foi a implementação, por Frank Rosenblatt, em 1958, do *perceptron*, um algoritmo para aprender um classificador binário, agora conhecido como o tipo mais simples de rede neural. Mas, após críticas – por Minsky, entre outros – à capacidade do conexionismo de Rosenblatt de resolver problemas mais complicados e limitações no poder de computação, em dados e na falta de financiamento, a IA experimentou seu primeiro "inverno", na década de 1970.

O conexionismo seria revivido, no entanto, na década de 1980, em razão dos avanços no treinamento de redes neurais por Geoffrey Hinton e David Rumelhart, entre outros. Embora um segundo "inverno" de IA ocorresse na década de 1990, as bases estavam estabelecidas para a aprendizagem profunda (*deep learning*), em que várias camadas entre a entrada e a saída permitem a aprendizagem de relacionamentos mais complexos. Hoje, a IA geralmente se refere à aprendizagem profunda como a capacidade de coletar e armazenar grandes quantidades de dados e treinar modelos usando processadores avançados, viabilizando a construção de redes neurais com milhões de parâmetros treináveis com fala e visão semelhantes às humanas.

Consulte a **Tabela 1.2** para uma visão geral histórica dos principais marcos da IA.

TABELA 1.2 Principais marcos na história da IA	
Nascimento da IA (1956)	O termo "inteligência artificial" foi cunhado, e o campo nasceu oficialmente.
Primeiros programas de IA e otimismo inicial (1956–1974)	A pesquisa de IA floresceu no final dos anos 1950 e ao longo dos anos 1960, com máquinas jogando damas e provando teoremas matemáticos.
Robótica e visão (década de 1956–presente)	O primeiro robô industrial foi usado na manufatura em 1956. Tanto a robótica quanto a visão computacional continuam a desempenhar papéis essenciais na evolução da IA.

continua

Processamento de linguagem natural (PNL) (1960–presente)	ELIZA – primeiro programa para processamento de linguagem natural. O crescimento subsequente da PNL é verdadeiramente transformador, pelos modelos de aprendizado de máquina e aprendizagem profunda, que levam aos modelos de linguagem de grande escala (LLMs).
Fala (1962–presente)	Os primeiros sistemas de reconhecimento de fala, como o Shoebox da IBM. Devido aos modelos multimodais de IA, a integração com a PNL é mais presente hoje.
Sistemas especialistas (1980–1987)	A IA retorna a partir do desenvolvimento de sistemas especialistas. Esses programas respondem a perguntas ou resolvem problemas sobre um domínio específico do conhecimento.
Aprendizado de máquina (1993–presente)	Aprendizado de máquina é um tipo de IA que permite que os computadores aprendam sem serem explicitamente programados.
Desenvolvimento de modelos generativos (2014–presente)	Desenvolvimento de redes adversárias generativas (GANs). Isso envolve duas redes neurais: uma geradora, que cria instâncias de dados, e uma discriminadora, que tenta distinguir entre dados reais e falsos.
Desenvolvimento de *transformers* e mecanismos de atenção (2017–presente)	O artigo "Attention Is All You Need" apresenta o modelo *transformer*, melhorando a compreensão da linguagem. Ao se concentrar em peças de entrada específicas para saída, ele se destaca em várias tarefas de PNL.[4]
Modelos de linguagem de grande escala (LLMs) (2018–presente)	A OpenAI apresenta o GPT (*generative pretrained transformer*, ou transformador generativo pré-treinado), um modelo de previsão de linguagem em grande escala não supervisionado. Isso leva ao GPT-2, GPT-3 e GPT-4, cada um progressivamente maior e mais capaz.

Aplicações da IA

Apresentaremos brevemente a terminologia central e os conceitos de IA (**Figura 1.2**) antes de nos voltarmos para o ChatGPT (ou outros LLMs), o aplicativo mais relevante para gerenciamento de projetos.

---

4 Vaswani, A., Shazeer, N., Parmar, N., Uszkoreit, J., Jones, L., Gomez, A. N., Kaiser, L., & Polosukhin, I. (2017). "Attention Is All You Need", *Advances in Neural Information Processing Systems 30*.

Inteligência artificial

- Robótica e visão
- Fala
- Sistemas especialistas
- Aprendizado de máquina
- Aprendizagem profunda
- Redes neurais

Processamento de linguagem natural
- Desenvolvimento de modelos generativos
- Desenvolvimento de *transformers*

Modelos de linguagem de grande escala
- ChatGPT
- BERT
- Claude
- LLaMA

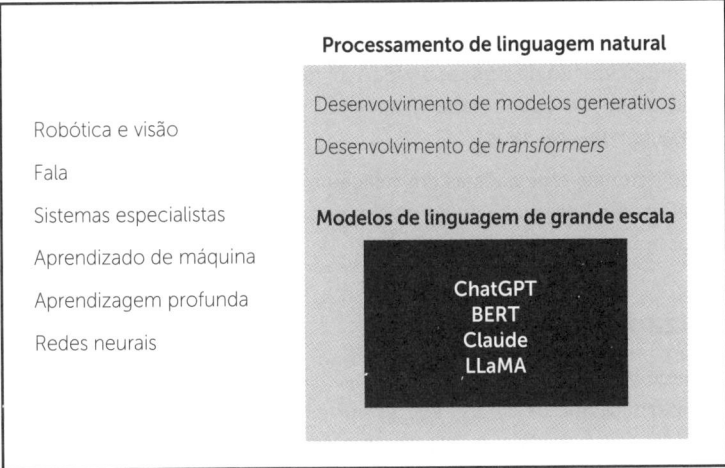

FIGURA 1.2 Tecnologias de IA.

Sistemas especialistas

Os sistemas especialistas são programas de computador projetados para imitar as habilidades de tomada de decisão de especialistas humanos, aproveitando regras e bases de conhecimento predefinidas. Eles fornecem soluções para problemas específicos em certas áreas – a conclusão e as explicações para a decisão e o raciocínio por trás deles são prontamente rastreadas para uma base de conhecimento. Os sistemas especialistas funcionam como consultores experientes, capazes de orientar sobre temas específicos. Assim como um consultor financeiro aproveita seu conhecimento sobre mercados e investimentos, os sistemas especialistas aplicam regras predefinidas para chegar a soluções em algumas áreas. O raciocínio por trás das recomendações do sistema especialista pode ser rastreado até sua base de conhecimento, da mesma forma que é possível buscar na experiência financeira de um consultor a lógica para suas respostas.[5]

---

5 Kanabar, V. (1993). "Integrating Project Planning Tools into the CASE Architecture." Em T. J. Bergin (Ed.), *Computer-Aided Software Engineering*. Idea Group Inc.

Um dos autores deste livro, Vijay Kanabar, projetou um aplicativo de IA chamado Project Factors Expert System (PFES) para realizar a tarefa de avaliar a complexidade de um projeto e estimar seu custo.

A base de conhecimento do programa de IA foi modelada a partir do conhecimento de especialistas em custos com experiência prática e conhecimento dos fatores críticos que impactam tais cálculos.

O legado de sistemas especialistas em relação à representação do conhecimento, interpretabilidade e integração do conhecimento de domínio influencia o desenvolvimento e as aplicações da IA generativa.

Aprendizado de máquina

O aprendizado de máquina (ML, do inglês *machine learning*), um componente central da IA, permite que os computadores aprendam e tomem decisões com base em dados, sem serem explicitamente programados. Envolve algoritmos que aprendem iterativamente com os dados e modelos que, consequentemente, melhoram seu desempenho ao longo do tempo. A programação de *software* tradicionalmente usa instruções para executar uma tarefa. No entanto, com o aprendizado de máquina, os sistemas podem analisar grandes quantidades de dados, identificar padrões e fazer previsões ou tomar decisões de forma autônoma. Os algoritmos de ML podem analisar dados para encontrar padrões e fazer previsões, sem serem explicitamente programados para cada cenário. Por exemplo, considere a filtragem de *e-mail*. Em vez de definir manualmente regras para classificar *e-mails* como spam ou não, um sistema de ML pode ser treinado, em um conjunto de dados de *e-mails*, para aprender a distinguir *spam* de mensagens legítimas com base em padrões.[6] À medida que processa mais *e-mails*, sua precisão melhora – como um aluno melhora à medida que estuda as perguntas de um exame.

Deep learning (aprendizagem profunda)

A aprendizagem profunda, um subconjunto do aprendizado de máquina, ganhou imensa popularidade por sua eficácia no reconhecimento de imagem, processamento de linguagem natural e reconhecimento de fala.[7] Ela utiliza redes neurais com várias camadas, chamadas redes "profundas". Foi somente nos anos 2000, com o

---

6 Alurkar, AA, Ranade, SB, Joshi, SV, Ranade, SS, Sonewar, PA, Mahalle, PN e Deshpande, AV (2017). "A Proposed Data Science Approach for Email Spam Classification Using Machine Learning Techniques," 2017 Internet of Things Business Models, Users, and Networks, 1–5.

7 Raaijmakers, S. (2022). *Deep Learning for Natural Language Processing*. Manning.

aumento do poder computacional, a abundância de dados e as melhorias nos algoritmos, que a aprendizagem profunda se tornou viável. Essa inovação revolucionou áreas como o reconhecimento de imagem e fala. A aprendizagem profunda é como uma criança aprendendo a reconhecer animais. Inicialmente, ela reconhece características básicas, como cores, formas e texturas. Seriam as camadas de baixo nível, em uma rede neural, detectando atributos simples em imagens. À medida que cresce, a criança aprende a associar essas características básicas com partes reconhecíveis, como patas, caudas, orelhas e assim por diante.

Com exemplos e prática suficiente, as redes neurais profundas podem dominar tarefas complexas, como reconhecimento de imagem e fala, da mesma maneira que as crianças aprendem a identificar animais por meio da experiência cotidiana.

Redes neurais

As redes neurais, nome inspirado na arquitetura do cérebro humano, são fundamentais para a aprendizagem profunda e a inteligência artificial. Um parâmetro numérico, chamado peso sináptico, observa a força da conexão entre dois neurônios. Uma rede neural é composta por camadas de neurônios, que seriam como pequenas unidades de processamento. Cada um desses neurônios na rede absorve algumas informações, faz cálculos e, em seguida, transmite os resultados. A magia das redes neurais está em sua capacidade de ajustar esses pesos sinápticos usando como base os dados com que foram treinadas, o que otimiza seu desempenho. Uma inovação fundamental das redes neurais é um algoritmo que faz o treinamento das redes ajustando pesos com base no resultado. Vamos ver um exemplo:

- Imagine que você esteja tentando aprender a reconhecer coelhos. Os coelhos têm quatro patas, pelo, orelhas grandes e uma pequena cauda gordinha. Os coelhos domésticos são disciplinados. Eles existem em diferentes tamanhos e cores.

- Uma rede neural é como o cérebro. Funciona de forma semelhante, por exemplo, ao tentar entender e lembrar as pistas capazes de identificar um coelho.

- Quando você está aprendendo a reconhecer coelhos, as primeiras camadas dos neurônios podem se concentrar em características básicas, como identificar cores ou formas. As camadas sucessivas combinam essas características básicas para identificar algumas partes, como orelhas, patas, pelo ou cauda. Em seguida, outras camadas combinam essas partes para reconhecer um coelho inteiro.

- A camada final, que reconhece o coelho inteiro a partir das informações recebidas, é a *camada de saída*.

A aprendizagem acontece à medida que a rede se ajusta, com base na experiência que vai ganhando. Suponha que tenha identificado, equivocadamente, o coelho como um gato. Feita a correção, a rede ajustaria levemente o peso de certos recursos, como formato, tamanho e comprimento da orelha. Com o tempo, e com exemplos suficientes, a rede melhora e passa a reconhecer os coelhos de forma confiável.

Processamento de linguagem natural

O processamento de linguagem natural (PNL) é um campo da inteligência artificial que se concentra na forma como os computadores podem entender, interpretar e responder à linguagem humana de maneira correta. Entre humanos, isso é simples e fácil. Até os bebês parecem entender rapidamente uma versão básica da nossa língua. Quando somos adultos, experimentamos uma vida inteira de comunicação. A PNL é um desafio, quando se trata de IA. Ela precisa integrar linguística computacional, ciência da computação e psicologia cognitiva para analisar as complexidades da linguagem humana.

Para deixar mais claro: o processamento de linguagem natural é como um estudante de intercâmbio imerso em uma nova cultura e linguagem. No início, ele luta para acompanhar as conversas e entender as expressões idiomáticas. Mas, com o tempo e a exposição, ele entende as nuances do idioma. Da mesma forma, os algoritmos de PNL devem entender a complexidade e o contexto da comunicação humana. Usando técnicas estatísticas e linguísticas, a PNL permite que as máquinas analisem frases, determinem o seu significado e gerem respostas valiosas – semelhante a um aluno que desenvolve fluência em um novo idioma. Assim como aprender um idioma é natural para os humanos, a PNL pretende que a máquina consiga ter habilidades de comunicação semelhantes.

A PNL está cada vez mais integrada em várias aplicações, de assistentes virtuais a ferramentas de análise de sentimentos, revolucionando a forma como interagimos com a tecnologia. Por exemplo, Siri e Alexa usam PNL para entender comandos de voz e responder a perguntas. Por fim, os avanços na PNL permitem os recentes sucessos de recursos de IA generativa que percebemos em ferramentas como o ChatGPT.

Transformers

Os *transformers* são um tipo de arquitetura de rede neural usada em sistemas de PNL e IA, como o ChatGPT. Um *transformer* treinado com grande quantidade de dados pode improvisar e criar dados. Imagine um *chef* preparando uma nova sopa. Ele prova o caldo e percebe que precisa de mais sal. Então, adiciona uma pitada, prova novamente e ajusta o tempero. Esse processo iterativo permite que o *chef* concentre sua atenção dinamicamente, com base na evolução da sopa. O Google descobriu a arquitetura de rede neural de *transformers* em 2017.

Tecnicamente, ela mede a relevância das palavras ao prever as que virão a seguir, melhorando a compreensão e a geração da linguagem. Desde 2017, os *transformers* e seus mecanismos de atenção fizeram a IA avançar em campos como tradução, *chatbots* e apoio à escrita.

Transformador generativo pré-treinado

O transformador generativo pré-treinado (GPT), desenvolvido pela OpenAI, é um modelo de IA projetado para tarefas de PNL. Ele opera na arquitetura *transformer*, que se destaca no tratamento de dados sequenciais, ideal para a geração de texto. O GPT é "pré-treinado" em grandes quantidades de texto, compreendendo o contexto, a semântica e os intrincados padrões de linguagem.

- "Generativo" quer dizer produção de texto coerente e contextualmente relevante com base em instruções (*prompts*). Fazendo uma analogia com uma aula de artes plásticas, generativa é a capacidade do GPT de criar textos ou imagens, da mesma forma que alunos criam sua própria arte.

- "Pré-treinado" indica extenso aprendizado prévio. Ao contrário dos modelos tradicionais, que exigem treinamento específico para determinadas tarefas, como jogar xadrez, o GPT pode ser ajustado para várias aplicações, desde a elaboração de um texto até a resposta a perguntas.

- "Transformador (*transformer*)", como já indicado, é a capacidade de compreender várias dimensões simultâneas e responder de forma adequada.

Modelos de fundação

Um modelo básico é um modelo de aprendizado de máquina treinado com grandes quantidades de dados e ajustável para aplicações específicas. A OpenAI, por exemplo, usou o termo "modelo de fundação" para descrever modelos como GPT-3 e GPT-4. Esses modelos, uma vez pré-treinados, servem como base e podem ser adaptados para várias tarefas, com quantidades menores de dados especializados. A ideia é alavancar as capacidades gerais do modelo de fundação e adaptá-lo às necessidades específicas.

Do ponto de vista técnico, as versões mais recentes do GPT possuem mais parâmetros de rede neural, aumentando sua capacidade de aprendizagem. Essa progressão levou a aplicações avançadas em escrita e criatividade.

Por exemplo, o GPT-3 tem 175 bilhões de parâmetros, e o GPT-4, mais poderoso, tem 1,76 trilhão.[8] Consideramos o ChatGPT um exemplo de ferramenta de IA generativa popular que é útil para gerentes de projetos.

ChatGPT

O ChatGPT é um modelo de linguagem de grande escala desenvolvido pela OpenAI, uma empresa de pesquisa e implantação de IA. Como você acabou de aprender, GPT significa transformador generativo pré-treinado. É um modelo de linguagem contextual baseado em arquitetura *transformer* para gerar texto semelhante ao humano. Projetado para conversar com humanos em linguagem natural, seu resultado é coerente, informativo e envolvente.

O ChatGPT é apenas um exemplo de tecnologia de IA generativa. Neste capítulo, também apresentamos Claude e Bard. Outros produtos de IA criam conteúdo diferente, como áudio, código, imagens e vídeos.

> **GUIA TÉCNICO** Consulte o Guia Técnico no final deste capítulo para entender como usar o ChatGPT e as ferramentas de IA mencionadas.

Como funciona

Aqui está uma visão geral da arquitetura do ChatGPT e como ela funciona:

1. **Arquitetura:** o ChatGPT é baseado na arquitetura *transformer*, que já apresentamos.
2. **Pré-treinamento:** o modelo passa por uma fase de pré-treinamento, sendo exposto a grandes quantidades de texto da internet.
3. **Ajuste fino:** após o pré-treinamento, o modelo é ajustado com base em conjuntos de dados menores, muitas vezes gerados com a ajuda de revisores humanos.
4. **Segurança e dimensionamento:** a OpenAI trabalhou para que o ChatGPT fosse seguro de usar e com o mínimo de vieses. A OpenAI também busca o *feedback* dos usuários para melhorar e resolver qualquer deficiência.

---

[8] Caelen, O. e Blete, MA (2023). *Developing Apps with GPT-4 and ChatGPT*. O'Reilly Media.

Durante o treinamento inicial, o modelo aprende prevendo a próxima palavra de uma frase, auxiliando na compreensão da gramática e dos fatos do mundo. Pode, no entanto, absorver vieses dos dados de treinamento. Para resolver isso e melhorar a produção do modelo, a OpenAI usa revisores humanos. Seguindo as diretrizes da OpenAI, esses revisores avaliam as respostas do modelo. Seu *feedback* contínuo refina e melhora o modelo ao longo do tempo.

Cinco etapas

Vamos entender como o ChatGPT funciona ao responder a um simples *prompt*, como: "Defina o papel de um gerente de projetos". Cinco etapas são percorridas antes de chegar à resposta:

1. **Tokenização:** este é o processo de conversão de uma sequência de caracteres (como uma frase ou parágrafo) em uma sequência de *tokens*, ou blocos de palavras. O objetivo é dividir o texto em partes que possam ser processadas pelo modelo. A entrada, "Defina o papel de um gerente de projetos", é dividida em *tokens* como ["Defina", "o", "papel", "de", "um", "gerente", "projetos"]. Os *tokens* são mapeados para IDs inteiros (neste caso, 27), que são então mapeados para vetores numéricos. Esses vetores se tornam as representações iniciais de palavras do modelo. Veja o exemplo da **Tabela 1.3**.

TABELA 1.3 Exemplo de *tokenização*		
TOKEN	FORMA TOKENIZADA	VETOR NUMÉRICO
Defina	"Defina"	[0,56, −1,22, 0,9 ...]
o	"o"	[−0,12, 1,47, −0,56, ...]
papel	"papel"	[1,23, 0,03, −0,77, ...]
de	"de"	[−1,10, 0,82, 0,45, ...]
um	"um"	[0,67, −1,15, 0,50, ...]
projetos	"projetos"	[0,90, 0,11, −0,36, ...]
gerente	"gerente"	[−0,45, 0,78, 1,12, ...]

2. **Compreensão do contexto:** os vetores passam sequencialmente pelas camadas neurais do modelo. Por exemplo, ver o *token* "Defina" pode fazer com que o modelo antecipe uma descrição subsequente.

3. **Previsão de *token*:** após o processamento, o modelo prevê o próximo *token* usando os vetores transformados. Por exemplo, depois de "Defina", ele pode sugerir "um" ou "o", graças aos padrões de treinamento recebidos.

4. **Construção de sequência:** depois de prever "o", o modelo pode sugerir os *tokens* "papel de um gerente de projetos". Os *tokens* seguintes poderiam ser "é" e, depois, "liderar". Os *tokens* previstos são devolvidos ao modelo, influenciando outras previsões – por exemplo, "Resposta do *prompt*: O papel de um gerente de projetos é liderar".

5. **Conclusão:** o modelo continua até que um *token* de fim de frase surja, ou depois de gerar um número predeterminado de *tokens*. Poderia acrescentar "é responsável por planejar, executar e finalizar projetos dentro do prazo e do orçamento". Por exemplo, "Resposta do *prompt*: O papel de um gerente de projetos é liderar uma equipe".

Mecanismos de atenção e restrições

O ChatGPT usa *mecanismos de atenção* para pesar a influência de diferentes palavras ao prever a próxima palavra de uma frase. A ideia principal por trás do mecanismo de atenção é permitir que o modelo se concentre nas partes mais relevantes da entrada para produzir uma saída. Esse foco seletivo leva o modelo a considerar todo o contexto de uma frase ou de uma passagem de texto, em favor de uma conversa muito mais precisa.

Os mecanismos de atenção podem responder corretamente a uma pergunta complicada: "O rei é um homem e a rainha é uma mulher?" Os mecanismos de atenção do modelo de linguagem levam à incorporação de palavras e representações para sugerir que, no contexto da monarquia, um "rei" é um título dado a um monarca do sexo masculino, enquanto "rainha" é um título dado a uma monarca do sexo feminino – por exemplo, a rainha Elizabeth, a monarca mais longeva do Reino Unido. No entanto, isso pode não ser totalmente preciso. Dadas as recentes mudanças na monarquia, o modelo de linguagem deve esclarecer que os termos podem ser usados em vários contextos, com diferentes significados. Por exemplo, uma "rainha" também pode se referir à esposa de um rei, além de desempenhar o papel de uma soberana. No contexto dos modelos de linguagem, a palavra "rei", associada a "homem", e "rainha", a "mulher", é baseada em padrões encontrados nos dados usados nos treinamentos.

Modelos de IA, como o ChatGPT, contam com uma janela de contexto, que se refere à quantidade de informações que você pode inserir no modelo de uma só vez. Devido a restrições computacionais, há um número máximo de *tokens* que um modelo pode manipular em uma única entrada. Essa limitação significa que textos muito longos podem ter de ser divididos para caber na janela de contexto do ChatGPT. Por exemplo, um modelo de IA que resuma um relatório de projeto de 10 páginas pode ser muito grande para o ChatGPT processar.

Modelos de linguagem, como o ChatGPT, não são orientados por banco de dados, no sentido convencional. Embora sejam projetados para gerar texto coerente e relevante, às vezes podem "alucinar" ou usar palavras erradas. Existem várias razões para essas imprecisões. Uma é que os dados em que foram treinados podem conter informações conflitantes. Além disso, se um tópico específico não foi adequadamente representado ou incluído durante o treinamento, o modelo pode fornecer respostas incorretas ou desinformadas.

Engenharia de *prompts*

A engenharia de *prompts* é uma habilidade importante que você, como gerente de projetos, deve desenvolver para aproveitar ao máximo as ferramentas de IA. Você aprenderá a criar instruções específicas ou *prompts* para orientar modelos de linguagem de IA na produção de respostas que atendam às suas necessidades. É uma técnica para otimizar o desempenho de modelos como o ChatGPT, fornecendo um contexto mais preciso ou especificando o formato de resposta esperado. Uma boa engenharia de *prompts* pode aumentar a qualidade e a relevância das respostas de um modelo, tornando-se um passo crucial para aproveitar todo o potencial dos LLMs para tarefas ou aplicações específicas.

Aqui estão algumas terminologias associadas à engenharia de *prompts*:

- *Zero-Shot Prompting* **(Solicitação sem exemplos):** essa abordagem consiste em dar ao modelo uma tarefa que ele não viu durante o treinamento e esperar que ele responda de forma adequada.

- *Few-Shot Prompting* **(Solicitação com poucos exemplos):** o modelo recebe alguns exemplos (ou "amostras") para orientar a sua resposta. É como ensinar uma pessoa mostrando-lhe algumas instâncias de uma tarefa e, em seguida, pedir-lhe para replicar ou ampliar esse conhecimento.

- *Chain-of-Thought* **(CoT) (Cadeia de pensamento):** este método usa vários *prompts* para conduzir o modelo por uma série de pensamentos ou etapas relacionados até chegar à resposta desejada; é como orientar alguém, passo a passo, por um processo de raciocínio. Uma versão evoluída desse método envolve estratégias de solicitação mais complexas, com várias camadas de raciocínio, para obter uma saída sofisticada.

Um *template* pode ser usado para estruturar um *prompt*. Veja aqui um detalhamento desse *template*:

1. **Atuação/persona:** é uma maneira de orientar o comportamento do modelo de IA e definir o tom que ele deve assumir na interação. A ideia é fazer com que o modelo gere respostas como se incorporasse a função ou a persona definida.

2. **Objetivo:** o resultado ou objetivo do *prompt*.
3. **Contexto:** fornece informações básicas ou situacionais para orientar a resposta do modelo.
4. **Restrições:** são limitações ou diretrizes específicas para moldar a saída.
5. **Instruções:** definição clara do que se busca. Os exemplos incluem "resuma o texto a seguir" ou "traduza a frase para o francês".

Um *prompt* baseado em um *template* poderia ser assim:

"Aja como um gerente de projetos. Descreva um dia na vida de um gerente de projetos. Ele trabalha com construção civil e usa metodologia tradicional, não ágil. Descreva os resultados em dois parágrafos usando o formato de tópicos."

ATRIBUTOS	COMPONENTE DO *PROMPT*
Atuação/persona	Gerente de projetos
Objetivo	Descrever um dia na vida de um gerente de projetos
Contexto	Trabalha na construção civil
Restrições	Usa metodologia tradicional, não ágil
Instruções	Descreva os resultados em dois parágrafos, em formato de tópicos

Aqui estão os diferentes exemplos de *prompts*, todos estruturados com base nesse *template*.

Atuação/persona: gerente de projetos
Objetivo: explicar os desafios enfrentados por um gerente de projetos.
Contexto: supervisiona projetos na área da saúde.
Restrições: deve cumprir diretrizes regulatórias rígidas.

Atuação/persona: gerente de projetos
Objetivo: detalhar estratégias de comunicação que um gerente de projetos usa com as partes interessadas.
Contexto: trabalha em empresa multinacional.
Restrições: comunica-se com pessoas de diferentes fusos horários e culturas.

Atuação/persona: gerente de projetos
Objetivo: descrever como um gerente de projetos lida com os conflitos da equipe.
Contexto: lidera uma equipe diversificada no setor financeiro.
Restrições: deve manter os prazos do projeto em meio à resolução de conflitos.

Teremos um resultado excelente se definirmos claramente o contexto e as restrições.

A seguir, uma amostra de *prompts* que você pode perguntar às ferramentas generativas de IA:

- **Definir objetivos claros:** como você pode garantir que todas as partes interessadas e membros da equipe entendam e se alinhem com as metas do projeto?
- **Gerenciamento de escopo:** como você planeja definir e controlar o escopo do projeto para evitar desvios?
- **Gerenciamento de riscos:** quais estratégias você implementará para identificar, avaliar e mitigar possíveis riscos do projeto?
- **Alocação de recursos:** descreva sua abordagem para alocar e monitorar recursos humanos e materiais de forma eficaz.
- **Relatórios regulares de *status*:** como você planeja fornecer atualizações de *status* consistentes às partes interessadas e à equipe do projeto?
- **Controle orçamentário:** descreva sua abordagem para monitorar os custos do projeto e garantir que eles permaneçam dentro do orçamento aprovado.
- **Garantia de qualidade:** quais *benchmarks* e métricas você estabelecerá para a qualidade e como você garantirá que eles sejam atendidos ou ultrapassados?
- **Engajamento e motivação da equipe:** como você planeja manter a equipe do projeto engajada e motivada e garantir que seja reconhecida por seu desempenho?
- **Resolução de conflitos:** que medidas você tomará para abordar e resolver conflitos de forma construtiva?

Em cada caso, a saída do *prompt* será de alto nível, e você precisará elaborar mais *prompts* para descobrir conhecimentos valiosos sobre gerenciamento de projetos.

Ao longo deste livro, você verá exemplos de *prompts* bem elaborados, bem como dicas para melhorar seus *prompts* de forma que atendam às suas necessidades. O restante do livro apresentará sugestões relacionadas aos tópicos a seguir:

- O Capítulo 2, "Os *stakeholders* e a IA generativa", fornecerá *prompts* para ajudá-lo com a identificação e o envolvimento de *stakeholders* importantes.
- O Capítulo 3, "Construindo e gerenciando equipes com o uso de IA", tratará de *prompts* focados na construção de equipes eficazes e na demonstração de habilidades de liderança, componentes críticos da entrega bem-sucedida de projetos.
- O Capítulo 4, "Escolhendo uma abordagem de desenvolvimento com IA", apresentará *prompts* para ajudá-lo a escolher a abordagem certa para o desenvolvimento do projeto, seja preditiva, adaptativa ou um modelo híbrido, preparando o terreno para o sucesso.
- O Capítulo 5, "Planejamento assistido por IA para projetos preditivos", fornecerá *prompts* para orientá-lo nas atividades de iniciação e planejamento de projetos preditivos, permitindo sua completa antecipação.

- O Capítulo 6, "Projetos adaptativos e IA", tratará de *prompts* com instruções direcionadas para gerenciar projetos adaptativos que exigem maior flexibilidade e capacidade de resposta à mudança.

- O Capítulo 7, "Monitoramento do desempenho do trabalho do projeto com IA", terá como foco *prompts* de monitoramento do desempenho do trabalho no projeto, incluindo execução, controle e gerenciamento da qualidade, com supervisão para manter o projeto nos trilhos.

- O Capítulo 8, "O papel da IA na gestão de riscos", fornecerá *prompts* sobre gestão de riscos e ferramentas para identificar e mitigar riscos.

- O Capítulo 9, "Finalizando projetos com IA", falará de *prompts* para orientar na verificação, na validação, na transição e no fechamento de projetos, levando-os a uma conclusão bem-sucedida.

Ética e responsabilidade profissional

Considerações éticas e responsabilidade profissional em inteligência artificial são primordiais, dado o seu profundo impacto na sociedade. Aqui está uma lista de algumas preocupações importantes:

- **Transparência:** os sistemas de IA, especialmente os que influenciam a decisão, devem ser claros sobre seu funcionamento para evitar vieses e conclusões infundadas.

- **Privacidade de dados:** o fato de a IA basear-se em grandes conjuntos de dados exige adesão estrita à proteção de dados e ao consentimento informado.

- **Mitigação de vieses:** é essencial a abordagem e a redução de vieses em modelos de IA para garantir a justiça em seus resultados.

- **Responsabilidade:** os sistemas de IA devem ser confiáveis. No caso da ocorrência de erros, as responsabilidades – seja do fornecedor da ferramenta, dos desenvolvedores, dos usuários ou das organizações de implantação – devem estar bem definidas.

- **Considerações ambientais:** volumosos recursos são usados para treinar modelos de IA, o que acentua a necessidade de avaliar sua pegada ambiental.

- **Supervisão regulatória:** à medida que a IA se integra em vários setores, há necessidade de estruturas regulatórias sólidas para garantir seu uso ético.

- **Aprimoramento humano:** a linha entre o aumento da IA e a substituição de papéis humanos, especialmente em setores sensíveis, merece uma avaliação cuidadosa.

- **Alucinação e precisão dos dados:** os modelos de IA, especialmente aqueles como o ChatGPT, podem produzir imprecisões ou "alucinações" em razão do uso de dados limitados ou conflitantes no treinamento. Você deve estar ciente desse risco potencial e sempre verificar as informações fornecidas pela IA.

- **Propriedade de dados e implicações de treinamento:** você deve estar ciente das políticas de compartilhamento de dados de seus provedores de IA. Alguns modelos podem usar seus dados proprietários para treinamento adicional; outros, não.

Pontos-chave a serem relembrados

Ao longo deste capítulo, vimos como o surgimento da inteligência artificial é transformador no campo do gerenciamento de projetos. Como gerente de projetos, você deve reconhecer e se adaptar a esse novo cenário.

- As ferramentas de IA estão evoluindo rapidamente nas principais competências de gerenciamento de projetos, como planejamento, organização e controle.

- A IA tem uma história rica; o ponto culminante é o atual estado da arte no processamento de linguagem natural (PNL).

- A PNL permite que sistemas de IA como ChatGTP, Bard e Claude.ai conversem naturalmente, entendendo muito bem tal contexto.

- A IA generativa, como o ChatGPT, produz conteúdo notavelmente humano, mas ainda tem limitações em relação à precisão.

- Avalie com cuidado os riscos antes de integrar a IA à sua organização.

- As ferramentas de IA nas mãos dos gerentes de projetos, como tomadores de decisão, são uma grande vantagem sobre aqueles que não a utilizam.

- Você deve ser cauteloso quanto à entrada de dados, as saídas de IA e as implicações do compartilhamento de dados com sistemas de IA, especialmente no uso de dados para treinamento adicional de modelos.

Guia técnico

1.1 Usando o ChatGPT

Instruções

1. Acesse **https://chat.openai.com** para acessar a interface do ChatGPT. Você precisará criar uma conta OpenAI gratuita, se não tiver.
2. A interface do *chat* é simples, com uma caixa de texto na parte inferior. Comece digitando ou falando sua pergunta, tópico de conversa ou qualquer coisa que você queira que a IA responda (**Figura 1.3**).

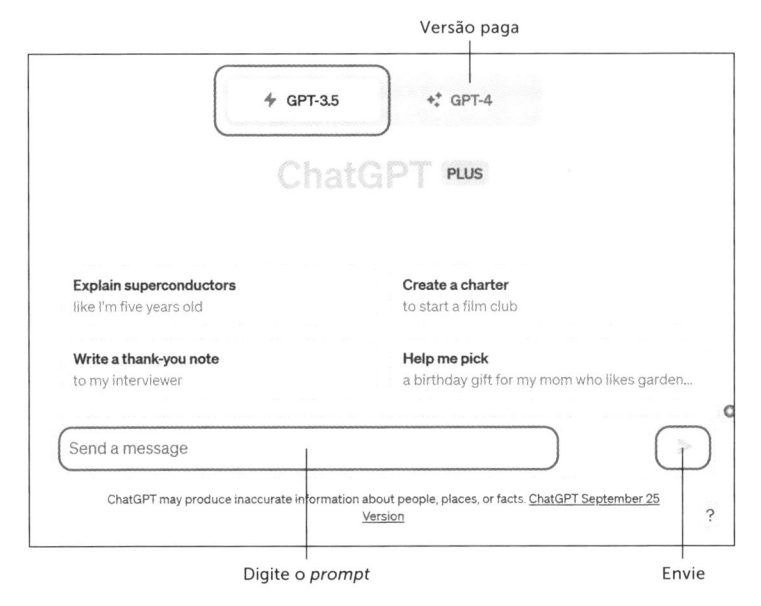

FIGURA 1.3 Interface do ChatGPT Plus.

3. Pressione **Enter** ou clique em **Enviar** para encaminhar seu *prompt*. O ChatGPT processará a solicitação e gerará uma resposta.

Dicas e considerações:

- Converse naturalmente, como faria com uma pessoa. Faça perguntas, compartilhe informações e peça explicações ou esclarecimentos.
- Você pode mudar de assunto ou redirecionar a conversa a qualquer momento. O *bot* acompanhará.
- Reformule sua solicitação original, em busca de esclarecimentos, se a resposta não for clara ou precisa. Você também pode pedir ao ChatGPT para explicar ou ampliar suas respostas.

- Não o trate como um mecanismo de pesquisa, fazendo perguntas únicas e simples. Tenha uma discussão de ida e volta para obter o máximo de valor.
- Os históricos e as respostas do *chat* são armazenados na nuvem e, por padrão, podem ser usados para o treinamento futuro do ChatGPT. Mas você pode alterar as configurações para que a resposta seja excluída.
- Existem diferentes funcionalidades, recursos e limitações, dependendo da versão do ChatGPT (gratuita ou paga).
- Uma versão para *smartphone* está disponível para iOS e Android.
- O GPT Plus permite que você navegue pelos dados "atuais" usando o Bing.

1.2 Usando Bard

Começando um bate-papo

1. Navegue até **bard.google.com**. Isso abrirá uma interface de bate-papo (**Figura 1.4**).

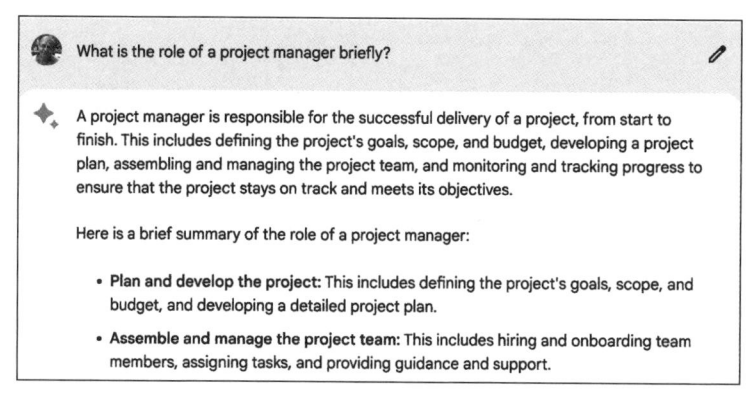

> **What is the role of a project manager briefly?**
>
> A project manager is responsible for the successful delivery of a project, from start to finish. This includes defining the project's goals, scope, and budget, developing a project plan, assembling and managing the project team, and monitoring and tracking progress to ensure that the project stays on track and meets its objectives.
>
> Here is a brief summary of the role of a project manager:
>
> - **Plan and develop the project:** This includes defining the project's goals, scope, and budget, and developing a detailed project plan.
> - **Assemble and manage the project team:** This includes hiring and onboarding team members, assigning tasks, and providing guidance and support.

FIGURA 1.4 A interface do Bard.

2. Digite um *prompt* na caixa de *chat*, na parte inferior. Você pode fazer perguntas, solicitar informações ou dar início a uma conversa.
3. Clique em **Enviar** ou pressione **Enter** para encaminhar sua solicitação ao Bard.

Conversando com Bard

1. Converse naturalmente, como faria com uma pessoa.
2. O Bard processará sua solicitação e gerará texto de resposta em seus balões de bate-papo.
3. Faça perguntas, em busca de esclarecimentos, se a resposta não for clara ou precisa.
4. Caso deseje alterar os tópicos ou mudar a conversa, simplesmente comece uma nova linha de discussão.

1.3 Usando Claude.ai

O acesso no *site* Claude.ai pode não ser consistente. Depois de obter acesso, o restante das etapas orienta para a inserção do primeiro *prompt*:

1. Acesse **www.claude.ai** no seu navegador.
2. Digite seu endereço de *e-mail* e selecione **Continuar com o e-mail**.
3. Você receberá um código de *login* no seu endereço de *e-mail* especificado. Encontre e copie o **código de *login***.
4. Cole ou insira o código de *login*. Clique em **Continuar com o código de login**. Você será direcionado para a interface de bate-papo do Claude.
5. Digite seu *prompt* na caixa de bate-papo, na parte inferior. Por exemplo: "Qual é o papel de um gerente de projetos?"
6. Pressione **Enter** ou clique no ícone **Enviar** para encaminhar seu *prompt*. Você verá uma resposta como a mostrada na **Figura 1.5**.

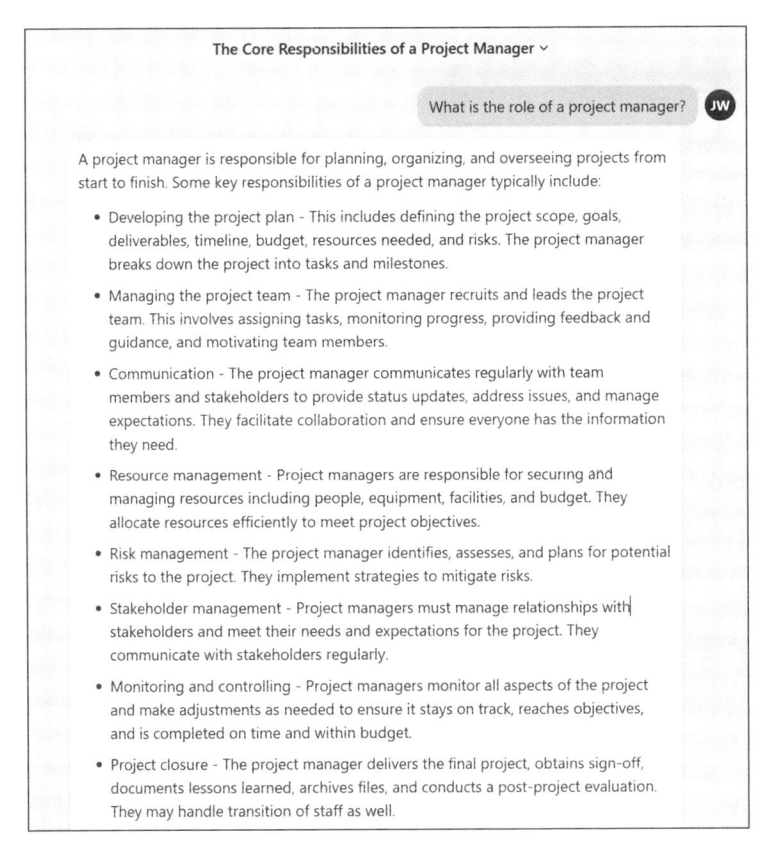

> **The Core Responsibilities of a Project Manager** ˅
>
> What is the role of a project manager?   JW
>
> A project manager is responsible for planning, organizing, and overseeing projects from start to finish. Some key responsibilities of a project manager typically include:
>
> - Developing the project plan - This includes defining the project scope, goals, deliverables, timeline, budget, resources needed, and risks. The project manager breaks down the project into tasks and milestones.
> - Managing the project team - The project manager recruits and leads the project team. This involves assigning tasks, monitoring progress, providing feedback and guidance, and motivating team members.
> - Communication - The project manager communicates regularly with team members and stakeholders to provide status updates, address issues, and manage expectations. They facilitate collaboration and ensure everyone has the information they need.
> - Resource management - Project managers are responsible for securing and managing resources including people, equipment, facilities, and budget. They allocate resources efficiently to meet project objectives.
> - Risk management - The project manager identifies, assesses, and plans for potential risks to the project. They implement strategies to mitigate risks.
> - Stakeholder management - Project managers must manage relationships with stakeholders and meet their needs and expectations for the project. They communicate with stakeholders regularly.
> - Monitoring and controlling - Project managers monitor all aspects of the project and make adjustments as needed to ensure it stays on track, reaches objectives, and is completed on time and within budget.
> - Project closure - The project manager delivers the final project, obtains sign-off, documents lessons learned, archives files, and conducts a post-project evaluation. They may handle transition of staff as well.

FIGURA 1.5 A interface do Claude.

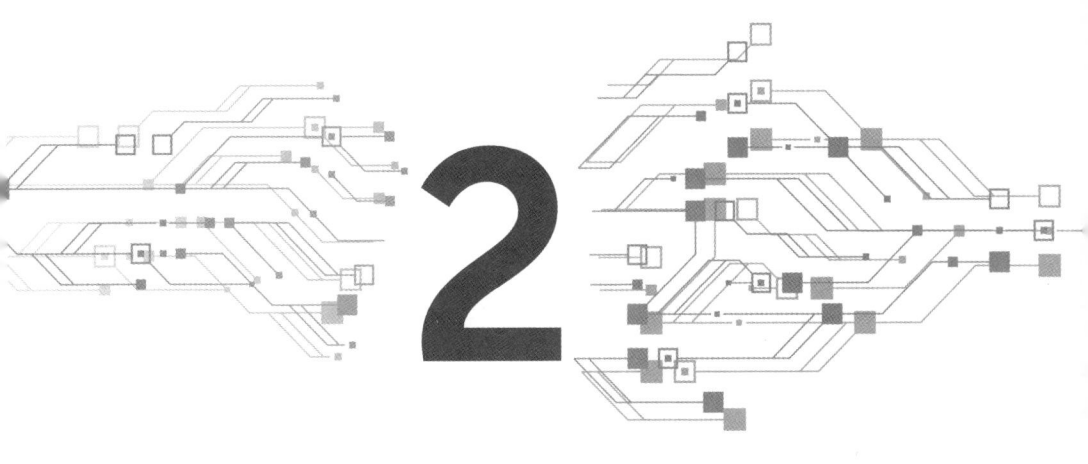

Os *stakeholders* e a IA generativa

O sucesso de um projeto depende da capacidade do seu líder de identificar e envolver os *stakeholders*, comunicando-se constantemente com eles e atendendo às suas expectativas. A gestão dos *stakeholders* é mais do que uma habilidade valiosa – é uma necessidade. A inteligência artificial (IA) generativa é uma ferramenta preciosa nesse esforço. Seja você um iniciante, seja um gerente de projetos com grande experiência, a IA poderá ser de grande utilidade durante todo o ciclo de vida de entrega do projeto. As tecnologias de IA aumentarão significativamente a produtividade e a eficiência, desde a identificação e o envolvimento dos *stakeholders* até a manutenção de uma comunicação eficaz.

IA EM AÇÃO: LML HOME IMPROVEMENT

Em cada um dos tópicos abordados, apresentaremos um caso de uso real de um modelo de IA, como o ChatGPT. A LML Home Improvement Inc. foi fundada pelo ex-carpinteiro Luiz M. Lorenzo. Após um começo bem-sucedido na área de reformas residenciais, com pequenos projetos, como construção de porões, cômodos e garagens, Luiz desejou ampliar o negócio. Ele decidiu partir para a construção de casas. Tomando conhecimento das ferramentas de IA, entre elas o ChatGPT, ele aprendeu seu uso básico.

LML Home Improvement Inc.

Luiz precisava identificar os *stakeholders* de seu novo projeto, que ele começaria em um pequeno bairro nos arredores de Acton, Massachusetts. Usando um aplicativo do ChatGPT em seu telefone, ele foi rapidamente apresentado a uma lista de oito *stakeholders*. Ele conhecia a maioria deles, listados a seguir:

- Arquitetos e decoradores
- Empreiteiros
- Fornecedores de material de construção
- Agências de financiamento
- Governo local/reguladores

Mas o que realmente chamou a atenção de Luiz foi a lista de *stakeholders* que ele não conhecia. Ele não tinha ideia dos potenciais problemas de um grande projeto. Os modelos de IA têm informações sobre projetos, pequenos e grandes, e o ChatGPT listou três *stakeholders* adicionais dos quais Luiz não se lembrara:

Vizinhança: os vizinhos devem ser envolvidos, especialmente se houver algum problema durante a construção.

Agentes imobiliários: os agentes imobiliários podem avaliar o valor potencial da casa.

Seguradoras: a LML Home Improvement tinha seguro, mas o fato de a IA identificar com destaque as seguradoras fez Luiz refletir sobre o valor e a extensão desse seguro.

Luiz escreveu uma carta para os vizinhos, informando-os sobre a obra. Ele entrou em contato com um agente imobiliário para obter ideias de projeto e decoração. Por fim, Luiz aumentou o valor da sua cobertura, depois de conversar com a seguradora.

Identificação dos *stakeholders* do projeto

Nesta seção, veremos como a IA pode facilitar a identificação dos *stakeholders*, ou partes interessadas, em qualquer projeto. Mais adiante neste capítulo, mostraremos como você pode manter os *stakeholders* envolvidos e bem-informados.

Entendendo os *stakeholders*

Stakeholders, ou partes interessadas. Todos já ouvimos o termo. Vamos consultar o *Project Management Body of Knowledge* (PMBOK):

> Um stakeholder *ou parte interessada é um indivíduo, grupo ou uma organização que pode afetar, ser afetado ou perceber-se afetado por uma decisão, atividade ou resultado de um projeto.*

Basicamente, uma parte interessada em um gerenciamento de projetos é qualquer pessoa interessada no resultado do projeto e que é impactada pelo projeto. Podem ser indivíduos, grupos ou até organizações. As partes interessadas podem ser internas ou externas ao projeto.

RECURSO O PMBOK é um padrão global do Project Management Institute (PMI) seguido por profissionais do mundo inteiro. *The Process Groups: A Practice Guide* é um livro que faz uma boa dupla com o PMBOK, oferecendo orientação prática.[1]

---

1 www.PMI.org

O guia PMBOK identifica oito domínios de desempenho do projeto: são grupos de atividades fundamentais para uma entrega eficaz dos resultados do projeto. O primeiro domínio, e possivelmente o mais importante, é o desempenho das partes interessadas.

Existem diferentes tipos de partes interessadas no ambiente do projeto (**Figura 2.1**), e todas elas precisam ser identificadas e classificadas quanto ao seu impacto e gerenciadas.

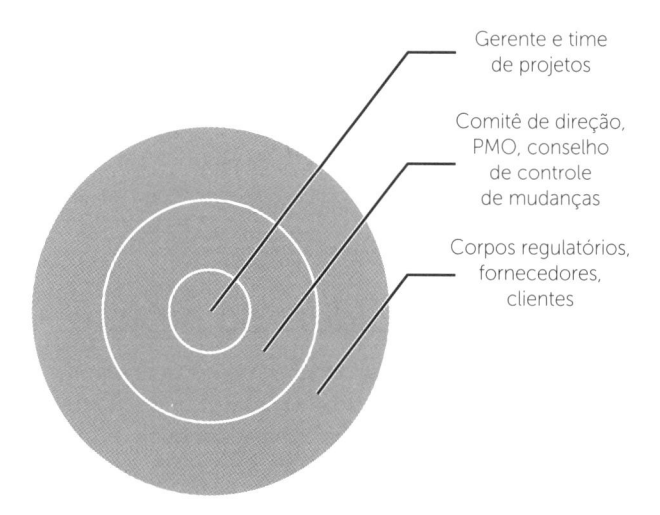

- Gerente e time de projetos
- Comitê de direção, PMO, conselho de controle de mudanças
- Corpos regulatórios, fornecedores, clientes

FIGURA 2.1 Partes interessadas no ambiente do projeto.

Ao longo deste livro, você verá exemplos da equipe do projeto – desenvolvedores, *designers*, clientes e patrocinadores – interagindo com ferramentas de IA. Isso pode incluir *software* de gerenciamento de projetos e ferramentas de automação. Neste capítulo, nos concentramos especificamente no uso de uma ferramenta de IA, como o ChatGPT, para agilizar vários aspectos do projeto junto às partes interessadas.

Aproveitando a IA para identificar as partes interessadas

Identificar as partes interessadas é fundamental no gerenciamento de projetos. Então, como você pode aproveitar a IA para agilizar esse processo?

Uma ferramenta como o ChatGPT é muito útil para isso. Sua capacidade de processar rapidamente grandes volumes de dados pode ajudar a identificar as partes interessadas com base em suas interações. Para começar, esses modelos de linguagem aprenderam com milhões de projetos, em todas as áreas. Além disso, com o treinamento, eles podem analisar dados adicionais do projeto, como comunicações por *e-mail*,

Capítulo 2: Os *stakeholders* e a IA generativa

e identificar indivíduos envolvidos em conversas relacionadas ao projeto e que podem ser partes interessadas. As ferramentas de IA podem ainda se aprofundar nos dados organizacionais para identificar as partes relevantes, dependendo, é claro, dos documentos de treinamento ou aprendizagem fornecidos, sejam eles documentação do projeto, *e-mails* ou mídias sociais. O ChatGPT, por exemplo, entende o contexto e a frequência dessas comunicações. Essas técnicas podem ajudá-lo, como gerente de projetos, a reconhecer com rapidez e precisão as partes interessadas relevantes.

Um estudo de caso fictício ajuda a esclarecer esse aspecto. Digamos que você esteja trabalhando com a Global Health Inc., uma *startup* em um setor altamente digitalizado. Vamos ver como a IA pode ajudá-lo com as atividades associadas ao desempenho das partes interessadas. A Global Health tem vários *e-mails* sobre o projeto.

Veja o *prompt* a seguir:

> **"ChatGPT, você pode analisar esses e-mails e me ajudar a identificar possíveis partes interessadas do nosso projeto?"**
>
> Ficaria feliz em ajudar, mas, como um modelo de linguagem de IA, não consigo acessar ou analisar diretamente seus *e-mails* por razões de privacidade e segurança. No entanto, posso orientá-lo nessa análise, sozinho ou com uma ferramenta de IA supervisionada que esteja em conformidade com as diretrizes de segurança de dados da sua organização. Em tese, você deve procurar, entre os indivíduos envolvidos com frequência nas conversas por *e-mail*, aqueles que têm poder de decisão e os que serão afetados pelo projeto.

Essa conversa destaca a importância da privacidade de dados e o papel do uso responsável da IA no gerenciamento de projetos. Antes de utilizar ferramentas de IA como o ChatGPT, certifique-se de estar totalmente ciente e em conformidade com as diretrizes de privacidade de dados da sua empresa. Se você está concedendo à IA acesso aos seus *e-mails* ou está colando manualmente conteúdo de *e-mail* no ChatGPT, é fundamental que não esteja violando nenhuma regra ou regulamento da empresa. Uma interação poderia ser algo assim:

> **"Eu tenho vasculhado todos esses e-mails para o nosso projeto da Global Health, e isso está me deixando tonto. Precisamos identificar nossas partes interessadas, mas há tantos e-mails! Você poderia me ajudar?"**
>
> Entendo o que você está dizendo e ficarei feliz em ajudar! Com base no que sei sobre o projeto e no que você forneceu, notei uma série de *e-mails* entre John Doe, diretor de operações globais de saúde, e Sarah Brown, *head* de finanças, sobre o orçamento do projeto.
>
> Há também várias mensagens em que Mike Green, diretor regional, discute recursos e cronogramas com a equipe do projeto.

Há também *e-mails* de Emily White, analista sênior, expressando preocupações e compartilhando ideias sobre como o projeto pode se desenrolar.

Agora, o que você pode inferir disso?

- John Doe, o diretor de operações, provavelmente será um dos principais interessados. Ele está muito envolvido, especialmente no que diz respeito às decisões financeiras.
- Sarah Brown é também muito importante. Como a pessoa que tem a chave do cofre, ela tem influência sobre a situação financeira do projeto.
- Temos ainda Mike Green. Sua contribuição como diretor regional no planejamento do projeto e na alocação de recursos sugere que ele pode ter papel direto na execução do projeto.
- Emily White também merece uma menção. Embora não tenha papel de gerente, como analista sênior, seus *insights* sobre o impacto do projeto fazem dela uma pessoa importante.

Ao vislumbrar esse cenário, você pode constatar como uma ferramenta de IA ajuda a filtrar dados e identificar as partes interessadas. Os quatro indivíduos podem ser partes interessadas por seu envolvimento e sua influência. Esse é um exemplo simples, mas dá uma ideia de como funciona a IA.

Vamos ver mais alguns *prompts* para o ChatGPT como exemplos. Primeiro, um *prompt* para elaborar a lista de partes interessadas:

> "ChatGPT, tenho uma lista de pessoas com quem conversei por e-mail sobre o projeto do site da Global Health. Você pode revisar meus e-mails e me ajudar a identificar outras partes interessadas importantes e seu papel nessas interações?"

Claro, posso ajudá-lo a analisar a frequência e o contexto dessas interações. No entanto, observe que, embora eu possa fornecer sugestões com base em dados, a decisão final também deve considerar fatores qualitativos, como influência, interesse e impacto dessas pessoas no projeto. Aqui está uma tabela que pode responder o que você precisa:

PARTES INTERESSADAS	PAPEL
John Smith	Diretor de análise de negócios
Mary King	Diretora de TI
Das Pear	Diretor de *marketing*

Não é incrível como a IA pode transformar o dia de trabalho de um gerente de projetos? O fato de a IA ser capaz de analisar grandes quantidades de dados para identificar potenciais partes interessadas é um grande ganho.

A beleza da IA está em sua capacidade de mergulhar fundo. Por exemplo, ela pode analisar o tom, o sentimento e o contexto de conversas por *e-mail* e outras formas de comunicação. Esse nível de análise vai além da simples identificação dos envolvidos; também entende seu tipo de interesse e seu potencial impacto no projeto.

Considere um *prompt* como este:

> *"Analise o sentimento e o contexto das interações com Jane, do departamento de TI, em relação ao projeto do site da Global Health. Você consegue avaliar sua influência e seu potencial interesse?"*

O ChatGPT vai verificar os dados, procurar padrões e contextos e pode responder com algo assim:

> Minha análise indica que Jane frequentemente discute os aspectos técnicos do projeto e muitas vezes propõe soluções inovadoras. Isso sugere que ela tem influência técnica e parece muito preocupada com o sucesso do projeto. O sentimento geral das interações com Jane parece positivo.

Agora, você identificou uma parte interessada e obteve *insights* sobre sua influência e seu potencial interesse. Esses *insights* podem ser muito importantes na estratégia de engajamento das partes interessadas.

A IA também pode ser uma ferramenta importante na busca de engajamento para solidificar o papel de alguém como parte interessada. Digamos que você pergunte isto:

> *"Você poderia rascunhar um agradecimento a Jane por suas contribuições, incentivando seu envolvimento contínuo?"*

O ChatGPT pode responder da seguinte forma:

> Prezada Jane,
>
> Gostaria de agradecer-lhe pelo belo trabalho no projeto do *site* da Global Health. Seu talento para resolução de problemas técnicos e sugestões inovadoras realmente nos ajudaram muito nessa caminhada. Agradecemos a sua dedicação e contamos com sua contínua participação.

Atualização da lista de partes interessadas

Considere a dinâmica complexa de um projeto: várias equipes, várias funções, mudanças de prioridades e um ambiente em evolução. Nesse contexto, você deve manter atualizada a lista de partes interessadas, reconhecendo que participantes de peso podem surgir, enquanto outros talvez fiquem em segundo plano.

A IA pode ter um papel fundamental na dinâmica desse processo. Ao monitorar e analisar continuamente as comunicações e interações, a IA pode alertá-lo sobre potenciais novos *stakeholders* à medida que surgem. Aqui está outra conversa hipotética com o ChatGPT:

> *"Você consegue identificar novas partes interessadas no projeto do site da Global Health, com base nas recentes comunicações por e-mail?"*

> Depois de analisar as mensagens, notei que Alex, do departamento jurídico, começou a participar ativamente das discussões. Embora não tenha sido identificado anteriormente como uma das principais partes interessadas, seu crescente envolvimento e sua experiência jurídica podem torná-lo um *stakeholder* importante no futuro.

Esse monitoramento contínuo permite que você tenha o pulso do projeto, garantindo que nenhum potencial interessado seja esquecido.

O impacto da IA nas expectativas dos *stakeholders*

As partes interessadas na era da IA também têm expectativas diferentes. Com a tecnologia avançando a velocidades vertiginosas, elas esperam mais transparência, respostas mais rápidas e interações personalizadas – áreas em que a IA pode se destacar.

Como gerente de projetos, você pode atender a essas expectativas usando recursos como o ChatGPT. A geração de relatórios em tempo real, por exemplo, é uma tarefa que você pode automatizar, mantendo os envolvidos informados e promovendo transparência. Além disso, o ChatGPT pode ajudar a fornecer respostas instantâneas às perguntas ou preocupações das partes interessadas, melhorando sua satisfação.

Veja o exemplo do nosso caso: a Global Health está trabalhando com um prazo apertado, e os *stakeholders* estão ansiosos com o cronograma.

> *"Você poderia, por favor, gerar um relatório de progresso do projeto do site para compartilharmos com as partes interessadas?"*

É claro. Aqui está um rascunho do relatório:

Nome do projeto: **desenvolvimento do site da Global Health**

Fase atual: **concepção**

Principais realizações:

1. Projeto de interface do usuário concluído
2. Esquema de cores e marca estabelecidos
3. Estrutura e navegação do *site* desenvolvidas

Próximas etapas:

1. Iniciar o desenvolvimento do *front-end* (previsão de início: 01/09/2025)
2. Teste do usuário (previsão de início: 01/11/2025)

Riscos e possíveis problemas:

Possível atraso no desenvolvimento de *front-end* pela dependência de fornecedores externos.

Observe que as datas são estimadas e sujeitas a alterações.

Agradecemos a sua compreensão e apoio contínuo.

Lembre-se de personalizar este modelo com base nos detalhes reais do seu projeto.

Essa é uma boa prática. Embora o ChatGPT faça um rascunho inicial, cabe a você, como gerente de projetos, ajustar e personalizar a mensagem para adequá-la às partes interessadas. O *prompt* inicial fornecido era muito genérico; com mais contexto, o ChatGPT teria gerado informações mais específicas e personalizadas.

À medida que avançamos na era da IA, as partes interessadas não apenas esperam respostas mais rápidas e maior transparência, mas também buscam um envolvimento mais profundo e uma comunicação mais proativa. Elas querem se sentir parte da conversa e não apenas receptores passivos de atualizações. É aqui que os recursos preditivos e analíticos da IA podem ser aproveitados.

Imagine, por exemplo, pedir ao ChatGPT para prever as possíveis perguntas dos *stakeholders* depois de verem o relatório de progresso mais recente. Com sua capacidade de processar grandes volumes de dados e prever padrões, o ChatGPT pode ajudá-lo a antecipar e se preparar para as reações das partes interessadas.

Com base nos dados fornecidos, os interessados podem perguntar o seguinte:

- Quais são os tipos de dependência do fornecedor externo e como isso pode causar um atraso?
- Que medidas estamos tomando para mitigar esse risco?
- Existem implicações orçamentárias associadas ao potencial atraso?

Ao abordar proativamente essas preocupações em suas comunicações, você atenderá às necessidades das partes interessadas, construindo confiança e apoio.

Além de gerar relatórios e responder a consultas, a IA também pode ajudar a gerenciar as expectativas das partes interessadas em relação aos riscos do projeto. Ao analisar os dados do projeto, ela pode identificar padrões de risco e possíveis armadilhas, permitindo que essa informação chegue aos interessados.

Supondo que o ChatGPT tenha acesso a conjuntos de dados de uma empresa ou organização, pense em um *prompt* como este:

"Com base em dados de projetos anteriores e no nosso progresso atual, que riscos potenciais devemos comunicar às nossas partes interessadas?"

Ou você pode usar o *prompt* a seguir, se precisar inserir algum contexto para que o ChatGPT entenda melhor seu projeto.

"Aja como especialista em gerenciamento de projetos, análise de riscos e comunicação com as partes interessadas. Use seus recursos para avaliar as informações do projeto. Revise o progresso atual, os recursos envolvidos, possíveis obstáculos e as estratégias de mitigação de riscos. A partir disso, gere um relatório que inclua atualização do status, riscos identificados, progresso, potenciais partes interessadas que devem ser informadas e aconselhamento estratégico sobre as próximas etapas. Esse relatório deve ser em linguagem formal, mas estruturado, de forma a ser de fácil compreensão pelos envolvidos. As informações a serem consideradas incluem:

Descrição do projeto: no momento, estamos desenvolvendo um novo modelo de IA para otimizar nosso sistema de recomendação.

Detalhes do progresso: estamos na metade do nosso cronograma, com os principais marcos alcançados dentro do prazo.

Riscos conhecidos: dados e alocação de recursos potencialmente enviesados.

Estratégias atuais de mitigação de riscos: teste regular de viés e realocação de recursos, conforme necessário.

Informações sobre as partes interessadas: entre elas, estão uma equipe de cientistas de dados, executivos de negócios, gerentes de produto e usuários finais."

À medida que utilizamos a IA para gerenciar as expectativas dos interessados, ganha importância o seu papel na análise de sentimentos dos interessados. Entender como eles se sentem em relação a um projeto pode ser fundamental para o gerenciamento de expectativas. A IA pode analisar a comunicação das partes interessadas, fornecendo informações valiosas sobres seus sentimentos em relação ao projeto.

Vamos considerar o seguinte cenário. Você pergunta ao ChatGPT o seguinte:

> *"Com base nas comunicações recentes, como a equipe de design se sente sobre as mudanças que implementamos?"*
>
> Com base na análise recente de *e-mails* e mensagens, a equipe de *design* parece estar satisfeita com as mudanças. Linguagem e expressões positivas sugerem isso.

Com essas informações, você pode criar mensagens e respostas mais precisas, mantendo o sentimento positivo e lidando prontamente com qualquer preocupação.

Ao navegar nesse novo cenário, você notará uma demanda crescente por uma IA que não apenas responda, mas também ofereça sugestões e recomendações de forma proativa. As partes interessadas podem esperar esse tipo de iniciativa da IA, influenciando ainda mais a dinâmica do gerenciamento de projetos.

Imagine um cenário em que o ChatGPT perceba um padrão de problemas recorrentes durante uma fase específica de seus projetos. Ele poderia sugerir:

> Nos últimos projetos, houve alguns atrasos na fase de testes devido a *bugs* inesperados. Para mitigar esse risco, recomendo incorporar um processo de depuração mais robusto no plano do projeto.

Esses *insights* proativos da IA podem apoiar significativamente seu trabalho, permitindo que você gerencie as expectativas das partes interessadas de forma mais eficaz.

Além disso, com os recursos de análise de dados e modelagem preditiva da IA, você pode fornecer previsões de projeto mais realistas, reduzindo a lacuna entre as expectativas e a realidade. Esse nível de precisão preditiva pode ajudar muito a manter a confiança das partes interessadas e garantir seu apoio contínuo.

Por exemplo:

> *"Com base em projetos anteriores de escala semelhante, qual é o cronograma mais realista para a fase de testes do nosso projeto?"*

Com uma resposta do ChatGPT, você estaria mais equipado para definir cronogramas mais precisos e gerenciar as expectativas das partes interessadas.

E, à medida que você continua a explorar esse terreno, deve se concentrar na comunicação prática e empática, no envolvimento das partes interessadas e no respeito à privacidade dos dados. Em todos os capítulos, incluímos uma seção que aborda especificamente situações éticas, incluindo transparência sobre privacidade de dados. É claro que, à medida que aproveitamos o poder da IA no gerenciamento das expectativas das partes interessadas, evoluímos nas nossas metodologias e redefinimos os limites do que é alcançável no gerenciamento de projetos.

Análise dos *stakeholders* com IA

Depois de identificar as partes interessadas, é hora de se deter sobre o que elas desejam, suas necessidades e seus canais de comunicação preferidos – isso é a análise dos *stakeholders*. Essa análise é importante para o gerenciamento do projeto. Ela permite que as organizações desenvolvam estratégias eficazes para o envolvimento das partes interessadas, garantindo que estejam informadas, envolvidas e satisfeitas com o progresso e os resultados do projeto. Um dos problemas mais comuns são os distintos interesses pessoais e políticos. A IA é capaz de fornecer soluções para esses dilemas.

Compreendendo os interesses e as necessidades dos *stakeholders*

Depois de identificar as partes interessadas (ou *stakeholders*), você deve entender seus interesses e suas necessidades para gerenciar suas expectativas e garantir o sucesso do projeto. As partes interessadas são o coração e a alma de qualquer projeto. Entender suas necessidades e interesses é fundamental. Os métodos tradicionais de análise das partes interessadas podem ser demorados e complexos. A IA pode dar uma nova dimensão a esse processo.

Modelos de IA, como o ChatGPT, podem ajudá-lo a entender as partes interessadas ao analisar dados textuais, como *e-mails*, resumos de projetos e até transcrições de reuniões. Essas informações podem ajudar a adaptar planos de projeto e estratégias de comunicação para atender às necessidades e desejos das partes interessadas.

Em nosso exemplo da Global Health, suponha que você tenha um resumo do projeto e algumas conversas iniciais gravadas. Você pode pedir uma análise ao ChatGPT:

> *"Tudo bem, fizemos um ótimo trabalho identificando potenciais partes interessadas. Mas entendê-las é um jogo diferente. Precisamos conhecer seus interesses e suas necessidades neste projeto, e temos um resumo do projeto e uma série de conversas iniciais com eles. Você poderia me ajudar nessa tarefa?"*

Estou com você, parece um desafio fascinante. Com base nas informações que você me deu, vamos criar outro cenário hipotético:

Qualidade do projeto: pelo que sabemos, nossas partes interessadas querem um *site* de alta qualidade. Elas buscam algo abrangente, que cubra todos os serviços da Global Health. Mas não se trata apenas de informação – o *site* deve ser fácil de usar, acessível e visualmente atraente. Elas não renunciam à qualidade!

Pressão de tempo: há também a tendência de trabalhar com prazo apertado. Pode haver futuras campanhas de *marketing* ou eventos que dependam desse projeto. O tempo é essencial.

Restrições orçamentárias: em meio a tudo isso, há rumores sobre uma restrição orçamentária. As partes interessadas precisam de soluções econômicas que garantam a manutenção da qualidade do *site*.

OBSERVAÇÃO A interpretação do ChatGPT é baseada nas informações fornecidas. É essencial confirmar a análise com as próprias partes interessadas. O julgamento humano é indispensável quando se trata de entender as necessidades e os interesses humanos diferenciados.

Em seguida, peça ao ChatGPT detalhes sobre os *stakeholders* identificados:

> *"Ótimo começo. Você pode nos ajudar a aprofundar algumas das necessidades específicas das partes interessadas?"*

Você está certo, fico feliz em ajudar! Vamos partir da nossa conversa anterior e nos aprofundar nas necessidades das partes interessadas.

John Doe, diretor de operações da Global Health, provavelmente tem interesse no sucesso geral do projeto, que todas as operações funcionem sem problemas e estejam alinhadas com a estratégia da organização.

Sarah Brown, como *head* de finanças, pode estar particularmente interessada na relação custo-benefício do projeto, monitorando de perto o orçamento e procurando maneiras de otimizar os gastos.

{A resposta trata ainda de outras partes interessadas, mas foi suprimida por brevidade e relevância.}

Imagine usar um modelo de IA para filtrar dados textuais – *e-mails*, resumos de projetos, transcrições de reuniões – para identificar os interesses dos *stakeholders*. Ela poderia analisar padrões linguísticos, frequência de temas, sentimentos e muito mais. Esses *insights* permitirão que você adapte seus planos de projeto e estratégias de comunicação de forma mais eficaz. Você poderia abordar proativamente as partes interessadas, buscando um melhor envolvimento e, em última análise, um projeto mais bem-sucedido.

Classificação dos *stakeholders* por poder e interesse

Como gerente de projetos, você pode consultar o ChatGPT para ajudar a avaliar o poder e os níveis de interesse dos *stakeholders*, usando uma ferramenta do PMBOK:

"Você poderia, por favor, gerar uma matriz de poder e interesse dos stakeholders *identificados?"*

Claro, fico feliz em ajudá-lo a gerar uma matriz de poder e interesse desses stakeholders. *Em uma matriz de poder e interesse, classificamos os* stakeholders *quanto ao nível de interesse no projeto em relação ao poder ou influência sobre o projeto.*

Dadas as informações fornecidas na conversa, veja como fica essa classificação:

John Doe, diretor de operações da Global Health: alto poder, alto interesse. Como diretor, John Doe tem influência significativa na tomada de decisões do projeto. É provável que ele tenha um grande interesse no sucesso geral e na eficiência do projeto, alinhando-o com a estratégia organizacional.

Sarah Brown, head de finanças: alto poder, alto interesse. Como responsável pelas finanças, Sarah pode influenciar as decisões do projeto no que diz respeito a orçamento e custos. É provável que ela esteja interessada em otimizar os gastos e manter a eficiência de custos.

{A resposta trata ainda de outras partes interessadas, mas foi suprimida por brevidade e relevância.}

Lembre-se de que essa é uma classificação aproximada, e os níveis reais de poder e interesse dessas partes interessadas podem variar com base em muitos fatores, incluindo cultura organizacional e compromisso pessoal. Essas informações consideram dados históricos e cargos, mas, em muitos casos, o cargo pode não refletir com precisão o poder ou a autoridade.

Também é importante não mostrar essas informações às partes interessadas. Embora seja um documento vital do plano do projeto, ele deve ser mantido em sigilo. Emily, por exemplo, pode não ficar satisfeita por ser classificada como uma parte interessada de baixo poder e médio interesse.

Para referência rápida, o ChatGPT pode gerar uma tabela e matriz para ajudá-lo a visualizar melhor essas informações:

"Ei, ChatGPT, você pode colocar essas informações no formato de tabela?"

Claro, aqui está a matriz de poder e interesse em formato de tabela

STAKEHOLDER	PODER	INTERESSE
John Doe	Alto	Alto
Sarah Brown	Alto	Alto
Mike Green	Médio	Alto
Emily White	Baixo	Baixo

GUIA TÉCNICO Consulte o Guia Técnico 2.3 para um passo a passo sobre a inclusão de um anexo para permitir que o ChatGPT crie uma apresentação visual dos dados.

Lembre-se de que as classificações de poder e interesse como baixo, médio ou alto podem variar com base nas circunstâncias e dinâmicas específicas dentro de sua organização. São aproximações que podem servir como diretriz sobre a atenção e o gerenciamento que cada parte interessada pode exigir durante o projeto.

"Boa! Você pode, por favor, colocar isso em um grid ou quadrante, por favor?"

Claro!

A **Figura 2.2** mostra como, com base na descrição dos cargos das partes interessadas, a Análise Avançada de Dados do ChatGPT (Code Interpreter) inferiu seus níveis de potência em uma matriz.

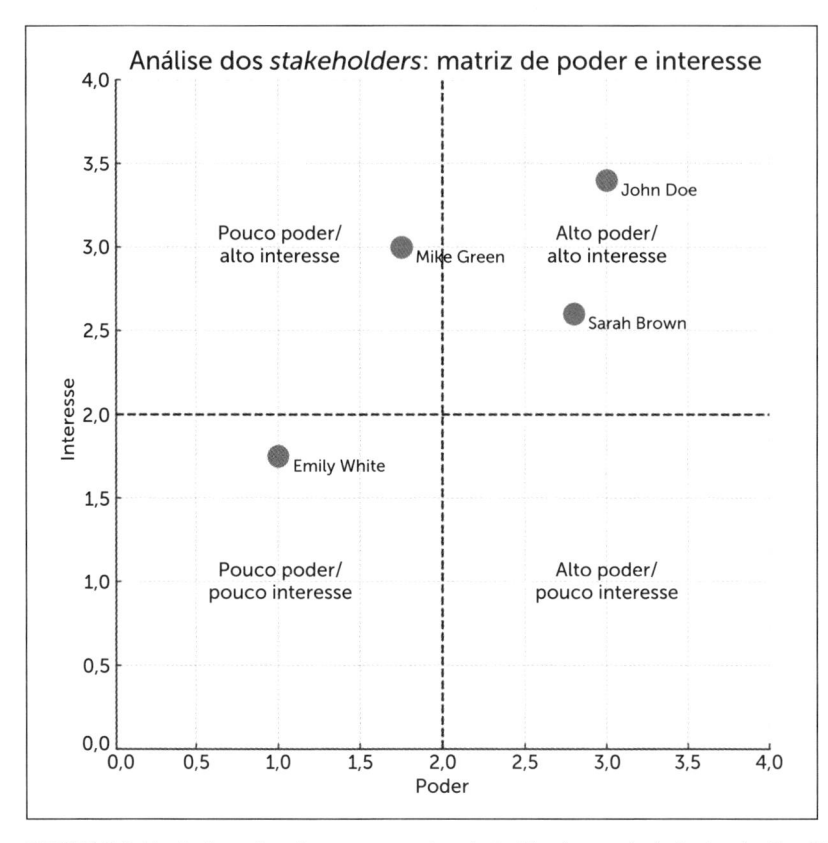

FIGURA 2.2 Matriz de poder e interesse gerada pela Análise Avançada de Dados do ChatGPT.

É claro que, como em qualquer ferramenta, a IA tem suas limitações. A tomada de decisão no mundo real exige julgamento humano, empatia e uma compreensão das nuanças culturais e emocionais que a IA pode não entender completamente. Mas é inegável que a IA oferece um suporte valioso, ajudando você a enfrentar os desafios de gestão dos *stakeholders* com maior facilidade e confiança.

Preferências e canais de comunicação dos *stakeholders*

A comunicação eficaz é fundamental para o envolvimento dos *stakeholders*, e entender suas preferências é muito importante. A IA pode analisar as interações dos *stakeholders* para determinar se preferem *e-mail*, telefonemas ou reuniões presenciais, além da frequência e do estilo de comunicação. Você pode, então, usar essas informações para desenvolver planos de comunicação personalizados que atendam às necessidades de cada um.

Por exemplo, um *stakeholder* que aprecie recursos visuais pode receber um painel de projeto dinâmico em que a ferramenta de Análise Avançada de Dados do ChatGPT acrescentaria recursos visuais. Outro interessado, que prefere relatórios detalhados, pode receber uma análise por escrito aprofundada. Da mesma forma, as mensagens às partes interessadas podem ser adaptadas para abordar suas preocupações específicas, sejam elas sobre custo, qualidade, cronograma ou outros aspectos do projeto. Ao entender, abordar e personalizar as necessidades e preferências exclusivas de cada parte interessada, a IA pode ajudar a promover relacionamentos mais fortes e eficazes para gerenciar melhor as expectativas e promover engajamento e apoio.

No contexto do nosso estudo de caso, se a Global Health tiver projetos anteriores com *stakeholders* similares, você pode usar a IA para analisar os padrões de comunicação:

> *"Como eu poderia identificar os canais de comunicação preferidos de nossas partes interessadas?"*
>
> Claro. Procure frequência e capacidade de resposta em diferentes canais (como *e-mail*, Slack e Teams). *Stakeholders* que respondem rapidamente em determinado canal provavelmente preferem esse. Além disso, considere a formalidade e a complexidade das informações compartilhadas. Informações complexas ou formais geralmente são mais adequadas para *e-mails* ou reuniões presenciais, enquanto atualizações casuais ou urgentes podem ser feitas em aplicativos de bate-papo.

Esse exemplo trata de algumas estratégias para determinar o melhor método de comunicação. No entanto, à medida que as empresas adotam a IA e integram seus conjuntos de dados, ela pode filtrar tais dados e revelar padrões e conexões que, de outra forma, poderiam ser perdidos. E como a IA aprende e se adapta constantemente, ela pode fornecer *insights* ainda mais precisos e oportunos sobre as necessidades dos *stakeholders*.

> *"Com base em dados históricos de comunicação, você pode ajudar a identificar os canais de comunicação preferidos de nossos stakeholders?"*
>
> Com certeza, posso ajudá-lo a entender suas preferências de comunicação com base nos dados históricos fictícios disponíveis. Veja o que a análise sugere:
>
> Jane, da TI, por exemplo, tende a responder de forma mais rápida e eficaz quando contatada via Slack. Ela é normalmente ativa durante o horário comercial, e suas respostas concisas indicam uma preferência por comunicação direta e curta. Ela também usa *emojis* com frequência para transmitir suas reações, sugerindo que aprecia um certo nível de informalidade nas comunicações digitais. No entanto, Jane prefere *e-mails* para tópicos mais formais e complexos, particularmente ao discutir atualizações do sistema ou decisões significativas de TI.

Bob, do *marketing*, prefere reuniões presenciais ou videochamadas no Zoom para discussões detalhadas. É mais provável que ele responda a *e-mails* quando uma reunião é marcada ou para confirmar detalhes. Seu estilo de comunicação indica preferência por interação pessoal e conversa aprofundada.

(Resposta suprimida por brevidade e relevância).

Compreender essas preferências pode melhorar significativamente sua comunicação com os *stakeholders*. Lembre-se de que tais preferências podem mudar com o tempo e com as circunstâncias, por isso é sempre uma boa ideia revisar e pedir *feedback* regularmente.

Uma ferramenta de IA, como o ChatGPT, refina progressivamente sua compreensão com base no *feedback* e nas informações adicionais fornecidas. Jane, do departamento de TI, prefere uma comunicação direta e concisa em vez de longas atualizações. Se informarmos essa preferência à IA, ela poderá ajustar o estilo de comunicação ao interagir com Jane, adaptando as mensagens a esse estilo.

Considere um *prompt* como este:

> "Lembre-se de que Jane prefere atualizações concisas. Você pode fornecer uma atualização curta, mas abrangente, sobre o status *do projeto para ela?*"

OBSERVAÇÃO Modelos de IA como o ChatGPT operam com base em *tokens*, que podem ser entendidos como palavras, caracteres ou fatias de texto. Cada conversa tem um limite de *token*, uma quantidade máxima de informações que o modelo pode armazenar de uma só vez. Em *chats* estendidos, se o limite de *tokens* for atingido, os *tokens* anteriores podem ser descartados, fazendo parecer que a IA esqueceu um detalhe. Se isso acontecer, não há problema em refrescar sua memória com um lembrete!

O ChatGPT ajustaria sua resposta:

> Claro, aqui está uma breve atualização: Prezada Jane, ...

A capacidade da IA de aprender e evoluir faz dela uma ferramenta dinâmica, que ganha sintonia com suas preferências à medida que você interage com ela.

Em essência, a IA incentiva a mudança de uma abordagem única para uma estratégia diferenciada e personalizada, centrada na compreensão e no respeito às preferências individuais dos *stakeholders*. Ao adotar e integrar a IA em suas práticas de gerenciamento de projetos, você estará mais bem equipado para promover relacionamentos significativos e produtivos com os *stakeholders*.

Benefícios da IA na análise de *stakeholders*

Em nosso exemplo da Global Health, você viu como a IA ajudou a identificar os *stakeholders*, entender suas necessidades e determinar suas preferências de comunicação. Agora vamos avaliar os benefícios da IA na análise dos *stakeholders*.

A IA pode analisar rapidamente um grande volume de dados, o que é particularmente útil para projetos de grande escala que envolvam várias partes interessadas. Essa capacidade permite que você identifique rapidamente possíveis riscos, oportunidades e áreas que requerem atenção.

Outro benefício da IA é sua capacidade de identificar padrões e tendências, o que pode ajudar a prever o comportamento e as preferências dos *stakeholders*. Ao entender esses padrões, você pode adaptar melhor suas estratégias de comunicação e seus esforços de engajamento.

> *"Você poderia fornecer mais informações sobre como a IA pode ajudar a prever o comportamento dos* stakeholders*?"*
>
> Claro! A IA pode analisar dados históricos e interações anteriores com *stakeholders* para identificar padrões em seu comportamento, preferências e preocupações. Ao alavancar algoritmos de aprendizado de máquina, a IA pode prever como os *stakeholders* reagem a determinadas situações ou decisões. Essas informações capacitam os gerentes de projetos a abordar proativamente possíveis problemas, adaptar estratégias de comunicação e promover relacionamentos mais fortes com os *stakeholders*.

Isso é impressionante! Outra vantagem notável da IA na análise dos *stakeholders* é a capacidade de aprender e melhorar continuamente. À medida que os sistemas de IA são expostos a mais dados e interações, eles podem refinar a compreensão sobre a sua dinâmica e fornecer *insights* mais precisos. Essa melhoria contínua pode levar à documentação de uma estratégia de relacionamento sólida, melhores resultados do projeto e maior satisfação dos envolvidos.

A IA tem o potencial de revolucionar essa análise, fornecendo *insights* valiosos, prevendo o comportamento dos *stakeholders* e aprendendo continuamente. À medida que a IA avança, os gerentes de projeto terão de encontrar o equilíbrio entre alavancar as capacidades da inteligência artificial e manter uma abordagem centrada no ser humano. O uso da IA permite que os gerentes se concentrem no planejamento estratégico e na construção de relacionamentos, levando a projetos mais bem-sucedidos.

A comunicação orientada por IA e o envolvimento de *stakeholders*

É hora de envolver os *stakeholders*. É aqui que a IA pode agregar valor significativo. A comunicação orientada por IA pode gerar conteúdo personalizado, segmentando grupos específicos e medindo os níveis de engajamento por meio da análise de sentimentos.

O engajamento personalizado vai além da disseminação de informações; constrói relacionamentos e promove o diálogo. Os relatórios automatizados gerados pela IA podem oferecer atualizações em tempo real, garantindo que todos os *stakeholders* estejam sempre informados. Esse tipo de transparência pode aumentar significativamente a confiança e o envolvimento dos *stakeholders*.

Conteúdo e mensagens gerados por IA

Vamos ver o que diz o ChatGPT a respeito:

> *"Você poderia explicar como o conteúdo e as mensagens gerados pela IA podem ajudar a envolver os* stakeholders*?"*
>
> Com certeza! O conteúdo e as mensagens gerados por IA podem ajudar os gerentes de projetos a criar mensagens personalizadas para os envolvidos. Ao analisar os interesses e as necessidades de cada parte, a IA pode gerar conteúdo relevante e envolvente, economizar tempo e esforço dos gerentes de projetos e garantir que a comunicação seja eficaz e bem recebida.
>
> *"Obrigado, ChatGPT. Esse é um ponto interessante."*

O conteúdo gerado por IA pode ajudar com mensagens claras, concisas e atraentes, adaptadas às preferências de comunicação de diferentes *stakeholders*.

Suponha que a Global Health precise enviar uma atualização por *e-mail* sobre o projeto do *site*. Você pode usar o ChatGPT para gerar um rascunho com detalhes relevantes:

> *"Ajude-me a redigir uma atualização por* e-mail *sobre o projeto do* site*. A fase de desenvolvimento está concluída, e estamos entrando na fase de testes. Estamos no caminho certo para cumprir nosso prazo."*

Assunto: *Status* do projeto do *site* da Global Health

Prezado [nome do *stakeholder*],

Espero que esteja tudo bem. Escrevo para atualizá-lo sobre o *status* do projeto do *site* da Global Health.

Tenho o prazer de informar que nossa equipe concluiu a fase de desenvolvimento e está, agora, fazendo a transição para a fase de testes. Esta etapa envolve a verificação rigorosa de todas as funcionalidades e os recursos para garantir o desempenho ideal.

Fique tranquilo, estamos no caminho certo para cumprir o prazo do projeto previamente comunicado, mantendo nosso compromisso com um trabalho de qualidade.

Estamos ansiosos para apresentar a você um *site* fácil de usar, acessível, visualmente atraente e alinhado com a reputação da Global Health.

Obrigado por seu apoio contínuo e sua confiança em nossa equipe. Continuaremos a mantê-lo informado sobre nosso progresso.

Atenciosamente,

[Seu Nome]

As mensagens geradas por IA também podem ser usadas em canais mais imediatos, como Slack ou Teams, criando atualizações regulares e concisas para essas plataformas.

Comunicação personalizada e direcionada

A comunicação orientada por IA pode ajudar os gerentes de projeto a entregar mensagens personalizadas e direcionadas às partes interessadas. Ao entender as preferências e necessidades de comunicação dos envolvidos, a IA pode ajudar a adaptar o formato, o tom e o conteúdo da mensagem a eles. Essa abordagem personalizada pode levar a uma comunicação mais eficaz, relacionamentos mais fortes e melhores resultados.

"Você pode dar um exemplo de como a comunicação personalizada e direcionada pode funcionar?"

Claro! Um gerente precisa atualizar os envolvidos sobre o progresso do projeto. A IA pode analisar as preferências de cada *stakeholder* e segmentá-los em grupos, como aqueles que preferem apresentações visuais, relatórios escritos ou atualizações curtas por *e-mail*. A IA pode, então, gerar conteúdo para cada grupo, garantindo que cada um receba as informações em seu formato preferido. Essa abordagem personalizada pode aumentar o engajamento e a satisfação dos *stakeholders*.

Esse é um ótimo exemplo de como a IA pode ajudar com uma comunicação personalizada e direcionada aos *stakeholders*.

A personalização é um grande benefício da IA na comunicação. Modelos de linguagem, como o ChatGPT, podem ajudar a criar mensagens com base em necessidades e interesses de cada parte interessada.

Por exemplo, os interessados em tecnologia podem apreciar detalhes sobre esse aspecto do projeto, enquanto outros podem preferir outro tipo de atualização.

> *"Você poderia me ajudar a criar uma atualização técnica detalhada sobre o projeto do* site *para os* stakeholders *interessados em tecnologia?"*
>
> Oi, pessoal.
>
> Concluímos a fase de desenvolvimento do *site* da Global Health e agora estamos fazendo a transição para o teste. Aqui vai um breve resumo do que isso significa:
>
> Realizaremos testes de unidade em componentes individuais, testes de integração para garantir que todas as partes do *site* funcionem juntas sem problemas e testes de usabilidade para fornecer uma experiência de usuário de alto nível.
>
> Nosso conjunto de soluções [mencione as tecnologias usadas] provou ser robusto e eficiente até agora, e estamos trabalhando para que nosso código seja limpo e bem documentado, facilitando futuras atualizações.
>
> Nosso cronograma está em dia, e vamos mantê-los atualizados em relação a novos ou eventuais obstáculos.
>
> Agradecemos seu apoio. Entrem em contato conosco se tiverem alguma dúvida ou precisarem de mais informações.
>
> Atenciosamente,
>
> [Seu Nome]

Quando se trata de engajamento, a capacidade de personalização da IA é um grande recurso. Diferentes *stakeholders* podem preferir modos de comunicação distintos – alguns preferem uma breve mensagem de texto, outros, um *e-mail* mais detalhado, enquanto outros escolhem uma representação visual dos dados. A IA pode se adaptar às preferências de meio e estilo de comunicação de cada envolvido.

Vamos ver como o ChatGPT pode adaptar uma comunicação à equipe de *design* do projeto, que prefere atualizações visuais:

> *"Como a equipe de design é composta por indivíduos que costumam processar informações visualmente, você poderia comunicar o progresso do projeto a eles em um formato visual? Farei o upload de um arquivo do Excel para você revisar. Seria bom criar uma atualização do projeto usando gráficos de pizza e gráficos de barras a partir dos dados fornecidos, pois esses são recursos visuais eficazes para a compreensão das informações."*
>
> Com certeza. Posso criar uma representação visual do *status* atual do projeto para a equipe de *design*. A partir do arquivo que você enviou, vou criar um gráfico de barras para mostrar o progresso de cada estágio de *design* e um gráfico de pizza para mostrar a distribuição de tarefas entre os membros da equipe.

Com a Análise Avançada de Dados do ChatGPT, você pode carregar um arquivo com dados que podem ser interpretados e representados visualmente usando um gráfico de barras e um gráfico de pizza (**Figura 2.3**). Neste caso, o ChatGPT conseguiu trabalhar com as tabelas de dados no arquivo carregado sem precisar tocar no Excel. O gráfico de barras mostra o progresso de cada etapa do projeto. O eixo y representa a porcentagem de conclusão, e o eixo x representa diferentes estágios do projeto, como desenvolvimento de conceito ou prototipagem. As barras fornecem uma representação visual do progresso atual em cada estágio.

O gráfico de pizza na Figura 2.3 mostra a distribuição de tarefas entre os membros da equipe. Cada fatia é um membro da equipe, e o tamanho da fatia corresponde ao seu nível de envolvimento no projeto. Esse envolvimento personalizado ajuda as partes interessadas a se sentirem valorizadas e reconhecidas, o que pode aumentar significativamente seu envolvimento e compromisso com o projeto.

O potencial da IA na identificação e no envolvimento das partes interessadas vai além da mera eficiência. Ela permite manter uma lista dinâmica das partes interessadas, alinhar a comunicação de acordo com suas preferências e adicionar uma camada de personalização. À medida que abraçamos totalmente o potencial da IA, avançamos em direção a uma abordagem mais prática e com mais nuances.

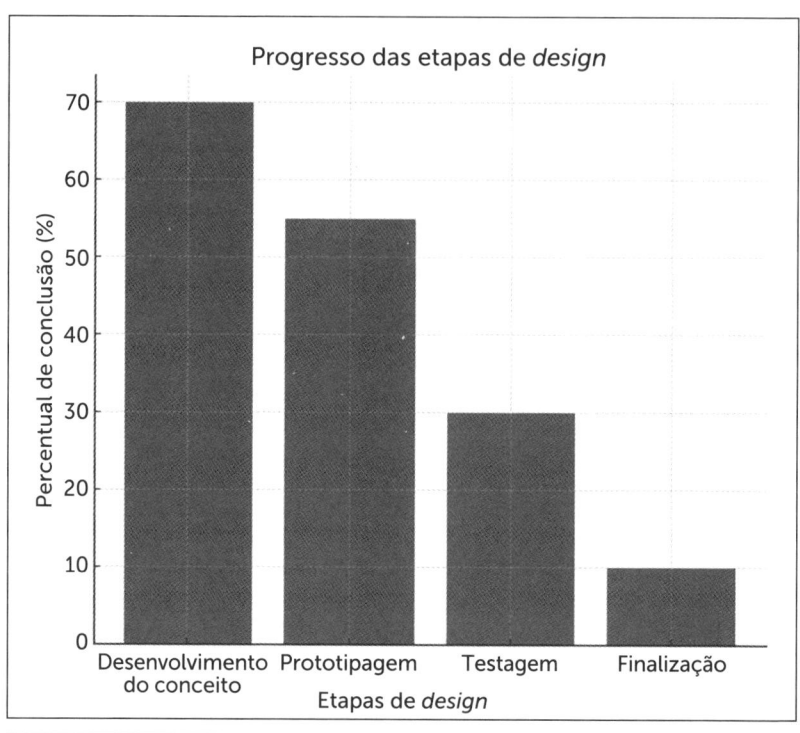

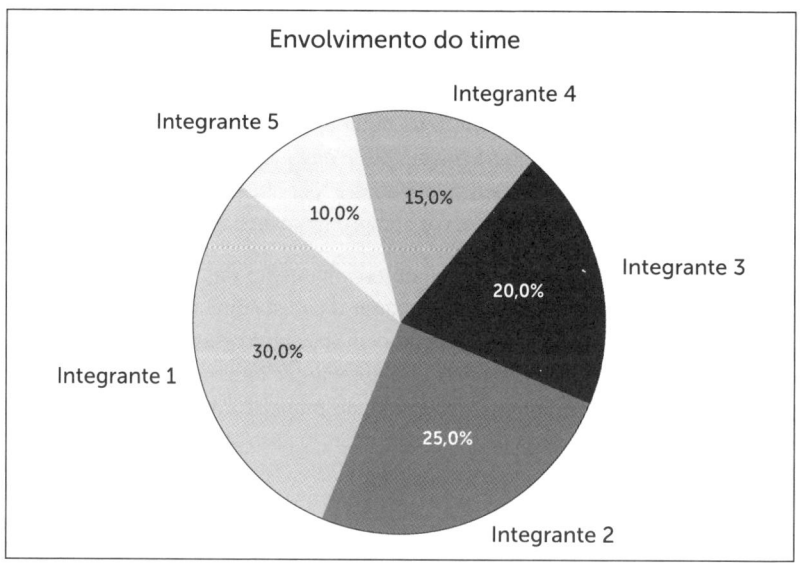

FIGURA 2.3 Gráfico de barras e gráfico de pizza gerados pela Análise Avançada de Dados do ChatGPT.

OBSERVAÇÃO Os gerentes de projetos devem considerar a política da empresa e trabalhar com a equipe de TI para garantir que as comunicações por *e-mail* sejam mantidas em sigilo.

GUIA TÉCNICO Consulte o Guia Técnico 2.3 para ver como usar a Análise Avançada de Dados do ChatGPT (anteriormente denominada Code Interpreter) para carregar um anexo e instruir o ChatGPT a apresentar os dados visualmente.

Medição do envolvimento e dos sentimentos das partes interessadas

A IA também pode ajudá-lo a medir o envolvimento e analisar os sentimentos dos *stakeholders* em relação ao projeto. Ao rastrear métricas como taxas de abertura de *e-mail*, taxas de cliques e engajamento nas mídias sociais, a IA pode fornecer *insights* sobre a eficácia da comunicação com os envolvidos. Além disso, a análise de sentimentos pode ajudá-lo a entender emoções e opiniões, propiciando que falem abertamente sobre possíveis preocupações ou problemas.

> *"Você poderia me dar um exemplo de como a análise de sentimentos pode ser usada no engajamento das partes interessadas?"*
>
> Claro! A análise de sentimentos pode avaliar as reações dos envolvidos em relação a atualizações do projeto, anúncios ou outros comunicados. Por exemplo, suponha que um gerente compartilhe nas redes sociais uma atualização significativa do projeto. Nesse caso, a IA pode analisar os comentários e as reações para determinar os sentimentos das partes interessadas a respeito. Essas informações podem ajudar o gerente de projetos a identificar questões que exigem mais atenção ou comunicação, garantindo que os *stakeholders* se sintam ouvidos e valorizados.

A análise de sentimentos pode fornecer informações valiosas sobre as emoções e opiniões das partes interessadas, ajudando você a abordar proativamente tais assuntos. Com essas informações, você pode tomar as medidas a fim de melhorar o envolvimento de todos.

> *"Você poderia fornecer alguns exemplos de como esses* insights *podem melhorar o engajamento?"*
>
> Com certeza! *Insights* de métricas de engajamento e análise de sentimentos podem ser usados para identificar lacunas de comunicação, abordar preocupações, adaptar conteúdo e monitorar tendências.

Além do envolvimento das partes interessadas orientado pela IA, estamos entrando em uma era em que a IA não é apenas uma ferramenta, mas um parceiro e parte interessada em potencial. A IA pode identificar sentimentos positivos, negativos ou neutros por meio da análise de sentimentos nas comunicações com os envolvidos. Pode analisar respostas de *e-mail*, pesquisas de *feedback* ou até postagens de mídia social relacionadas ao projeto, ajudando você a entender o sentimento das partes interessadas e os níveis de engajamento em tempo real.

Por exemplo, você poderia perguntar isto:

> *"Você poderia analisar o feedback recebido das partes interessadas sobre a última atualização do projeto?"*

A IA poderia, então, fornecer um relatório de análise de sentimentos, esclarecendo como a atualização foi recebida e que melhorias podem ser necessárias.

Nosso estudo de caso da Global Health ilustra a aplicação prática da IA na gestão de projetos e como a engenharia de *prompts* atua na interação entre você e a ferramenta de IA. Agora você pode ver os recursos da IA e como o uso de ferramentas como o ChatGPT economizam tempo e garantem uma comunicação consistente e envolvente com as partes interessadas.

> **OBSERVAÇÃO** Os gerentes de projetos devem considerar a política da empresa para garantir que as comunicações por *e-mail* sejam mantidas em sigilo.

Em resumo, a comunicação orientada por IA pode melhorar significativamente o envolvimento das partes interessadas em um projeto. Você pode usar a IA de forma responsável e transparente para promover relacionamentos mais fortes, gerar conteúdo personalizado, segmentar grupos específicos e medir os níveis de engajamento.

A IA pode ser um *stakeholder* no gerenciamento do projeto?

À medida que a IA continua a evoluir e a desempenhar papéis cada vez mais vitais na gestão de projetos, surge uma questão: a IA, ainda que seja uma ferramenta, pode ser considerada uma parte interessada? Essa ideia provocativa desafia a perspectiva convencional sobre a gestão dos *stakeholders*, pois sabemos da capacidade de aprendizagem da IA e de seu potencial impacto nos resultados do projeto.

Seria difícil identificar as necessidades de um sistema de IA, como o ChatGPT, em comparação com as partes interessadas humanas. No entanto, sua capacidade de aprendizagem permite que ele melhore ao longo do tempo, tornando-se mais eficiente e preciso em suas tarefas. Essa evolução autônoma distingue a IA das ferramentas tradicionais de gerenciamento de projetos.

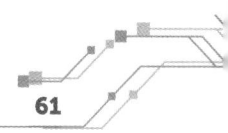

Considere o estudo de caso da Global Health, em que a melhoria contínua do ChatGPT na elaboração de atualizações por *e-mail* é evidente. Quanto mais você usa, mais ele aprende o seu estilo, tornando suas respostas mais personalizadas e precisas. Essa adaptabilidade é um ativo, mas exige que o usuário analise continuamente o desempenho da IA e forneça *feedback*, assim como você faria com qualquer outro membro da equipe.

Estamos entrando em uma era em que a IA não é apenas uma ferramenta, mas também um parceiro e uma parte interessada em potencial. Embora essa seja uma perspectiva nascente e ainda não tenhamos compreendido completamente suas ramificações, ela levanta questões instigantes sobre o papel da IA no gerenciamento de projetos e seu potencial para mudar nossa compreensão das partes interessadas.

Ética e responsabilidade profissional

Pense em gerenciar um projeto da forma como você treinaria uma equipe esportiva: cada jogador tem um impacto. É a mesma coisa com o uso de ferramentas de IA, como o ChatGPT, no trabalho com as partes interessadas. Essas ferramentas podem fazer a diferença ao conversar, planejar e monitorar riscos. Portanto, você deve ficar de olho no desempenho da IA para garantir que ela funcione corretamente, seja usada de forma eficaz e não cause problemas. Esteja sempre ciente de que a tomada de decisões no mundo real exige julgamento humano, empatia e uma compreensão das nuances culturais e emocionais que a IA pode não entender completamente. Além disso, a IA tem limitações: uma bem evidente é sua incapacidade de entender ou interagir com o mundo em tempo real. Vamos olhar para a Global Health novamente. Avalie como os rascunhos de *e-mail* do ChatGPT e a análise das partes interessadas estão ajudando (ou não) no seu envolvimento. As partes interessadas estão satisfeitas com os *e-mails* que a IA está escrevendo?

Modelos poderosos como o ChatGPT podem mudar completamente a forma como gerenciamos o envolvimento das partes interessadas do projeto, mas é essencial considerar as questões éticas em torno do seu uso. Isso inclui manter os dados privados, evitar preconceitos, ser transparente e garantir que alguém seja responsável pelo manejo das informações.

Privacidade e segurança de dados

Quando um produto de IA, como o ChatGPT, é usado no envolvimento das partes interessadas, ele lida com dados confidenciais. Manter esses dados protegidos é essencial. Você deve saber como a IA lida com a privacidade e os dados e garantir que ela cumpra as regras. Por exemplo, se você enviar *e-mails* para ensinar a IA, como fazer para que ela mantenha a confidencialidade?

Também é importante obter consentimento explícito para processamento e armazenamento de dados ao usar sistemas de IA. Deixe as partes interessadas saberem exatamente como o ChatGPT será usado e o que isso significa para sua privacidade de dados. Além disso, permita que suas partes interessadas mudem de ideia a qualquer momento sobre como seus dados serão usados e armazenados.

Viés e discriminação

Modelos de IA como o ChatGPT aprendem usando muitos dados e podem captar e manter qualquer viés presente nesses dados. Isso pode levar a conteúdo tendencioso ou ofensivo nas respostas da IA, prejudicando as relações com as partes interessadas e o próprio projeto.

Para reduzir o risco de viés, fique de olho no que a IA está produzindo e dê *feedback* ao provedor para que o *software* possa continuar melhorando. Busque a diversidade e a inclusão no envolvimento dos *stakeholders*, com diferentes origens e pontos de vista. Isso pode ajudar a evitar que a IA crie preconceitos ou reforce acidentalmente os já existentes.

> **OBSERVAÇÃO**   O entendimento da IA sobre ética e legalidade é limitado aos dados de treinamento que recebeu.

Dependendo de seu treinamento, a IA pode gerar involuntariamente conteúdo inadequado ou prejudicial, um possível problema em um contexto de gerenciamento.

Transparência e explicabilidade

Ao usar o ChatGPT com os *stakeholders*, é importante ser transparente. Eles devem saber quando estão interagindo com uma ferramenta de IA e entender suas potenciais limitações e riscos. Ser aberto sobre o que está acontecendo ajuda a construir confiança e credibilidade, fundamentais para um bom envolvimento das partes interessadas.

> **EXPLICABILIDADE**   A capacidade da IA de fornecer razões compreensíveis para suas previsões ou recomendações.

É fundamental que o sistema explique "por que" está oferecendo determinadas respostas. Você deve garantir que as partes interessadas entendam por que a IA está respondendo daquela forma. Você pode fornecer explicações claras e contexto para respaldar o que a IA está dizendo.

Fiscalização e responsabilização

Por fim, fiscalizar e responsabilizar é essencial quando usar o ChatGPT na relação com os *stakeholders*. Seja claro sobre quem é responsável pelo que a IA diz e como isso afeta o processo de engajamento. Também esteja pronto para lidar com qualquer problema ou preocupação que as partes interessadas possam ter sobre o uso da IA.

Como gerentes de projetos, ao pensar em privacidade de dados, preconceito, transparência e responsabilidade, podemos garantir que estamos usando o ChatGPT de forma responsável e ética, ajudando a construir confiança e cooperação entre as partes interessadas e contribuindo para o sucesso de seus projetos.

Pontos-chave a serem relembrados

Ao longo deste capítulo, vimos que o advento da inteligência artificial é uma mudança particularmente significativa no cenário da gestão de *stakeholders*. É uma mudança que precisamos adotar como gerentes de projetos.

- Os poderosos recursos de análise e comunicação da IA permitem que ela processe rapidamente grandes volumes de dados.
- A IA pode agilizar a identificação e análise das partes interessadas.
- Usando a IA, podemos personalizar as comunicações com as partes interessadas para atender de forma mais eficaz às suas expectativas e promover um envolvimento mais forte.
- Esteja sempre ciente de que a tomada de decisões no mundo real exige julgamento humano, empatia e uma compreensão das nuances culturais e emocionais que a IA pode não entender completamente.

Lembre-se que a IA não consegue entender o mundo em tempo real. O gerente de projetos, ao saber por um colega que uma parte interessada é um jogador de golfe, naturalmente se lembraria e aproveitaria essa informação para construir um bom relacionamento.

Guia técnico

Aqui está um guia passo a passo para usar a Análise Avançada de Dados do ChatGPT (antiga Code Interpreter) para criar gráficos e dados visuais em relatórios de *status* para as partes interessadas.

2.1 O que é a Análise Avançada de Dados do ChatGPT?

A Análise Avançada de Dados do ChatGPT é um poderoso recurso desenvolvido pela OpenAI que permite que o ChatGPT execute código Python. Esse recurso é integrado ao ambiente de bate-papo em um Jupyter Notebook *stateful*, fornecendo uma maneira acessível e fácil de executar tarefas de execução de código, análise de dados e visualização em tempo real.

A Análise Avançada de Dados tem muitas possibilidades de uso, especialmente no gerenciamento de projetos. Além do código Python, ela pode interagir com uma variedade de fontes de dados, como o Microsoft Excel e arquivos de valores separados por vírgulas (CSV). Ela pode gerar muitos recursos visuais, incluindo gráficos de barras e gráficos de pizza, sendo versátil para gerar *insights* baseados em dados.

> **OBSERVAÇÃO** Você precisa ser assinante do ChatGPT Plus para usar a Análise Avançada de Dados.

2.2 Ativando a Análise Avançada de Dados do ChatGPT

1. Para acessar as Configurações, encontre seu nome de usuário em sua conta ChatGPT. **Clique no ícone de reticências** (três pontos) e, em seguida, clique em **Configurações**.
2. Na página Configurações, clique em **Recursos Beta**.
3. Na seção Recursos Beta, você verá a opção **Análise Avançada de Dados**. Clique no botão de alternância para ligá-lo (**Figura 2.4**).

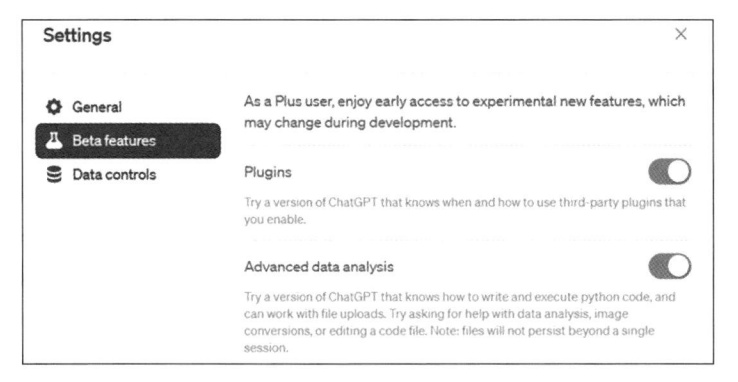

FIGURA 2.4 Ativando a Análise Avançada de Dados em Recursos Beta.

2.3 Carregando um arquivo para Análise Avançada de Dados

Como gerente de projetos, você provavelmente está lidando com muitos dados, armazenados em arquivos do Excel ou formatos semelhantes.

O ChatGPT pode analisar esses dados diretamente. Tudo o que você precisa fazer é enviar seu arquivo do Excel que contém os dados do projeto para o ChatGPT. Depois que o arquivo é carregado, o ChatGPT pode ler os dados e começar o processo de análise.

1. Comece um novo bate-papo. Escolha o GPT-4 como seu modelo de IA. No *menu* suspenso que aparece, selecione **Análise Avançada de Dados** (**Figura 2.5**).

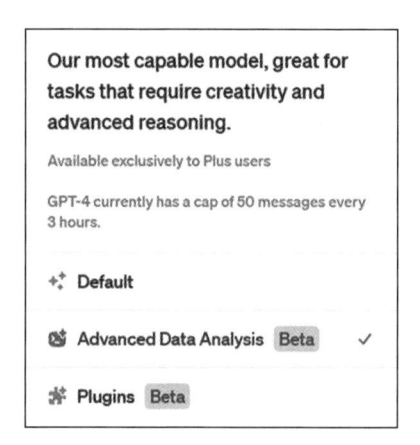

> Our most capable model, great for tasks that require creativity and advanced reasoning.
>
> Available exclusively to Plus users
>
> GPT-4 currently has a cap of 50 messages every 3 hours.
>
> ✦ Default
>
> 🐚 Advanced Data Analysis Beta   ✓
>
> 🧩 Plugins Beta

FIGURA 2.5 Selecionando Análise Avançada de Dados (anteriormente Code Interpreter) em um novo bate-papo.

2. Na janela de bate-papo, clique no botão que se parece com um sinal de mais (+) para carregar um arquivo que contém os dados do seu projeto (**Figura 2.6**).

> Upload file
>
> ⊕ Type a message or type "/" to select a prompt...   ➤

FIGURA 2.6 Carregando um arquivo.

3. Para criar um *prompt*, digite sua solicitação ao ChatGPT. Por exemplo, você pode pedir que ele faça um gráfico a partir dos dados que você enviou.

A partir desses dados carregados, o ChatGPT pode gerar vários tipos de imagens, incluindo gráficos de barras e gráficos de pizza.

Os gráficos de barras são excelentes para comparar diferentes grupos ou acompanhar as mudanças ao longo do tempo. Por exemplo, você pode comparar o número de tarefas concluídas por membro da equipe. Tudo o que você precisa fazer é dizer ao ChatGPT o que deseja comparar, e ele poderá gerar um gráfico de barras.

Os gráficos de pizza são ideais para mostrar as proporções de um todo. Por exemplo, você pode querer ver como o orçamento do seu projeto está distribuído em diferentes áreas. Mais uma vez, basta dizer ao ChatGPT o que você deseja visualizar, e ele poderá criar um gráfico de pizza com base nos dados do seu projeto.

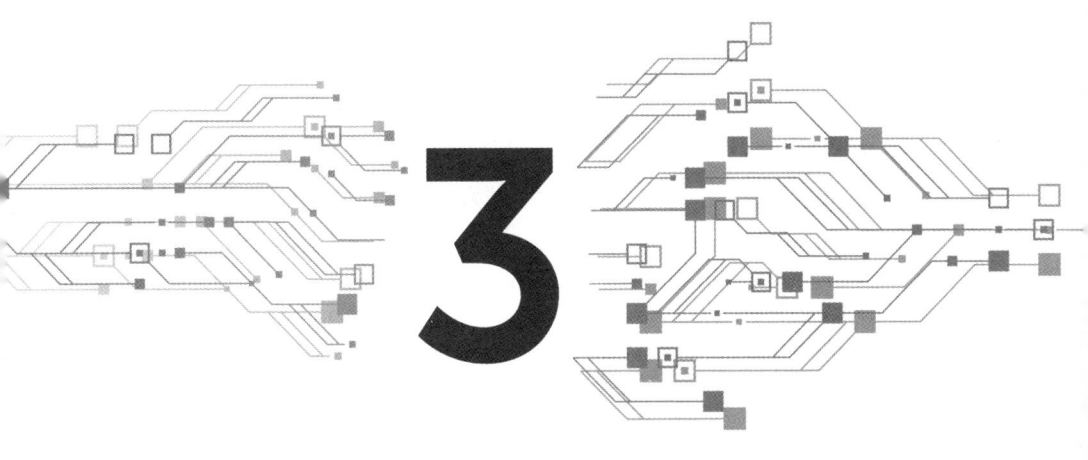

Construindo e gerenciando equipes com o uso de IA

Neste capítulo, exploramos o papel transformador da IA na gestão de equipes. A princípio, examinamos como a IA está remodelando a integração dos novos colaboradores, proporcionando uma experiência rápida e personalizada. Em seguida, analisamos como a IA pode valorizar a liderança e facilitar a comunicação e a detecção de possíveis problemas. Depois, discutimos o papel da IA na promoção da colaboração, especialmente em equipes multifuncionais. Por fim, investigamos como a IA pode apoiar a resolução de conflitos e a tomada de decisões.

IA EM AÇÃO: WALMART GERENCIA NEGOCIAÇÕES VENDEDOR-COMPRADOR

Neste capítulo, nosso caso mostra como a Walmart Inc. usa *software* baseado em inteligência artificial para negociar com seus fornecedores. O gerenciamento de aquisições de projetos envolve negociações entre compradores e vendedores de bens e serviços. O gerente de projetos lida com planejamento, condução e controle de aquisições. Seu papel na gestão de compras varia com a organização e o tamanho do projeto, mas ele sempre conta com apoio da equipe de compras e do departamento jurídico.

Em uma decisão sobre os recursos ou serviços de um projeto, o gerente se envolve na identificação dos fornecedores e na aquisição do material. Esse processo tende a ser demorado. A IA, no entanto, pode torná-lo menos tedioso, para compradores e vendedores.

O Walmart personalizou o Pactum, uma interface de IA baseada em texto que negocia com fornecedores humanos em nome da empresa. O Pactum pode analisar dados históricos, identificar padrões e apresentar necessidades e propostas de compras. Os dados históricos incluem informações como ofertas e contraofertas já feitas, razões para acordo ou desacordo e fatores que influenciam o resultado. O sistema de IA do Walmart usa esses dados para identificar padrões e tendências. Essas informações geram propostas alternativas com maior probabilidade de serem aceitas pelos vendedores.

Os vendedores do Walmart estão muito satisfeitos com os resultados.[1] Eles sentem que a IA, além de oferecer um tempo de resposta mais rápido, funciona satisfatoriamente como um mediador imparcial. Além disso, os sistemas de IA podem alertar para riscos. Se o fornecedor escolhido teve interrupções na cadeia de suprimentos no passado recente, o sistema de IA alertará o comprador a respeito.

Considerando esse caso, vamos pensar em como a IA pode ajudar na mediação:

Comunicação: facilita a comunicação aberta e transparente entre o comprador e o vendedor, discutindo preocupações e expectativas em relação aos termos e condições do contrato.

---

1 Tobin, Ben (April, 2023). "Walmart Is Using AI to Negotiate Prices with Suppliers, Report Says–And the Suppliers Are Loving It." *Business Insider*.

Clareza do contrato: revisa o contrato inicial para identificar possíveis mal-entendidos ou falhas de comunicação que possam levar a um conflito. Envolve especialistas, se necessário.

Negociação: envolve-se em negociações para encontrar uma solução satisfatória para ambos os lados, abordando termos específicos e possíveis compromissos.

Acordo e implementação: documenta a resolução acordada e assinada pelos envolvidos e comunica prontamente todos os interessados.

O estudo de caso do Walmart é um ótimo exemplo dos pontos que abordaremos neste capítulo: como a IA pode ajudar na comunicação, no gerenciamento de conflitos, na negociação e nos seus respectivos desafios.

Recrutamento e seleção assistidos por IA

No ambiente de negócios competitivo de hoje, um recrutamento eficaz é parte de uma boa gestão de equipe. A partir de conversas com gerentes de projetos e outros líderes técnicos, sabemos que o recrutamento consome uma quantidade significativa de tempo. Como gerente de projetos, você já tem muitas responsabilidades. Incluir o recrutamento nessa lista aumenta a pressão em uma agenda já lotada.

Contudo, para que seu projeto tenha sucesso, você deve atrair, identificar e garantir o talento certo para sua equipe. O processo de recrutamento de hoje é mais competitivo, complexo e dinâmico, e requer soluções sofisticadas. É aqui que entra a inteligência artificial. O recrutamento assistido por IA é um divisor de águas. Ele pode transformar os processos tradicionais de contratação, automatizando tarefas repetitivas, reduzindo o viés e permitindo uma tomada de decisão mais informada.

O papel da IA no recrutamento e na seleção

Quando você está trabalhando em um projeto, a montagem da equipe geralmente demanda um grande esforço – da triagem de vários currículos até as entrevistas preliminares e a avaliação dos candidatos, com base nas informações fornecidas por eles. O processo pode ser demorado, suscetível a erros e estressante.

Mas a IA pode mudar esse cenário. Imagine que você esteja montando uma equipe de projeto para uma empresa de tecnologia. Você pode aproveitar uma ferramenta como o ChatGPT para recrutar e selecionar membros da equipe. Aqui está um *prompt* que pode ajudá-lo a começar:

> *"Eu gostaria de recrutar membros para a equipe do meu projeto. Como você pode me ajudar no recrutamento?"*
>
> Como modelo de IA, posso ser útil de várias maneiras. Posso ajudar a analisar currículos para identificar candidatos com qualificações, habilidades e experiência relevantes. Isso torna o processo mais rápido e reduz as chances de ignorar um candidato promissor. Além disso, posso ajudá-lo a criar um protocolo de entrevista para avaliar as competências importantes para o seu projeto.

Parece um bom começo! Será que IA pode ir além e ajudar a avaliar a adequação de um candidato à dinâmica da equipe e à cultura do projeto com base em suas respostas? Aqui estão alguns comentários do ChatGPT a respeito:

> Um modelo de IA pode analisar as respostas dos candidatos durante o processo de entrevista e compará-las com a cultura da equipe ou os valores da empresa. Ele identifica padrões e uso de linguagem e pode comparar respostas com as de outros candidatos ou colaboradores que foram bem avaliados. O uso da IA no recrutamento e na seleção pode reduzir algumas formas de viés no processo. A IA provavelmente ignorará idade, gênero e raça ao avaliar os perfis dos candidatos. Isso ajuda a diminuir algumas formas de preconceito inconsciente que podem se infiltrar no processo de recrutamento e a garantir a conformidade com a legislação e as regras da empresa.

Mas será que a IA é totalmente livre de preconceitos?

Vamos perguntar ao ChatGPT:

> *"Você pode falar sobre potenciais limitações e desafios encontrados ao tentar fazer um processo de recrutamento livre de preconceitos usando IA?"*
>
> Embora os modelos de IA sejam projetados para ignorar fatores como idade, gênero e raça, eles podem refletir vieses presentes em seus dados de treinamento ou de decisões. É importante verificar e validar regularmente os modelos de IA quanto a possíveis vieses e manter a transparência sobre suas decisões e recomendações.

Por exemplo, pense em como IA interpretaria "adequação à cultura" e como ela poderia favorecer pessoas "semelhantes". Em suma, você deve entender os potenciais benefícios e limitações da IA no recrutamento e na seleção.

À medida que nos aprofundamos nos diferentes estágios de recrutamento e seleção assistidos por IA, descobriremos mais sobre sua atuação nesse aspecto (**Figura 3.1**).

Benefícios da IA no recrutamento e na seleção

Suponha que o projeto em que você está trabalhando envolva transformação tecnológica de uma empresa global. Estamos falando de reformular sistemas legados, implementar infraestrutura em nuvem e integrar protocolos de segurança cibernética

Capítulo 3: Construindo e gerenciando equipes com o uso de IA

Triagem automatizada:
Os candidatos podem ser pré-selecionados por IA.

Chatbots:
Agiliza a comunicação com candidatos.

Agendamento:
Os *chatbots* podem agendar entrevistas e fornecer *feedback*.

Avaliação de habilidades:
Automatiza a avaliação de habilidades, como programação ou comunicação, e classifica o candidato de acordo com elas.

Redução de viés:
Contratação justa pela eliminação de viés.

FIGURA 3.1 O papel da IA no recrutamento fornece *insights* sobre suas formas de contribuição.

de última geração. Um projeto dessa escala precisa de uma equipe tecnicamente competente, adaptável e capaz de navegar em um cenário complexo.

Vamos explicar esse cenário para o ChatGPT:

"Temos um enorme projeto de transformação tecnológica a caminho. Como a IA pode ajudar a garantir que recrutemos e selecionemos a equipe certa para um projeto tão exigente?"

Aqui estão algumas maneiras de como a IA pode ajudar nesse contexto:

Acelerando o processo de recrutamento: a IA pode analisar e avaliar rapidamente milhares de currículos para identificar os candidatos mais qualificados. Isso reduz significativamente o tempo gasto nos estágios iniciais de recrutamento.

Encontrando as habilidades certas: a IA pode ser programada para entender as habilidades, qualificações e experiência específicas necessárias para o projeto. Ela pode então combinar esses requisitos com as informações que constam nos currículos para encontrar o ajuste certo.

Avaliando a adequação à cultura da empresa: a IA pode analisar as respostas de um candidato para entender sua mentalidade e alinhamento com a cultura da empresa. Isso ajuda a garantir que você construa uma equipe qualificada e harmoniosa.

Minimizando o viés: ao se concentrar em qualificações, habilidades e experiência relevantes, a IA pode reduzir os preconceitos inconscientes que às vezes se infiltram no processo de recrutamento. Isso ajuda a criar uma equipe mais diversificada e inclusiva.

Pense um pouco sobre seus projetos. Onde esses benefícios da IA poderiam ter o impacto mais significativo?

GUIA TÉCNICO Consulte o Guia Técnico 3.1 para entender o papel da IA na identificação de uma lista de ferramentas preliminares para ajudar no recrutamento.

Armadilhas e desafios no recrutamento e na seleção assistidos por IA

Como qualquer tecnologia, a IA tem suas limitações, e você deve estar ciente antes de usá-la em recrutamento e seleção. Vamos pedir ao ChatGPT algumas informações:

"Você pode nos ajudar a entender os possíveis desafios ou armadilhas no recrutamento e na seleção assistidos por IA?"

Viés na IA: embora a IA possa ajudar a reduzir o viés inconsciente, ela não está totalmente livre dele. A IA aprende com os dados e, se os dados forem tendenciosos, a IA pode amplificar esses vieses.

Falta de toque humano: a IA pode filtrar com eficiência milhares de currículos, mas talvez não perceba nuanças que um recrutador humano capturaria. Existe o risco de ignorar pessoas que podem se destacar na função, ainda que não pareçam boas candidatas no papel.

Preocupações com a privacidade de dados: os sistemas de IA lidam com muitos dados pessoais. Isso levanta preocupações legítimas sobre segurança e privacidade de dados.

Confiança excessiva na tecnologia: a IA pode tornar o processo de recrutamento mais eficiente, mas a dependência excessiva dela pode levar à falta de julgamento humano na tomada de decisões. É importante encontrar o equilíbrio certo entre a IA e a contribuição humana.

Esses são excelentes pontos a considerar. A **Figura 3.2** nos lembra que devemos examinar criticamente o papel da IA antes de fazer qualquer mudança radical nas práticas atuais.

A **Viés em IA:**
O sistema pode amplificar involuntariamente os preconceitos existentes se aprender com dados tendenciosos.

B **Falta de toque humano:**
A IA pode deixar de ver sutilezas que não passariam batidas por um recrutador humano.

C **Preocupações com a privacidade de dados:**
Preocupações significativas sobre dados nas mãos de *bots* – riscos de privacidade e segurança.

D **Confiança na tecnologia:**
A tomada de decisões está agora nas mãos da IA.

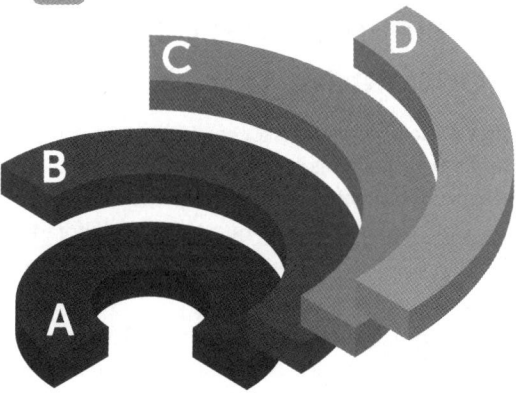

FIGURA 3.2 Armadilhas e desafios da IA.

Futuro do recrutamento e seleção assistidos por IA

O uso da IA no recrutamento oferece grandes possibilidades. O rápido avanço dos produtos de IA, a integração com os sistemas existentes e os serviços oferecidos estão remodelando o cenário de recrutamento, tornando o processo mais eficiente e inclusivo. Vamos pedir ao ChatGPT para investigar esse aspecto:

"Como você acha que a IA moldará o recrutamento e a seleção no futuro?"

Expansão da automação: o papel da IA na automação de tarefas triviais provavelmente será ampliado. Uma IA mais sofisticada pode lidar com tarefas de nível superior, como conduzir as primeiras entrevistas ou até negociar ofertas de emprego.

Melhor experiência do candidato: a IA pode oferecer uma experiência mais envolvente e interativa ao candidato. Por exemplo, a IA pode orientá-lo durante o processo ou fornecer *feedback* em tempo real, tornando a experiência mais transparente e menos intimidante.

Redução de viés: há um trabalho em andamento para reduzir o viés nos sistemas de IA. No futuro, a IA poderá fazer um melhor trabalho de reconhecimento e mitigação de tendências, levando a um recrutamento mais justo e equitativo.

Maior privacidade de dados: à medida que as preocupações com a privacidade aumentarem, haverá mais ênfase em sistemas de IA seguros, que protejam os dados dos candidatos.

É essencial que você, como gerente de projetos, esteja aberto, aprenda sobre esses avanços e os aplique com responsabilidade. Equilibrar as capacidades da IA com o toque humano é muito importante, destacando o ser humano ou a inteligência artificial onde eles mais brilham.

Integração, treinamento e desenvolvimento de equipes orientados por IA

Assim que a fase de aquisição de talentos for concluída, você precisará de integração (o chamado *onboarding*), treinamento e desenvolvimento para envolver esses novos membros com a equipe. No entanto, os processos padrão de integração muitas vezes não têm o toque pessoal necessário para que alguns colaboradores se adaptem e cresçam dentro de suas funções. É aqui que as abordagens baseadas em IA podem fazer a diferença.

Ao usar a inteligência artificial, você pode adaptar as iniciativas de integração e treinamento para atender às necessidades, às habilidades e aos estilos de aprendizagem de seus colaboradores. A IA pode tornar esses processos mais envolventes, eficientes e, o mais importante, personalizados.

Integração e treinamento

Imagine o primeiro dia de novos membros da equipe em seu projeto – a enxurrada de apresentações, a avalanche de informações, a apreensão misturada com entusiasmo. Uma organização pode demonstrar sua missão, valores e características únicas por meio de um processo de integração bem executado. A integração fornece aos novos contratados acesso a sistemas essenciais e uma visão geral da cultura da equipe.

Uma IA amigável pode guiá-los nesse processo, respondendo perguntas e fornecendo treinamento e orientação personalizados? Vamos perguntar.

"Um novo membro está se juntando ao nosso projeto do site da Global Health. Como gerente de projetos, estou curioso para saber como a IA pode ajudar na integração e no treinamento. Você pode me explicar o básico?"

A IA tem um tremendo potencial em integração e treinamento, tornando-os mais eficientes, personalizados e envolventes. Aqui está um resumo básico de como funciona:

Eficiência: a IA pode automatizar tarefas comuns de integração, como preencher papelada, e liberar os recursos humanos para se concentrarem em tarefas mais importantes.

Personalização: a IA pode fornecer módulos de treinamento personalizados com base na função, no histórico e no estilo de aprendizagem do novo membro.

Engajamento: as ferramentas de IA podem tornar o processo de treinamento mais interativo e envolvente, melhorando a retenção de conhecimento.

Suporte: a IA pode fornecer suporte 24 horas por dia, 7 dias por semana, respondendo a consultas e ajudando sempre que o novo membro precisar.

Essa é uma visão geral. As especificidades dependeriam das necessidades do projeto, do apoio disponível dos recursos humanos e das ferramentas de IA à sua disposição. Vamos nos aprofundar em como a IA pode aprimorar a integração.

O papel da IA no *onboarding*

A integração é geralmente um processo demorado que envolve muita papelada e reuniões. Que papel a IA poderia desempenhar em uma empresa como a Global Health?

"Você pode explicar como a automação seria usada no onboarding?"

Processamento da papelada: a IA pode automatizar o trabalho necessário com a papelada. Isso incluiria formulários com informações pessoais, documentos fiscais e manuais de política interna. Por exemplo, digamos que Lisa tenha de preencher suas informações fiscais. A IA pode pré-preencher o formulário com os detalhes que Lisa forneceu durante o recrutamento.

Cronograma de integração: a IA pode gerar automaticamente um cronograma de integração com base na função, no departamento e em outras especificações do novo contratado. Isso pode incluir reuniões introdutórias, sessões de treinamento e *check-ins*.

Para Lisa, isso significa que ela não precisa adivinhar como será sua primeira semana, pois terá um cronograma detalhado de suas tarefas. Vamos ver como a IA pode ajudar com mais personalização.

"Como a IA pode personalizar a experiência de integração de novos contratados, como Lisa?"

A personalização pode tornar o processo de integração envolvente e relevante. Aqui estão algumas maneiras pelas quais a IA pode ajudar:

Conteúdo específico da função: a IA pode analisar o papel e as responsabilidades de Lisa no projeto da Global Health e fornecer a ela conteúdo relevante. Isso pode incluir resumos de projetos anteriores, documentos e materiais introdutórios sobre seu trabalho.

Adaptação ao estilo de aprendizagem: as pessoas têm diferentes formas de aprender. A IA pode avaliar como Lisa interage com os materiais da integração e ajustar o conteúdo ao seu estilo de aprendizagem. Por exemplo, se Lisa parece se envolver mais com conteúdo visual, a IA pode fornecer mais infográficos, diagramas e vídeos.

Incentivos para os próximos passos: a IA também pode antecipar o que Lisa precisa saber na sequência e fornecer estímulos oportunos. Se Lisa estiver revisando um documento sobre os objetivos do projeto, a IA pode sugerir que ela, na sequência, verifique o cronograma.

Com a IA, você tem uma jornada personalizada para Lisa.

A IA também pode ser fundamental para ajudar novos contratados, como Lisa, a aprender o que precisam. A **Figura 3.3** descreve as funções da IA, incluindo suporte sob demanda, caminhos de aprendizagem e *feedback* de desempenho.

Jornada de aprendizagem:
Os módulos de treinamento são recomendados com base na função – por exemplo, entender o Scrum.

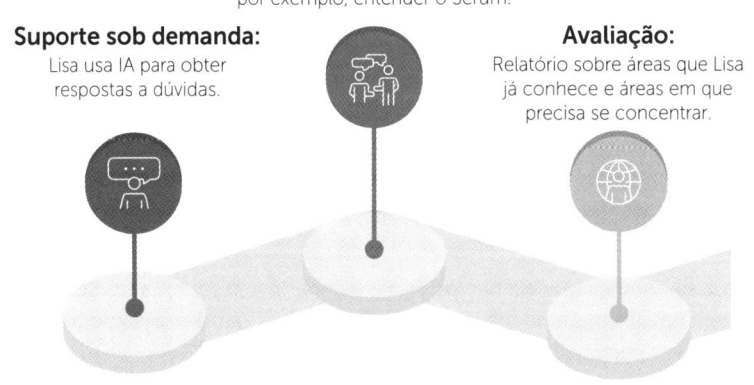

Suporte sob demanda:
Lisa usa IA para obter respostas a dúvidas.

Avaliação:
Relatório sobre áreas que Lisa já conhece e áreas em que precisa se concentrar.

FIGURA 3.3 Jornada de Lisa para aquisição de conhecimento.

Capítulo 3: Construindo e gerenciando equipes com o uso de IA

Agora vamos olhar para isso da perspectiva de Lisa, que começará a trabalhar como coordenadora de projetos na equipe de desenvolvimento de produtos. O *prompt* a seguir poderia ser muito útil:

> *"Eu preciso de uma ajuda na minha função de coordenadora de projetos na equipe de desenvolvimento de produtos. Vou coordenar as atividades do projeto, documentá-las, contatar as partes interessadas e garantir que o cronograma e os padrões de qualidade sejam atendidos. Meu principal indicador de desempenho neste trimestre será a entrega de dois produtos aprimorados dentro do prazo e do orçamento. Você poderia gerar um plano de integração de 30-60-90 dias? Use a estrutura SMART. Por favor, combine cada meta SMART com uma métrica para avaliar meu sucesso de forma objetiva. Apresente o resultado em formato de tabela."*

A IA responderia da seguinte forma:

> Bem-vinda! Vamos elaborar seu plano de integração de 30-60-90 dias com base em sua função e responsabilidades. Aqui está um pouco do histórico, para começarmos:
>
> Você acabou de começar como coordenadora de projetos na equipe de desenvolvimento de produtos. Vai coordenar as atividades, documentá-las, contatar as partes interessadas e garantir que o cronograma e os padrões de qualidade sejam atendidos. Seu principal indicador de desempenho neste trimestre é entregar dois projetos de aprimoramento de produtos dentro do prazo e do orçamento. O plano de integração SMART é mostrado a seguir.

METAS SMART	MÉTRICAS
Específica: entender os dois projetos de aprimoramento, a equipe e as partes interessadas.	Reunião inicial, *feedback* dos membros da equipe e das partes interessadas e avaliação do entendimento.
Mensurável: liderar com sucesso uma reunião inicial para ambos os projetos.	
Alcançável: com o apoio da liderança da equipe e da documentação adequada do projeto.	
Relevante: diretamente relacionado ao seu papel como coordenadora de projetos.	
Prazo: a ser alcançado no primeiro mês.	

continua

METAS SMART	MÉTRICAS
Específica: desenhe o plano e o processo com base no entendimento do projeto. **Mensurável**: implemente melhorias de processo com base no progresso semanal. **Alcançável**: com *feedback* da equipe e aprovação do gerente de projetos. **Relevante**: vai afetar diretamente a entrega dos projetos. **Prazo**: a ser concluído até o final do segundo mês.	Plano de projeto atualizado, melhorias de processo documentadas e medição do progresso (economia de tempo).
Específica: gerencie o projeto para permanecer dentro do cronograma e do orçamento. **Mensurável**: ambos os projetos estão no caminho certo, sem grandes problemas. **Alcançável**: com a ajuda de um plano refinado e a colaboração da equipe. **Relevante**: cumprir os prazos e orçamentos são métricas-chave para sua função. **Prazo**: até o final do terceiro mês.	Relatórios de *status* do projeto, relatórios de orçamento, *feedback* das partes interessadas e acompanhamento do cronograma.

Obter *feedback* das partes interessadas sobre o plano é essencial. Feito isso, esse plano de integração personalizado é um bom ponto de partida para Lisa.

GUIA TÉCNICO O Guia Técnico 3.2 oferece uma oportunidade para você experimentar um *template* do *prompt* de integração.

Impacto da IA no desenvolvimento e treinamento da equipe

Vamos imaginar um cenário em que nosso projeto da Global Health está avançando bem. Lisa, recentemente integrada, vai para a fase de treinamento. A IA pode tornar esse processo mais eficiente, direcionado e envolvente.

"Lisa já faz parte da nossa equipe, mas agora vem uma fase crítica: o treinamento. Como a IA pode tornar esse processo mais eficaz?"

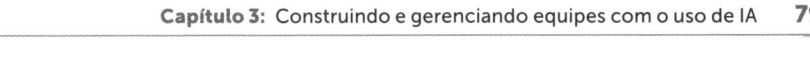

Duas recomendações do ChatGPT parecem relevantes:

Aprendizagem contínua e aprimoramento: a IA pode identificar lacunas nas habilidades dos membros da equipe e sugerir recursos de aprendizagem adequados. Isso garante que membros da equipe, como Lisa, continuem a crescer e desenvolver suas habilidades, mantendo-se atualizados.

Avaliação da eficácia do treinamento: a IA pode monitorar o progresso, analisar o desempenho nos módulos de treinamento e fornecer *feedback*. Isso significa que o treinamento de Lisa pode ser avaliado e eventuais ajustes podem ser realizados.

A IA pode ajudar Lisa a aplicar seu aprendizado.

"Você pode explicar como a IA pode ajudar a superar a lacuna entre aprendizado e aplicação?"

Aprendizagem baseada em cenários: a IA pode criar cenários da vida real ou simulações para que Lisa aplique o que aprendeu. Isso pode incluir lidar com conflitos dentro da equipe, resolver problemas relacionados ao projeto ou tomar decisões estratégicas. Trata-se de um ambiente seguro para cometer erros e aprender com eles.

Assistência em tempo real: as ferramentas de IA podem fornecer suporte em tempo real enquanto Lisa trabalha nas tarefas. Se ela não tiver certeza sobre o que fazer, a IA pode fornecer sugestões com base no treinamento que Lisa recebeu.

Acompanhamento de desempenho: ao monitorar o trabalho de Lisa, a IA pode avaliar o quão bem ela está aplicando as habilidades aprendidas e fornecer *feedback* construtivo.

O valor agregado pela IA vai além da aprendizagem personalizada e da formação interativa. Ele pode orientar os membros da equipe com várias metodologias de gerenciamento de projetos, auxiliar no treinamento de *software* e no entendimento de complexos cenários de projetos.

Lisa precisa conhecer diferentes metodologias de gerenciamento de projetos e entender as ferramentas de *software*. Lisa deve usar uma abordagem preditiva, adaptativa ou enxuta? A IA pode ajudar a guiar Lisa pelos princípios, processos e melhores práticas de várias metodologias de gerenciamento de projetos (discutidos mais adiante no Capítulo 4, "Escolhendo uma abordagem de desenvolvimento com IA"). A IA pode tratar de recursos, explicar conceitos complexos e até questionar Lisa para garantir o seu entendimento a respeito.

A IA pode fornecer orientação passo a passo, responder a perguntas e oferecer assistência para solução de problemas. Suponha que Lisa esteja aprendendo a usar um *software* de gerenciamento de projetos como o Jira. Nesse caso, a IA pode orientá-la na criação e atribuição de tarefas, no acompanhamento do progresso do projeto ou na configuração de notificações.

Em qualquer desses cenários, a IA fornece um ambiente seguro e de baixa pressão para Lisa aprender no seu próprio ritmo e atuar como mentora. Veja como o ChatGPT explica isso:

> Pergunta e resposta: Lisa pode fazer à IA qualquer pergunta sobre seu papel, uma tarefa ou um conceito que aprendeu. A IA pode fornecer respostas detalhadas e fáceis de entender. Pense nela como um colega experiente e sempre disponível para ajudar.
>
> Discussão de cenários: a IA pode discutir cenários complexos de projetos com Lisa, ajudando-a a entender diferentes perspectivas e abordagens. Pode apresentar cenários passados semelhantes, discutir estratégias potenciais e avaliar os prós e contras de cada uma.
>
> Prática reflexiva: a IA pode levar Lisa a refletir sobre suas experiências, suas decisões e seus resultados. Ao incentivar Lisa a articular seus pensamentos e seu raciocínio, a IA pode ajudá-la a desenvolver o pensamento crítico e as habilidades de tomada de decisão.

Vimos que a IA pode ajudar a criar planos de integração dinâmicos, auxiliar no treinamento contínuo e até mesmo atuar como *coach* no desenvolvimento profissional. Tudo isso leva a um melhor desempenho, maior satisfação no trabalho e menores taxas de rotatividade de pessoal.

Melhorando a liderança com IA

A liderança eficaz da equipe é fundamental para o sucesso do projeto. Um líder competente pode coordenar esforços, promover a colaboração, manter o moral e orientar a equipe em direção a um objetivo comum. No entanto, a liderança de equipe é um esforço complexo e envolve o gerenciamento de diversas personalidades, conjuntos de habilidades e estilos de comunicação. Equilibrar essa diversidade e, ao mesmo tempo, garantir o progresso do projeto pode ser uma tarefa difícil. É aqui que a liderança de equipe aprimorada por IA entra em cena. A **Figura 3.4** descreve algumas das áreas em que a IA pode ajudar.

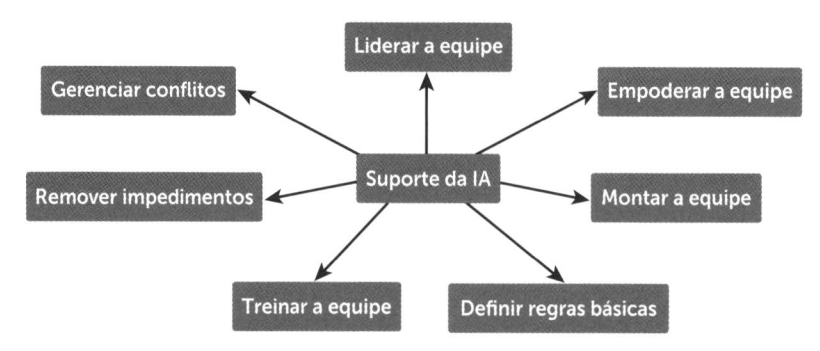

FIGURA 3.4 Liderança aprimorada por IA.

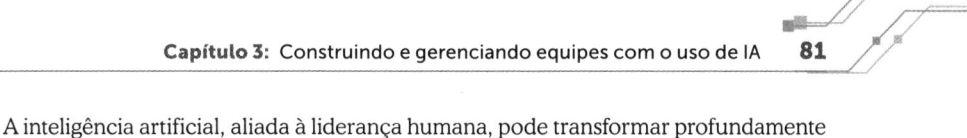

A inteligência artificial, aliada à liderança humana, pode transformar profundamente a dinâmica de gestão de equipes. A IA pode ajudar os líderes a simplificar a comunicação, aumentar a produtividade, personalizar o engajamento e identificar áreas de possíveis melhorias.

Usando IA para definir visão e direção

O sucesso de qualquer projeto, em última análise, está ligado à visão e à direção estabelecidas por seus líderes. Você pode perguntar: como o projeto se encaixa na missão e na visão mais amplas da minha organização? Como você pode garantir o alinhamento entre as metas do projeto e os objetivos estratégicos da sua organização? Vamos avaliar essas questões usando nosso projeto da Global Health como um estudo de caso.

O primeiro passo para definir a visão e a direção de um projeto é entender o "por quê". No caso da Global Health, o objetivo do projeto é construir um *site* capaz de aumentar a conscientização e o engajamento da organização. Contudo, a razão é mais profunda – está ligada à missão maior da Global Health, que é melhorar o acesso da população a informações e recursos de saúde.

Como gerente de projetos, você pode aproveitar ferramentas de IA, entre elas o ChatGPT, para dividir essa missão em metas de projeto específicas e acionáveis.

> *"Estou tentando entender como o projeto do site da Global Health se alinha com a missão maior da organização. Como podemos dividir essa missão em objetivos específicos para o nosso projeto?"*

Com base na missão da Global Health, alguns objetivos alcançáveis do projeto podem ser:

Aumentar a acessibilidade: o *site* deve ser projetado de forma acessível a todos, independentemente da localização geográfica ou da proficiência tecnológica.

Melhorar o envolvimento: o *site* deve fornecer recursos, ferramentas e conteúdo interativos para envolver os visitantes e incentivá-los a fazer parte da conversa sobre cuidados de saúde.

Promover a colaboração: o *site* deve fornecer plataformas para que as partes interessadas colaborem em iniciativas de saúde, compartilhem informações e se apoiem mutuamente.

Esses objetivos do projeto refletem bem a missão da Global Health. Eles garantem o alinhamento entre o projeto e os objetivos estratégicos da organização.

O próximo passo é comunicar essas metas e a motivação maior para a equipe do projeto. Você pode novamente aproveitar a IA para ajudar a articular esses objetivos de forma clara e envolvente.

"Você pode me ajudar a comunicar esses objetivos e a nossa motivação maior para a equipe?"

A resposta da IA é breve e relevante.

> Pessoal, nosso projeto tem um papel vital na realização da missão maior da Global Health, que é melhorar o acesso global a informações e recursos de saúde. Não estamos apenas construindo um *site*; estamos criando uma plataforma que aumenta a acessibilidade, aprimora o engajamento e promove a colaboração no setor de saúde. Nosso projeto é uma peça importante no quebra-cabeça da missão maior, e cada um de vocês tem um papel essencial em dar vida a essa missão.

Por fim, você pode usar a IA para monitorar o progresso em relação a essas metas, fornecendo atualizações em tempo real ao mesmo tempo que pode ajustar a direção, se necessário. A IA pode analisar dados, sinalizar possíveis obstáculos e sugerir possíveis correções de curso. A IA é uma ferramenta valiosa, mas a liderança, a empatia e o julgamento que você traz são insubstituíveis.

Também é importante criar um projeto ou visão de produto empolgante, que se alinhe aos objetivos estratégicos da sua organização. A visão é um guia; inspira sua equipe enquanto ela navega pelos desafios do projeto.

A visão do projeto para sua iniciativa da Global Health pode ser:

> *Nosso objetivo é criar uma plataforma digital que democratize as informações de saúde, tornando-as acessíveis, envolventes e colaborativas para todos, independentemente de localização geográfica ou proficiência tecnológica.*

Essa visão se alinha à missão mais ampla da Global Health e aos seus objetivos estratégicos, fornecendo uma direção clara para sua equipe. No entanto, criar a visão é apenas o começo. O verdadeiro desafio está em comunicá-la de forma eficaz e manter o foco ao longo do ciclo de vida do projeto.

É aqui que as ferramentas de IA, como o ChatGPT, são de grande valor:

"Como podemos comunicar efetivamente essa visão à nossa equipe e garantir que permaneçamos fiéis a ela ao longo do projeto?"

Uma visão convincente deve ser comunicada como uma história que inspira e motiva. Aqui está uma forma de compartilhá-la com a equipe:

Como equipe, estamos embarcando em uma jornada que tem o poder de mudar vidas em todo o mundo. Não estamos apenas construindo um *site*; estamos criando uma plataforma que quebrará barreiras, garantindo que informações de saúde de qualidade não sejam mais um privilégio, mas um direito de todos, independentemente de onde morem ou de seu nível de habilidade tecnológica.

Nossa visão é democratizar as informações de saúde, torná-las envolventes e promover a colaboração global. Não pretendemos apenas criar um *site* funcional e fácil de usar; estamos nos esforçando para construir uma plataforma que faça sentido para todos que interagirem com ela. Cada linha de código que escrevemos, cada decisão de *design* que tomamos, deve ser guiada por essa visão.

Para garantir que você permaneça fiel a essa visão, sugiro verificar regularmente os principais marcos para revisitar a visão e avaliar o quão bem suas decisões e progresso se alinham a ela.

Como líder, você comunicará a visão de forma eficaz, demonstrando seu compromisso, promovendo uma cultura positiva e alinhando funções e tarefas individuais com a visão. Ao fazer isso, você pode levar sua equipe a acreditar na visão e trabalhar na sua direção.

A capacidade de comunicar a visão, sua importância e o alinhamento das metas do projeto é uma das mais importantes habilidades de um gerente de projetos. Como gerente de projetos, você pode aproveitar a IA, mas a inspiração e a motivação de uma equipe vêm da sua liderança.

Motivando equipes com IA

A motivação de uma equipe está intimamente ligada ao trabalho feito por você na visão. Quando os membros da equipe entendem sua contribuição para o todo, é mais provável que se sintam motivados, engajados e comprometidos com o sucesso do projeto.

Motivá-los exige entender o que move cada membro da equipe, alinhar suas metas individuais com os objetivos do projeto, reconhecer seus esforços e promover um ambiente de trabalho positivo e solidário. A IA pode ajudar nessas áreas, tornando o processo mais eficiente, personalizado e eficaz.

Metas individuais

Compreender o que motiva cada membro da equipe não é uma tarefa simples. Cada um tem suas motivações internas e externas; compreendê-las exige tempo e paciência. É aqui que a IA pode ser uma ferramenta valiosa.

Suponha que você queira entender o que motiva sua equipe no projeto da Global Health. Supondo que a equipe tenha respondido a uma pesquisa, o *prompt* a seguir pode fornecer uma boa visão:

> *"Preciso entender o que motiva minha equipe. Recentemente, concluímos uma pesquisa em que cada membro compartilhou suas motivações no trabalho. Você pode analisar as respostas e me ajudar a identificar temas comuns e motivações individuais?"*

Com base nesse *prompt*, o ChatGPT poderia analisar as respostas da pesquisa e fornecer *insights* sobre as motivações da equipe. Isso pode variar de motivadores internos, como aprendizagem e realização, a motivadores externos, como bônus ou salário. Sabendo disso, você pode criar estratégias de motivação personalizadas para cada membro da equipe.

Alinhamento

Quando os membros da equipe veem seu trabalho contribuindo para o sucesso do projeto e alinhado com suas metas pessoais e profissionais, seus níveis de engajamento e motivação aumentam.

Mais uma vez, vamos pensar no projeto da Global Health. Se você quisesse alinhar as metas dos membros da equipe com os objetivos do projeto, poderia pedir à IA para ajudar a mapeá-las:

> *"Tenho os objetivos do projeto da Global Health e uma lista de metas pessoais e profissionais de cada membro da equipe. Você pode me ajudar a alinhar essas metas com os objetivos do nosso projeto?"*

Ao identificar metas individuais e objetivos do projeto, o ChatGPT pode fornecer um roteiro sobre como esses dois podem se cruzar, criando uma situação ganha-ganha em que os membros da equipe sentem que seu trabalho contribui para seu crescimento pessoal e o sucesso do projeto.

Mantendo a motivação

Todos os projetos, incluindo o da Global Health, enfrentam desafios. Em momentos turbulentos, o moral da equipe pode cair, assim como seus níveis de motivação. O papel de um gerente de projetos não é apenas navegar por esses momentos, mas também manter a equipe motivada, focada e produtiva.

Você pode pedir ao ChatGPT sugestões de estratégias motivacionais em cenários desafiadores:

> *"Passamos por uma fase difícil em nosso projeto da Global Health. O moral da equipe está baixo, e preciso de algumas ideias criativas para motivá-los. Você tem como ajudar?"*

A IA geraria várias respostas, desde atividades específicas de *team building* até o uso de palavras de incentivo para cada membro da equipe com base no que aprendeu sobre suas motivações e personalidade.

Celebrar os marcos do projeto é importante para reconhecer o trabalho árduo e o progresso da equipe. No entanto, após a celebração, há o risco de uma queda no ímpeto. Garantir que sua equipe permaneça motivada e focada no próximo conjunto de metas é fundamental para manter o ritmo do projeto. Você pode escrever um *prompt* como este:

> *"Acabamos de atingir um marco significativo com nosso projeto da Global Health e a equipe está entusiasmada. No entanto, quero garantir que mantenhamos esse ímpeto. Você pode sugerir estratégias para fazer isso?"*

Em resposta, você pode ver o seguinte:

> Defina claramente o próximo conjunto de metas de curto prazo.
>
> Desenvolva um plano "pós-vitória" que inclua reconhecer as contribuições dos indivíduos e reafirmar como essas vitórias se alinham aos objetivos gerais do projeto e às metas dos membros da equipe.

Em resumo, seja entendendo as motivações individuais, alinhando as metas pessoais com os objetivos do projeto, apoiando a equipe nos desafios ou mantendo o ímpeto após as vitórias, a IA pode ser uma ferramenta poderosa no arsenal motivacional de um gerente de projetos. Contudo, lembre-se: a IA é uma boa ferramenta para aumentar a liderança humana, não para substituí-la. O toque humano, a empatia e as habilidades interpessoais que você traz continuam fundamentais para motivar e liderar com sucesso uma equipe.

Como compreender e influenciar as partes interessadas com IA

Negociar e influenciar são importantes para bons resultados no projeto. Os gerentes de projetos navegam constantemente em situações em que devem influenciar as diversas partes interessadas, como membros da equipe, patrocinadores, executivos e clientes. Não se trata de manipular, mas de criar alinhamento, incentivar a compreensão e promover a adesão a uma visão ou direção compartilhada.

Como um *software* de IA pode ajudar os gerentes de projetos a melhorar o relacionamento interpessoal no ambiente de trabalho? Vamos, mais uma vez, usar o projeto da Global Health como um estudo de caso.

Em primeiro lugar, o poder de influência muitas vezes reside na qualidade das informações que você pode trazer. Várias ferramentas que funcionam com o ChatGPT podem fornecer dados críticos, análises perspicazes e evidências objetivas.

> *"ChatGPT, temos uma importante reunião com nossos stakeholders, que parecem céticos quanto ao design proposto para o site. Eles expressaram reservas sobre a abordagem centrada no usuário, temendo que isso possa comprometer a aparência profissional que eles imaginam para o site. Você poderia me ajudar a reunir evidências e argumentos para apoiar nossa perspectiva?"*

A resposta pode ser parecida com a seguinte:

> É fato conhecido no campo de UX/UI que o *design* centrado no usuário melhora o seu envolvimento e a imagem profissional de um *site*. Aqui estão alguns pontos específicos que merecem ser considerados...

Nessas circunstâncias, a capacidade do ChatGPT de recuperar e resumir informações relevantes a partir de grandes quantidades de dados é inestimável. Ele reúne evidências robustas para apoiar sua perspectiva e pode ajudá-lo a influenciar as partes interessadas.

As ferramentas de IA, como o ChatGPT, também podem ajudar no processo de comunicação. A comunicação eficaz é importante no exercício da influência, e a IA pode ajudá-lo a transmitir mensagens claras, convincentes e persuasivas.

Capítulo 3: Construindo e gerenciando equipes com o uso de IA

"Estou preparando uma apresentação para nossa equipe sobre a adoção de um novo software de gestão de projetos. Alguns dos membros estão bastante apegados ao sistema atual e podem resistir à mudança. Você me ajudaria a elaborar um argumento convincente sobre por que essa mudança será benéfica a longo prazo?"

Um dos principais benefícios de mudar para o novo *software* é seu conjunto de recursos, que inclui...

Dessa forma, o ChatGPT pode fornecer orientações e sugestões para comunicar os benefícios e a lógica por trás das mudanças propostas, ajudando a influenciar na abertura de sua equipe a novas ideias.

Influência tem a ver com construção de relacionamentos, entender as demais pessoas e ser capaz de ver determinadas situações sob diferentes perspectivas. Embora a IA não substitua a capacidade humana de se conectar com os outros emocional e empaticamente, ela pode fornecer *insights* quantitativos sobre seus comportamentos e preferências, ajudando você a adaptar sua abordagem a diferentes indivíduos e grupos.

"Tenho feedback dos stakeholders sobre nosso último projeto. Fizemos uma pesquisa anônima com eles sobre nosso desempenho. Aqui estão alguns dados:

Comunicação (classificada numa escala de 1 a 10): [8, 7, 6, 7, 8, 7, 7, 9, 9, 7]

Gestão de prazos (classificada numa escala de 1 a 10): [7, 8, 7, 6, 7, 6, 7, 8, 9, 7]

Qualidade dos produtos (classificada numa escala de 1 a 10): [9, 8, 8, 7, 7, 9, 9, 9, 8, 9]

Engajamento dos stakeholders (avaliado numa escala de 1 a 10): [8, 7, 8, 7, 6, 8, 9, 7, 7, 8]

Além disso, recebemos feedback por escrito. Aqui estão alguns comentários selecionados:

'A equipe se comunicava bem, mas houve momentos em que me senti deixado de fora.'

'Os prazos foram cumpridos, mas muitas vezes parecia de última hora.'

'O resultado final foi de alta qualidade, embora eu tenha ficado preocupado com o processo.'

'O engajamento geral foi bom, mas pode melhorar.'

Você pode me ajudar a analisar esses dados para entender melhor as preocupações e preferências dos nossos stakeholders?"

Os resultados estão exibidos graficamente na **Figura 3.5**.

Engajamento dos *stakeholders*
- Classificação média: 7,7
- Recomenda-se mais oportunidades de engajamento.

Comunicação
- Classificação média: 7,8
- Há espaço para melhorar as atualizações às partes interessadas de forma consistente.

Qualidade dos produtos
- Classificação média: 8,6
- Satisfação com os produtos, mas preocupações com a transparência na produção ou nos estágios intermediários.

Gestão de prazos
- Classificação média: 7,5
- Prazos cumpridos, mas muitas vezes com pressa, levando a uma percepção de má gestão do tempo.
- Necessidade de melhor agendamento das etapas do projeto.

FIGURA 3.5 As comunicações da equipe: gráfico dos resultados da pesquisa tabulados pela IA.

Com base nessa análise, você pode se concentrar nas seguintes áreas de melhoria: comunicação mais consistente e detalhada, melhor gerenciamento do cronograma do projeto, mais transparência na execução e envolvimento consistente e significativo das partes interessadas. Lembre-se: todo projeto é uma oportunidade de aprendizado.

Esses *insights* podem ajudá-lo a criar estratégias de abordagem e fazer com que as partes interessadas se sintam mais valorizadas. A IA ajuda você, como gerente de projetos, a entender melhor as partes interessadas e envolvê-las para serem líderes mais eficazes.

Inteligência emocional e IA

Inteligência emocional (IE), definida como a capacidade de reconhecer, entender e gerenciar nossas próprias emoções e as dos outros, é fundamental para uma liderança eficaz. Em um contexto de gerenciamento de projetos, um líder com alta IE pode promover um ambiente de trabalho mais empático, compreensivo e, portanto, produtivo.

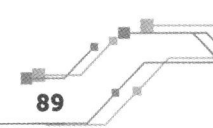

A **Figura 3.6** ilustra os componentes da IE, definidos da seguinte forma:

- **Autoconsciência:** reconhecer e compreender as próprias emoções e como elas influenciam seu comportamento.
- **Autogestão:** controlar suas emoções e se adaptar às circunstâncias. Envolve a definição e o alcance de metas.
- **Consciência social:** compreender as emoções e necessidades dos demais, ter empatia e compreender as dinâmicas de grupo.
- **Habilidades sociais:** estimular as relações sociais, gerenciar conflitos, exercer influência e trabalhar de forma eficaz em equipe.

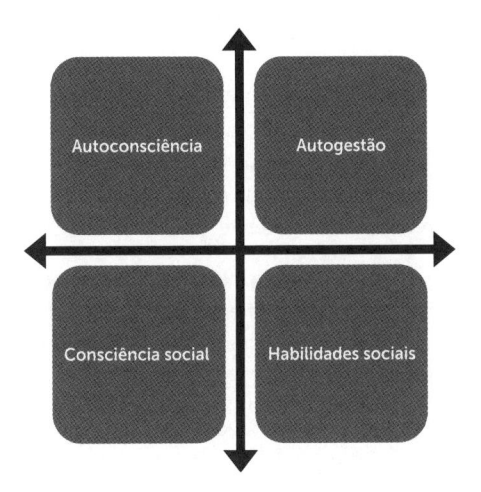

FIGURA 3.6 Os componentes da inteligência emocional.

Agora, como a inteligência artificial pode nos ajudar com a inteligência emocional?

Na superfície, a IA, sendo inerentemente não humana, pode parecer muito distante do mundo da inteligência emocional. No entanto, ferramentas de IA podem oferecer caminhos surpreendentes para aumentar nossas capacidades de inteligência emocional, especialmente de entender e gerenciar emoções no âmbito da equipe.

Suponha que você conduziu uma reunião na qual algumas decisões importantes foram tomadas. As atas foram gravadas, e você pretende analisar o tom emocional do encontro para entender melhor os sentimentos da sua equipe. Um bom ponto de partida seria o seguinte *prompt*:

"Tenho a ata da nossa última reunião de equipe. Foi muito intensa, com muitas decisões importantes. Você pode me ajudar a entender o tom geral da discussão?"

A análise de IA é baseada no texto fornecido e não leva em conta o contexto ou a comunicação não verbal. Aqui está uma visão geral da resposta:

> Sentimentos positivos: várias frases indicavam otimismo e concordância, como "potencial promissor", "ideia brilhante" e "ótimo trabalho em equipe". Isso sugere um senso de entusiasmo e colaboração na equipe.
>
> Sentimentos negativos: também houve algumas expressões de preocupação ou desacordo, como "expectativas irrealistas", "cronograma apertado" e "preocupações orçamentárias". Estas refletem algumas apreensões dentro da equipe.
>
> Declarações neutras: a maior parte do texto envolveu declarações factuais ou discussões logísticas. Elas são cruciais para o projeto, mas não indicam emoções fortes.

A análise do tom emocional sugere que, embora a equipe esteja entusiasmada e colaborativa, há preocupações com expectativas, cronogramas e orçamentos do projeto. A IA sugere que abordar essas preocupações na próxima reunião da equipe pode ser útil para garantir que todos estejam a par do que está acontecendo e que qualquer apreensão seja discutida e gerenciada abertamente.

Como gerente de projetos, com a ajuda da IA, você pode avaliar o clima emocional de sua equipe. Esses *insights* podem guiá-lo para gerenciar emoções, garantindo que as preocupações sejam abordadas, os sentimentos positivos sejam reforçados e, em última análise, o moral da equipe permaneça alto.

Vamos usar o projeto da Global Health para ver como a IA pode ajudar a obter esses *insights*.

A **autoconsciência** é sobre entender suas emoções e como elas afetam suas ações. Como gerente de projetos, você pode usar o ChatGPT para fazer uma autorreflexão, solicitando que ele avalie suas respostas a determinadas situações.

> *"Tive uma interação difícil com um membro da equipe hoje e acho que reagi mal. Você pode me ajudar a refletir sobre isso?"*
>
> Mas é claro! Vamos começar identificando o que aconteceu. Você pode descrever a interação e como respondeu?

Por meio dessa conversa, a IA pode ajudá-lo a refletir e obter *insights* sobre suas próprias reações.

Depois de reconhecer suas emoções, o próximo passo é gerenciá-las de forma eficaz (**autogestão**). Como gerente de projetos, você pode usar o ChatGPT para explorar diferentes estratégias de gerenciamento de emoções.

> *"Estou bastante estressado com o próximo prazo do projeto. Você pode sugerir algumas estratégias para lidar com esse estresse?"*
>
> Claro! O estresse pode ser difícil de gerenciar, especialmente com prazos curtos. Aqui estão algumas estratégias que podem ajudar...
>
> *{Resposta cortada por brevidade e relevância}.*

A IA pode fornecer uma série de sugestões, desde práticas de gerenciamento de tempo até exercícios de atenção plena, para ajudá-lo a lidar com suas emoções de forma eficaz.

A **consciência social** envolve compreender das emoções de outras pessoas e ter empatia com elas. Nesse sentido, o ChatGPT pode ajudar a analisar a comunicação da equipe para identificar possíveis tensões emocionais, como você já viu.

Antes de uma conversa difícil com um membro da equipe, você pode encenar com a IA a abordagem que vai usar. O *prompt* a seguir é uma ideia de começo:

> *"Preciso ter uma conversa difícil com um dos membros da minha equipe sobre o seu desempenho. Podemos encenar essa conversa?"*
>
> Com certeza. Você gostaria de começar, ou devo começar?

Ao encenar com o ChatGPT, você pode explorar diferentes maneiras de lidar com a situação, melhorando suas habilidades interpessoais e gerenciando o relacionamento de forma mais eficaz.

Lembre-se que a IA pode ajudá-lo a trabalhar em sua IE, mas não consegue compreender completamente a profundidade e a complexidade das emoções humanas. Portanto, interações presenciais, diálogos abertos e compreensão empática continuam sendo vitais para uma liderança e gestão de equipe eficazes.

Usando ferramentas de IA para aprimorar a colaboração em equipe

No ambiente de trabalho cada vez mais conectado e dinâmico de hoje, a colaboração em equipe é a espinha dorsal de um projeto bem-sucedido. A complexidade e a diversidade de tarefas exigem comunicação, coordenação e colaboração contínuas entre os membros da equipe. As ferramentas de IA estão revolucionando a forma como colaboramos, tornando o processo mais eficiente, envolvente e produtivo.

As plataformas de gerenciamento de projetos e colaboração baseadas em IA podem fornecer vários serviços. Isso inclui atualizações do projeto, agendar e coordenar reuniões, facilitar sessões de *brainstorming* e garantir uma comunicação transparente e consistente. As ferramentas de IA podem se adaptar dinamicamente às necessidades da sua equipe, promovendo um ambiente de colaboração eficaz.

Nesta seção, veremos como a IA pode facilitar a colaboração multifuncional, bem como os possíveis desafios e soluções na implementação da IA para a colaboração em equipe.

Melhorando a comunicação da equipe com IA

Em um projeto complexo e multifacetado como o da Global Health, é essencial manter canais de comunicação claros e eficazes. Mal-entendidos ou falhas de comunicação podem resultar em atrasos, excesso de custos ou até mesmo o fracasso do projeto. As ferramentas de IA podem transformar o cenário da comunicação dentro da equipe.

Fornecer respostas rápidas

Em nosso projeto da Global Health, um membro da equipe pode fazer esta pergunta:

> *"Você poderia fornecer uma visão geral do andamento das nossas iniciativas?"*

Aqui, o ChatGPT pode dar um resumo das principais iniciativas do projeto da Global Health:

> Até setembro de 2021, entre as iniciativas da Global Health estavam esforços para gerenciar e entender melhor a pandemia da covid-19, atingir a cobertura universal de saúde, abordar questões de saúde relacionadas às mudanças climáticas e combater a resistência antimicrobiana...
>
> {Resposta cortada por brevidade e relevância}.

Essa resposta fornece ao membro da equipe um resumo e pode ajudar em outros esforços de pesquisa.

Melhorar a comunicação

Com o objetivo de destacar a importância do cronograma do projeto, você, como gerente, pode perguntar o seguinte:

"Como posso comunicar à equipe a importância de respeitar o cronograma do projeto?"

Aqui está um rascunho de uma abordagem sugerida:

Prezada equipe, gostaria de ressaltar a natureza crítica do cronograma do nosso projeto. Ele serve como nosso roteiro, mantendo-nos alinhados e focados. Cada marco que atingimos afeta diretamente o nosso sucesso. Embora eu entenda o tamanho dos desafios, acredito em nossa capacidade coletiva de cumprir esses prazos. Vamos manter o apoio mútuo nessa empreitada. Se vocês encontrarem problemas que possam afetar seus cronogramas, entrem em contato para que possamos resolvê-los juntos...

Colaboração e *brainstorming*

Em uma sessão de *brainstorming*, você pode buscar ideias inovadoras para o envolvimento da comunidade perguntando o seguinte:

"Estamos debatendo formas de aumentar o envolvimento da comunidade no nosso projeto da Global Health. Você pode sugerir algumas ideias inovadoras?"

A resposta da IA pode incluir uma lista de estratégias. Aqui estão alguns trechos:

Certamente. Aqui estão algumas maneiras inovadoras de aumentar o envolvimento da comunidade: 1. Organize fóruns *on-line* e webinários para educar a comunidade sobre o projeto... 2. Faça parcerias com influenciadores ou líderes locais que possam ajudar a espalhar a notícia... 3. Utilize plataformas de mídia social para compartilhar atualizações do projeto e se envolver com a comunidade... 4. Desenvolva um aplicativo ou um recurso no *site* que permita à comunidade acompanhar o progresso do projeto e contribuir com ideias...

Aprimorar habilidades de escrita

Um membro da equipe que procura melhorar o relatório do projeto pode fazer esta solicitação:

"Forneça feedback sobre este relatório."

A IA pode oferecer *feedback* sobre vários aspectos, incluindo conteúdo, estrutura, uso do idioma e muito mais:

Certo. Aqui vai um *feedback*: seu relatório é detalhado e informativo. No entanto, a estrutura poderia oferecer maior clareza. Sugiro uma abordagem mais linear na apresentação de suas descobertas... Sua linguagem é clara, mas algumas frases são muito longas, o que pode confundir o leitor... Poderia usar mais marcadores e subtítulos para dividir o texto e torná-lo mais legível...

Esse tipo de resposta detalhada pode ajudar os membros da sua equipe a melhorar suas habilidades de escrita e produzir relatórios de maior qualidade.

Analisar e resumir reuniões

Imagine que você tenha concluído uma importante reunião com vários *stakeholders* do projeto e coletado informações sobre ações, decisões e conclusões. Analisar essas informações manualmente pode ser uma tarefa complicada, mas você pode usar a IA para simplificar esse processo:

> *"Tivemos uma importante reunião de atualização do projeto hoje, e preciso da sua ajuda para resumir os pontos-chave. Aqui está a transcrição da reunião. Você tem como ajudar?"*
>
> Devido a imprevistos com o servidor, o cronograma do projeto sofrerá um pequeno atraso. A equipe técnica assegura, no entanto, que esses problemas serão resolvidos até o final da semana.
>
> A equipe de *marketing* finalizou sua estratégia para o lançamento do projeto e planeja compartilhá-la com a equipe na próxima semana.
>
> A fase beta recebeu muitas respostas positivas, com sugestões de pequenas alterações na interface do usuário. A equipe de desenvolvimento fará as mudanças necessárias.
>
> A próxima reunião de revisão está marcada para o final do mês, quando todos os líderes de equipe devem apresentar suas atualizações.

Ao ter uma IA como o ChatGPT resumindo a reunião, você garante que nenhum ponto-chave seja perdido e mantém os membros da equipe informados a respeito. Você pode, ainda, atualizar aqueles que não puderam participar da reunião.

Pense também na diferença de linguagem entre membros da equipe de diferentes áreas de especialização. Não é incomum que um especialista técnico tenha que transmitir informações complexas a um *stakeholder* não técnico. O ChatGPT pode servir como uma ponte em tais situações:

Capítulo 3: Construindo e gerenciando equipes com o uso de IA   **95**

"Nosso líder técnico forneceu uma atualização que diz: 'A refatoração de back-end *para um melhor manuseio assíncrono está completa. Os* endpoints *da API têm mais desempenho agora, e a equipe de* front-end *terá mais facilidade para trabalhar com eles.' Preciso transmitir isso a um* stakeholder *não técnico. Você pode simplificar para mim?"*

Aqui está uma versão mais acessível: "Nossa equipe de tecnologia fez atualizações significativas na infraestrutura dos bastidores do nosso projeto. Como resultado, o *site* ou aplicativo do projeto terá um desempenho mais eficiente, o que facilitará o trabalho de nossas outras equipes."

Embora tenhamos usado o ChatGPT como exemplo aqui, vale notar que o mercado de IA oferece muitas ferramentas semelhantes. Por exemplo, algumas ferramentas podem participar de reuniões virtuais, ouvir e resumir a reunião, destacando pontos-chave, decisões e ações. Essa tecnologia pode melhorar muito a eficiência e a eficácia da comunicação da equipe, contribuindo para um processo de gerenciamento de projetos mais simplificado e coordenado.

À medida que a IA generativa avança e amadurece, produtos adicionais estão chegando ao mercado. Eles podem participar de reuniões virtuais, ouvir, destacar pontos-chave, resumir atas de reuniões, gerar itens de ação com base em transcrições e muito mais. Entre esses produtos estão o Microsoft Teams Premium, Slack GPT e Zoom AI Companion. Essas ferramentas são plataformas baseadas na nuvem que permitem que os usuários conversem, liguem, compartilhem arquivos e colaborem em projetos. Elas também têm alguns recursos exclusivos que as destacam de outras ferramentas de comunicação.

Ao melhorar a comunicação, essas ferramentas de IA garantem que a equipe do projeto, os *stakeholders* e os gerentes de projetos estejam alinhados quanto aos objetivos comuns, levando a melhores resultados. Elas trazem clareza, economizam tempo e ajudam a manter o impulso do projeto – aspectos cruciais do gerenciamento bem-sucedido.

Facilitando a colaboração multifuncional com IA

A colaboração multifuncional é uma característica de muitas equipes de projeto, envolvendo membros de diferentes áreas de especialização que trabalham com um objetivo comum. Essa diversidade pode ser uma fonte de inovação e capacidade de resolução de problemas, mas também pode significar desafios, especialmente em relação à comunicação e colaboração. A inteligência artificial, particularmente os modelos de conversação de IA, como o ChatGPT, pode facilitar bastante esse processo.

Suponha que você esteja se preparando para uma fase crítica no projeto da Global Health. Nessa fase, as equipes de engenharia e *marketing* devem colaborar de perto. Como gerente de projetos, você poderia elaborar o seguinte *prompt*:

> *"Nossas equipes de engenharia e marketing precisam colaborar no design do protótipo para o nosso projeto da Global Health. Que estratégias podemos implementar para garantir uma colaboração multifuncional eficaz?"*

O ChatGPT poderia sugerir:

> Garantir uma colaboração eficaz entre diferentes equipes é fundamental para o sucesso do seu projeto. Aqui estão algumas estratégias que podem ajudar:
>
> Definir metas comuns, criar um plano de comunicação, fazer encontros síncronos regulares, usar ferramentas de gerenciamento de projetos, criar um ambiente colaborativo, usar um vocabulário que seja do conhecimento de todos...

Aqui o ChatGPT levanta uma importante questão sobre vocabulário. Em equipes multifuncionais, é comum que diferentes equipes tenham diferentes jargões, terminologias e formas de pensar. A equipe de engenharia, por exemplo, pode ter uma linguagem muito técnica, cheia de siglas, enquanto a equipe de *marketing* pode usar frases e conceitos mais específicos do setor. Essa discrepância na linguagem pode levar a mal-entendidos e retardar o andamento do projeto.

É aqui que uma ferramenta de IA como o ChatGPT pode causar um impacto substancial. O ChatGPT pode ajudar na criação de um léxico compartilhado – uma linguagem comum – que ajudaria a preencher a lacuna entre diferentes equipes funcionais.

Você pode perguntar o seguinte:

> *"Você pode nos ajudar a criar um léxico que preencha a lacuna linguística entre nossas equipes de engenharia e marketing?"*

O ChatGPT, ao processar essa solicitação, responderá com uma estratégia geral:

> Extração de termos: podemos analisar as conversas, documentos, *e-mails* e outras comunicações das equipes. A partir dessa análise, podemos identificar e extrair os termos mais utilizados e seus significados contextuais.

Criando analogias: em seguida, podemos criar uma lista de analogias que relacionam os termos usados pela equipe de engenharia com conceitos familiares à equipe de *marketing* e vice-versa. Esse processo pode ajudar os membros da equipe a entender rapidamente a terminologia do outro domínio. Uma das analogias poderia ser: "Pense na arquitetura de *software* (termo de engenharia) como o *storyboard* (termo de *marketing*) para o nosso produto de *software*. Ela descreve a estrutura geral e o fluxo, assim como um *storyboard* descreve as principais cenas de um filme."

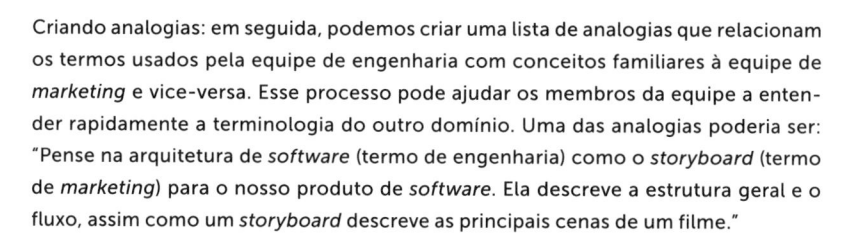

Compartilhando o léxico: uma vez que o léxico e as analogias são criados, podemos compartilhá-los com ambas as equipes. Eles podem então usar esse léxico como referência nas suas comunicações, minimizando mal-entendidos e facilitando a colaboração.

Podemos pedir à IA que se aprofunde e forneça algumas analogias entre as duas equipes multifuncionais, desta vez usando termos técnicos:

"Você pode, por favor, mostrar mais exemplos da extração de termos e analogias entre as duas equipes?"

Para extrair termos, permita que a IA analise o valor da comunicação de uma semana entre as equipes de engenharia e *marketing*. Depois de analisar os dados, a IA pode identificar os seguintes termos como importantes na comunicação de cada equipe:

Equipe de engenharia

- Desenvolvimento ágil
- API – interface de programação de aplicações
- DevOps
- Controle de versão
- CI/CD (integração contínua e entrega contínua)

Equipe de *marketing*

- SEO (*search engine optimization*/otimização dos motores de busca)
- Persona do usuário
- Estratégia de conteúdo
- Métricas de engajamento
- Funil de conversão

Com essas informações, a IA pode gerar uma lista de analogias para facilitar o entendimento entre as duas equipes. Veja como isso ficaria:

Da engenharia para o *marketing*:

Desenvolvimento ágil: pense no desenvolvimento ágil como uma estratégia de conteúdo flexível. Planejamos, criamos e melhoramos nosso *software* de forma iterativa, assim como você planeja, publica e otimiza o conteúdo com base em seu desempenho.

API: as APIs são como parceiros do nosso *software*. Elas ajudam na sua interação com outros aplicativos, da mesma forma que os influenciadores ajudam seu conteúdo a alcançar um público mais amplo.

DevOps: DevOps é a nossa maneira de garantir que as equipes de desenvolvimento e operações trabalhem juntas sem problemas, semelhante ao que você busca na colaboração entre criadores de conteúdo e gerentes de mídia social.

Do *marketing* para a engenharia:

SEO: SEO é um conjunto de práticas que tornam um *site* mais visível nos mecanismos de busca, da mesma forma que um código bem escrito torna um aplicativo de *software* mais eficiente.

Persona de usuário: é uma representação do cliente ideal, da mesma forma que um cenário de caso de uso representa um caminho ideal para a funcionalidade do nosso *software*.

Funil de conversão: o funil de conversão é uma maneira de visualizar a jornada de um cliente, assim como um diagrama de fluxo de dados expressa a jornada dos dados no *software*.

Ao criar um léxico compartilhado e usar essas analogias na comunicação, ambas as equipes podem entender melhor seus respectivos papéis e chegar a uma colaboração interfuncional aprimorada.

IA na resolução de conflitos e tomada de decisão

Pessoas e equipes são complexas e, por suas diferentes culturas, é inevitável que haja mal-entendidos e conflitos – cada projeto terá seus próprios desafios. Um dos obstáculos inevitáveis em todas as equipes é a falta de comunicação e o conflito interno. Quer se trate de um choque de ideias, diferenças de abordagem ou discordâncias sobre prioridades, os conflitos podem perturbar a harmonia e a produtividade da equipe.

Contudo, nem todos os conflitos levam a desastres. Gerenciado de forma eficaz, o processo de resolução de conflitos pode levar a soluções inovadoras e a uma camaradagem mais profunda entre os membros da equipe. A IA pode ter um papel transformador na mitigação de conflitos. Ela é imparcial e tem um rico conjunto de soluções aprendidas com conflitos anteriores que podem ajudar na tomada de decisões.

A IA pode ajudar na resolução de conflitos, fornecendo uma perspectiva imparcial, identificando as causas e sugerindo possíveis soluções. O modelo de IA, por ser neutro, pode fazer a mediação entre as partes, incentivar o diálogo e promover uma solução que respeite as opiniões dos envolvidos.

A solução de problemas é fundamental na resolução de conflitos. A IA pode melhorar significativamente a tomada de decisão em uma equipe para encontrar soluções inovadoras e resolver conflitos. A tomada de decisão, especialmente em projetos complexos, costuma envolver muitos fatores, grande quantidade de dados e possíveis resultados. A IA pode simplificar esse processo ao fornecer *insights* orientados por dados, prever resultados e recomendar soluções a partir de seus recursos de tratamento de dados e análise de risco.

Usando IA para facilitar a resolução de conflitos

Em um ambiente de projetos, o conflito é praticamente inevitável. Seja um mal-entendido sobre as responsabilidades, seja um grande desacordo sobre os objetivos do projeto, isso pode interromper o fluxo de trabalho, diminuir a moral da equipe e, se não resolvido, comprometer o sucesso do projeto. É aqui que modelos de IA como o ChatGPT podem ajudar.

A IA não pode substituir o envolvimento humano na resolução de conflitos, especialmente quando há necessidade de intervenção interpessoal, compreensão de nuances emocionais ou questões culturais. No entanto, ela pode apoiar com contribuições imparciais, promovendo objetividade, sugerindo estratégias de resolução com base em conhecimentos e cenários semelhantes e até identificando possíveis pontos de conflito.

Imagine um cenário em que os membros da sua equipe discordem sobre a priorização de tarefas. Um grupo acredita que a tarefa A deve ser abordada primeiro devido ao seu valor, enquanto outro defende a tarefa B porque é um pré-requisito para várias outras.

"Nossa equipe discorda sobre a priorização de tarefas. O grupo 1 insiste em começar com a tarefa A pelo valor percebido, enquanto o grupo 2 argumenta que a tarefa B deve ser priorizada, pois é fundamental para outras tarefas. Como podemos chegar a um acordo?"

A IA sugerirá algumas etapas:

Defina os critérios: descreva claramente quais critérios você está usando para priorizar as tarefas. Pode ser urgência, retorno sobre o investimento, esforço necessário ou a importância da tarefa para as demais. Certifique-se de que os critérios sejam claros, justos e acordados por todos.

Classifique as tarefas por critérios: classifique a tarefa A e a tarefa B usando os critérios acordados. Se possível, use um sistema numérico, em nome da objetividade.

Discuta as classificações em uma reunião: peça a cada equipe que apresente seu caso com a lógica de suas classificações. Essa discussão aberta pode levar à compreensão mútua e ao compromisso.

Vote, se necessário: se o desacordo persistir, avalie usar uma abordagem democrática, com cada membro da equipe votando após a discussão. Isso pode garantir que todos se sintam ouvidos e parte do processo de tomada de decisão.

Como gerente de projetos, você deve garantir que a equipe entenda que o objetivo não é vencer a discussão, mas encontrar o melhor caminho para o projeto.

O primeiro passo é enfrentar o problema. Quando um problema é identificado e confrontado rapidamente, ele pode promover a colaboração. Isso promoverá um espaço em que todas as partes possam discutir abertamente suas diferenças e trabalhar em direção a uma resolução que satisfaça a todos. A demora em enfrentar um problema costuma aumentar a tensão e pode afetar significativamente o sucesso do projeto.

Considere o nosso estudo de caso do projeto Global Health. Como gerente de projetos, você pode fazer a seguinte pergunta:

"Quero marcar uma reunião para resolver um conflito entre nossas equipes de análise de dados e de pesquisa de campo. Elas estão com problemas para chegar a um acordo sobre a melhor maneira de coletar dados. Você pode sugerir uma estrutura para essa reunião?"

A IA pode fornecer algo similar ao que segue como estrutura para sua reunião:

Introdução: comece enfatizando a importância da colaboração e explique o propósito da reunião. Criar um ambiente onde todos se sintam seguros para expressar suas opiniões é importante.

Entendendo o problema: permita que cada equipe apresente seu ponto de vista sobre o melhor método de coleta de dados. Certifique-se de que todos ouçam e tentem entender o outro lado.

Discussão: incentive um diálogo construtivo entre as equipes. Tente identificar motivos comuns e áreas de desacordo.

Soluções de *brainstorm*: faça um *brainstorming* com o grupo em busca de possíveis soluções. Procure opções que abordem as preocupações de ambas as equipes.

Tomada de decisão: analise as soluções sugeridas coletivamente e decida sobre uma ação. A decisão pode ser tomada por consenso ou, se necessário, por votação.

GUIA TÉCNICO Consulte o Guia Técnico 3.3. A solução anterior sugere enfrentar os problemas. Como a gestão de conflitos é um tópico importante, fornecemos informações adicionais e sugestões de outras abordagens no Guia Técnico.

Usando IA para apoiar a tomada de decisões

Desde a definição de direções estratégicas até a escolha entre caminhos alternativos, os gerentes de projetos enfrentam decisões complexas que podem afetar o resultado do projeto. A IA pode ajudar, fornecendo *insights* baseados em dados e facilitando a tomada de decisão.

Por exemplo, o ChatGPT pode ser utilizado para explorar diferentes cenários e seus possíveis resultados com base em seu conhecimento sobre situações semelhantes ou estratégias de tomada de decisão. Vamos avaliar uma decisão em nosso estudo de caso, o projeto da Global Health.

> *"Alguns de nós acreditam que devemos concentrar nossos esforços no desenvolvimento de uma infraestrutura de saúde robusta, enquanto outros acreditam que devemos priorizar a educação da população local sobre práticas de saúde."*

Ao solicitar uma resposta a esse *prompt*, temos o seguinte retorno da IA:

Ambas as abordagens têm seus méritos, e a escolha depende, em última análise, do contexto específico do seu projeto. Aqui estão alguns pontos a considerar:

Desenvolvimento de infraestruturas de saúde: esta estratégia pode proporcionar um impacto mais imediato e visível na comunidade. Poderia levar a tratamento e prevenção de doenças mais rápidos e eficazes. No entanto, exigiria recursos substanciais e um cronograma de implementação mais longo.

Educar a população local: esta abordagem pode ter um impacto mais lento, mas seria uma solução mais sustentável a longo prazo. O conhecimento e a conscientização sobre as práticas de saúde podem levar a mudanças comportamentais e diminuir a prevalência de certas doenças ao longo do tempo. Pode exigir menos recursos e ser implementada mais rapidamente.

Uma combinação de ambas as abordagens poderia ser a mais eficaz. No entanto, você precisa considerar os recursos, o cronograma, os objetivos e as necessidades específicas da comunidade com a qual está trabalhando.

Isso lhe dá, como gerente de projetos, *insights* objetivos e diferenciados para informar seu processo de tomada de decisão. A IA também pode ajudar na tomada de decisão de outras maneiras. Por exemplo, quando você está lidando com grandes quantidades de dados, a IA pode ajudar a resumir e interpretar esses dados para facilitar a compreensão e a tomada de decisões. Ela pode ajudar a detectar as principais tendências, destacar descobertas significativas e fornecer um resumo geral dos dados.

"Coletamos muitos dados de saúde da nossa pesquisa na comunidade. Você pode ajudar a destacar as principais descobertas?"

Com certeza. Com base nos dados que você forneceu, aqui estão algumas descobertas importantes:

Há uma alta incidência de [doença X] na [faixa etária Y].

A maioria dos indivíduos não tem acesso a [serviço de saúde específico].

[Percentual X] dos indivíduos desconhecem [determinado cuidado com a saúde].

Essas descobertas sugerem que há uma necessidade significativa de serviços de saúde e educação na comunidade.

{Observe que os colchetes na resposta incluiriam descobertas específicas.}

"Com base em seu conhecimento e compreensão de projetos semelhantes, quais são alguns riscos potenciais que podemos enfrentar em nosso projeto da Global Health e como podemos mitigá-los?"

Vários riscos podem afetar um projeto global como o seu. Aqui estão alguns, juntamente com possíveis estratégias de mitigação:

Risco: surto de alguma doença que interrompa as atividades do projeto. Mitigação: desenvolver um plano de contingência que inclua acordos de trabalho remoto e protocolos de saúde e segurança.

Risco: resistência das comunidades locais. Mitigação: garantir que campanhas de engajamento e conscientização da comunidade façam parte do projeto.

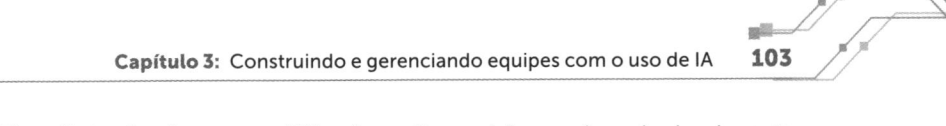

Risco: limitações de recursos. Mitigação: realizar revisões regulares de planejamento e alocação de recursos para garantir um uso ideal.

Planejamento de cenários: os gerentes de projetos geralmente precisam considerar vários cenários e seus impactos potenciais no projeto.

O ChatGPT pode ajudar a criar ou analisar esses cenários com base em seu vasto conhecimento:

"Você pode me ajudar a entender os cenários possíveis se decidirmos estender o cronograma do projeto por seis meses?"

Aqui estão alguns cenários possíveis e seus impactos potenciais:

Cenário 1: o escopo do projeto é aumentado em função da ampliação do cronograma. Embora isso possa resultar em resultados mais amplos, também pode exigir mais recursos.

Cenário 2: as partes interessadas podem expressar preocupação com o atraso, o que pode afetar seu compromisso e apoio. A comunicação regular e as atualizações podem atenuar isso.

Cenário 3: a equipe pode enfrentar fadiga pela ampliação do cronograma, podendo impactar a produtividade. Verificações regulares da equipe, pausas e reconhecimento de seus esforços podem ajudar a manter o moral.

A IA pode ajudar na análise do desempenho do projeto. Usando o ChatGPT, você pode pedir *insights* com base nos dados de desempenho:

"Nosso projeto parece estar avançando mais devagar do que o esperado. Com base em projetos semelhantes que você conhece, qual seria a razão?"

Atrasos no projeto podem acontecer por uma série de razões. Aqui estão algumas causas potenciais:

Desvio de escopo: mudanças ou adições frequentes ao escopo do projeto podem retardar o seu avanço.

Restrições de recursos: recursos insuficientes ou alocação de recursos não otimizada podem afetar a velocidade do projeto.

Falha de comunicação: atrasos podem ocorrer por falhas de comunicação ou falta de clareza entre os membros da equipe.

Esses *insights* podem ajudá-lo a identificar possíveis problemas e a abordar o tema com as partes interessadas. O resultado deve ser uma decisão informada, que conduza o projeto na direção certa.

Usando IA no modelo de Tuckman

Em 1965, o psicólogo Bruce Tuckman apresentou um modelo bastante usado quando se fala em desenvolvimento da equipe.[2] O modelo de Tuckman consiste em estágios pelos quais cada equipe passa à medida que amadurece e se esforça para o sucesso:

1. **Formação:** é um momento de incerteza e apreensão, pois os membros da equipe estão se conhecendo. Uma ferramenta de IA pode ajudar a organizar e facilitar as reuniões iniciais da equipe, esclarecer funções e responsabilidades e fornecer informações do projeto de maneira acessível.

2. **Confronto:** etapa caracterizada por conflitos, à medida que os membros começam a expressar suas opiniões. É normal que os membros da equipe tenham visões diferentes, mas os conflitos devem ser gerenciados de forma construtiva.

3. **Normalização:** estágio em que os membros da equipe começam a resolver suas diferenças, apreciar os pontos fortes uns dos outros e estabelecer fluxos de trabalho.

4. **Atuação:** é quando a equipe está trabalhando de forma eficaz e eficiente em direção aos objetivos do projeto.

5. **Dissolução:** fase em que o projeto está terminando e os membros da equipe começam a passar para outros projetos.

A seguir, vamos examinar como a IA pode ajudar os gerentes de projetos em cada estágio.

Formação

> *"Estou formando uma equipe. Você pode me ajudar a redigir um e-mail para a equipe, fornecendo uma visão geral do projeto e esclarecendo suas funções e responsabilidades?"*

Aqui está uma sugestão da IA para você estruturar o *e-mail*:

> Prezados,
>
> Tenho o prazer de anunciar o início do Projeto X, destinado a desenvolver uma solução de *software* inovadora para o nosso cliente, a ABC Corp. Esse projeto é crucial para o nosso compromisso contínuo de fornecer soluções de *software* de alto nível.
>
> Para garantir o sucesso do projeto, cada membro da equipe recebeu funções e responsabilidades específicas:

---

2 Tuckman, B. W. Developmental sequence in small groups. *Psychological Bulletin*, 1965, 63(6), 384–399.

John, como líder do projeto, você supervisionará o progresso do projeto e orientará a equipe. Mary, como desenvolvedora líder, sua experiência será essencial no trabalho com o *software*. Ali, como analista de negócios, você será responsável por entender e incorporar os requisitos do cliente em nosso *design*. Priya, como nossa líder de qualidade, você será responsável por garantir que nossa solução atenda aos padrões estabelecidos por nosso cliente e nossa empresa.

Cada um de vocês tem um papel crucial, e estou confiante que, juntos, podemos entregar esse projeto com sucesso. Sintam-se à vontade para entrar em contato comigo em caso de dúvida ou necessidade de esclarecimentos sobre suas funções.

Atenciosamente,

[Seu Nome]

Confronto

Imagine um cenário de alguns conflitos na equipe, particularmente em torno de decisões de *design*.

"Você pode me ajudar a redigir uma mensagem que reconheça as perspectivas de todos e incentive a resolução colaborativa?"

Aqui está uma sugestão:

Prezados,

Observei que houve algumas diferenças de opinião em relação às nossas decisões de *design*. Gostaria de elogiar a todos pela paixão e dedicação em garantir que entreguemos a melhor solução para o nosso cliente.

Como sabem, um debate saudável pode levar a soluções inovadoras. É importante lembrar que compartilhamos um objetivo comum: o sucesso do Projeto X. Gostaria de convocar uma reunião na próxima semana para que possamos discutir abertamente essas ideias. Todos poderão expor seus pontos de vista, e acredito que, juntos, resolveremos esses conflitos e encontraremos um caminho que alinhe as necessidades de nossos clientes com os pontos fortes de nossa equipe.

Obrigado pelo seu compromisso permanente com o projeto.

Atenciosamente,

[Seu Nome]

Normalização

A IA pode ajudá-lo a incentivar sua equipe e reconhecer o seu progresso.

"Você pode me ajudar a redigir uma mensagem para a equipe, cumprimentando pelo avanço nas discussões recentes e incentivando que a colaboração continue?"

Com certeza! Aqui está um rascunho para você:

Prezados,

Nas últimas semanas, tivemos algumas discussões intensas sobre a direção do Projeto X. Quero aproveitar este momento para celebrar o progresso que alcançamos.

Percebi um renovado senso de unidade e entendimento compartilhado entre nós. Nosso recente encontro nos ajudou a alinhar ideias e expectativas, e a dedicação que cada um de vocês demonstrou é admirável.

Vamos manter esse ritmo. À medida que avançamos, gostaria que vocês continuassem compartilhando ideias e comentários. São nossos *insights* coletivos e nossa colaboração que nos levarão ao sucesso.

Obrigado, mais uma vez, pelo seu trabalho árduo e comprometido.

Atenciosamente,

[Seu Nome]

Atuação

Como parte da comunicação contínua, celebrar o sucesso é tão importante quanto resolver os problemas.

> *"A equipe está realmente dando o seu melhor, e estamos fazendo um grande progresso. Você pode me ajudar a redigir uma mensagem comemorando esse sucesso e incentivando o esforço contínuo?"*

Mas é claro! Aqui está um rascunho para a sua mensagem:

Prezados,

Estou escrevendo esta mensagem com um sentimento de grande orgulho e alegria. Ao longo das últimas semanas, o desempenho da nossa equipe no Projeto X tem sido nada menos que excelente.

Cada um de vocês fez contribuições significativas para nossos objetivos compartilhados. Sua contínua colaboração, iniciativa e dedicação nos levaram ao sucesso e, por isso, sou extremamente grato.

No entanto, não vamos esquecer que ainda temos marcos a alcançar. Estou confiante de que, com o mesmo nível de esforço e cooperação, podemos concluir esse projeto e superar as expectativas de nossos clientes.

Mais uma vez, parabéns pelo excelente trabalho. Vamos manter esse ritmo!

Atenciosamente,

[Seu Nome]

Dissolução

Pode ser desafiador encerrar um período intenso de trabalho e seguir caminhos separados. O que o ChatGPT recomenda?

> As etapas finais de um projeto são tão importantes quanto as fases iniciais, e fico feliz que você esteja dando importância a elas. O relatório de conclusão do seu projeto deve, obviamente, incluir um resumo do projeto, listando suas realizações e seus desafios, mas isso não é tudo. Não deixe de colocar o seguinte:
>
> Lições aprendidas:
>
> a. Destacar as principais lições advindas do projeto.
>
> b. Detalhar as alterações a serem implementadas em projetos futuros como resultado.
>
> Reconhecimentos da equipe:
>
> a. Agradeça a sua equipe pelo esforço.
>
> b. Reconheça atuações de destaque.
>
> c. Reserve, ao final, algum tempo para as pessoas se reunirem e socializarem.

Vamos entrar nas lições aprendidas:

> *"Com base nas anotações do projeto, e-mails e transcrições de reuniões, você pode me ajudar a identificar algumas das principais lições aprendidas?"*

> Com os dados hipotéticos fornecidos, aqui estão algumas possíveis lições aprendidas:
>
> Comunicação: houve vários momentos em que uma comunicação mais clara poderia ter evitado erros. No futuro, estratégias de comunicação mais estruturadas, com *check-ins* semanais e atualizações detalhadas do projeto, poderiam ser de grande utilidade.
>
> Alocação de recursos: às vezes, os recursos ficavam sobrecarregados, causando atrasos. Projetos futuros podem se valer de uma abordagem mais conservadora na alocação de recursos, garantindo uma folga para necessidades inesperadas.
>
> Gestão de riscos: alguns riscos não foram antecipados, levando a surpresas ao longo do caminho. Uma estratégia de gestão de riscos mais abrangente poderia nos ajudar a antecipar e mitigar os riscos no futuro.

GUIA TÉCNICO Também criamos um modelo de *prompt* que você pode adaptar para seus cenários; consulte o Guia Técnico 3.4.

A IA pode fornecer grande apoio ao modelo de desenvolvimento de equipe de Tuckman. A capacidade do ChatGPT de gerar respostas claras, diferenciadas e específicas é um apoio valioso na orientação das equipes durante seu desenvolvimento.

Ética e responsabilidade profissional

As ferramentas de IA podem ser muito vantajosas para a gestão de equipes, mas trazem consigo algumas preocupações de ordem ética e profissional. Do recrutamento e integração à liderança, colaboração, resolução de conflitos e tomada de decisões, cada envolvimento da IA carrega seu próprio conjunto de considerações éticas. Além disso, é essencial avaliar continuamente o desempenho da IA e monitorar qualquer impacto negativo. O uso de IA pode precisar ser ajustado ou restringido.

Recrutamento e integração assistidos por IA

Quando você usa ferramentas de IA no processo de recrutamento, é essencial garantir justiça e objetividade. Algum tipo de viés pode ser introduzido inadvertidamente, por meio dos dados de treinamento fornecidos ao modelo de IA, resultando em práticas de contratação desleais. A preferência por candidatos semelhantes aos anteriormente aprovados pode perpetuar equipes homogêneas. O uso ético da IA nesse contexto significa tomar medidas para evitar tais preconceitos, garantir a igualdade de oportunidades e respeitar a diversidade.

Da mesma forma, na integração orientada por IA, é importante garantir que o uso da IA não isole novos membros da equipe ou substitua interações humanas valiosas. Embora a IA possa ajudar a fornecer informações e a responder a consultas, o aspecto humano na recepção e na integração de novos membros à equipe deve ser prioridade.

IA na liderança e colaboração de equipes

As ferramentas de IA podem ser excelentes auxiliares para a liderança da equipe, fornecendo *insights* e sugestões com base em dados e conhecimentos. Os líderes, no entanto, continuam responsáveis por suas decisões e ações. Os resultados da IA devem ser tratados como ajudas, não como substitutos do julgamento humano, da sabedoria e da empatia.

Ao facilitar a colaboração em equipe, é importante usar a IA de forma responsável e transparente. Isso inclui garantir que os membros da equipe estejam cientes e confortáveis com a forma como suas comunicações estão sendo usadas e que sua privacidade seja respeitada. Também envolve a validação de *insights* de IA com contexto e julgamento do mundo real para evitar falhas de comunicação ou mal-entendidos.

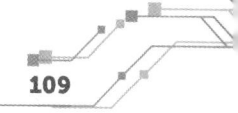

IA na resolução de conflitos e tomada de decisão

A IA pode fornecer assistência valiosa na resolução de conflitos e nos processos de tomada de decisão, mas a responsabilidade final recai sobre os líderes humanos. O trabalho da IA deve ser considerado uma das muitas colaborações nessas áreas tão sensíveis, mas o julgamento humano tem papel decisivo. Entre as questões éticas estão tratar os conselhos da IA com cautela e avaliar com cuidado os aspectos emocionais e interpessoais que a IA pode não entender completamente.

Em resumo, embora ferramentas de IA como o ChatGPT possam revolucionar muitos aspectos do gerenciamento de equipes, seu uso deve incluir uma bússola ética. Não faça concessões quando se trata de garantir justiça, objetividade e transparência ao usar IA no recrutamento, na integração e no gerenciamento de equipes. Dito isso, existem maneiras de aderir a padrões éticos e, ao mesmo tempo, aproveitar as muitas vantagens da IA para apoiar os líderes e aprimorar o gerenciamento da equipe.

Pontos-chave a serem relembrados

As ferramentas de inteligência artificial, especificamente produtos como o ChatGPT, estão revolucionando o campo do recrutamento, da integração e do gerenciamento de equipes. Quando utilizada de forma eficaz, a IA pode agilizar processos, mitigar preconceitos e aprimorar a tomada de decisões. No entanto, sua integração deve ser feita com cautela e vigilância. Aqui estão os pontos-chave a serem considerados:

- A IA pode otimizar o recrutamento e a integração, mas não pode substituir as nuanças da interação humana.
- A liderança e a tomada de decisões devem aproveitar a IA para obter *insights* de dados, mas o julgamento humano é primordial.
- É vital garantir justiça, transparência e responsabilidade ao empregar IA, monitorando continuamente seu desempenho e seus impactos.
- O respeito pela privacidade dos dados e a importância de obter o consentimento informado são essenciais.
- Em qualquer processo relacionado à IA, os líderes humanos têm a responsabilidade final pelos resultados e pelas decisões.

Guia técnico

3.1 Usando IA para identificar ferramentas de recrutamento

Primeiro, vamos analisar o resultado de uma busca por *chatbots* em um mecanismo de pesquisa usando a questão a seguir.

> *"Para fins de recrutamento, quais* chatbots *estão disponíveis?"*

Os resultados são apresentados na **Tabela 3.1**. Observe que os quatro primeiros são resultados patrocinados.

TABELA 3.1 Resultados do mecanismo de pesquisa para *chatbots*

CLASSIFICAÇÃO	TÍTULO	RESUMO
1	Solução NICE AI Chatbot	Reúne os modelos de IA altamente especializados da NICE para CX com IA generativa de ponta. Coloque o poder da IA para trabalhar para você...
2	Ada	Descubra os benefícios de investir em *chatbots* acessíveis baseados em IA para a CX geradora de ROI. Leve seus esforços de CX para o próximo nível...
3	Indeed	Você está procurando o candidato ideal? Comece sua pesquisa no Indeed.com agora!
4	Chatbots Internacionais TELUS	Aproveite nossa combinação vencedora de pessoas, processos e tecnologia ao criar um *chatbot*. Guia definitivo do *chatbot* de recrutamento...
5	Recruiteze	O Job Bot é um *chatbot* que ajuda os recrutadores a selecionar trabalhadores *freelancers*. É uma plataforma baseada em IA que...
6	Selecionar avaliações de *software*	Um *chatbot* de RH é uma categoria importante dentro do *software* de recrutamento de IA que permite que candidatos a emprego e funcionários se comuniquem por meio de...

Em contraste, quando a IA é usada, o mesmo *prompt* produz resultados diferentes, precisos e diretos, conforme mostrado na **Tabela 3.2**. (Observe que, para este exemplo, não fizemos nenhuma tentativa de apresentar uma lista atual de *chatbots*. Os resultados são do banco de dados histórico do ChatGPT em vez do ChatGPT Plus e Bing atualizados.) É evidente que o resumo da IA é mais útil do que a página de resultados do mecanismo de pesquisa.

TABELA 3.2 Resposta do ChatGPT para *chatbots* de recrutamento

CHATBOT	PRINCIPAIS CARACTERÍSTICAS
Mya	A Mya se envolve com os candidatos ao emprego por meio de uma plataforma de IA conversacional, automatizando até 75% do processo de recrutamento. Ela pode pré-selecionar os candidatos, responder às suas perguntas e agendar entrevistas.
Olivia	A Olivia simplifica tarefas como responder a consultas de candidatos, triar inscrições, agendar entrevistas e fornecer atualizações sobre o *status* da inscrição. É acessível por meio de várias plataformas, incluindo *web*, dispositivos móveis e redes sociais.
Xor	A Xor usa IA para automatizar tarefas de recrutamento, como triagem, agendamento de entrevistas e reengajamento de candidatos. Ela está disponível em mais de 100 idiomas e pode se comunicar por texto, WhatsApp, *e-mail* ou *chat* ao vivo.
Arya	A Arya usa o aprendizado de máquina para automatizar o fornecimento, a pré-seleção e o engajamento dos candidatos. Ela interage com os candidatos para entender suas qualificações, habilidades e experiências.
JobPal	Propriedade da Outmatch, o *chatbot* da JobPal automatiza a comunicação com os candidatos por meio de vários canais, incluindo *sites* de carreira, mídias sociais e aplicativos de mensagens. Ele pode pré-selecionar os candidatos, responder às suas perguntas e agendar entrevistas.

3.2 Modelo de *prompt* de integração

Você pode experimentar o *template* de integração. Substitua as variáveis entre colchetes <> por detalhes sobre o seu cenário específico:

> *"Atue como um gerente experiente. Você me ajudará a fazer o* onboarding *dos novos contratados o mais rápido possível.*
>
> *Acabei de começar um novo trabalho em <seu trabalho> na <sua equipe>. Eu serei responsável por <suas responsabilidades e deveres de trabalho> na <sua indústria de trabalho>. Meu principal indicador de desempenho é <KPI e métrica para a empresa ou projeto que está tentando realizar> neste trimestre.*
>
> *Você deve gerar um plano de integração de 30-60-90 dias usando a estrutura SMART (específico, mensurável, alcançável, relevante e com prazo definido).*
>
> *Por favor, combine cada meta SMART com uma métrica para que meu sucesso possa ser medido objetivamente. Apresente o resultado em formato de tabela."*

3.3 Modelo de *prompt* de gestão de conflitos

Já falamos de questões que geram confronto. Como a gestão de conflitos é um tópico importante, aqui vão informações e instruções adicionais. No modelo a seguir, você pode optar por especificar seu estilo preferido de resolução de conflitos.

Confronto: muitas vezes denominado resolução de problemas ou colaboração, o confronto é uma abordagem ganha-ganha em que o conflito é abordado diretamente, com o objetivo de alcançar uma solução benéfica para todos. É ideal para questões complexas que precisam de uma discussão aprofundada. O ChatGPT pode ajudar a orientar confrontos eficazes, promovendo a comunicação aberta e a resolução colaborativa de problemas.

Conciliação: outra estratégia de gestão de conflitos é a conciliação. Geralmente considerada uma solução perde-perde, é um resultado temporário comum em alguns conflitos. Às vezes, é necessário encontrar um meio-termo que as partes aceitem, mesmo que isso signifique que nem todos vão conseguir tudo o que querem. No caso de uma conciliação, o ChatGPT pode fornecer *insights* sobre a arte da negociação e chegar a uma solução mutuamente aceitável.

Acomodação: pode haver situações em que uma parte opte por ceder às demandas da outra. Isso pode ocorrer quando a questão não é de grande importância ou quando a preservação do relacionamento é considerada mais importante do que o próprio conflito. O ChatGPT pode ajudar a orientar esse processo com empatia e compreensão.

Evitação: há momentos em que é melhor evitar o conflito, especialmente quando o problema é menor ou quando há questões mais urgentes a serem abordadas. O ChatGPT pode ajudar a identificar quando a evasão pode ser a estratégia mais adequada e fornecer sugestões para fazê-la de uma maneira que não agrave a situação.

Competição: em algumas situações, é necessária uma abordagem ganha-perde para a resolução de conflitos, especialmente quando as apostas são altas ou uma decisão rápida deve ser tomada. Nesses cenários, a decisão normalmente cabe ao gerente de projetos ou a uma autoridade superior. O ChatGPT pode oferecer conselhos sobre como lidar com essa resolução de forma eficaz, minimizando possíveis consequências.

Dadas as várias estratégias de gestão de conflitos, fornecemos um modelo de cenário de conflito que você pode aplicar aos seus projetos e situações. Basta fornecer detalhes ao ChatGPT, preenchendo variáveis dentro do *prompt*, e ele ajudará a guiá-lo na sugestão de uma estratégia de gerenciamento de conflitos.

Instruções:

1. Digite ou copie este *prompt*:

   "ChatGPT, eu sou <👤 sua função> e estou diante de um conflito envolvendo <👥 partes envolvidas>. A situação é a seguinte: <💥 descrição do conflito>. Meu objetivo é alcançar o <🎯 resultado desejado>. Você poderia sugerir a estratégia de resolução de conflitos mais eficaz para essa situação? Se eu indiquei uma preferência por um estilo específico de resolução de conflitos, como <⚖️ estilo preferido de resolução de conflitos>, você também poderia considerar isso em sua resposta?"

2. Preencha as variáveis entre colchetes no *prompt* com detalhes que se apliquem à sua situação:

   - <👤 Sua função>: descreva sua posição e seu envolvimento no projeto.

   - <👥 Partes envolvidas>: especifique quem mais está envolvido no conflito (equipes ou indivíduos).

   - <💥 Descrição do conflito>: dê um resumo claro e neutro do problema em questão.

   - <🎯 Resultado desejado>: o que você pretende alcançar resolvendo o conflito?

   - Opcional: <⚖️ Estilo preferido de resolução de conflitos>: Se você tem um estilo preferido de resolução de conflitos, indique-o aqui. Caso contrário, deixe em branco para uma sugestão imparcial do ChatGPT.

3.4 *Template* de *prompt* do modelo de Tuckman

Já descrevemos como a IA pode ser usada durante os estágios do modelo de Tuckman de formação, confronto, normatização, atuação e dissolução. Fornecemos um modelo de *prompts* que você pode adotar para suas necessidades específicas.

Instruções:

1. Digite ou copie este *prompt*:

   "Sou um < 👤 sua função> e estou trabalhando com uma equipe que está passando por uma <🚧 dinâmica de equipe>. Os problemas específicos que estamos enfrentando são <💥 desafios>, e estou buscando <🎯 resultado desejado>. Com base em nossa situação atual e considerando os estágios do modelo de Tuckman (formação, confronto, normalização, atuação e dissolução), você pode sugerir em que estágio podemos estar e fornecer algumas estratégias para nos ajudar a progredir?"

2. Preencha as variáveis entre colchetes no *prompt* com detalhes que se aplicam à sua situação.

   - <👤 Sua função>: descreva sua função (p. ex., gerente de projetos, líder de equipe).
   - <🚧 Dinâmica da equipe>: descreva as dinâmicas ou interações atuais em sua equipe (p. ex., conflito, falta de papéis claros).
   - <💥 Desafios>: descreva os problemas específicos que sua equipe está enfrentando.
   - <🎯 Resultado desejado>: descreva suas metas para o desenvolvimento da equipe ou resolução dos problemas.

Depois de preencher os detalhes, use o *prompt* para interagir com o ChatGPT para receber conselhos personalizados sobre o possível estágio e as estratégias de progressão da sua equipe.

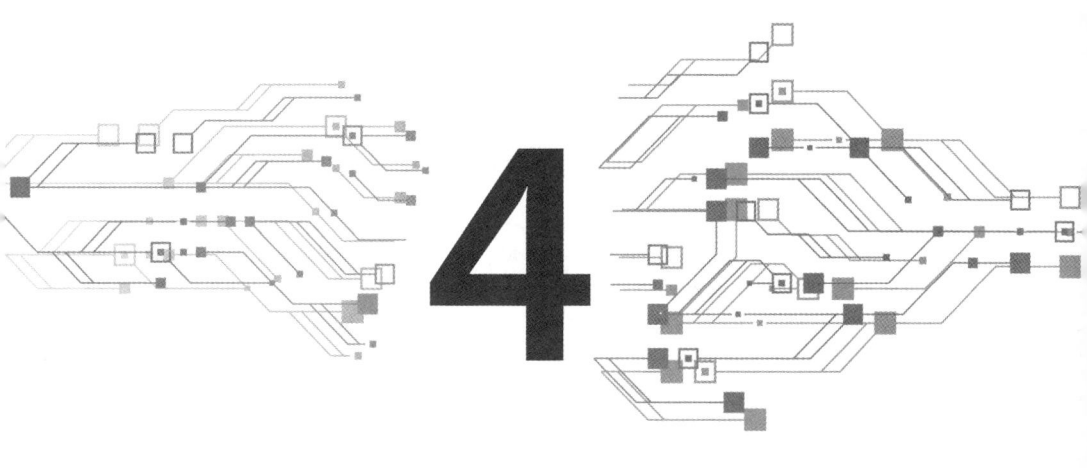

Escolhendo uma abordagem de desenvolvimento com IA

Este capítulo trata da interação entre diferentes abordagens de desenvolvimento de projetos e sua integração com a inteligência artificial (IA) generativa, especialmente o ChatGPT, para otimizar o ciclo de vida do gerenciamento de projetos. Dado um contexto organizacional, exploramos as principais metodologias – preditiva, adaptativa e híbrida – e orientamos o processo de tomada de decisão dos gerentes de projetos, aproveitando a IA ao máximo.

IA EM AÇÃO: HEALTHCARE.GOV

Este caso real trata do HealthCare.gov, *site* do governo dos Estados Unidos que recebe a inscrição no seguro-saúde criado pelo Affordable Care Act (ACA). Essa lei também é conhecida como "Obamacare". Questões técnicas e operacionais significativas impactaram o lançamento do projeto Healthcare.gov em 2013. O *site* de troca de seguro-saúde sofreu com lentidão e problemas no acesso a dados.

O projeto como um todo foi marcado por questões de liderança, má gestão do escopo, testes inadequados e planejamento insuficiente da infraestrutura. Uma das possíveis causas foi a *má escolha da abordagem do projeto e a adaptação inadequada ao seu desenvolvimento*. Executado linearmente, de modo sequencial, o projeto seguiu uma abordagem em cascata ou de gestão preditiva de projetos. Pense em um estilo *big bang* com entrega preditiva em que todos os componentes eram desenvolvidos paralelamente e integrados ao mesmo tempo no final. Essa abordagem é inflexível e não acomoda com facilidade mudanças ou desafios técnicos inesperados. Além disso, a complexidade do projeto e a aparente falta de definição prévia de requisitos contribuíram para o aumento substancial do escopo.

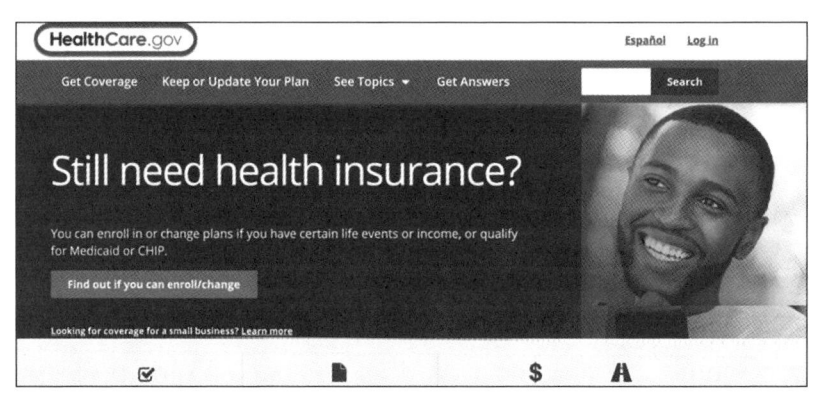

Fonte: *Site* HealthCare.gov.

Considerando a complexidade e a natureza dos requisitos do projeto HealthCare.gov, vamos avaliar se a IA poderia ter sido usada para garantir uma entrega bem-sucedida.

Vamos examinar o que foi feito e como a IA poderia ter mudado o desastroso lançamento inicial do projeto HealthCare.gov. Uma ferramenta de IA como o ChatGPT teria oferecido orientações sobre a seleção da metodologia de gerenciamento de projetos, além de garantir apoio contínuo ao longo do projeto.

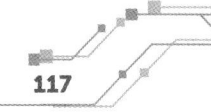

Vamos ver como.

Pedimos à IA que fizesse uma análise e fornecesse as principais recomendações para garantir uma entrega bem-sucedida do projeto HealthCare.gov. Aqui estão as principais recomendações do ChatGPT:

- **Abordagem de gerenciamento de projetos:** pense em metodologias ágeis ou híbridas para lidar com a complexidade do projeto e a evolução dos requisitos.
- **Teste:** enfatize a importância de testes contínuos ao longo do projeto para detectar e resolver problemas com antecedência.
- **Liderança:** estabeleça estruturas claras de liderança e governança para uma tomada de decisão eficaz entre os patrocinadores, fornecedores e a equipe do projeto.
- **Orientação contínua:** forneça assistência em tempo real para escalar riscos, resolver problemas, gerenciar o escopo e priorizar o trabalho com base no valor comercial.

A IA lançou luz sobre a abordagem selecionada, questionou a abordagem preditiva de entrega única *big bang* e recomendou uma abordagem de entrega de projeto adaptativa. Com base em dados de projetos semelhantes (dos quais a IA está ciente) e uma análise de sucesso e fracasso, a IA teria ajudado o HealthCare.gov a identificar uma estratégia apropriada e bem-sucedida. Dada a complexidade do projeto e a aparente incerteza dos requisitos, uma abordagem ágil ou híbrida seria recomendável, em vez da abordagem preditiva usada.

Como você verá neste capítulo, as abordagens adaptativas, marcadas por desenvolvimento iterativo, testes constantes e *feedback* periódico dos clientes, atuam como um amortecedor contra problemas de qualidade do produto. No projeto HealthCare.gov, testes regulares e *feedback* das partes interessadas poderiam ter levado à detecção precoce e retificação de problemas, reduzindo o risco de problemas significativos no lançamento.

Neste capítulo, vamos nos concentrar em selecionar e apoiar a sua abordagem; contudo, a IA pode ser um guia permanente em todo o desenvolvimento do projeto. Ela pode ter um papel significativo no planejamento e na organização de projetos como consultora, ajudando as equipes a enfrentar os desafios diários de um gerenciamento eficaz.

Compreendendo abordagens preditivas, adaptativas e híbridas do ciclo de vida

O mundo da gestão de projetos está em constante evolução e aprendizado. Nesta era de mudanças rápidas, os gerentes de projetos devem escolher a abordagem mais adequada dentro de um espectro de metodologias. Vamos nos concentrar nas conhecidas abordagens de ciclo de vida preditivo, adaptativo e híbrido (**Figura 4.1**). Revisar essas abordagens é um bom ponto de partida para examinar o papel da IA. Vamos usar o exemplo da Global Health dos capítulos anteriores.

Preditiva
Abordagem tradicional de desenvolvimento de projetos.

Híbrida
Usa abordagens preditivas e adaptativas em vários estilos.

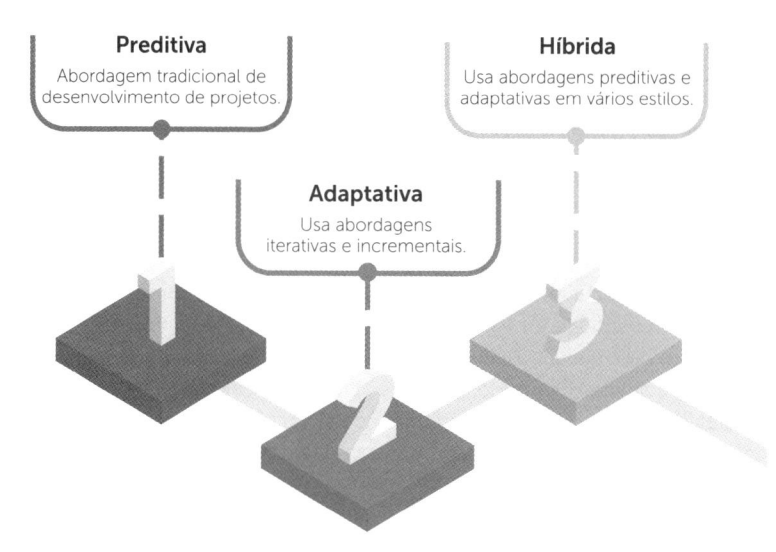

Adaptativa
Usa abordagens iterativas e incrementais.

FIGURA 4.1 Abordagens preditiva, adaptativa e híbrida.

Abordagem preditiva do ciclo de vida

A abordagem preditiva do ciclo de vida, muitas vezes chamada de modelo em cascata, é caracterizada por um projeto linear e sequencial em que o progresso flui em uma direção – como uma cascata (**Figura 4.2**). A iteração não é viável. Há ênfase no planejamento inicial e no controle das etapas. Essa abordagem é uma boa escolha quando há baixo grau de inovação, certeza de requisitos e estabilidade de escopo. É chamada de "preditiva" porque se baseia na premissa de que requisitos, escopo, custo e cronograma podem ser previstos com certeza. Como as abordagens preditivas dependem de restrições, há uma tentativa de restringir e controlar rigidamente a mudança. Os ciclos de vida preditivos são mais adequados para ambientes organizacionais com altos requisitos de conformidade, hierarquia estruturada e cultura que favorece abordagens preditivas.

Linha do tempo do projeto

Análise
Design
Desenvolvimento
Teste
Implementação

| Jan-15 | Fev-15 | Mar-15 | Abr-15 | Mai-15 | Jun-15 | Jul-15 | Ago-15 | Set-15 | Out-15 | Nov-15 | Dez-15 |

FIGURA 4.2 Abordagem preditiva do ciclo de vida.

No contexto do nosso estudo de caso de reformulação do *site* Global Health, entendemos que o projeto tem alto grau de certeza de requisitos e estabilidade de escopo. A Global Health quer um novo *site* amigável, visualmente atraente e abrangente, e tem uma imagem clara da sua estrutura final e de suas funcionalidades.

Durante a análise e o planejamento, a equipe do projeto dedica tempo para desenvolver um plano detalhado, descrevendo tarefas, cronogramas e recursos necessários. A documentação tem papel fundamental nas metodologias preditivas. Os requisitos são definidos em detalhes e documentados no início do projeto. Essa documentação é um roteiro claro, um ponto de referência ao longo do ciclo de vida do projeto. Para a Global Health, isso inclui a decisão sobre a arquitetura do *site*, a escolha das tecnologias certas, a alocação de tarefas para a equipe e a definição de um cronograma claro.

O trabalho de verdade é executado nas fases de *design* e desenvolvimento, quando os membros da equipe trabalham no projeto, em tarefas como codificação, criação de conteúdo e integração de funcionalidades.

Durante a fase de desenvolvimento, o desempenho do projeto do *site* é monitorado e medido para garantir que tudo corra como planejado. Qualquer desvio do plano inicial exige procedimentos formais de controle de mudanças para minimizar interrupções e manter o projeto no caminho certo. Quando o projeto é finalizado, o cliente recebe todas as entregas. Isso inclui garantir que o novo *site* esteja ativo e em funcionamento e que toda a documentação do projeto esteja completa.

Em uma abordagem preditiva, cada fase é distinta, e uma fase não pode começar até que a anterior tenha sido concluída. Essa estratégia funciona para projetos com requisitos bem-definidos e estáveis.

Em um ambiente preditivo, os *stakeholders* contribuem nos principais estágios; eles não estão profundamente envolvidos nas tarefas diárias. O cronograma é firme e apresenta marcos bem-definidos. As organizações que usam essa abordagem têm uma estrutura tradicional, com funções claras de cima para baixo. A cultura valoriza a estrutura, o planejamento e a conclusão de um escopo dentro do orçamento e dentro do cronograma.

Abordagem adaptativa

A abordagem adaptativa tem três categorias: iterativa, incremental e ágil. Se um projeto for *iterativo*, uma fase específica, como o *design*, pode ser revisitada quantas vezes for necessário, mesmo após o início da fase de desenvolvimento. Se um projeto estiver associado à entrega *incremental*, ele não é liberado de uma só vez, passando por várias entregas de produtos viáveis, mas não completos. A combinação de entrega iterativa e incremental é utilizada na abordagem de desenvolvimento "ágil". Ela é projetada para lidar com altos níveis de incerteza. Em vez de planejar todo o projeto em detalhes, do início ao fim, o trabalho é feito em iterações curtas ou *sprints*. A análise, o *design*, o desenvolvimento e os testes ocorrem de forma incremental, em entregas minimamente viáveis, e os requisitos podem evoluir ao longo do projeto.

Imagine um cenário em que a Global Health explore um mercado completamente novo com um *site* inovador. A equipe começa com uma versão básica do produto (produto mínimo viável, ou MVP), libera-o para um pequeno grupo de clientes, coleta o *feedback* e o utiliza para melhorar o produto no próximo *sprint*. A **Figura 4.3** percorre a abordagem adaptativa nesse caso.

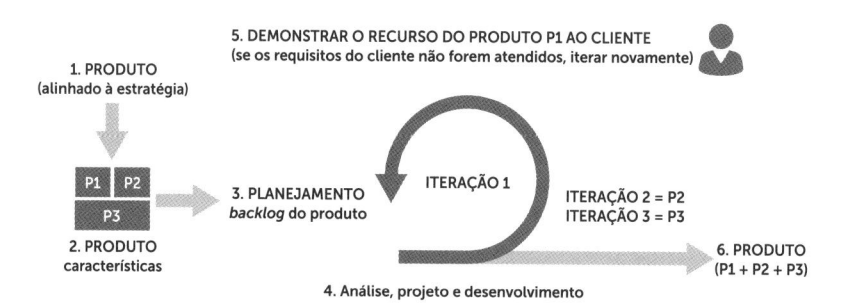

FIGURA 4.3 Abordagens iterativa, incremental e ágil.

1. O produto é definido como um *site*.
2. O *site* tem três recursos do produto: P1, P2 e P3.

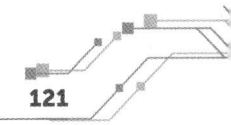

3. Após o planejamento e *brainstorming*, a equipe decidiu que, pela complexidade do novo *site*, seria interessante adotar uma abordagem adaptativa no projeto.

4. Os estágios de análise, *design* e desenvolvimento ocorrerão várias vezes – pelo menos uma vez para cada versão do produto.

5. Após demonstrar a versão P1 ao dono do produto e aos clientes, a análise, o *design* e o redesenvolvimento podem ocorrer novamente, se os requisitos do cliente não forem atendidos. O cliente pode usar a versão P1 se acreditar que ela oferece valor – como um *site* que tem informações, mas nenhum formulário disponível ou funcionalidade interativa. Incrementalmente, P2 e P3 passam pelo mesmo processo.

6. Quando todos os recursos estão funcionando e o conteúdo é aprovado, o produto é liberado para o cliente.

As principais características da abordagem adaptativa incluem:

- Ênfase na colaboração e no envolvimento do cliente.
- Planejamento adaptativo.
- Mudanças são bem-vindas.
- Melhoria contínua.

As abordagens incremental e iterativa permitem que a Global Health se adapte e responda às mudanças rapidamente.

A abordagem adaptativa funciona melhor quando os *stakeholders* são participantes ativos, os prazos são flexíveis e o financiamento é baseado nas necessidades do projeto. Em um cenário ideal, a estrutura organizacional é fluida e a cultura valoriza a flexibilidade, a inovação e a aprendizagem contínua. A Global Health deve ser ágil e ter o *know-how* para apoiar uma abordagem tão flexível.

Abordagem do ciclo de vida híbrido

A abordagem do ciclo de vida híbrido combina as abordagens preditiva e adaptativa. É usada quando algumas partes do projeto são bem conhecidas e podem ser planejadas em detalhes (preditivas), e outras partes são incertas e exigem flexibilidade e iterações (adaptativas).

A abordagem do ciclo de vida híbrido equilibra flexibilidade e previsibilidade. É especialmente adequada quando a cultura do ambiente do produto e o ambiente do projeto ou da organização variam, exigindo o uso simultâneo de diferentes metodologias.

Uma abordagem híbrida tenta misturar o melhor dos dois mundos. Os *stakeholders* são envolvidos conforme a necessidade; os prazos têm datas certas e espaço para flexibilidade. O financiamento é geralmente fixo, mas pode mudar um pouco, dependendo das necessidades do projeto. Os gerentes de projetos podem cuidar das questões de conformidade com antecedência, para evitar problemas mais tarde. A estrutura organizacional pode ser rígida em algumas partes e flexível em outras. A cultura também abraça uma mistura de estabilidade e inovação.

Usando a IA para selecionar a abordagem de desenvolvimento de projetos

Encontrar a abordagem de desenvolvimento certa para um projeto é decisivo para o seu sucesso. Vale ressaltar que não existe uma abordagem superior. A escolha vai depender das circunstâncias únicas de cada projeto e da natureza do ambiente em que está sendo implementado.

A IA pode fornecer *insights*, análises e recomendações para os gerentes de projetos. Por exemplo, ela pode avaliar resumos de projetos, *e-mails* e outras documentações para ajudar a avaliar o grau de inovação, a certeza dos requisitos, a estabilidade do escopo e a facilidade de mudança. Esses atributos podem, então, ser comparados às características organizacionais, como o grau de envolvimento das partes interessadas, as restrições de cronograma, a disponibilidade de financiamento e a conformidade. Usando essas informações, a IA pode decidir o que é mais adequado para um projeto: abordagem preditiva, adaptativa ou híbrida.

No nível mais simples, a IA pode criar um questionário de múltipla escolha para ajudar nessa decisão. Esse questionário rápido pode orientar a escolha entre uma abordagem ágil, híbrida ou em cascata.

> *"Você pode criar um breve questionário para ajudar a equipe a decidir se deve adotar a metodologia ágil, híbrida ou em cascata?"*

1. Quão claros são os requisitos e o escopo do projeto nesta fase?
    a. Pouco claros (favorece a abordagem ágil).
    b. Um pouco definidos (favorece a abordagem híbrida).
    c. Muito específicos (favorece a abordagem em cascata).
2. Quão flexível é o prazo para a conclusão do projeto?
    a. Flexível (favorece a abordagem ágil).
    b. Flexibilidade moderada (favorece a abordagem híbrida).
    c. Rígido, inegociável (favorece a abordagem em cascata).

Capítulo 4: Escolhendo uma abordagem de desenvolvimento com IA   **123**

3. Quão confortável é a equipe com mudanças de requisitos durante o desenvolvimento?

   a. Muito confortável (favorece a abordagem ágil).

   b. Um pouco confortável (favorece a abordagem híbrida).

   c. Prefere requisitos fixos (favorece a abordagem em cascata).

4. O projeto envolve muita tecnologia ou técnicas novas/não testadas?

   a. Sim (favorece a abordagem ágil).

   b. Parcialmente (favorece a abordagem híbrida).

   c. Não, a tecnologia já foi aprovada (favorece a abordagem em cascata).

5. Qual é a importância de uma entrega periódica do *software* funcionando?

   a. Muito importante (favorece a abordagem ágil).

   b. Razoavelmente importante (favorece a abordagem híbrida).

   c. Não é tão importante (favorece a abordagem em cascata).

GUIA TÉCNICO   Fornecemos um modelo de *prompt* que você pode adaptar para seus próprios projetos no Guia Técnico 4.2.

A seleção de uma abordagem preditiva com IA

Imagine que você é um gerente de projetos que está reunindo informações sobre seu próximo projeto. O escopo está definido, e as partes interessadas têm expectativas bem detalhadas. Você sabe que a organização é bastante estável e a tecnologia utilizada, bem-conhecida. É hora de escolher a abordagem de gerenciamento de projetos.

Em tal situação, uma ferramenta de IA como o ChatGPT pode ser muito benéfica. Ela pode analisar os dados coletados e fornecer *insights* sobre a melhor abordagem de gerenciamento de projetos. Vamos começar com este *prompt*:

> *"Não tenho certeza sobre nossa abordagem de desenvolvimento no próximo projeto. Aqui estão algumas informações: nosso projeto é a construção de uma ponte. Os stakeholders forneceram requisitos detalhados. Estamos usando métodos de construção que conhecemos bem, e nossa organização não é dada a mudanças repentinas. Temos um orçamento definido e um plano inicial. Você pode me ajudar a definir a melhor abordagem?"*

Certamente. Com base nos dados que você forneceu, tenho algumas ideias iniciais. No entanto, para uma recomendação mais precisa, você poderia falar mais sobre a clareza dos requisitos? E espera-se que esses requisitos mudem significativamente ao longo do projeto?

"Os requisitos são minuciosos e baseiam-se em uma decisão estratégica tomada pela alta administração. Eles não devem sofrer alterações, a menos que haja uma grande mudança na direção da nossa empresa."

Obrigado pelas informações adicionais. Com base nessas informações, parece que seu projeto pode se beneficiar de uma abordagem preditiva. Essa abordagem tem vantagens quando há uma compreensão clara dos requisitos no início do projeto, um ambiente organizacional estável e familiaridade com a tecnologia usada. Como seu projeto atende a essas condições, uma abordagem preditiva tem maior chance de sucesso. Essa abordagem permitirá que você planeje a maior parte do projeto desde o início e o execute de acordo com esse plano.

"Isso faz muito sentido, ChatGPT. Eu estava inclinado a uma abordagem preditiva, mas não tinha certeza. Sua análise ajudou a confirmar meus pensamentos. Você também poderia fornecer alguns conselhos sobre a implementação eficaz de uma abordagem preditiva?"

Claro! Existem vários elementos importantes para uma implantação bem-sucedida de uma abordagem preditiva. Em primeiro lugar, você deve detalhar um plano de projeto no início dos trabalhos. Esse plano incluirá marcos, entregas e cronogramas claros. O acompanhamento regular do progresso desse plano será fundamental. Em segundo lugar, como eventuais mudanças podem atrapalhar o cronograma e aumentar os custos, deve haver um sólido processo de gerenciamento de mudanças. Por fim, a comunicação regular com as partes interessadas é vital para garantir que as expectativas sejam atendidas e que possíveis mudanças sejam gerenciadas de forma proativa.

Na sequência, vamos ver o que acontece quando a IA é abastecida com documentos e informações específicas do projeto em busca de *insights* ainda mais úteis:

"Tenho um termo de abertura e alguns documentos adicionais que dão mais contexto sobre o projeto. Eles poderiam ser úteis para análises e conselhos adicionais?"

Sim, analisar esses documentos pode garantir informações adicionais e refinar os conselhos que posso lhe dar. Se você subir esses arquivos, posso ajudar a analisar o conteúdo para extrair mais informações sobre o projeto.

Capítulo 4: Escolhendo uma abordagem de desenvolvimento com IA   **125**

"Isso parece útil. No entanto, não tenho certeza quanto à melhor maneira de enviar esses arquivos. Você poderia me orientar?"

Claro! Se você estiver usando uma interface que suporte *uploads* de arquivos, basta subir os arquivos diretamente. Caso contrário, você pode usar um *plug-in* ou análise avançada de dados para ler o conteúdo do arquivo e compartilhá-lo comigo. Independentemente da forma, posso analisar o conteúdo dos arquivos para oferecer conselhos mais personalizados.

CONFIDENCIALIDADE Tome cuidado com dados sensíveis, de propriedade de terceiros ou confidenciais. Consulte seu empregador ou sua organização antes de enviar qualquer informação.

Vamos ver como o ChatGPT pode ajudar com orientações adicionais sobre o gerenciamento preditivo de projeto, para que você possa se sentir seguro ao escolher esse caminho.

"Vou dar uma olhada e voltar aqui com os documentos. Enquanto isso, você poderia fornecer alguns conselhos gerais sobre o gerenciamento preditivo eficaz de um projeto?"

Com uma abordagem preditiva, é importante monitorar o projeto de perto para garantir que ele se mantenha no caminho certo. Verifique regularmente o projeto em relação ao plano inicial e o ajuste, se necessário. Mantenha as partes interessadas informadas sobre o progresso e eventuais alterações. Além disso, incentive a comunicação aberta entre os membros da equipe para identificar possíveis problemas com antecedência e resolvê-los prontamente. Também é recomendável ter um plano de gerenciamento de riscos, porque as incertezas estão presentes mesmo em projetos bem planejados.

"Ótimo conselho, ChatGPT. Estou me sentindo mais confiante para implementar uma abordagem preditiva para o meu projeto."

Fico feliz em saber que você está se sentindo mais confiante! Além da orientação, posso ajudar no gerenciamento de vários aspectos do seu projeto preditivo. Por exemplo, posso ajudar com:

Alocação de recursos: posso analisar suas necessidades de recursos com base nos dados que você fornece e sugerir maneiras ideais de alocar recursos para atender aos objetivos do seu projeto, mantendo a eficiência.

Identificação e mitigação de riscos: com uma compreensão completa das especificidades do seu projeto, posso ajudá-lo a identificar riscos potenciais e propor estratégias de mitigação, aumentando as suas chances de sucesso.

Cronograma do projeto: conhecendo os dados sobre tarefas, dependências e cronogramas, posso ajudar a criar um cronograma de projeto realista e eficiente.

Comunicação com as partes interessadas: posso ajudar na elaboração de atualizações de *status* claras e concisas, anotações de reuniões e outros itens de comunicação, garantindo que todos os envolvidos se mantenham informados e alinhados.

Monitoramento de desempenho: posso orientá-lo na configuração de indicadores-chave de desempenho (KPIs, do inglês *key performance indicators*) e no seu rastreio ao longo do projeto. Isso permite que você tome decisões baseadas em dados e ajuste sua abordagem de acordo com a necessidade.

Gostaria de explorar mais alguma dessas áreas?

O ChatGPT forneceu boas sugestões. Ele destacou alguns dos principais aspectos dos projetos preditivos para garantir que os projetos em cascata permaneçam no caminho certo no que diz respeito a escopo, tempo e custo. O *prompt* a seguir pergunta se a IA pode ajudar no cronograma:

"Você poderia me ajudar a criar um cronograma de projeto para esse projeto de abordagem preditiva?"

Em um projeto preditivo, o cronograma é normalmente detalhado e estabelecido com antecedência. Aqui está um exemplo simplificado de como podemos criar um cronograma:

Vamos começar analisando as grandes categorias de tarefas que seu projeto envolve. Normalmente, em um projeto de construção de pontes como o seu, podemos ter tarefas relacionadas a projeto e planejamento, preparação do local, construção de subestruturas, construção de superestruturas e finalização e testes. Você tem mais detalhes sobre isso? Se me der uma lista de tarefas com tempos e dependências estimados, posso ajudar a elaborar um cronograma preliminar.

Ótimo, então o ChatGPT pode trabalhar a partir de uma lista de tarefas ou atividades.

OBSERVAÇÃO No Capítulo 5, "Planejamento assistido por IA para projetos preditivos", mostraremos como o ChatGPT pode fazer um *brainstorm* de tarefas e atividades para você e realmente ajudar a criar uma estrutura analítica de projeto (EAP), um cronograma e um gráfico de Gantt.

"Ainda não tenho um detalhamento das tarefas, mas sei que temos que cobrir todas essas etapas. Por exemplo, na fase de design, precisamos criar plantas, escolher os materiais de construção e determinar os cálculos de carga. Na fase de construção, temos que construir as fundações e os pilares, conforme descrito em nossos requisitos."

É um ótimo começo! Mesmo que as tarefas não estejam detalhadas, ter uma ideia ampla das etapas do projeto e suas atividades ajuda a avaliar seu progresso. Mais tarde, você pode refinar e elaborar essas tarefas em uma estrutura analítica de projeto mais detalhada. Por enquanto, podemos criar um cronograma de projeto de alto nível, definindo indicativos para cada etapa com base em um projeto típico de construção de pontes.

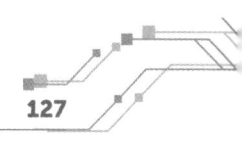

Essa discussão provavelmente fará com que você se incline para a metodologia preditiva, uma abordagem rígida e bem-estruturada com escopo, orçamento e cronograma predeterminados. No entanto, o contexto, os detalhes e as restrições do mundo real devem, em última análise, determinar a abordagem ideal para cada projeto. Avaliar e interpretar essas informações a partir de dados e documentos brutos do projeto pode garantir informações valiosas. O ChatGPT, com seus notáveis recursos de processamento de linguagem natural, pode facilitar o processo, ajudando-o a tomar decisões mais informadas e a navegar em seus projetos com maior confiança e produtividade.

Na sequência, vamos ver como a IA pode guiá-lo na escolha de uma abordagem adaptativa para seus projetos.

A seleção de uma abordagem adaptativa com IA

Como gerente de projetos, muitas vezes você se depara com iniciativas que incorporam tecnologias emergentes ou exigem um escopo fluido, que evoluirá com base no *feedback* do usuário, como vimos no projeto HealthCare.gov. A IA pode ajudá-lo a escolher a abordagem de desenvolvimento. Vamos explorar um exemplo usando o ChatGPT:

> *"Estou começando um novo projeto, e é em um território inexplorado para nós. Estamos desenvolvendo um novo aplicativo de software usando tecnologia emergente com a qual nunca trabalhamos. Planejamos refinar nosso escopo com base no feedback contínuo dos usuários. O projeto precisa ser responsivo às mudanças aceleradas do mercado. Tenho alguns detalhes e dados do projeto aqui. Você pode me ajudar a eleger a abordagem mais adequada de gerenciamento de projetos?"*

> Pelo que você disse, parece que esse projeto será dinâmico, com prováveis mudanças no escopo e na direção. Para orientá-lo melhor, você poderia me passar mais informações sobre os itens a seguir?
> - Quão definidos são os resultados do projeto nesta fase?
> - Qual é o nível de envolvimento do usuário que você espera ao longo do projeto?
> - Sua equipe tem alguma experiência com desenvolvimento iterativo ou ciclos de *feedback*?

> *"Os resultados do projeto ainda não estão muito definidos porque queremos incorporar o feedback dos usuários à medida que avançamos. Esperamos que os usuários se envolvam intensamente com o projeto. Quanto à minha equipe, temos alguma experiência com desenvolvimento iterativo e estamos abertos a aprender maneiras de melhorar."*

Obrigado pelas informações. Parece que seu projeto será favorecido se houver muita flexibilidade. Para garantir uma boa orientação, vou precisar de mais algumas informações:

A tecnologia que você está usando – quão nova ou incerta é?

Qual é o nível de tolerância ao risco em sua organização, particularmente para esse projeto?

"A tecnologia é bastante nova e está evoluindo rapidamente, o que acrescenta alguma incerteza ao projeto. Quanto à tolerância ao risco, nossa organização está disposta a aceitar maior grau de risco para esse projeto, porque o vê como um investimento estratégico."

Agradeço suas respostas. Com base nos detalhes que você compartilhou, uma abordagem adaptativa ou ágil pode ser adequada. Essa abordagem permite um refinamento contínuo com base no *feedback* do usuário, lida bem com as incertezas e se adapta a projetos com maior tolerância ao risco. Claro, essa é uma sugestão baseada nas informações que recebi. Você deve sempre considerar as capacidades de sua equipe e o contexto específico de sua organização ao tomar a decisão final.

Com o ChatGPT, você pode explorar e examinar possíveis opções com base nos dados fornecidos. Isso o ajuda na tomada de decisão. Em última instância, a escolha final é sua, como gerente de projetos, e de sua equipe.

"Obrigado, ChatGPT. Portanto, uma abordagem adaptativa ou, mais especificamente, ágil, pode ser boa para nós. Você pode me ajudar a entender como funcionaria nosso projeto se usássemos essa abordagem?"

Claro! Com uma abordagem adaptativa ou ágil, você trabalhará em pequenos ciclos iterativos chamados *sprints*. Esses *sprints* duram, em geral, algumas semanas. No início de cada *sprint*, a equipe planeja o trabalho, que normalmente é uma parte do escopo do projeto priorizada em função das necessidades e do *feedback* do usuário.

Ao longo do *sprint*, a equipe desenvolve e testa essa parte do projeto. No final, é entregue um incremento de produto utilizável. Na sequência, uma reunião retrospectiva reúne as reflexões sobre o que funcionou ou não. Esse aprendizado é usado para melhorar o processo no próximo *sprint*.

"Parece uma mudança significativa em relação à nossa maneira habitual de trabalhar. Nossa equipe pode se adaptar, mas estou preocupado com a reação das partes interessadas. Como devemos lidar com isso?"

Esse é um ponto excelente. A mudança pode ser desafiadora. Na abordagem ágil, o envolvimento das partes interessadas é, em geral, gerenciado por meio de revisões

Capítulo 4: Escolhendo uma abordagem de desenvolvimento com IA

regulares e uma demonstração do que foi feito em cada *sprint*. Essas reuniões de "revisão" são uma oportunidade de *feedback* para as partes interessadas e de ajuste de planos para o próximo *sprint* da equipe.

Além disso, envolver os *stakeholders* na priorização do trabalho de cada *sprint* pode ajudar a garantir que suas necessidades mais importantes sejam atendidas. Essa abordagem permite que eles vejam um progresso regular e tangível, o que pode ajudar a construir confiança e adesão.

Você gostaria de se aprofundar em algum aspecto específico do gerenciamento das expectativas ou das preocupações das partes interessadas com a abordagem ágil?

Lembre-se, se você escolher essa abordagem, é importante gerenciar as expectativas das partes interessadas desde o início, informando-as sobre a mudança na metodologia e destacando os benefícios que ela traz. Isso inclui a flexibilidade, a capacidade de se adaptar às mudanças mais rapidamente e a entrega de valor em incrementos em vez de esperar até o final do projeto.

Essa conversa com o ChatGPT ajuda você a entender melhor a abordagem sugerida e suas implicações. Vamos ver o que nos diz o ChatGPT sobre como convencer as partes interessadas.

> *"Sim, gostaria de receber algumas orientações sobre como explicar essa mudança de metodologia às partes interessadas e como gerenciar suas expectativas de forma eficaz."*

Ao explicar a mudança para uma abordagem adaptativa, pode ser útil se concentrar nos benefícios dessa metodologia, como flexibilidade e entrega frequente de valor. Aqui estão alguns pontos que você pode considerar:

Entrega incremental: explique que, em vez de aguardar até que o projeto esteja concluído, será possível ver incrementos viáveis no final de cada *sprint*. Isso significa que o cliente poderá usar ou se beneficiar de partes do projeto mais cedo.

Flexibilidade: ao contrário da abordagem tradicional em cascata, em que mudanças no final do projeto podem ser dispendiosas ou problemáticas, uma abordagem adaptativa abraça a mudança. Ela permite ajustes regulares do projeto à medida que suas necessidades mudam.

Mais colaboração: haverá mais oportunidades de fornecer *feedback* e ver as ideias incorporadas ao projeto. Isso pode levar a um produto que atenda melhor às suas necessidades e expectativas.

Ao gerenciar as expectativas dos *stakeholders*, lembre-se de enfatizar que, embora a abordagem adaptativa tenha vantagens, ela também requer participação e *feedback* ativos. É um esforço colaborativo que precisa do comprometimento de todos.

Mais uma coisa a lembrar: embora sejam fornecidos incrementos de trabalho do projeto em intervalos regulares, é possível que nem tudo o que os *stakeholders* querem seja entregue nos estágios iniciais. Vocês precisam trabalhar juntos para definir as prioridades de cada *sprint*.

Você já percebeu que o ChatGPT pode ajudá-lo a resolver dúvidas e preocupações antes que surjam, garantindo uma transição mais suave para a nova abordagem de gerenciamento de projetos.

Vamos ver o que diz o ChatGPT sobre algumas das várias metodologias ágeis que os gerentes de projetos podem adotar.

"ChatGPT, você foi muito útil até agora. Estou curioso sobre as metodologias ágeis e como elas se encaixam na abordagem adaptativa. Já ouvi falar de Scrum, Kanban e Lean. Você pode me contar mais sobre elas?"

Claro. Vamos lá.

Scrum: metodologia ágil popular, opera em pequenas iterações de tempo limitado, conhecidas como *sprints*, que normalmente duram de duas a quatro semanas. Cada *sprint* visa a produzir um incremento de produto. O Scrum envolve três funções principais: o Product Owner, que representa as partes interessadas e gerencia o *backlog* do produto (uma lista de recursos desejados); o Scrum Master, que garante que a equipe siga os princípios do Scrum; e a Equipe de Desenvolvimento, que executa o trabalho.

Kanban: o Kanban se concentra em visualizar o fluxo de trabalho, limitar o trabalho em andamento (WIP, do inglês *work in progress*) e maximizar a eficiência ou o rendimento. Ele usa um quadro Kanban com colunas que representam diferentes estágios do processo, de "a fazer" a "feito". Isso facilita a visualização de gargalos e trabalhos paralisados.

Lean: Lean é mais uma filosofia do que uma metodologia, com foco em minimizar o desperdício e maximizar o valor para o cliente. Enfatiza a melhoria contínua e a eficiência.

Todas essas metodologias têm alguns ritos comuns, como reuniões de planejamento, reuniões diárias, revisões ou retrospectivas. Esses eventos permitem que a equipe planeje, coordene e revise seu trabalho regularmente.

Além disso, existem inúmeras tecnologias e ferramentas projetadas para suportar metodologias ágeis. Ferramentas de gestão de projetos como Jira, Trello ou Asana podem ser usadas para organizar e priorizar tarefas. Ferramentas de comunicação

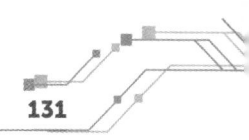

Capítulo 4: Escolhendo uma abordagem de desenvolvimento com IA

como o Slack ou o Microsoft Teams podem ajudar as equipes a se manterem conectadas e colaborarem de forma eficaz.

Considerando o contexto do seu projeto, você já se decidiu por uma metodologia específica ou precisa de mais orientação?

Agora que temos uma visão geral de algumas abordagens ágeis, vamos ver como o ChatGPT sugere aplicá-las.

"Com base nos detalhes que forneci sobre o meu projeto, você poderia me sugerir formas de utilização dessas metodologias?"

Claro, vamos explorar isso mais a fundo:

Scrum: dada a natureza inovadora do seu projeto e seus requisitos técnicos complexos, o Scrum pode ser uma boa escolha. Isso permitiria dividir o projeto em *sprints* gerenciáveis, concentrando-se em fornecer um incremento de valor tangível em cada *sprint*. Essa abordagem iterativa também pode ser valiosa para gerenciar a mudança e a incerteza em seu projeto. Os ritos do Scrum, como reuniões diárias em pé e revisões de *sprint*, são oportunidades de comunicação e alinhamento regulares dentro da equipe.

Kanban: considerando os aspectos criativos do seu projeto e a necessidade de entrega contínua, o Kanban pode ser útil. Ele privilegia o fluxo de trabalho, o que pode aumentar a transparência e o alinhamento da equipe. Seu foco em limitar o trabalho em andamento pode ajudar sua equipe a se concentrar e reduzir a multitarefa.

Lean: diante de restrições de recursos e da necessidade de maximizar o valor para o cliente, os princípios Lean podem orientar seu projeto. Eles podem ajudá-lo a identificar atividades desnecessárias e se concentrar no que realmente agrega valor ao cliente. A ênfase do Lean na melhoria contínua também pode promover uma cultura iterativa e orientada para a aprendizagem dentro da equipe.

Lembre-se de que essas metodologias não são excludentes e podem, muitas vezes, ser combinadas em uma abordagem personalizada. A chave é permanecer flexível e aberto para ajustes à medida que aprende mais sobre o que funciona melhor para sua equipe e seu projeto.

Ao buscar a melhor abordagem de gerenciamento de projetos, você descobrirá que a IA é uma aliada útil. Ela pode guiá-lo pela análise das características do seu projeto, alinhando-as com as metodologias ideais.

OBSERVAÇÃO No Capítulo 6, "Projetos adaptativos e IA", veremos como o ChatGPT pode ajudar a definir prioridades, planejar e estimar esses projetos.

A seleção de uma abordagem híbrida com IA

As abordagens híbridas de gerenciamento de projetos combinam aspectos de metodologias preditivas e adaptativas, permitindo um equilíbrio entre estrutura e flexibilidade. Existem dois tipos principais de metodologias híbridas, cada uma com características próprias: flexível com uma única entrega; e incremental e estruturada.

Se você descrever as características do seu projeto, o ChatGPT pode fazer uma análise e, com base nessas informações, sugerir uma abordagem híbrida. O ChatGPT analisa em detalhes cada abordagem híbrida, explicando a metodologia na prática. Essa exploração das metodologias híbridas fornece *insights* sobre a escolha e adaptação de uma abordagem ao seu projeto.

Orientação da IA com o híbrido: abordagem flexível com uma única entrega

Essa abordagem híbrida se destaca em ambientes flexíveis e é orientada para uma única entrega. Suponha que seu projeto conte com algumas partes muito bem definidas. Outras, no entanto, são vagas e provavelmente mudarão a partir do *feedback* das partes interessadas. Você não tem certeza da melhor forma de abordar esse projeto, então recorre ao ChatGPT em busca de ajuda.

> *"Sou gerente de projetos de um produto digital. Temos alguns recursos bem específicos, mas, em muitos casos, ainda estamos coletando feedback dos usuários e pesquisando as necessidades do mercado. Você pode me ajudar a descobrir uma maneira eficaz de gerenciar esse projeto?"*

> Claro! Seu projeto parece complexo, com alguns aspectos muito claros e outros ainda em definição. Mas antes de sugerir uma abordagem, gostaria de fazer mais algumas perguntas: qual é a experiência da sua equipe com metodologias de gerenciamento de projetos? Qual é a natureza do seu relacionamento com os *stakeholders*? E quão fechados estão os prazos e o orçamento?

> *"Nossa equipe é diversificada. Temos pessoas que trabalharam em projetos muito tradicionais, no estilo cascata, e outras que estão acostumadas com um estilo de trabalho ágil e iterativo. Espera-se que tenhamos encontros regulares com os stakeholders para discutir o progresso e obter feedback. Os prazos e o orçamento são razoavelmente flexíveis."*

Com essas informações, o ChatGPT pode oferecer uma sugestão mais personalizada:

> Dada a diversidade da equipe e a natureza do projeto, você pode pensar em uma abordagem híbrida (flexível e única). Essa abordagem permite que você comece com uma metodologia baseada em plano, ou preditiva, para as partes do projeto já bem definidas. Você poderá mudar para uma abordagem ágil à medida que as informações e os requisitos dos outros recursos ficarem mais claros. Essa abordagem permite um gerenciamento eficiente dos aspectos já conhecidos e garante flexibilidade e adaptação com a chegada de mais informações.

Orientação da IA com o híbrido: abordagem incremental e estruturada

Essa metodologia híbrida incremental e estruturada serve para ambientes estruturados e favorece a entrega incremental.

Vamos perguntar ao ChatGPT o que ele sabe sobre as características de um projeto que segue a abordagem híbrida incremental e estruturada:

> *"Estou entendendo como a abordagem híbrida (flexível e única) funciona. No entanto, ouvi dizer que existe outro tipo de abordagem híbrida: incremental e estruturada. Você pode explicar o que seria isso?"*

Claro! Os projetos híbridos (incrementais e estruturados) usam uma abordagem mais estruturada para os objetivos maiores e abrangentes e uma abordagem incremental ou iterativa para execução. Ela tende a funcionar quando os principais objetivos e a visão do projeto estão bem definidos, mas o caminho para alcançá-los não é inteiramente claro ou pode precisar de ajustes.

Imagine que você está lançando uma nova loja *on-line*. Os objetivos de alto nível do projeto – como entregar um *site* funcional e fácil de usar, com recursos específicos – podem ser definidos desde o início. É aqui que entra a parte estruturada ou preditiva: você planeja as etapas gerais necessárias para atingir as metas, estabelecer marcos e criar um cronograma de projeto.

No entanto, quando se trata das especificidades da construção do *site* – o *design* exato, a implementação de cada recurso, o leiaute das páginas do produto –, pode haver alguma incerteza. É aqui que a abordagem incremental, ou ágil, brilha: você trabalha em *sprints* curtos, implementando um pequeno pedaço de funcionalidade de cada vez. Após cada *sprint*, você tem algo tangível para mostrar às partes interessadas, obter *feedback* e ajustar seus planos como necessário.

É como construir uma casa. A estrutura e a planta podem ser fixas, mas a escolha dos materiais, a colocação exata das janelas e a cor da tinta podem mudar à medida que o projeto avança.

"Então, no contexto do nosso projeto de atualização de software, a parte estruturada poderia ser o plano geral para atualizar e tornar o software mais eficiente, enquanto a parte incremental poderia ser composta por tarefas específicas de adição de recursos, correção de bugs e otimização de código?"

Exatamente! A parte estruturada prepara o cenário, dando a todos uma imagem clara do projeto concluído. A parte incremental, por sua vez, permite flexibilidade e adaptação à medida que o projeto avança. Isso ajuda no gerenciamento de riscos, pois há uma verificação periódica com as partes interessadas e, a partir disso, eventuais correções de curso.

Podemos concluir que essa abordagem de desenvolvimento oferece uma boa combinação de estrutura e adaptabilidade, ajudando a manter a trajetória do projeto ao mesmo tempo que oferece oportunidades de refinamento e aprimoramento. Como qualquer abordagem de gerenciamento de projetos, ela requer planejamento cuidadoso, boa comunicação e disposição para se adaptar a condições que podem mudar.

Como gerentes de projetos, precisamos apreciar a diversidade de todas essas abordagens e entender como aplicá-las em diferentes cenários. Ferramentas como o ChatGPT podem fornecer orientações valiosas nessa área, ajudando a escolher a abordagem certa a partir de características e restrições do projeto, sua implementação e o envolvimento da IA.

Personalizando sua abordagem com IA

Selecionar uma abordagem é apenas o primeiro passo. Adaptar essa abordagem para atender às necessidades específicas do projeto, produto ou da organização é crucial. Nenhuma abordagem é capaz de atender a todas as necessidades. Elas precisam ser ajustadas e refinadas para se alinharem ao contexto do trabalho.

Como você verá em nossa conversa com o ChatGPT, mesmo quando você tem certeza sobre a abordagem, ainda pode haver incertezas quanto à implementação. Com a ajuda da IA, você pode encontrar maneiras de adaptar a abordagem escolhida para atender melhor aos requisitos do projeto. Pense no cenário para o qual você escolheu uma abordagem ágil, mas precisa de orientação para adaptá-la ao fluxo de trabalho e às políticas da sua organização.

Capítulo 4: Escolhendo uma abordagem de desenvolvimento com IA

A adaptação não é uma atividade isolada, mas contínua e iterativa. À medida que o projeto progride e as condições mudam, a IA pode reavaliar o ambiente do projeto e da organização e orientar um ajuste da abordagem de desenvolvimento para obter a máxima eficiência.

Suponha que você seja um gerente de projetos operando em um ambiente em cascata ou predominantemente preditivo. Você está interessado em integrar práticas ágeis – a abordagem adaptativa – em seu gerenciamento de projetos. A IA pode ajudar a combinar perfeitamente as cerimônias ágeis com suas metodologias preditivas para alcançar os melhores resultados.

Agora, vamos aos *insights* do ChatGPT:

"Quero usar a abordagem ágil no meu próximo projeto, mas as diretrizes rígidas da minha organização e os requisitos complexos do projeto me deixam preocupado. Você pode me ajudar a personalizar a abordagem ágil para atender às necessidades do meu projeto?"

Claro, estou aqui para te ajudar. Primeiro, você poderia fornecer detalhes sobre as diretrizes da sua organização e as necessidades do projeto? Qualquer documento ou política relevante que você possa compartilhar seria útil. Lembre-se de usar um *plug-in* compatível ou um intérprete de código para carregar arquivos.

"Nossa organização funciona dentro de uma hierarquia estruturada, mas a metodologia ágil trabalha com alto grau de interação e autonomia. Além disso, nosso projeto gira em torno da criação de um sistema de software corporativo, notório por sua arquitetura complexa e necessidades de coordenação."

Obrigado pelas informações! Temos dois desafios principais: a estrutura organizacional e a natureza do projeto. Incorporar métodos ágeis exigirá uma mistura cuidadosa de princípios dentro dessas restrições.

Como ponto de partida, você pode incorporar cerimônias ágeis, como reuniões periódicas em pé e planejamento de iteração dentro das equipes. Ao mesmo tempo, continue com os relatórios formais para se encaixar no processo de tomada de decisão hierárquica. Essa combinação permite que as equipes se organizem e ajustem seu trabalho com mais frequência, de acordo com o espírito ágil, ao mesmo tempo que se alinham com a estrutura da sua organização.

Para lidar com a complexidade do projeto, considere combinar práticas ágeis com ferramentas de *software* como Jira ou Trello, projetadas para gerenciar projetos complexos.

Essa abordagem parece viável ou devemos explorar outros caminhos?

O ChatGPT forneceu um bom ponto de partida. A ideia de manter algum tipo de relatório formal enquanto incorpora práticas ágeis dentro das equipes parece atraente. E quanto ao gerenciamento de mudanças de escopo, já que os requisitos do projeto evoluem com o tempo? Que sugestões o ChatGPT tem para lidar com isso com esse método híbrido?

Aqui estão algumas recomendações para gerenciar mudanças de escopo:

Promover uma comunicação aberta sobre as mudanças. Essa transparência é vital, seja sobre uma mudança de requisitos, de orçamento ou de equipe.

Implemente uma função, como um conselho de controle de mudanças, para avaliar o efeito de mudanças significativas no custo, no cronograma e em outras entregas do projeto. Suas decisões devem ser comunicadas de forma transparente a todas as partes interessadas.

Use suas ferramentas de gerenciamento de projetos para acompanhar essas alterações. Esse rastreamento pode ser tão simples quanto manter um registro de todas as alterações, seu impacto e ações subsequentes.

"Essas são ótimas dicas, ChatGPT! No entanto, estou um pouco apreensivo. As equipes de desenvolvimento estão abertas a práticas ágeis, mas a gestão superior pode não ser tão flexível. Como podemos garantir a adesão de todos os níveis organizacionais?"

Esse é um obstáculo comum em mudanças nas estruturas tradicionais. Aqui estão algumas estratégias:

Demonstrar valor já na largada: mostre o sucesso antecipadamente com projetos-piloto ou fases. Essas melhorias tangíveis podem ajudar a influenciar os céticos sobre a nova abordagem.

Treinamento e *workshops*: todos os níveis organizacionais devem entender os benefícios e o funcionamento da abordagem híbrida. Invista em sessões de treinamento e *workshops*. Considere trazer um especialista que conheça métodos ágeis e tradicionais para orientar as equipes e a liderança.

Envolva todos no planejamento: inclua todas as partes interessadas relevantes, até a alta administração, no processo de planejamento e tomada de decisão. Esse envolvimento não apenas transmite um senso de propriedade, mas também os ajuda a entender o progresso do projeto.

Revisões regulares: estabeleça um ritmo de revisões regulares, de forma que as partes interessadas possam avaliar coletivamente o progresso do projeto e tomar decisões. Essa prática promove a transparência e permite que todos apreciem os benefícios da nova abordagem.

Lembre-se de que essas são diretrizes gerais. A implementação específica dependerá da sua organização e da sua cultura. A mudança leva tempo, especialmente em estruturas maiores e mais tradicionais. É fundamental ser paciente, persistente e positivo. Pode haver resistência, mas com esforços consistentes e provas dos benefícios a adesão é certa.

Agora vamos integrar alguns componentes ágeis em uma abordagem em cascata já em uso:

"ChatGPT, tenho pensado em mesclar alguns dos aspectos da abordagem adaptativa em nosso gerenciamento de projetos predominantemente preditivo. Acredito que isso poderia aumentar nossa flexibilidade, particularmente em fases do projeto que envolvem muito aprendizado e experimentação. No entanto, não tenho certeza de como gerenciar essa transição de forma suave. Você pode me guiar?"

Claro, estou aqui para ajudar. Primeiro, é bom que você pense em um modelo híbrido, combinando a flexibilidade do ágil com seu ambiente tradicionalmente preditivo. Esse modelo pode oferecer o melhor dos dois mundos quando implementado corretamente.

Vamos começar entendendo onde você deseja introduzir mais flexibilidade. Existem certas etapas ou equipes que você acha que se beneficiariam particularmente de uma abordagem adaptativa?

"Nossos projetos geralmente envolvem muitas idas e vindas, experimentação e revisões baseadas em feedback durante as fases de design e desenvolvimento. Sinto que essas áreas poderiam se beneficiar muito com uma abordagem mais flexível. No entanto, também estou preocupado em preservar a estrutura e o controle claros da abordagem preditiva, particularmente para a equipe de gerenciamento."

Esse é um equilíbrio essencial para alavancar os benefícios do ágil sem sacrificar as vantagens de uma abordagem preditiva.

É possível começar com o desenvolvimento iterativo nas fases de *design* e desenvolvimento do projeto. Você pode definir ciclos de trabalho curtos ou *sprints* durante os quais a equipe trabalha em determinadas tarefas e, em seguida, revisar e fazer ajustes com base no *feedback*.

O modelo Water-Scrum-Fall, ou Wagile, introduz flexibilidade e adaptabilidade dentro de certas fases, enquanto o resto do projeto segue uma abordagem mais estruturada e preditiva. A implementação bem-sucedida dessa abordagem exigirá mudanças no trabalho em equipe e nos estilos de comunicação. Talvez seja necessário incorporar cerimônias ágeis, como reuniões diárias, planejamento de *sprints* e retrospectivas nessas fases.

O que acha dessa ideia?

Essa parece uma abordagem interessante, mas há algumas questões preocupantes. Vamos perguntar ao ChatGPT:

> *"Como faço para evitar que a equipe ágil fique fora de sincronia com as equipes que trabalham de forma preditiva no início e no final do projeto?"*

Garantir o alinhamento entre diferentes fases e equipes é fundamental. A solução aqui é criar pontos de contato ou pontos de sincronização.

Por exemplo, os resultados dos *sprints* de *design* e desenvolvimento podem ser apresentados e revisados em reuniões predefinidas com os *stakeholders* das outras fases.

Essa interação permite a troca regular de informações, mantém o alinhamento e propicia ajustes oportunos com base no *feedback*.

> *"Que tal apresentar cerimônias ágeis para a equipe?"*

Para introduzir cerimônias ágeis, comece devagar e aumente seu uso à medida que a equipe se sentir confortável com elas. Você pode começar com reuniões diárias em pé, breves sincronizações em que a equipe discute o que fez no dia anterior, o que planeja fazer hoje e quais obstáculos estão enfrentando.

O planejamento e as retrospectivas de *sprints* são uma mudança cultural, pois exigem uma maneira diferente de planejar e refletir sobre o trabalho. Forneça treinamento e garanta que todos entendam os benefícios dessas cerimônias.

Também pode ser útil convidar um *coach* ágil ou facilitador experiente para as primeiras cerimônias.

Em resumo, adaptar uma abordagem de projeto exige a avaliação de vários fatores, incluindo as características do projeto, a cultura da organização e as necessidades específicas da equipe.

Independentemente da abordagem – preditiva, adaptativa ou híbrida –, a IA pode ajudá-lo a alinhar essas metodologias com seus contextos organizacionais e de projeto. Em última análise, trata-se de criar uma abordagem personalizada que funcione melhor para o seu projeto e sua equipe, promovendo maior eficiência e bons resultados.

Ética e responsabilidade profissional

O uso da IA em metodologias de gerenciamento de projetos preditivas e adaptativas pode melhorar significativamente o planejamento do projeto, o gerenciamento de riscos, a previsão e a tomada de decisões. No entanto, essa poderosa ferramenta também levanta muitas questões sobre qualidade dos dados, interpretação dos resultados da IA, monitoramento contínuo e uso ético. Existem diferentes abordagens, e nem os modelos de IA como o ChatGPT conhecem todas elas. É aqui que a abordagem tradicional de pesquisa – revisando padrões globais, guias de prática e periódicos – precisa ocorrer simultaneamente, usando a IA como uma ferramenta.

As previsões e sugestões da IA dependem inteiramente da precisão, representação e ausência de viés nos dados de entrada. É essencial garantir a qualidade desses dados para evitar decisões do projeto baseadas em informações erradas, o que pode afetar significativamente o seu resultado.

Além disso, embora a IA possa analisar grandes quantidades de dados, o valor real de sua entrega está na interpretação correta. Entender ou interpretar mal o resultado da IA pode levar a decisões incorretas do projeto. Esse ponto ressalta a necessidade de os gerentes de projetos entenderem as capacidades e limitações da IA e pedirem a ela que faça esclarecimentos. É benéfico fornecer treinamento e educação aos gerentes de projetos e às equipes sobre usos, benefícios e limitações da IA. Isso ajuda na implantação mais informada e cautelosa dessas ferramentas.

A natureza dinâmica do gerenciamento de projetos requer verificações regulares, para garantir que as previsões da IA permaneçam precisas e relevantes. Isso pode significar atualizar os dados de treinamento da IA, refinar modelos ou ajustar parâmetros. Sistemas *human in the loop*, em que pessoas trabalham em conjunto com a IA, podem ser valiosos, reforçando a responsabilidade e aproveitando os pontos fortes dos humanos e da IA.

Introduzimos a ideia de explicabilidade, que diz respeito à capacidade de o modelo explicar suas previsões ou recomendações. No entanto, uma explicação completa de como os modelos de IA, como o ChatGPT, geram respostas envolve teorias complexas de aprendizado de máquina, que podem não ser compreensíveis para as partes interessadas não técnicas. Um caminho sensato pode ser fornecer *insights* de alto nível sobre como o modelo funciona, em nome da transparência, e explicações contextuais sobre previsões específicas ou sugestões de explicabilidade.

Neste capítulo, analisamos o contexto do projeto para escolher a melhor abordagem de desenvolvimento. A adequação e a utilidade da IA no gerenciamento de projetos também dependerão do contexto do projeto. Fatores como a escala do projeto, a prontidão da IA da organização, a complexidade do projeto e até mesmo o setor da indústria podem afetar a adequação do uso da IA para o gerenciamento de projetos.

Em resumo, a IA pode ajudar significativamente na gestão de projetos, avaliando cenários para determinar a melhor abordagem de desenvolvimento. No entanto, seu uso no gerenciamento de projetos deve ser um complemento da experiência e do julgamento humanos, e não um substituto.

Pontos-chave a serem relembrados

Ao longo deste capítulo, vimos que as abordagens preditiva, adaptativa e híbrida têm pontos fortes e fracos, e a sua escolha deve ser adaptada aos requisitos específicos do projeto e seu contexto organizacional.

- Produtos de IA, como o ChatGPT, podem ajudar os gerentes de projetos a selecionar a abordagem correta de desenvolvimento de projetos com base no contexto organizacional, na complexidade, na estabilidade e na criticidade dos requisitos do projeto.
- Em uma organização mais focada em previsão, a IA pode ajudar na integração de componentes adaptativos.
- Em uma organização mais acostumada a abordagens adaptativas, os modelos de IA auxiliam na adição de elementos preditivos, que podem ajudar a estruturar e melhorar o planejamento de longo prazo.
- Os modelos de IA devem ser usados como uma ferramenta para apoiar, e não substituir, o julgamento humano no gerenciamento de projetos. A IA pode ajudar com informações, mas a responsabilidade final sobre as decisões cabe aos líderes humanos.

Guia técnico

4.1 Uma conversa com Claude

Embora tenhamos usado o ChatGPT para o nosso estudo de caso, vale ilustrar o resultado de outra solução de IA, o Claude.AI, da Anthropic, para o estudo de caso HealthCare.gov.

> *"Quais foram as três principais razões pelas quais o sistema HealthCare.gov foi adiado?"*
>
> Houve alguns complicadores no lançamento inicial do Healthcare.gov em 2013:
>
> A. Desvio de escopo: o escopo e os requisitos para o *site* continuaram mudando durante o desenvolvimento, dificultando o projeto e o teste completo a tempo. Houve mudanças políticas que afetaram os requisitos técnicos.
>
> B. Testes insuficientes: os prazos apertados e as mudanças nos requisitos não permitiram tempo suficiente para fazer um teste completo do sistema integrado antes do lançamento. Apenas pequenos testes foram feitos em todo o *site* antes do lançamento.
>
> C. Problemas de integração: o HealthCare.gov precisava se integrar a muitos sistemas diferentes em várias agências governamentais. Houve atrasos na finalização dessas conexões e na obtenção dos dados corretos para preencher o *site*. A complexidade causou *bugs* significativos.
>
> Os três principais problemas foram requisitos em constante mudança, falta de testes de ponta a ponta e desafios de integração com sistemas externos. O cronograma político apressado dificultou o desenvolvimento e o lançamento de um sistema complexo como o HealthCare.gov. Os principais problemas técnicos foram resolvidos com retrabalho e mais testes depois do lançamento inicial.
>
> *"A seleção de uma abordagem não ágil contribuiu para o fracasso inicial?*
>
> Sim, a falta de uma abordagem ágil provavelmente contribuiu para o fracasso inicial do HealthCare.gov. Veja por quê:
> - Ausência de desenvolvimento iterativo: a abordagem tradicional em cascata exige que todos os requisitos sejam definidos antecipadamente, antes de qualquer codificação. Isso não funciona bem para novos sistemas complexos com requisitos vagos.
> - Falta de flexibilidade: a metodologia ágil permite pivotar e replanejar à medida que surgem problemas. O HealthCare.gov seguiu um plano rígido, que não conseguiu se adaptar às mudanças nas necessidades políticas e descobertas técnicas.

- Nenhuma construção de *software* de trabalho: a metodologia ágil se concentra na integração contínua e na entrega de *software* de trabalho em iterações curtas. O HealthCare.gov não tinha um *software* de ponta a ponta até muito tarde, o que dificultou os testes.

- Teste de usuário tardio: a metodologia ágil usa testes de usuário desde o início para orientar o desenvolvimento. Com o HealthCare.gov, os testes do usuário foram feitos tarde demais para resolver os principais problemas.

Aprender com as falhas do projeto, sejam elas dentro ou fora da organização, é valioso. Neste capítulo, mostramos como lições aprendidas de outros projetos públicos podem ajudar a navegar melhor em futuros projetos.

4.2 Selecionando um *prompt* de questionário de abordagem

Nos *templates*, substitua os colchetes angulares <> por uma das opções listadas. Então, dentro do seu *prompt* para um projeto com escopo flexível, o item:

Clareza dos requisitos e escopo do projeto: <Substituir por (A) Flexível, (B) Flexibilidade moderada ou (C) Rígido, não negociável>

se tornaria

Clareza dos requisitos e escopo do projeto: Flexível

Aqui, fornecemos um modelo que permite que a IA ajude você a determinar a melhor abordagem para o seu projeto (preditiva, adaptativa ou híbrida).

"Ajude-me a selecionar a abordagem de gerenciamento de projetos apropriada para o meu projeto. Você me pedirá características e atributos do meu projeto e da organização/empresa. As perguntas serão feitas em um formato de múltipla escolha e, ao apresentá-las, você também fornecerá descrições curtas e sucintas de cada pergunta. Se eu não estiver certo do que fazer, posso pedir esclarecimentos. Depois que todas as perguntas forem respondidas, você sugerirá uma abordagem de projeto com base nas minhas respostas.

Clareza dos requisitos e escopo do projeto: <Substituir por (A) Não claro, (B) Um pouco definido ou (C) Altamente específico>

Flexibilidade do prazo de conclusão do projeto: <Substituir por (A) Flexível, (B) Flexibilidade moderada ou (C) Rígida, não negociável>

Nível de conforto da equipe com a mudança de requisitos durante o desenvolvimento: <Substitua por (A) Muito confortável, (B) Um pouco confortável ou (C) Prefere requisitos fixos>

O projeto envolve muita tecnologia ou técnicas novas/não testadas? <Substituir por (A) Sim, (B) Um pouco/em partes ou (C) Não, tecnologia comprovada>

Importância de entregar componentes de trabalho com frequência: <Substituir por (A) Muito importante, (B) Moderadamente importante ou (C) Não tão importante>

Experiência da equipe com práticas de desenvolvimento ágil: <Substituir por (A) Muita experiência, (B) Alguma experiência ou (C) Nenhuma experiência>

Grau de inovação neste projeto: <Substituir por (A) Alto, (B) Moderado ou (C) Baixo>

Estabilidade do escopo do projeto: <Substituir por (A) Baixa, (B) Moderada ou (C) Alta>

Envolvimento das partes interessadas no projeto: <Substituir por (A) Alto, (B) Moderado ou (C) Baixo>

Restrições de cronograma para o projeto: <Substituir por (A) Flexível, (B) Moderado ou (C) Rígido>

Nível de regulamentação e conformidade ao qual o projeto deve aderir: <Substituir por (A) Baixo, (B) Moderado ou (C) Alto>

Cultura da organização em relação a mudança e inovação: <Substituir por (A) Flexível, (B) Pouco flexível ou (C) Rígida>

Contexto ou detalhes adicionais que você gostaria de fornecer sobre o projeto: <Resposta em texto livre>"

5

Planejamento com apoio da IA em projetos preditivos

Neste capítulo, viajamos para o reino da inteligência artificial (IA) generativa para conhecer sua contribuição no planejamento de projetos usando a abordagem de desenvolvimento preditiva. Primeiro, vemos como as ferramentas de IA, entre elas o ChatGPT, podem ajudar na criação de *cases* e na elaboração de um termo de abertura do projeto. Em seguida, avaliamos o apoio da IA na definição do escopo, no desenvolvimento de uma estrutura analítica do projeto (EAP) e na formulação de cronogramas e orçamentos.

Falaremos de questões éticas cruciais e da responsabilidade profissional no planejamento de projetos orientados por IA, do valor insubstituível do julgamento humano e da importância da transparência.

IA EM AÇÃO: TOM'S PLANNER

Tom's Planner é uma ferramenta baseada na *web* usada para planejamento, gerenciamento e colaboração em projetos. Ela permite que os usuários criem e compartilhem diagramas de Gantt profissionais em minutos, tornando o planejamento do projeto mais eficiente e organizado. Tom's Planner foi concebida para ajudar equipes de todos os tamanhos. Está disponível em cinco idiomas e é usada diariamente por milhares de pessoas, em mais de 100 países. Tom's Planner tem um recurso baseado em IA que permite aos usuários criar planos de projeto em minutos.

Tom's Planner é alimentada pelo ChatGPT da OpenAI. Os usuários inserem uma descrição curta e de alto nível do projeto, e a ferramenta retorna um diagrama de Gantt com um plano de projeto completo.

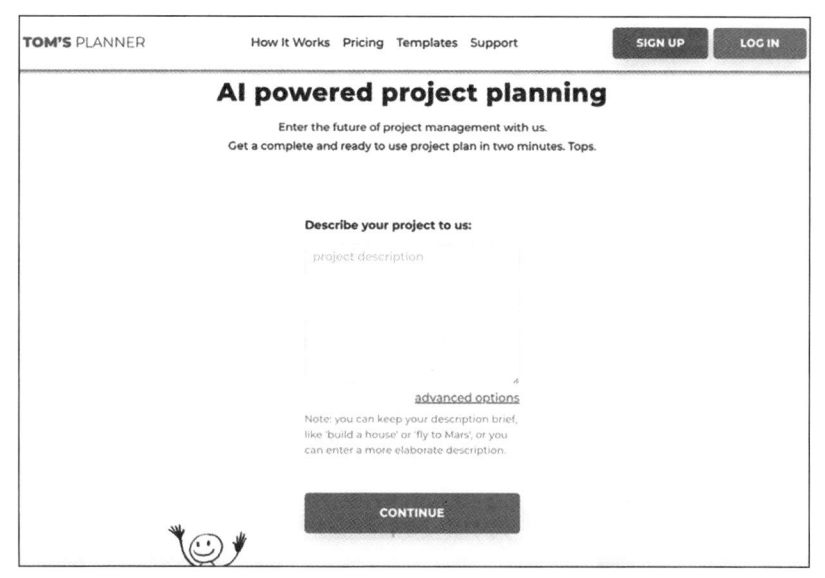

Fonte: *Site* da Tom's Planner.

Trabalhar com IA, como o ChatGPT, é um processo iterativo. A ferramenta Tom's Planner adicionou funções extras que permitem aos usuários ajustar as atividades em uma fase do projeto dando instruções adicionais à IA. Os usuários podem pedir à IA para tornar as atividades mais acionáveis ou refletir melhor alguns detalhes que a IA pode ter perdido.

Tom's Planner é aberta à colaboração, permitindo envolvimento das partes interessadas no planejamento. Tem um número ilimitado de membros na equipe, e o compartilhamento de diagramas de Gantt é gratuito. Esse recurso ajuda a envolver todos no planejamento do projeto e reduz o número de *e-mails* e chamadas para atualização de *status*.

Tom's Planner com IA é uma ferramenta poderosa para planejamento, gerenciamento e colaboração em projetos. Sua interface flexível e personalizável facilita o ajuste do diagrama de Gantt aos mais diferentes requisitos. A plataforma permite o envolvimento de todas as partes interessadas no processo de planejamento, e seu modelo de negócios *freemium* a torna acessível a usuários de todos os níveis. Para mais detalhes, visite www.tomsplanner.com/ai-assist.

Início do projeto assistido por IA

Na gestão preditiva de projetos, a fase de iniciação é fundamental, pois formaliza a existência do projeto e define sua trajetória. Nela devem ser identificadas a proposta de valor do projeto, sua viabilidade e seu escopo. Um termo de abertura formaliza a etapa. Embora a avaliação de necessidades e a formulação de *cases* estejam tradicionalmente associadas ao escopo mais amplo da análise de negócios, seus resultados estabelecem as bases críticas para o início do projeto.

Como gerente de projetos, você pode aproveitar o poder do ChatGPT para estimular o *brainstorming*, facilitar a pesquisa, elaborar documentos críticos e reforçar a comunicação entre os envolvidos. Em outras palavras, a IA aumenta as capacidades da sua equipe e agiliza o processo que leva à fase de iniciação.

As seções a seguir investigarão como o ChatGPT pode apoiar uma avaliação de necessidades e criação de um *business case*. Embora não sejam exclusivamente parte do processo de iniciação, conforme descrito pelo PMBOK, essas são etapas essenciais para a criação do termo de abertura do projeto.

Faça uma avaliação de necessidades com o ChatGPT

Um dos primeiros passos para estabelecer uma base sólida de qualquer projeto é uma avaliação abrangente das necessidades. Isso permite que você articule o problema ou a oportunidade, examine o estado atual, visualize o estado futuro desejado e mapeie a lacuna entre eles. Uma vez definida essa lacuna, possíveis soluções podem ser exploradas, avaliadas e classificadas.

O ChatGPT pode ser uma ferramenta útil na avaliação de necessidades, desde a identificação do problema até a recomendação de soluções viáveis. Imagine que você está começando um projeto para implementar um sistema de gerenciamento de relacionamento com o cliente (CRM) na Fictional Corp. para melhorar o atendimento ao cliente. Aqui estão alguns exemplos de como o ChatGPT pode ajudar na avaliação das necessidades e na definição do estado futuro desejado, recomendar opções e sugerir um cronograma de alto nível.

Determine o estado futuro desejado

No processo de avaliação de necessidades, determinar o estado futuro significa analisar a lacuna entre a situação atual e os objetivos desejados de uma organização. Em nosso estudo de caso fictício, usaremos a IA para analisar informações da empresa que incluem pesquisas, dados do sistema, métricas de atendimento ao cliente e métricas de uso. Essa etapa inclui explorar as mudanças necessárias para enfrentar o problema ou a oportunidade identificada. No caso da Fictional Corp., você poderia perguntar o seguinte:

> *"Diante dos problemas do nosso sistema de CRM e da nossa intenção de melhorar o atendimento ao cliente, você pode nos ajudar a imaginar um estado futuro desejado?"*

> No estado futuro, a organização usará um sistema de CRM escalável e flexível, capaz de acomodar uma base crescente de clientes. Ele terá recursos eficientes para emissão de tíquetes, rastreamento de interações com o cliente e recursos robustos de geração de relatórios. Esse sistema propiciará tempos de resposta mais rápidos, comunicação personalizada com o cliente e, consequentemente, melhores taxas de satisfação.

Determine opções viáveis e recomende soluções

Depois de identificar o estado futuro, é importante examinar várias opções potenciais, como um *software* ou produto construído/fabricado que possa ajudar a atingir as metas e os objetivos do negócio. Esse processo inclui a realização de análises comparativas de opções e a recomendação de uma melhor solução. Vamos ver como o ChatGPT pode auxiliar nas necessidades de atendimento ao cliente da Fictional Corp.:

> *"Você pode sugerir alguns sistemas de CRM conhecidos por sua escalabilidade e flexibilidade e recomendar o melhor, com base em nossas necessidades?"*

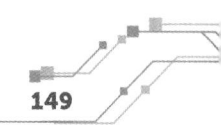

De acordo com os padrões da indústria e as necessidades da sua organização, pensei em três sistemas de CRM: Salesforce, Microsoft Dynamics e HubSpot. Dada a sua necessidade específica de escalabilidade, flexibilidade e recursos robustos, o Salesforce parece a solução mais adequada. Ele é reconhecido pelas muitas opções de personalização, *insights* baseados em IA e escalabilidade para acomodar o crescimento.

Facilite a elaboração de um roteiro de produto de alto nível

Ao escolher a melhor solução, o roteiro de produto descreve a sequência de entrega de alto nível, ou cronograma. Esse roteiro serve como um plano estratégico que alinha as equipes de projeto na direção do produto ao longo do tempo.

> *"Uma vez que decidimos pelo Salesforce como nosso novo sistema de CRM, você pode nos ajudar a elaborar um roteiro de produto de alto nível?"*

Aqui está um roteiro provisório para a atualização do sistema de CRM:

Meses 1–2: Iniciação e planejamento do projeto – Definir o escopo, reunir os requisitos, montar a equipe do projeto.

Meses 3–4: Aquisição e personalização – Adquirir licenças do Salesforce, personalizar o CRM para atender às nossas necessidades.

Meses 5–6: Migração de dados e teste – Migrar dados do sistema antigo, realizar testes abrangentes.

Mês 7: Treinamento – Treinar todos os usuários finais no novo sistema de CRM.

Mês 8: Implementação – Implantar o novo sistema, fornecer suporte contínuo.

Depois de concluir a avaliação de necessidades, você entende claramente o estado futuro desejado, a solução recomendada (neste caso, um novo CRM) e um roteiro de produto de alto nível. Isso o coloca em uma ótima posição para construir um bom *business case*.

Criando o *business case* com IA

Um *business case* ajuda uma organização a decidir se vale investir em um projeto. O *business case* documenta o problema ou a oportunidade identificada, analisa a situação e sugere uma solução apoiada por análises de custo-benefício e viabilidade.

Também é importante incluir um plano para medir os benefícios. Ao longo do processo, o ChatGPT pode ser um ativo importante no fornecimento de informações e *insights* e na geração de documentação.

Problema/oportunidade

Vamos começar com uma declaração de situação, que identifica o problema ou a oportunidade.

> *"Dados os problemas que estamos enfrentando com nosso sistema de CRM e nossas metas de melhoria, você pode ajudar a redigir uma declaração de situação?"*
>
> O atual sistema de CRM carece de escalabilidade e flexibilidade, o que dificulta o atendimento ao cliente e, em última análise, a sua satisfação. Há uma oportunidade com a implementação de uma solução de CRM que acomode a crescente base de clientes, melhore o atendimento e forneça informações valiosas para o crescimento dos negócios.

Análise da situação

O ChatGPT usa a solução recomendada para analisar seu suporte para metas e objetivos de negócios.

> *"Você pode verificar como o sistema de CRM proposto (Salesforce) se alinha com nossas metas e objetivos de negócios?"*
>
> Implementar o Salesforce como o novo CRM se alinha com os objetivos da organização de melhorar o atendimento ao cliente e comportar o crescimento. A solução escalável e flexível da Salesforce tem um sistema de tíquetes aprimorado, rastreamento eficiente da interação com o cliente e recursos robustos de geração de relatórios. Isso atende ao objetivo de oferecer um serviço ao cliente oportuno e personalizado.

Análise de viabilidade

Agora, vamos solicitar que o ChatGPT apresente os resultados da análise de viabilidade da solução escolhida.

> *"Você pode fornecer uma análise de viabilidade e recomendação para a implementação do Salesforce?"*
>
> A implementação do Salesforce é viável, considerando seu alinhamento com as necessidades da organização. É uma solução escalável e flexível, reconhecida por sua capacidade de apoiar o crescimento. No entanto, como qualquer grande mudança,

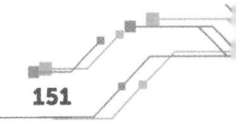

exigirá um investimento significativo de tempo e recursos, bem como treinamento extensivo para os usuários finais. Ainda assim, o Salesforce é a solução mais adequada para atender às suas necessidades de CRM.

Análise de custo-benefício

O ChatGPT também pode ajudar a resumir o custo-benefício da opção recomendada.

"Você pode resumir uma análise básica de custo-benefício para a implementação do Salesforce?"

Do lado dos custos, a implementação do Salesforce envolveria licenciamento de *software*, personalização, migração de dados e despesas de treinamento. No entanto, os benefícios superam significativamente esses custos. Com o Salesforce, sua organização pode esperar maior eficiência no atendimento ao cliente, maiores taxas de satisfação, melhor retenção e maior receita. Além disso, as poderosas análises da Salesforce podem ser valiosas para futuras estratégias de negócios.

Avaliação dos benefícios

Por fim, o ChatGPT pode ajudar a desenhar um plano para medir o alcance dos benefícios.

"Como podemos medir os resultados da implementação do Salesforce?"

Os benefícios da implementação do Salesforce podem ser medidos por vários indicadores-chave de desempenho (KPIs), como tempos de resposta a consultas de clientes, pontuações de satisfação do cliente, taxas de retenção e crescimento de receita. Além disso, as análises da Salesforce podem fornecer informações valiosas sobre o comportamento e as preferências do cliente, contribuindo para o planejamento eficaz de futuras estratégias de negócios.

Isso ficou um pouco genérico. Vamos obter mais informações sobre os custos e benefícios com algumas estimativas e valores reais.

"Crie uma análise simplificada de custo-benefício para um projeto de implementação de CRM. Quais são alguns valores estimados de custos e benefícios? Apresente os resultados em formato de tabela."

CUSTO/BENEFÍCIO	DESCRIÇÃO	VALOR (em dólar)
CUSTOS		
Aquisição de *software*	Custo de compra ou assinatura de uma solução de *software* de CRM	$ 150.000
Aquisição de *hardware*	Custo de aquisição de qualquer *hardware* necessário para suportar o sistema de CRM	$ 50.000
Personalização e integração de *software*	Custo de adaptação do CRM aos nossos processos de negócios e integração com outros sistemas	$ 100.000
Treinamento	Custo de treinamento da equipe no novo sistema de CRM	$ 30.000
Suporte e manutenção	Custo anual de manutenção e suporte do sistema de CRM	$ 20.000
Custos totais		$ 350.000
BENEFÍCIOS		
Maior retenção de clientes	Aumento anual projetado na receita devido à maior retenção de clientes	$ 100.000
Aumento da eficiência de vendas	Aumento anual projetado na receita pela simplificação dos processos de vendas	US$ 50.000
Redução dos custos de *marketing*	Economia anual projetada em razão de campanhas de *marketing* mais direcionadas	$ 30.000
Benefícios totais (Ano 1)		**$ 180.000**
Benefício líquido (Ano 1)		**−$ 170.000**
Benefícios totais (Anos 2–5)		**$ 720.000**
Benefício líquido (Anos 2–5)		**$ 370.000**

Com a ajuda do ChatGPT, você compilou um *business case* abrangente, incluindo uma declaração de situação, uma análise da situação, uma solução recomendada, uma análise de custo-benefício e um plano para atingir os benefícios.

Agora vamos solicitar ao ChatGPT para organizar essas informações de forma clara e resumi-las em um formato de tabela.

"Dadas as informações que geramos até agora, você poderia compilar um resumo do business case em forma de tabela?"

A resposta do ChatGPT está na forma de uma tabela:

COMPONENTE DO *BUSINESS CASE*	DESCRIÇÃO
Problema/ Oportunidade	A organização usa um sistema de CRM desatualizado, que não está equipado para lidar com o crescente volume de interações com o cliente, carece de integrações com outras ferramentas e oferece *insights* limitados sobre o comportamento do cliente. Essas limitações estão reduzindo a eficácia do atendimento ao cliente e impactando negativamente a sua satisfação.
Análise da situação	O Salesforce, um CRM baseado em nuvem, fornece escalabilidade, integração e análise para as crescentes necessidades dos clientes. Ele apoia as metas da organização de aumentar a satisfação e a receita do cliente.
Recomendação	Depois de avaliar os requisitos de negócios, as limitações atuais de CRM e os recursos oferecidos por vários provedores de CRM, o Salesforce é recomendado como o novo sistema de CRM. O Salesforce oferece os recursos necessários para resolver os problemas atuais, melhorar o atendimento ao cliente e apoiar o crescimento dos negócios.
Análise de custo-benefício	A implementação do Salesforce tem custos consideráveis, incluindo licenciamento, personalização, migração de dados e treinamento. No entanto, seus benefícios – como atendimento aprimorado, melhores *insights* de *marketing* e maior produtividade de vendas – superam esses custos. A organização deve recuperar os custos em dois anos e projetar um ganho líquido de $ 370.000 em cinco anos.
Avaliação/realização de benefícios	A implementação do Salesforce será avaliada usando KPIs como tempos de resposta reduzidos, melhores pontuações de satisfação, maior retenção e aumento de receita. Métricas adicionais incluem interações diárias com clientes, sucesso de campanhas de *marketing* e taxas de conversão de vendas. Um estudo será realizado seis meses após a implementação para avaliar o sucesso e o ROI do CRM.

Dessa forma, a IA (ChatGPT, neste caso) não apenas ajuda a gerar e compilar todos os componentes necessários de um *business case*, mas também os apresenta em um formato claro, conciso e facilmente digerível.

Esse *business case* fornece uma base sólida para a criação do termo de abertura do projeto, que exploraremos na próxima seção.

O termo de abertura do projeto com IA

Um termo de abertura de projeto é um documento formal, geralmente curto, que descreve o projeto na íntegra, incluindo objetivos, marcos e partes interessadas. Ele autoriza o início do projeto e serve como ponto de referência para todas as partes envolvidas.

Com o *business case* gerado com a ajuda do ChatGPT, agora você tem informações suficientes para criar um termo de abertura do projeto. Vamos instruir o ChatGPT para ajudar nesse processo.

> *"Com base no business case, ajude-me a elaborar um termo de abertura de projeto para o nosso projeto de implementação de CRM."*

Título do projeto: Implementação da gestão de relacionamento com o cliente (CRM)

Início: 1º de setembro de 2025

Término: 1º de março de 2026

Descrição de alto nível e resultado final:

- O projeto envolve a seleção e personalização de uma solução de *software* de CRM para agilizar os processos de vendas e *marketing*, aumentar a retenção de clientes e diminuir os custos de *marketing*.

Justificativa:

- Como descrito no *business case*, espera-se que o projeto de implementação de CRM aumente a receita e diminua os custos, com um benefício líquido estimado de $ 370.000 em cinco anos.

Requisitos de alto nível:

- Sistema de CRM com recursos para gerenciamento de contatos, gerenciamento de vendas e *marketing* direcionado.
- Integração com sistemas existentes e treinamento de pessoal.

Critérios de sucesso:

- Aumento nas taxas de retenção de clientes em 10% no primeiro ano.
- Aumento da eficiência de vendas em 15% no primeiro ano.

Orçamento do projeto:

- O custo total estimado do projeto de implementação de CRM é de $ 350.000.

Marcos:

- Seleção da solução de *software* de CRM: 30 de setembro de 2025.
- Personalização e integração do sistema de CRM: 31 de dezembro de 2025.
- Implantação do sistema de CRM: 1º de março de 2026.

Premissas, restrições e riscos:

- Premissas: a equipe estará disponível para treinamento e adotará o novo sistema prontamente.
- Restrições: o sistema de CRM deve estar operando até 1º de março de 2026.
- Riscos: possível resistência à mudança da equipe; o CRM selecionado pode não se integrar perfeitamente aos sistemas existentes.

Gerente de projetos designada: Jane Smith

Lista de partes interessadas:

- Equipe de vendas e *marketing*, departamento de TI, clientes (partes indiretas interessadas).

Assinaturas: patrocinador do projeto e principais partes interessadas.

Prompts de iteração e refino

Este é um bom lugar para enfatizar um dos principais pontos fortes da IA: sua capacidade de aprender e se adaptar com base nas informações que recebe. Isso significa que você pode, iterativa e incrementalmente, desenvolver seus *prompts* e respostas para ajustar a saída às suas necessidades. Por exemplo, se a resposta inicial do ChatGPT não atingir o objetivo, você pode refinar seu *prompt* para fornecer mais contexto ou especificar as informações de que precisa. Da mesma forma, se a resposta for muito ampla ou não tiver detalhes, você pode fazer perguntas adicionais ou dar novas instruções para obter informações mais detalhadas.

Esse processo iterativo ajuda a tirar o máximo proveito das ferramentas de IA e permite que você a oriente para melhorar ao longo do tempo. À medida que você continua a interagir com o ChatGPT, ele entende melhor suas necessidades e fornece respostas mais precisas e relevantes.

Planejamento assistido por IA

O termo de abertura do projeto foi desenvolvido, e o projeto teve início formal. Esta etapa envolve a criação de vários planos para orientar a equipe do projeto e gerenciar as expectativas das partes interessadas. A **Figura 5.1** mostra áreas nas quais a IA pode ser relevante, como veremos em seguida.

Análise de negócios

Os principais aspectos do planejamento incluem a definição do escopo, a coleta e a análise de requisitos. Essas atividades são chamadas de análise de negócios, uma disciplina semelhante ao gerenciamento de projetos. Um dos aspectos interessantes da IA generativa é que ela é muito talentosa na descoberta, análise e documentação de critérios de aceitação de requisitos. Por exemplo, o ChatGPT pode executar essas tarefas com eficiência e precisão.

Usando a IA, os gerentes de projetos podem economizar tempo e aproveitar os recursos preditivos da ferramenta para antecipar possíveis desafios e elaborar estratégias apropriadas em resposta. Demonstraremos como usar o ChatGPT para a coleta de requisitos com base nas contribuições das partes interessadas. Também demonstraremos o papel da IA na geração de resultados detalhados do projeto com base nos objetivos e nas restrições do projeto.

Papel da IA na coleta de requisitos

A IA pode ser uma ferramenta muito útil no processo de coleta de requisitos. Ela pode ajudá-lo em sessões de *brainstorming*, criar perguntas de entrevista ou

Planejamento assistido por IA

1. Análise de negócios
- Elicitação de requisitos
- Análise documental

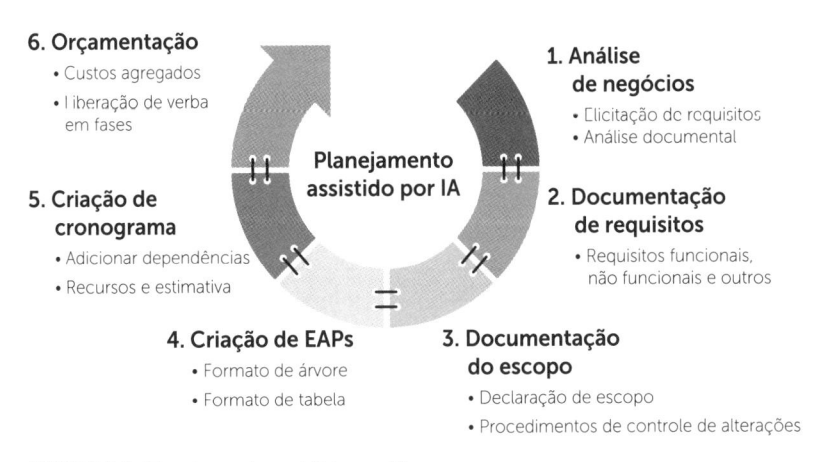

2. Documentação de requisitos
- Requisitos funcionais, não funcionais e outros

3. Documentação do escopo
- Declaração de escopo
- Procedimentos de controle de alterações

4. Criação de EAPs
- Formato de árvore
- Formato de tabela

5. Criação de cronograma
- Adicionar dependências
- Recursos e estimativa

6. Orçamentação
- Custos agregados
- Liberação de verba em fases

FIGURA 5.1 Planejamento assistido por IA.

pesquisas para elicitação de requisitos, analisar documentos para coletar informações e ajudar na documentação de requisitos.

Brainstorming com ChatGPT

O *brainstorming* é frequentemente usado na elicitação de requisitos, pois incentiva a expressão de ideias sem julgamento imediato. A IA pode dar início ao *brainstorming* mesmo em um ambiente remoto ou individual. Você pode gerar um *prompt* solicitando ideias de *brainstorming* sobre um tópico específico, e ela pode produzir uma lista de ideias, soluções ou recursos para ajudá-lo a pensar livremente. Além disso, se você estiver trabalhando em um ambiente de grupo, poderá abastecer o ChatGPT com as respostas dos membros da equipe, o que pode ajudar a organizar e refinar as ideias.

> *"Nossa equipe precisa debater e reunir as ideias sobre os principais recursos do nosso novo sistema de CRM. Proponha algumas ideias em uma lista separada por vírgulas."*
>
> Canais de comunicação integrados, análises avançadas, fluxos de trabalho automatizados, segmentação de clientes, acesso móvel, interface intuitiva. Por favor, avise-me se quiser que eu elabore alguma dessas ideias de recursos.

Essa é uma boa base para começar. A equipe pode então revisar as ideias geradas, consolidá-las e refiná-las com base nas metas e restrições organizacionais. A chave é começar a conversa a partir de uma base sólida de ideias, e a IA facilita isso.

Análise de documentos com IA

A análise de documentos é uma parte crítica da elicitação de requisitos que envolve um mergulho profundo na base de documentos. Pode incluir uma revisão das especificações do sistema, manuais do usuário, descrição de processos, procedimentos operacionais padrão e registros do sistema. Ela exige tempo, e pode ser desafiador revisar dados históricos e especificações anteriores do produto.

Felizmente, a IA é boa em revisar documentos e resumir informações de forma significativa. Você pode inserir um segmento de documento ou um resumo para obter *insights*, e pode pedir que as respostas do ChatGPT atendam às suas necessidades: mais simples, mais longas, mais curtas ou mais profissionais.

Um dos principais pontos fortes das ferramentas de IA é preencher os espaços em branco. Isso significa que mesmo que você forneça informações incompletas sobre um sistema, a IA pode produzir uma perspectiva completa a respeito. Isto é, se você perguntar sobre as limitações de um sistema, ela identificará oportunidades de melhoria.

"O manual do usuário do nosso sistema de CRM menciona recursos limitados de relatórios, falta de ferramentas integradas de e-mail marketing e um sistema de gerenciamento de contatos não intuitivo. Que melhorias potenciais poderíamos visar em cada uma dessas áreas para o nosso novo sistema de CRM?"

Recursos de relatórios: um sistema de CRM aprimorado pode incluir ferramentas avançadas de análise. Isso garantiria relatórios abrangentes e personalizáveis e uma tomada de decisão baseada em dados em tempo real. Os usuários poderiam adaptar esses relatórios às suas necessidades, permitindo um uso mais personalizado e eficaz do sistema de CRM.

Integração de *e-mail*: um CRM com ferramentas de *e-mail marketing* integradas melhoraria muito os recursos do sistema. Poderia contar com recursos como registro automatizado e rastreamento de interações com clientes, *e-mails* agendados e análises de desempenho integradas. Isso propiciaria uma abordagem mais unificada e simplificada para engajamento do cliente.

Gerenciamento de contatos: para uma experiência mais amigável, o novo CRM pode empregar um sistema automatizado de entrada de dados e uma interface intuitiva. Isso reduziria os erros manuais, melhoraria a precisão dos dados e levaria a uma melhor utilização dos dados do cliente. A interface deve permitir fácil navegação e acesso rápido aos recursos necessários para aumentar a eficiência do usuário.

OBSERVAÇÃO   Diante de um grande conjunto de documentos ou informações complexas, você pode usar a versão corporativa do OpenAI do ChatGPT para interagir com bancos de dados e sistemas de arquivos, de forma a contar com recursos mais avançados de extração e análise de informações. Certifique-se de proteger qualquer informação sensível.

Documentação de requisitos com IA

A documentação de requisitos é o próximo passo fundamental. Envolve o agrupamento de todos os requisitos identificados, sejam eles funcionais, não funcionais, de negócios, de solução ou das partes interessadas.

A IA pode ajudar a documentar sistematicamente esses requisitos. Com base em dados de sessões de *brainstorming*, análise de documentos, respostas a pesquisas e até mesmo imagens, você pode solicitar ao ChatGPT que elabore um documento de requisitos. Você verá que a IA traduz as informações brutas em requisitos específicos e acionáveis para cada categoria.

Vamos nos aprofundar no uso de imagens para documentação de requisitos. Para o nosso sistema de CRM, suponha que recebemos uma imagem de captura de tela ilustrando a funcionalidade desejada, e a imagem é a maneira mais precisa de articular os

Capítulo 5: Planejamento com apoio da IA em projetos preditivos

requisitos para a equipe do projeto e os desenvolvedores. Vamos pegar essa imagem do Smartsheet, um popular *software* de gerenciamento de trabalho (**Figura 5.2**).

Aqui, devemos recorrer ao poder dos modelos multimodais de IA. Podemos usar produtos de IA, como o recurso Vision do ChatGPT, o Bard do Google e o Bing AI da Microsoft, para mostrar a imagem e descrevê-la. Em seguida, podemos solicitar que a IA mostre a imagem e explique-a em termos que um construtor ou desenvolvedor entenderia.

> *"Atue como analista de negócios. Revise a imagem anexada de um exemplo de painel do sistema de CRM. Com base em uma reunião com as partes interessadas, gostaríamos que nosso sistema fornecesse as funções mostradas na imagem. Por favor, revise-a e extraia os requisitos para que eu possa adicioná-los à documentação de requisitos e usá-los para descrever o sistema para nossos construtores e equipe de desenvolvimento."*

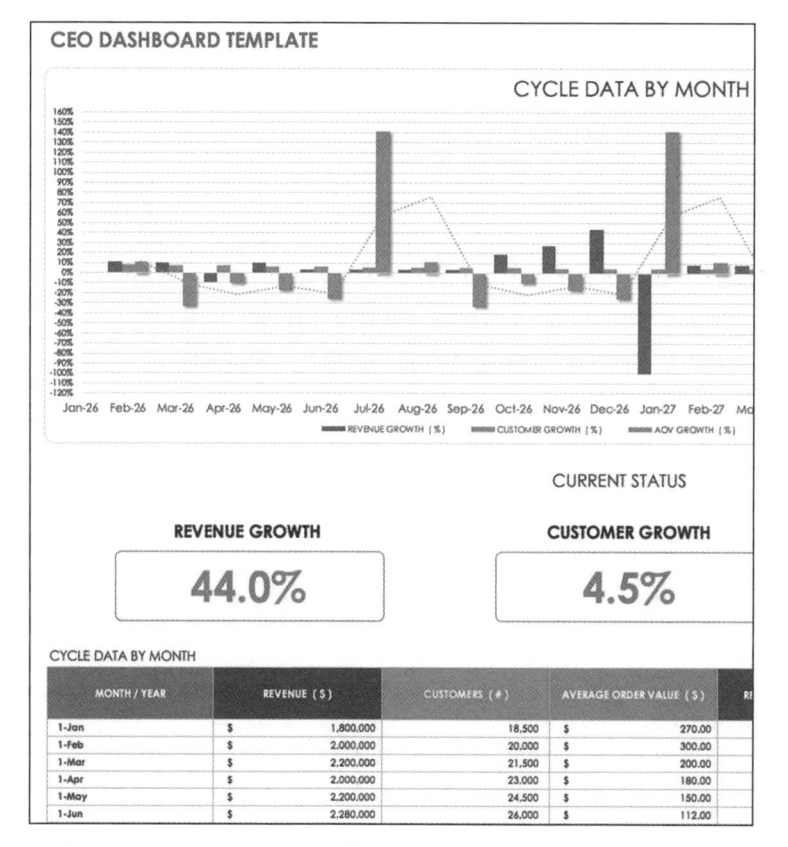

CEO DASHBOARD TEMPLATE

CYCLE DATA BY MONTH

REVENUE GROWTH (%) — CUSTOMER GROWTH (%) — AOV GROWTH (%)

CURRENT STATUS

REVENUE GROWTH	CUSTOMER GROWTH
44.0%	4.5%

CYCLE DATA BY MONTH

MONTH / YEAR	REVENUE ($)	CUSTOMERS (#)	AVERAGE ORDER VALUE ($)	R
1-Jan	$ 1,800,000	18,500	$ 270.00	
1-Feb	$ 2,000,000	20,000	$ 300.00	
1-Mar	$ 2,200,000	21,500	$ 200.00	
1-Apr	$ 2,000,000	23,000	$ 180.00	
1-May	$ 2,200,000	24,500	$ 150.00	
1-Jun	$ 2,280,000	26,000	$ 112.00	

FIGURA 5.2 Imagem do painel do CEO do Smartsheet mostrando funções.

GUIA TÉCNICO Consulte o Guia Técnico 5.1 para ver detalhes sobre o uso do reconhecimento de imagem com o Bard.

Aqui estão os requisitos para o painel do sistema de CRM com base na imagem:

O painel deve ser intitulado "Painel do CEO".

O painel deve exibir as seguintes métricas:

- Crescimento de receita.
- Crescimento de clientes.
- Crescimento do valor médio do pedido (AOV, do inglês *average order value*).
- *Status* atual do crescimento da receita, crescimento do cliente e crescimento do AOV.
- Dados mensais de crescimento de receita, crescimento de clientes e crescimento de AOV.

Aqui estão alguns outros itens que devem ser mostrados:

- O painel deve permitir que os usuários filtrem os dados por intervalo de datas, métrica ou outros critérios.
- O painel deve ser personalizável, para que os usuários possam adicionar ou remover métricas e alterar o leiaute.
- O painel deve ser fácil de usar e navegar.
- O painel deve usar uma combinação de gráficos, tabelas e texto para exibir os dados.
- O painel deve ser visualmente atraente e fácil de ler.
- O painel deve ser personalizável, para que os usuários possam selecionar as métricas que desejam ver.

"A partir da sessão de brainstorming, da análise de documentos, da análise de imagens e da pesquisa com usuários, identificamos um conjunto de requisitos para o nosso novo sistema de CRM. Esses requisitos abrangem vários requisitos funcionais, não funcionais, de negócios, de solução e de partes interessadas. Você poderia ajudar a elaborar um documento de requisitos com base nesses insights?"

Com base nas informações fornecidas, aqui está um rascunho dos requisitos funcionais para o novo sistema de CRM:

Requisitos funcionais: são funções ou tarefas específicas que o sistema deve ser capaz de executar.

- Canais de comunicação integrados.
- Fluxos de trabalho automatizados.

- Recursos de segmentação de clientes.
- Relatórios executivos e painéis.

Requisitos não funcionais: referem-se aos aspectos operacionais do sistema.

- Acesso móvel para interação contínua com o sistema de CRM.
- Análises avançadas para recursos de relatórios em tempo real e personalizáveis.

Requisitos de negócios: são necessidades de alto nível da organização como um todo.

- Melhorar a interação com o cliente.
- Tomada de decisões baseada em dados.
- Automatização de tarefas regulares para economizar tempo e reduzir erros manuais.

Requisitos das partes interessadas: são as necessidades ou expectativas de uma parte interessada ou de um grupo de partes interessadas.

- Equipe de vendas: precisa de análises avançadas e fluxos de trabalho automatizados para melhor gerenciamento de *leads*.
- Equipe de atendimento ao cliente: precisa de canais de comunicação integrados para uma melhor interação com o cliente.
- Equipe de *marketing*: precisa do recurso de segmentação de clientes para criar campanhas de *marketing* personalizadas.

Requisitos de solução: descrevem como a solução deve se comportar. Isso inclui requisitos funcionais e não funcionais que orientam o desenvolvimento do sistema.

- O sistema de CRM deve fornecer canais de comunicação integrados.
- O sistema de CRM deve ser compatível com dispositivos móveis.
- O sistema de CRM deve fornecer recursos avançados de análise e relatórios.

Essa categorização e estrutura podem ajudar as equipes a entender os requisitos de diferentes ângulos, auxiliando no planejamento e na execução eficientes do projeto.

Depois disso, pode ser útil criar uma matriz RACI, especificando quem é Responsável, Autoridade, Consultado e Informado para cada requisito, a fim de esclarecer funções e responsabilidades.

Por exemplo, no caso do recurso de análise avançada para relatórios, você, como gerente do projeto, pode ser responsável por supervisionar sua implementação, o chefe da equipe de vendas pode ser a autoridade, a equipe de análise de dados pode ser consultada e todas as outras partes interessadas podem ser informadas sobre o progresso.

A IA pode ajudar na criação de uma matriz de atribuição de responsabilidades. Essa matriz ajuda você a esclarecer funções e responsabilidades em projetos e processos multifuncionais/departamentais.

> **OBSERVAÇÃO** Algumas tabelas criadas pelo ChatGPT tiveram o leiaute ajustado para caber nestas páginas.

"Vamos apresentar o tópico da matriz RACI a seguir. Dados os requisitos documentados e as partes interessadas envolvidas, crie uma matriz RACI para mim, por favor."

Aqui está uma matriz RACI simples com base nos requisitos das partes interessadas mencionados:

REQUISITOS/PARTES INTERESSADAS	EQUIPE DE VENDAS	EQUIPE DE ATENDIMENTO AO CLIENTE	EQUIPE DE MARKETING	EQUIPE DE ANÁLISE DE DADOS	GERENTE DO PROJETO
Análise avançada	C	C	C	R, A	C
Fluxos de trabalho automatizados	R, A	C	I	C	C
Segmentação de clientes	I	I	R, A	C	C

Legenda:

R (Responsável): pessoa ou função que conclui a tarefa. O executor.

A (Autoridade): pessoa ou função que é dona do trabalho.

C (Consultado): pessoa ou função que precisa fornecer *feedback* e contribuir para a tarefa.

I (Informado): pessoa ou função que precisa saber da ação ou decisão.

Nesse cenário, as funções e as responsabilidades são distribuídas de forma uniforme entre a equipe. Por exemplo, a equipe de análise de dados é responsável pela implementação do recurso de análise avançada, enquanto a equipe de vendas é responsável pelo recurso de fluxos de trabalho automatizados. A equipe de *marketing* assume a liderança como responsável na segmentação de clientes. Você, como gerente do projeto, tem um papel mais consultivo em relação a esses requisitos.

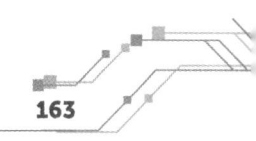

Definição do escopo do projeto assistida por IA

O escopo é a soma total de produtos, serviços e resultados fornecidos pelo seu projeto. Ele define os limites do projeto e a extensão do trabalho a ser realizado para entregar o produto ou serviço final. Em essência, o escopo do projeto define o que o projeto fará – e, tão importante quanto, o que ele não fará.

Por exemplo, em nosso estudo de caso, o escopo do projeto de implementação de CRM na Fictional Corp. inclui a seleção de uma solução de *software* de CRM, a personalização dessa solução para atender às necessidades da empresa, a integração dessa solução com os sistemas existentes e, por fim, o treinamento da equipe no novo sistema.

Compreender o escopo do projeto é fundamental pelos seguintes motivos.

- **Clareza:** definir claramente o escopo do projeto ajuda todos a entender o que é esperado, quem está envolvido, o que o projeto entregará e quando se espera que seja entregue. O escopo define expectativas para a equipe do projeto, as partes interessadas e os clientes, eliminando possíveis falhas de comunicação ou mal-entendidos.

- **Orienta o planejamento do projeto:** fornece uma estrutura para o planejamento, incluindo cronograma, orçamento, recursos e riscos.

- **Define critérios de sucesso:** mostra como será quando o projeto estiver concluído e tiver alcançado seus objetivos.

- **Controla o custo e evita o desvio de escopo:** o desvio de escopo é a expansão não autorizada do trabalho, como recursos ou requisitos adicionais, sem levar em consideração o tempo e o custo. A definição do escopo evita uma expansão além dos objetivos iniciais.

Entender o escopo do projeto é uma coisa; articulá-lo claramente em uma declaração de escopo do projeto é outra. Esse processo pode ser demorado, e é aí que a IA pode ajudar. Vamos explorar isso na próxima seção.

IA na criação de uma declaração de escopo

A declaração de escopo do projeto baseia-se na visão geral do escopo no termo de abertura do projeto e o transforma em um documento claro e acionável, que orienta suas decisões de gerenciamento de projetos.

A IA pode ajudar na criação da declaração de escopo de algumas maneiras.

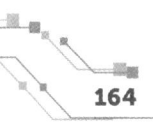

Extração de informações

A IA pode filtrar grandes quantidades de dados de documentos, como termos de abertura de projetos, transcrições de reuniões e *e-mails*, para extrair detalhes relevantes necessários para uma declaração de escopo abrangente.

> *"ChatGPT, com base no termo de abertura do projeto para a implementação de CRM na Fictional Corp., quais são os principais entregáveis desse projeto?"*

Com base no termo de abertura do projeto que você forneceu, as principais entregas para o projeto de implementação de CRM na Fictional Corp. parecem ser:

Seleção de uma solução de *software* de CRM.

Personalização da solução de CRM selecionada para atender às necessidades da Fictional Corp.

Integração da solução de CRM com sistemas existentes na Fictional Corp.

Treinamento da equipe para o uso eficaz do novo sistema de CRM.

{Resposta cortada por brevidade e relevância.}

Elaboração da declaração de escopo

Uma vez que as informações relevantes foram extraídas, a IA pode ajudar na elaboração da declaração de escopo. Isso não apenas acelera o processo, mas também pode ajudar a manter a consistência e a integridade do documento.

> *"ChatGPT, você poderia me ajudar a redigir a seção de entregáveis do projeto de nossa declaração de escopo, com base nas informações que acabou de fornecer?"*

Mas é claro! Aqui está um rascunho para a seção de entregáveis do projeto da sua declaração de escopo:

Os principais entregáveis do projeto de implementação de CRM na Fictional Corp. incluem:

- Seleção de uma solução de *software* de CRM que se alinhe às necessidades e aos objetivos específicos da Fictional Corp.
- Personalização da solução de CRM escolhida para garantir que ela atenda às demandas exclusivas de nossa organização, incluindo a integração com os sistemas existentes.
- Um programa de treinamento abrangente que capacite nossa equipe a usar o novo sistema de CRM, garantindo a implantação e adoção bem-sucedidas do sistema.

Gestão de escopo

A IA pode recomendar procedimentos padronizados para gerenciar o escopo com base nas melhores práticas de gerenciamento de projetos ou a partir de um banco de dados de projetos anteriores da organização.

"ChatGPT, com base nas melhores práticas de gerenciamento de projetos, que medidas devemos tomar para controlar o desvio de escopo durante o projeto de implementação de CRM?"

Controlar o desvio de escopo é fundamental para o sucesso do projeto. Aqui estão algumas etapas que você deve considerar:

- Definir claramente o escopo do projeto: certifique-se de que o escopo esteja bem definido e que todas as partes interessadas entendam claramente o que está e o que não está incluído no escopo.

- Implementar um controle de mudanças: as mudanças no escopo devem passar por um processo formal de controle. Isso inclui documentar a mudança proposta, analisar seu impacto e obter a aprovação do patrocinador do projeto ou do comitê gestor antes de implementar a mudança.

- Revisar e monitorar regularmente o escopo do projeto: revisar regularmente o *status* do projeto e compará-lo com o escopo planejado. Se algum desvio for notado, tomar ações corretivas imediatamente.

- Comunicar-se de forma eficaz: garantir que todas as partes interessadas sejam informadas sobre qualquer alteração no escopo do projeto e seu impacto no tempo, no custo e em outras variáveis.

A IA pode auxiliar na elaboração do plano de gerenciamento do escopo, garantindo um documento estruturado, abrangente e organizado. O ChatGPT pode ajudar na preparação de uma seção do plano de gerenciamento de escopo, em razão do nosso *prompt* anterior sobre melhores práticas, incorporando-as aos procedimentos padrão.

"Com base em suas recomendações, você poderia me ajudar a elaborar um plano de controle de escopo?"

O projeto de implementação de CRM utilizará uma abordagem sistemática para gerenciar e controlar as mudanças no escopo do projeto. Aqui estão os principais passos:

- Definição clara do escopo do projeto: começaremos detalhando o escopo do projeto, para garantir que todos entendam o que está incluído.

- Processo de controle de mudanças: implementaremos um rigoroso controle de mudanças. Qualquer alteração no escopo do projeto deve ser documentada, e seu impacto no cronograma, no custo e na qualidade do projeto deve ser analisado. As alterações propostas devem ser aprovadas pelo patrocinador do projeto ou pelo comitê diretivo antes de serem implementadas.

- Revisão regular do escopo: realizaremos revisões regulares do *status* do projeto, comparando com o escopo definido. Qualquer desvio será tratado prontamente.

- Comunicação eficaz: todas as mudanças no escopo do projeto, bem como seus impactos, serão imediatamente comunicadas às partes interessadas.

A IA na criação da EAP

A estrutura analítica do projeto (EAP) é uma ferramenta usada para definir e organizar o escopo de um projeto. Essa ferramenta divide visualmente o escopo em partes gerenciáveis, ou pacotes de trabalho, facilitando planejamento, execução e controle. Ela organiza o escopo em níveis, começando pela raiz, que representa todo o projeto. Esse nível é, então, dividido em níveis subsequentes, que detalham as principais entregas e subentregas. O nível mais baixo da EAP descreve o escopo de trabalho do projeto – são os pacotes de trabalho.

A EAP é geralmente estruturada em um diagrama em árvore. Cada elemento é atribuído a um identificador exclusivo, muitas vezes com base em um sistema de numeração decimal. Essa numeração, também conhecida como código da EAP, ajuda a rastrear e localizar os elementos da EAP. O nível final da EAP, que é o nível do pacote de trabalho, descreve tarefas pequenas o suficiente para serem gerenciadas de forma eficaz quando atribuídas a uma equipe ou indivíduo específico.

Para criar uma EAP, a equipe de projeto normalmente considera vários documentos importantes:

Declaração de escopo do projeto: especifica apenas o trabalho a ser incluído na EAP.

Documentação de requisitos: fundamental para identificar e organizar as tarefas e subtarefas na EAP.

Ativos de processo organizacional: podem incluir políticas, procedimentos e modelos da organização, inclusive de projetos anteriores.

Registro das partes interessadas: fornece informações a respeito de quem tem interesse ou influência sobre o projeto. Suas necessidades e expectativas podem determinar algumas das tarefas específicas incluídas na EAP.

O conhecimento e a experiência da equipe do projeto podem orientar a identificação e a organização de tarefas e subtarefas. Eles terão *insights* sobre o que precisa ser feito, quanto tempo pode levar e como as tarefas dependem umas das outras.

Uma vez que essas informações são coletadas e compreendidas, a equipe do projeto cria a EAP. Isso pode ocorrer durante uma sessão de trabalho com o objetivo de identificar as principais entregas e, em seguida, subdividi-las em componentes menores e mais gerenciáveis. Esses componentes são as tarefas que devem ser concluídas para criar a entrega.

Esse processo é tradicionalmente manual, exigindo esforço e colaboração significativos. Como veremos, a IA pode tornar a tarefa mais eficiente e eficaz.

Usando IA para criar a EAP

A IA pode ter um papel importante na criação de uma EAP, automatizando tarefas repetitivas, minimizando erros humanos e fornecendo *insights* com base em dados históricos. Veja como uma IA como o ChatGPT poderia ajudar na criação da EAP:

- **Criação de modelos de EAP:** o ChatGPT pode analisar dados de projetos anteriores para criar modelos de EAP para projetos atuais.

- **Automatização da identificação de tarefas:** o ChatGPT pode revisar os documentos do projeto, como a declaração do escopo do projeto e os requisitos, para identificar as tarefas a serem incluídas na EAP.

- **Estimativa das durações das tarefas:** com base em dados históricos, o ChatGPT pode fornecer estimativas iniciais das durações das tarefas, que podem ser refinadas pela equipe do projeto.

- **Identificação de dependências:** o ChatGPT pode analisar os requisitos e as tarefas do projeto para identificar possíveis dependências que podem ser críticas no planejamento do cronograma do projeto.

Para dar um exemplo prático, digamos que você queira criar uma EAP para o projeto de implementação de CRM na Fictional Corp.:

"Estamos trabalhando no projeto de implementação de CRM e precisamos dividir nossas tarefas usando uma estrutura analítica do projeto. Você pode ajudar nisso?"

Claro! Com base no termo de abertura do projeto que você forneceu e nas tarefas típicas envolvidas em um projeto de implementação de CRM, aqui está uma EAP de alto nível para sua avaliação:

Seleção de sistema de CRM

1.1 Identificação de requisitos

1.2 Pesquisa de sistemas disponíveis

1.3 Avaliação e seleção de sistema

Customização e integração do sistema de CRM

2.1 Definição de requisitos para customização

2.2 Desenvolvimento de recursos customizados

2.3 Integração com os sistemas existentes

Treinamento de funcionários

3.1 Desenvolvimento de material de treinamento

3.2 Realização de sessões de treinamento

3.3 Avaliação da eficácia do treinamento

Implantação do sistema de CRM

4.1 Elaboração do plano de implantação

4.2 Execução do plano de implantação

4.3 Confirmação do funcionamento do sistema

O ChatGPT forneceu um bom ponto de partida. Observe que essa é uma estrutura de alto nível, e cada item pode ser dividido de acordo com a necessidade. Vamos fazer o ChatGPT dividi-lo em mais pacotes de trabalho:

"Obrigada! Você pode, por favor, decompor isso em mais pacotes de trabalho?"

Certamente, vamos dividir as tarefas:

1. Seleção do sistema de CRM

    1.1 Identificação de requisitos

    1.1.1 Reunião das informações fornecidas pelas partes interessadas

    1.1.2 Consolidação e priorização de requisitos

    1.1.3 Finalização do documento de requisitos

    1.2 Pesquisa de sistemas disponíveis

    1.2.1 Realização de pesquisas de mercado

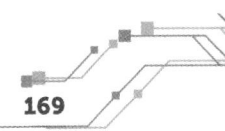

1.2.2 Listagem de potenciais sistemas de CRM

1.2.3 Organização da apresentação de fornecedores

1.3 Avaliação e seleção de sistema

1.3.1 Definição de critérios de avaliação

1.3.2 Classificação dos sistemas em relação aos critérios

1.3.3 Seleção do sistema ideal

2. Customização e integração do sistema de CRM

2.1 Definição de requisitos para customização

2.1.1 Análise da lacuna entre o sistema escolhido e as necessidades do negócio

2.1.2 Definição dos recursos customizados necessários

2.1.3 Requisitos de customização de documentos

2.2 Desenvolvimento de recursos customizados

2.2.1 *Design* de recursos customizados

2.2.2 Desenvolvimento de recursos customizados

2.2.3 Teste de recursos customizados

3. Implantação do sistema de CRM

3.1 Verificações de pré-implantação

3.1.1 Realização de testes de aceitação do usuário

3.1.2 Realização de *backup* do sistema

3.1.3 Elaboração do plano de implantação

3.2 Implantação do sistema

3.2.1 Instalação do sistema de CRM em ambiente de produção

3.2.2 Migração de dados para o novo sistema

3.2.3 Realização de testes pós-implantação

{Resposta cortada por brevidade e relevância.}

Isso garante um plano mais detalhado para os pacotes de trabalho restantes. A granularidade pode variar conforme o projeto, as políticas e os procedimentos específicos da sua organização. Usar uma IA, como o ChatGPT, para detalhar as tarefas não apenas ajuda na criação de uma EAP, mas também leva a equipe do projeto a considerar todas as etapas necessárias e os possíveis desafios à frente. Assim, a IA auxilia na identificação de tarefas e no planejamento mais abrangente do projeto.

Criando a EAP em forma de árvore hierárquica com IA

A IA já criou a sua EAP de projeto de implementação de CRM em um formato de estrutura de tópicos ou lista. Com o poder da IA, você pode ter essas informações representadas de várias maneiras. Vamos ver em forma de árvore:

> *"Você pode formatar a EAP em um formato de árvore ou hierarquia usando* plug-ins? *Vamos começar com a seleção do sistema de CRM."*

O ChatGPT produzirá o gráfico, que é muito amplo para ser mostrado aqui.

A **Figura 5.3** mostra a estrutura com detalhes que seriam legíveis se tivéssemos mais espaço neste livro para mostrá-la maior.

Lembre-se, conversar e trabalhar com IA é um processo incremental e iterativo. Embora ela tenha criado uma boa primeira passagem, ainda não tem tudo o que você precisa. Por exemplo, está faltando a numeração da EAP. Você pode pedir ao ChatGPT para corrigir isso usando o *prompt*: "Estão faltando os códigos da EAP no diagrama de hierarquia. Você pode, por favor, recriá-la para incluir os códigos?" O ChatGPT produziria então o diagrama atualizado.

Em seguida, você pode pedir à IA para gerar o restante da EAP: "Você pode, por favor, prosseguir com a geração do restante da EAP? Continue usando os códigos da EAP." A resposta apresentará diagramas para cada seção da EAP. Por uma questão de brevidade, não vamos reproduzi-los aqui.

> **GUIA TÉCNICO** Veja detalhes sobre o *plug-in* ChatGPT no Guia Técnico 5.3, usado para gerar diagramas como a EAP em forma de árvore.

Criando a EAP em formato tabular com IA

A árvore hierárquica é excelente para entender o detalhamento das tarefas e suas relações. No entanto, também pode ser útil visualizar a EAP em um formato tabular. Esse formato pode fornecer uma visão mais direta e rápida dos pacotes de trabalho, sua hierarquia e os códigos da EAP.

FIGURA 5.3 EAP criada pelo ChatGPT para seleção do sistema de CRM.

OBSERVAÇÃO As equipes com pequenos projetos vão preferir a estrutura tabular.

Solicitaremos ao ChatGPT para usar o resultado da conversa anterior e transformar a árvore hierárquica em um formato tabular. Isso pode economizar tempo e garantir consistência.

"Criamos uma árvore hierárquica para nossa EAP. Agora, gostaríamos de ver isso em um formato tabular. Você pode nos ajudar?"

Aqui está a EAP para o projeto de implementação de CRM na Fictional Corp. em um formato tabular:

CÓDIGO DA EAP	NOME DA TAREFA
1	Seleção do sistema de CRM
1.1	Identificação de requisitos
1.1.1	Reunião das informações fornecidas pelas partes interessadas
1.1.2	Consolidação e priorização de requisitos
1.1.3	Finalização do documento com os requisitos
1.2	Pesquisa de sistemas disponíveis
1.2.1	Realização de pesquisas de mercado
1.2.2	Listagem de potenciais sistemas de CRM
1.2.3	Organização das apresentações dos fornecedores
1.3	Avaliação e seleção do sistema
1.3.1	Definição de critérios de avaliação
1.3.2	Classificação dos sistemas em relação aos critérios
1.3.3	Seleção do sistema ideal
...	...

{Tabela truncada por brevidade e relevância.}

O formato tabular da EAP fornece uma visão clara das tarefas e de sua estrutura hierárquica. Sua equipe pode verificar a exatidão da EAP e editar a tabela, se necessário.

Lembre-se, uma EAP não é um plano de projeto ou cronograma de projeto, e não está listada em ordem cronológica. É uma ferramenta que delineia o escopo do projeto em partes gerenciáveis para que você e sua equipe possam entender melhor as tarefas envolvidas.

Criando um cronograma a partir da EAP usando IA

Um cronograma de projeto inclui datas de início e término para as atividades, marcos e entregas do projeto. É uma representação visual da linha do tempo do projeto, descrevendo quando e em que sequência os pacotes de trabalho (conforme identificados na EAP) precisam ser concluídos. Ele também identifica as dependências entre as tarefas e os recursos atribuídos a cada uma.

O cronograma do projeto é uma ferramenta crítica para os gerentes de projetos, pois ajuda a:

- Acompanhar o progresso e o desempenho em relação aos cronogramas planejados.
- Identificar tarefas críticas que possam afetar a data de conclusão do seu projeto.
- Comunicar o plano do projeto e o progresso às partes interessadas.

A criação de um cronograma de projeto envolve várias etapas:

1. **Listar atividades:** identificar todas as atividades específicas necessárias para entregar o projeto. A EAP serve como fonte primária para essa lista.
2. **Estimar a duração da atividade:** a duração de cada atividade é estimada com base em fatores como complexidade da tarefa, recursos atribuídos e dados históricos de projetos semelhantes.
3. **Identificar dependências:** as dependências entre as tarefas são identificadas. Algumas tarefas não podem ser iniciadas até que outras sejam concluídas, enquanto outras podem ser feitas em paralelo.
4. **Atribuir recursos:** os recursos (humanos e materiais) são atribuídos a cada tarefa com base em sua disponibilidade e nos requisitos da tarefa.
5. **Criar o cronograma:** um cronograma visual é criado, muitas vezes com o uso de *software* de gerenciamento de projetos, exibindo a sequência e a duração das tarefas.

Criar um cronograma de projeto manualmente pode ser demorado, mas a IA agiliza significativamente esse processo.

Usando IA para criar um cronograma de projeto

Vamos ver um exemplo. Suponha que você queira criar um cronograma para o projeto de implementação de CRM na Fictional Corp. Você pode interagir com o ChatGPT da seguinte maneira:

> *"Criamos uma EAP para o nosso projeto de implementação de CRM. Agora, gostaríamos de criar um cronograma de projeto. Você pode nos ajudar?"*

> Com base na EAP e nas durações e dependências típicas envolvidas em um projeto de implementação de CRM, aqui está um rascunho do cronograma do projeto:

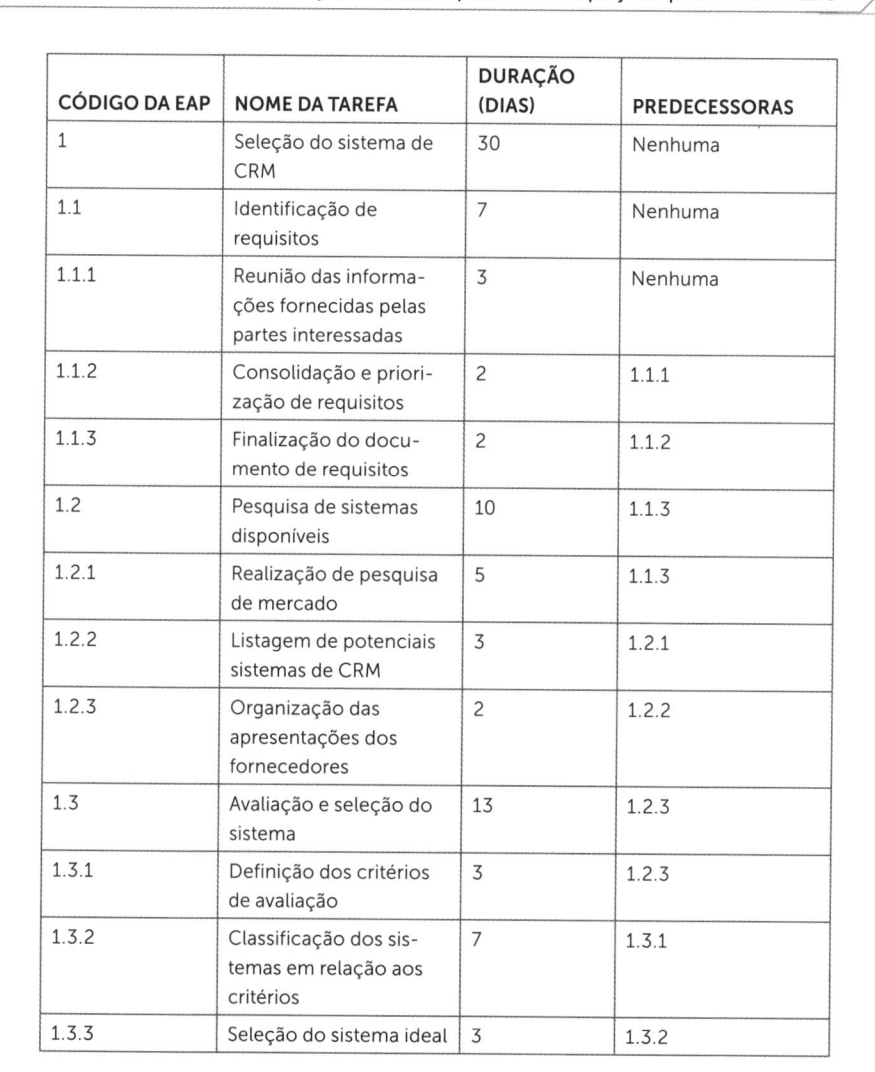

Capítulo 5: Planejamento com apoio da IA em projetos preditivos

CÓDIGO DA EAP	NOME DA TAREFA	DURAÇÃO (DIAS)	PREDECESSORAS
1	Seleção do sistema de CRM	30	Nenhuma
1.1	Identificação de requisitos	7	Nenhuma
1.1.1	Reunião das informações fornecidas pelas partes interessadas	3	Nenhuma
1.1.2	Consolidação e priorização de requisitos	2	1.1.1
1.1.3	Finalização do documento de requisitos	2	1.1.2
1.2	Pesquisa de sistemas disponíveis	10	1.1.3
1.2.1	Realização de pesquisa de mercado	5	1.1.3
1.2.2	Listagem de potenciais sistemas de CRM	3	1.2.1
1.2.3	Organização das apresentações dos fornecedores	2	1.2.2
1.3	Avaliação e seleção do sistema	13	1.2.3
1.3.1	Definição dos critérios de avaliação	3	1.2.3
1.3.2	Classificação dos sistemas em relação aos critérios	7	1.3.1
1.3.3	Seleção do sistema ideal	3	1.3.2

{Tabela truncada por brevidade e relevância.}

Observe que a IA adicionou as colunas Duração e Predecessoras na tabela de EAPs sem que você as definisse em seu *prompt*. No entanto, observe também que as datas de início e fim não são especificadas, e os recursos também precisam ser atribuídos a essas tarefas e pacotes de trabalho. Vamos pedir ao ChatGPT para adicionar:

> *"Obrigado. Percebi que você não especificou as datas de início ou fim. Você pode, por favor, adicionar essas colunas à tabela? Suponha que o projeto comece em 1º de janeiro de 2025. Você também pode adicionar uma coluna chamada Nomes dos Recursos e atribuir recursos a ela?"*

CÓDIGO DA EAP	NOME DA TAREFA	DURAÇÃO (DIAS)	PREDECESSORAS	DATA DE INÍCIO	DATA FINAL	NOMES DOS RECURSOS
1	Seleção do sistema de CRM	30		01/01/2025	30/01/2025	Gerente do projeto, analista de negócios
1.1	Identificação de requisitos	7		01/01/2025	07/01/2025	Analista de negócios
1.1.1	Reunião das informações fornecidas pelas partes interessadas	2		01/01/2025	01/02/2025	Analista de negócios
1.1.2	Consolidação e priorização de requisitos	3	1.1.1	01/03/2025	01/05/2025	Analista de negócios
1.1.3	Finalização do documento de requisitos	2	1.1.2	01/06/2025	01/07/2025	Analista de negócios

{Tabela truncada por brevidade e relevância.}

Como gerente de projetos, ao criar um cronograma, você deve levar em consideração os prazos, os principais eventos e outros marcos. Esses elementos são pontos de verificação significativos, ajudam a acompanhar o progresso e garantem que o projeto caminhe na direção dos seus objetivos no tempo correto.

Marcos são eventos significativos no cronograma do seu projeto, muitas vezes ditados pelos patrocinadores. Exemplos comuns de marcos são o início e o fim de uma fase do projeto, a data de conclusão de uma entrega ou um ponto de decisão de agendamento.

Uma característica fundamental dos marcos é que eles têm uma duração de zero. Em outras palavras, os marcos representam um ponto no tempo e não consomem recurso algum. Em muitos sistemas de gerenciamento de projetos, como o Microsoft Project, os marcos são representados por diamantes.

No seu estudo de caso de implementação de CRM, nem você nem o ChatGPT especificaram algum marco. Vamos pedir ao ChatGPT para ajudá-lo a identificar alguns marcos potenciais para o seu projeto – um processo simples.

"Estamos criando um cronograma de projeto para o nosso projeto de implementação de CRM. Percebemos que ainda não identificamos marco algum. Você pode nos ajudar?"

Capítulo 5: Planejamento com apoio da IA em projetos preditivos

Em um projeto de implementação de CRM, alguns marcos podem ser:

Marco: conclusão da seleção do sistema de CRM

Marco: customização do sistema de CRM e conclusão da integração

Marco: implantação do sistema de CRM

Marco: conclusão do projeto

Esses marcos representam eventos significativos no projeto e podem servir como pontos de verificação para garantir que ele esteja no caminho certo.

"Ótimo, você pode adicionar esses marcos recém-identificados à tabela? Atualize também qualquer marco ou dependência de tarefas."

ID DA TAREFA	NÍVEL DA EAP	NOME DA TAREFA	DURAÇÃO (DIAS)	DATA DE INÍCIO	DATA FINAL	PREDECESSORAS	NOMES DOS RECURSOS
...	...	...	...	...	...	...	...
1.2.2	3	Listagem dos potenciais sistemas de CRM	5	20 de janeiro de 2025	24 de janeiro de 2025	1.2.1	Gerente do projeto, equipe de TI
1.2.3	3	Organizar apresentações de fornecedores	5	25 de janeiro de 2025	29 de janeiro de 2025	1.2.2	Gerente do projeto, equipe de TI
1.3	2	Avaliação e seleção do sistema	15	30 de janeiro de 2025	13 de fevereiro de 2025	1.2.3	Gerente do projeto, equipe de TI
1.3.1	3	Definição dos critérios de avaliação	5	30 de janeiro de 2025	3 de fevereiro de 2025	1.2.3	Gerente do projeto, equipe de TI
1.3.2	3	Avaliação dos sistemas em relação aos critérios	5	4 de fevereiro de 2025	8 de fevereiro de 2025	1.3.1	Gerente do projeto, equipe de TI
1.3.3	3	Seleção do sistema ideal	5	9 de fevereiro de 2025	13 de fevereiro de 2025	1.3.2	Gerente do projeto, equipe de TI
M1	–	Marco: conclusão da seleção do sistema de CRM	0	14 de fevereiro de 2025	14 de fevereiro de 2025	1.3.3	

{Tabela truncada por brevidade e relevância.}

Observe a inclusão do marco conclusão da seleção do sistema de CRM. O ChatGPT adicionou-o corretamente ao agendamento e anotou-o com uma duração de 0 dias.

> **DICA** Certifique-se de validar tarefas e marcos – versões anteriores do ChatGPT não conseguiam mostrar marcos e durações corretamente.

Por fim, como gerente de projetos, você deve considerar dependências externas, prazos específicos ou outros fatores contextuais que a IA pode não conhecer. Isso pode incluir prazos contratuais, reuniões de equipe, coordenação com outras equipes de projeto ou marcos importantes, como marcos de *marketing*. Agora você tem um cronograma de projeto!

> **GUIA TÉCNICO** No Guia Técnico 5.3, você aprenderá como converter essa tabela em um formato compatível com o Microsoft Project File.

Estimativa e orçamento de custos aprimorados por IA

No gerenciamento de projetos, a estimativa de custos e o orçamento têm um papel crítico na determinação da viabilidade, do escopo e do sucesso potencial do empreendimento. Ao conhecer os custos associados a um projeto, você pode planejar, alocar recursos, gerenciar expectativas e evitar gastos excessivos. Nesta seção, vamos nos aprofundar em duas abordagens fundamentais para a estimativa de custos, de cima para baixo e de baixo para cima, e demonstrar como um modelo de IA como o ChatGPT pode ajudar nesses processos.

Estimativa de cima para baixo

A estimativa de cima para baixo (*top-down*) permite que você crie uma visão de alto nível do seu orçamento com base no custo total de projetos anteriores semelhantes. Digamos que, para o projeto de implementação de CRM na Fictional Corp., você tenha dados históricos que sugerem que projetos desse tipo custam cerca de $ 700.000. Como já temos uma EAP, você poderia apresentar esse cenário para o ChatGPT e perguntar:

> *"Com base em dados históricos de projetos semelhantes, nosso projeto deve custar cerca de $ 700.000. Como podemos distribuir esse custo entre as diferentes tarefas descritas em nossa EAP?"*

Dado o orçamento histórico de $ 700.000, os custos podem ser distribuídos com base na complexidade e duração de cada tarefa, bem como nos recursos necessários. Por exemplo, se a seleção do sistema de CRM representar cerca de 20% do trabalho do projeto, ela poderá receber $ 140.000 do orçamento. Poderíamos continuar esse processo para cada tarefa, garantindo que o orçamento total alocado esteja alinhado com o custo estimado do projeto.

Uma estimativa de cima para baixo é a escolha habitual para ter um orçamento aproximado rápido. Essa estimativa se baseia em projetos de tamanhos similares, sem exigir muito tempo para determinar outras implicações do projeto. Estimativas de cima para baixo são mais usadas nos estágios iniciais de um projeto.

Estimativa de baixo para cima

Em contraste com a abordagem de cima para baixo, a estimativa de baixo para cima (*bottom-up*) começa com as menores tarefas ou pacotes do projeto e as agrega em uma estimativa geral. Esse método é mais granular e preciso, fazendo uso da EAP e do cronograma do projeto criados pela IA.

Por exemplo, no projeto de implementação de CRM, vamos examinar a tarefa de identificação de requisitos, na categoria de seleção do sistema de CRM. Aqui, o gerente de projetos é responsável pela tarefa, que tem duração de 10 dias. Considerando a taxa média diária, você pode estimar o custo dessa tarefa.

Esse processo pode ser simplificado com IA. O ChatGPT, por exemplo, pode gerar uma estimativa de custos a partir de uma lista detalhada de tarefas com recursos associados e respectivos custos. Por ter sido treinado com uma diversidade de textos, inclusive sobre gestão de projetos, o ChatGPT pode lidar com essa tarefa de forma eficiente, poupando tempo e reduzindo o risco de erro humano.

À medida que avança na estimativa de baixo para cima, você pode adicionar uma coluna de custo ao cronograma e plano do projeto. Isso permitirá vislumbrar os custos associados a tarefas individuais. Nesse caso, o custo é calculado com base em recursos atribuídos, índices e duração da tarefa.

> *"Considerando os dados históricos do projeto, os custos de nossos recursos e a duração das tarefas, adicione uma coluna de custo ao nosso cronograma e plano do projeto."*

Claro, aqui está o cronograma e o plano atualizados com uma coluna de custo:

ID DA TAREFA	NÍVEL DA EAP	NOME DA TAREFA	DURAÇÃO (DIAS)	DATA DE INÍCIO	DATA FINAL	PREDECESSORAS	NOMES DOS RECURSOS	CUSTO
...	...	...	...	...	...	...	...	...
1	1	Seleção do sistema de CRM	44	1º de janeiro de 2025	13 de fevereiro de 2025		Gerente do projeto, equipe de TI, partes interessadas	$ 180.000
1.1	2	Identificação de requisitos	14	1º de janeiro de 2025	14 de janeiro de 2025		Gerente do projeto, equipe de TI, partes interessadas	$ 56.000
1.1.1	3	Reunião das informações fornecidas pelas partes interessadas	7	1º de janeiro de 2025	7 de janeiro de 2025		Gerente do projeto, partes interessadas	$ 14.000
1.1.2	3	Consolidação e priorização de requisitos	7	8 de janeiro de 2025	14 de janeiro de 2025	1.1.1	Gerente do projeto, equipe de TI	$ 28.000
1.2	2	Pesquisa de sistemas disponíveis	15	15 de janeiro de 2025	29 de janeiro de 2025	1.1.2	Gerente do projeto, equipe de TI	$ 45.000
1.2.1	3	Realização de pesquisa de mercado	5	15 de janeiro de 2025	19 de janeiro de 2025	1.1.2	Gerente do projeto, equipe de TI	$ 15.000
1.2.2	3	Listagem dos potenciais sistemas de CRM	5	20 de janeiro de 2025	24 de janeiro de 2025	1.2.1	Gerente do projeto, equipe de TI	$15,000
1.2.3	3	Organização das apresentações de fornecedores	5	25 de janeiro de 2025	29 de janeiro de 2025	1.2.2	Gerente do projeto, equipe de TI	$15,000
1.3	2	Avaliação e seleção do sistema	15	30 de janeiro de 2025	13 de fevereiro de 2025	1.2.3	Gerente do projeto, equipe de TI	$45,000

continua

Capítulo 5: Planejamento com apoio da IA em projetos preditivos   179

ID DA TAREFA	NÍVEL DA EAP	NOME DA TAREFA	DURAÇÃO (DIAS)	DATA DE INÍCIO	DATA FINAL	PREDECESSORAS	NOMES DOS RECURSOS	CUSTO
1.3.1	3	Definição dos critérios de avaliação	5	30 de janeiro de 2025	3 de fevereiro de 2025	1.2.3	Gerente do projeto, equipe de TI	$15,000
1.3.2	3	Avaliação dos sistemas em relação aos critérios	5	4 de fevereiro de 2025	8 de fevereiro de 2025	1.3.1	Gerente do projeto, equipe de TI	$15,000
1.3.3	3	Seleção do sistema ideal	5	9 de fevereiro de 2025	13 de fevereiro de 2025	1.3.2	Gerente do projeto, equipe de TI	$15,000
M1	–	Marco: conclusão da seleção do sistema de CRM	0	14 de fevereiro de 2025	14 de fevereiro de 2025	1.3.3		$0

{Tabela truncada por brevidade e relevância.}

Uma das principais vantagens de usar uma EAP é sua capacidade de acumular e decompor custos. Isso significa que, se você quiser ver o custo total de um fluxo de trabalho inteiro ou de uma tarefa de nível superior, basta acumular os custos individuais da tarefa para ver esse subtotal. Esse recurso fornece uma visão abrangente dos custos do seu projeto, desde as menores tarefas até os fluxos de trabalho maiores. Ele permite que você gerencie seus custos de forma eficaz e tome decisões informadas ao longo do ciclo de vida do projeto.

A estimativa de baixo para cima produz estimativas sólidas e pode garantir que o projeto permaneça no caminho certo e dentro do orçamento.

Orçamento do projeto

O orçamento do projeto é o processo de alocação de recursos monetários para os seus diferentes componentes. É importante liberar fundos com base em um cronograma de calendário em tempo hábil, para que o projeto cumpra seus objetivos dentro dos parâmetros financeiros acordados.

O orçamento está diretamente ligado à EAP do projeto e ao cronograma, indicando quando as despesas ocorrerão. Isso é chamado de linha de base de custo, ou orçamento em fases.

O custo total do projeto é frequentemente dividido em custos diretos (atribuíveis às atividades do projeto, como salários dos membros da equipe, custos de materiais ou serviços) e custos indiretos (que suportam as atividades do projeto, como custos gerais ou custos administrativos). Dado o nível de complexidade, pode valer a pena usar a IA para identificar essas categorias e os respectivos custos estimados como uma porcentagem do orçamento geral.

Os custos *diretos* podem incluir o licenciamento do *software*, o *hardware* necessário e a equipe do projeto. Como você já dividiu suas tarefas na EAP e criou um cronograma, pode vincular facilmente os custos diretos ao cronograma do projeto, gerando um orçamento dividido em fases. Por exemplo, a tarefa de implantação do sistema, que você estimou em cinco dias, pode ter um custo de mão de obra de $ 5.000 (assumindo um custo diário de $ 1.000 para sua equipe), um custo de *hardware* de $ 2.000 e custos adicionais (como eletricidade e internet) de $ 500.

Os custos *indiretos* podem incluir o gerenciamento de projetos, custos administrativos e de infraestrutura. São, muitas vezes, mais difíceis de atribuir a tarefas específicas, porque suportam várias ou todas as tarefas. Por exemplo, se você estimar o gerenciamento de projetos e as despesas administrativas em 10% dos custos diretos totais e seus custos diretos totalizarem $ 50.000, os custos indiretos seriam de $ 5.000.

A soma dos custos diretos e indiretos é o orçamento total do projeto. É importante notar que um orçamento bem planejado também deve incluir uma reserva de contingência – um valor destinado a cobrir custos inesperados ou excessos.

Dado um orçamento, os sistemas de IA podem dividi-lo conforme mostra o *prompt*.

"Crie um detalhamento do orçamento do projeto com base nos dados fornecidos."

Custos com pessoal: $ 315.000 (45% do orçamento)

- Gerente do projeto: $ 45.000
- Analistas de negócios: $ 60.000
- Desenvolvedores de *software*: $ 90.000
- Engenheiros de garantia de qualidade: $ 60.000
- *Designers* de UX/UI: $ 30.000
- Engenheiros de sistemas: $ 30.000

Como nem todos os fundos são necessários imediatamente, pode ser útil obter alguns *insights* sobre a liberação de fundos. Dado um orçamento de $ 700.000, a IA pode recomendar uma liberação de fundos em fases, como mostrado aqui, com base em seu entendimento histórico da distribuição de fundos dos projetos:

Aqui está um exemplo de alocação mensal:

Mês 1 – Planejamento e inicialização: 30% do orçamento – $ 210.000

Capítulo 5: Planejamento com apoio da IA em projetos preditivos

Essa fase exigirá envolvimento pesado de pessoal em estratégia e planejamento, além da configuração de equipamentos e *software*.

Mês 2 – Execução e monitoramento: 50% do orçamento – $ 350.000

Essa é normalmente a fase mais intensiva em recursos. Ou seja, uma parcela maior do orçamento é alocada aqui. Isso inclui grande envolvimento de todos os membros da equipe e o uso de todos os recursos planejados.

Mês 3 – Fechamento e relatórios: 20% do orçamento – $ 140.000

O orçamento restante é usado para finalizar o projeto, seus relatórios, pagar despesas restantes e lidar com pontas soltas. O fundo de contingência também está totalmente disponível nesse momento, caso seja necessário.

A IA pode ajudar no cálculo desses custos, na configuração do orçamento em fases e até na análise de vários cenários orçamentários. Por exemplo, ela pode ajudar a responder a perguntas como estas:

"Qual seria o impacto em nosso orçamento se a tarefa de implantação do sistema levasse sete dias em vez de cinco?"

"Quanto economizaríamos se conseguíssemos negociar um desconto de 10% em nossos custos de hardware?"

Lembre-se, o orçamento do projeto é uma ferramenta vital para o controle de custos do projeto. Ao comparar o custo orçado do trabalho com o custo do trabalho realizado, você pode identificar as variações antecipadamente e tomar medidas corretivas, se necessário. Esse método, conhecido como gerenciamento de valor agregado (EVM, do inglês *earned value management*), é outro aspecto essencial do gerenciamento de custos do projeto. Esse método será abordado no Capítulo 7, "Monitoramento do desempenho do trabalho do projeto com IA".

Para o nosso projeto de implementação de CRM, vamos supor que o custo estimado seja de $ 700.000.

"Temos estimativas de custo que totalizam $ 700.000. Você poderia nos ajudar a criar um plano para monitorar os gastos do projeto em relação a esse orçamento?"

Monitorar os gastos do seu projeto em relação ao orçamento é crucial para manter o controle financeiro. Sugiro a criação de um sistema que rastreie os custos à medida que ocorrem, em tempo real, categorizados por tarefa. Ao comparar essas despesas em tempo real com suas estimativas iniciais, você poderá identificar variações e ajustá-las rapidamente. Por exemplo, se a tarefa de identificação de requisitos foi orçada em $ 5.000, mas já custou $ 6.000, essa discrepância deve ser observada e abordada.

Ao utilizar produtos de IA como o ChatGPT na estimativa de custos e no orçamento, você pode prever e controlar os custos do projeto de forma mais eficaz, contribuindo para o seu sucesso.

Ética e responsabilidade profissional

Navegar no cenário do uso da IA no planejamento de projetos exige cuidados com privacidade de dados, além de transparência, inclusão e supervisão humana. Aqui estão algumas considerações importantes no uso de IA no planejamento do projeto:

Criação do business case: a IA pode prever os resultados do projeto com base em projetos do passado. É importante explicar como as previsões são feitas, garantir que os dados sejam isentos de qualquer viés e não confiar demais na IA, incorporando o julgamento humano nas decisões finais.

Criação do termo de abertura do projeto: a IA pode facilitar a criação do termo de abertura, analisando as necessidades das partes interessadas e o propósito do projeto. Informações confidenciais podem estar envolvidas nesse processo. É fundamental manter a privacidade dos dados e garantir que o modelo de IA não viole a confidencialidade.

Criação do escopo: ao definir o escopo do projeto, os modelos de IA podem fornecer *insights* sobre qualquer desvio a partir de dados históricos. Certifique-se de que os dados não sejam tendenciosos e incorpore a compreensão humana em aspectos singulares do projeto.

EAP e cronograma: a IA ajuda a elaborar a EAP e o cronograma inicial. No entanto, a equipe deve refinar esses rascunhos, equilibrando os *insights* baseados em dados da IA com a experiência humana. Considerações éticas, como distribuição justa do trabalho e reconhecimento da contribuição da equipe, são primordiais.

Estimativa e orçamento de custos: a IA auxilia nas previsões de custos. No entanto, é vital ser transparente sobre os métodos da IA e lembrar que eventos imprevistos podem afetar os custos. Combine as previsões da IA com *insights* humanos e de mercado.

Em resumo, à medida que ferramentas de IA como o ChatGPT se tornam parte do planejamento do projeto, o objetivo deve ser complementar, e não substituir, a experiência humana. Essa abordagem garante o uso ético e responsável da IA no gerenciamento de projetos.

Pontos-chave a serem relembrados

Neste capítulo, discutimos como o planejamento é incremental e iterativo. Ao montar a EAP, o cronograma ou a estimativa de custos, cada etapa é construída sobre a anterior, independentemente de você usar métodos tradicionais ou IA. Ao usar a IA, é importante revisitar e refinar as saídas da IA à medida que mais informações se tornem disponíveis e o projeto avance.

- **Criação de *business case*:** a IA pode auxiliar na análise da viabilidade de um projeto. Ela pode ajudar a coletar e processar dados relevantes, como tendências de mercado, projeções financeiras e avaliações de risco.

- **Termo de abertura do projeto:** a IA pode ajudar a redigir o termo de abertura inicial com base nos objetivos do projeto, nas principais partes interessadas e nas metas gerais. Esse termo deve ser revisado e aprovado pelos patrocinadores e pelas partes interessadas do projeto.

- **Definição do escopo do projeto:** a IA pode gerar uma declaração de escopo com base nos detalhes do projeto, mas a equipe do projeto deve revisá-la e refiná-la.

- **Estrutura analítica do projeto (EAP):** a IA pode criar um rascunho inicial da EAP, mas isso deve ser refinado com informações da equipe familiarizada com o trabalho real envolvido no projeto.

- **Cronograma do projeto:** a IA pode auxiliar na geração de cronogramas de projetos com base em dependências e estimativas de tempo. Mais uma vez, essa etapa deve contar com supervisão humana para garantir praticidade e realismo.

- **Estimativa de custos e orçamento:** a IA pode facilitar as metodologias de estimativa de cima para baixo e de baixo para cima. No entanto, os detalhes de custos devem ser revisados por especialistas humanos para garantir precisão e razoabilidade.

Guia técnico

5.1 *Prompt* multimodal com o Google Bard usando imagens

O Google Bard pode interpretar imagens em *prompts* e gerar comentários baseados em texto sobre o conteúdo da imagem. A partir daí, pode extrair requisitos para as partes interessadas e para a equipe de construção com base em uma imagem dos recursos encontrados em um produto.

Nesse contexto, o Bard é útil na:

- Identificação de recursos na imagem.
- Descrição de recursos em detalhes.
- Explicação do funcionamento dos recursos.
- Identificação de dependências entre recursos.
- Identificação de potenciais problemas com os recursos.

Os requisitos extraídos da imagem podem ser adicionados à documentação de requisitos para a equipe de construção.

Aqui estão alguns exemplos de imagens que podem conter recursos:

- Uma imagem de um novo recurso do produto.
- Uma imagem de um *design* de interface do usuário.
- Uma imagem de um *wireframe*.
- Uma imagem de um protótipo.

Como anexar uma imagem usando o Google Bard

1. Acesse o Google Bard em **bard.google.com**.
2. Na caixa de texto, digite seu *prompt*.
3. Clique no ícone + ao lado da caixa de texto.
4. Selecione **Upload File** (**Figura 5.4**).
5. Escolha a imagem que deseja usar do seu computador.
6. Clique em **Open**.

FIGURA 5.4 Arquivo de *upload* do Google Bard.

7. O Bard interpretará os detalhes da imagem com base em sua compreensão do *prompt* e das formas da imagem.
8. O Bard gerará uma resposta com base na imagem e no *prompt*. (Se desejado, a IA pode até produzir código a partir de uma imagem.)

5.2 Como criar um diagrama de EAP com *plug-ins* do ChatGPT

Você pode usar o ChatGPT Plus para criar uma EAP em forma de árvore de hierarquia:

1. Abra uma nova conversa com o ChatGPT.
2. Selecione **GPT-4** e selecione **Plug-ins** (**Figura 5.5**).
3. Selecione um *plug-in* que permita a criação de diagramas, como Show Me Diagrams (**Figura 5.6**). A lista de *plug-ins* do ChatGPT está crescendo diariamente, e existem muitos *plug-ins* que podem gerar diagramas.

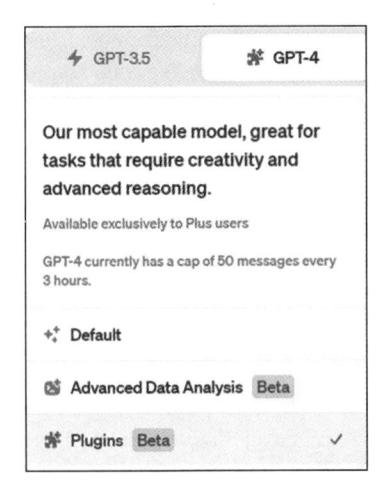

FIGURA 5.5 *Plug-ins* do ChatGPT.

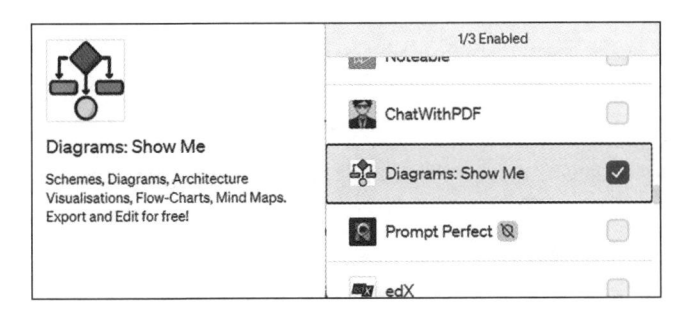

FIGURA 5.6 *Plug-in* Show Me Diagrams do ChatGPT.

4. Solicite ao ChatGPT que crie uma EAP em forma de lista – por exemplo, "Crie uma EAP para um projeto de remodelação residencial em forma de lista".

5. Depois que o ChatGPT criar a EAP, solicite que ele crie um diagrama em árvore da sua EAP: "Mostre essa EAP em forma de árvore usando o *plug-in* Show Me Diagrams".

6. O *plug-in* levará alguns segundos para gerar uma representação visual da sua EAP.

7. Uma vez que o diagrama é gerado, você pode baixá-lo como um arquivo de imagem ou compartilhá-lo diretamente da plataforma ChatGPT Plus.

5.3 Como criar um plano de projeto e um diagrama de Gantt usando o ChatGPT e a extensão Project Plan 365 do navegador

Uma extensão do navegador chamada Project Plan 365 integra-se ao ChatGPT para criar planos de projeto que podem ser abertos usando o Microsoft Project ou o Project Plan 365. Essa extensão permite que os usuários criem rapidamente um plano de projeto usando o ChatGPT. Esse plano pode ser aberto *on-line* com o Project Plan 365 ou baixado como um arquivo MPP.

Como instalar a extensão:

1. Abra o navegador Chrome ou Edge.

2. Acesse a Chrome Web Store ou a loja do Microsoft Edge.

3. Procure pelo **Project Plan 365 Assistant**.

4. Clique em **Usar no Chrome** ou em **Obter** para instalar a extensão.

5. Um *pop-up* aparecerá; clique em **Adicionar Extensão** para confirmar.

6. O ícone da extensão do Project Plan 365 Assistant agora aparecerá perto do canto superior direito da janela do navegador.

Como criar um plano de projeto

1. Com a extensão instalada, acesse **http://chat.openai.com**.

2. Na caixa de *chat*, digite uma solicitação, como "Criar um plano de projeto para uma reforma de cozinha", e pressione **Enter**.

3. Depois que o ChatGPT gerar o plano, clique no botão **Formatar Texto** no *pop-up* da extensão (**Figura 5.7**).

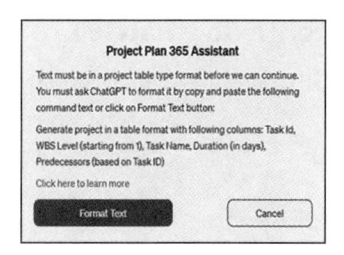

FIGURA 5.7 Caixa Formatar Texto do Project Plan 365 Assistant.

4. Isso transformará o plano em uma tabela. Revise a tabela e, para fazer qualquer edição no plano, digite novas instruções na caixa de bate-papo.
5. Quando estiver pronto, clique no botão **Abrir On-line** para abrir o plano no Project Plan 365, ou clique em **Baixar MPP** para baixá-lo (**Figura 5.8**).

Como editar o plano do projeto

1. Para adicionar uma tarefa, digite algo como **Adicione a tarefa "Reunião com o contratado" após a tarefa 5**.
2. Para alterar o nome de uma tarefa, digite **Altere o nome da tarefa 10 para "Instalação do gabinete"**.
3. Para adicionar uma data de início, digite **Adicione uma coluna Data de Início** e, em seguida, **Defina a data de início da tarefa 5 para 05/01/2025**.
4. Para atribuir recursos, digite **Adicione uma coluna Nome dos Recursos e atribua a John as tarefas 1 a 5**.
5. Para remover uma coluna, digite **Remova a coluna <nome da coluna>**.
6. Revise as alterações no *chat* e repita as etapas para continuar editando.

FIGURA 5.8 Abra o plano do projeto.

Como usar uma tabela EAP existente do ChatGPT

Se você já tem uma tabela EAP criada no ChatGPT, pode usar a extensão para abri-la ou baixá-la.

A tabela EAP deve ter no mínimo estas colunas:

- ID da tarefa
- Nível da EAP (deve estar em números inteiros, não decimais)
- Nome da tarefa
- Duração
- Predecessoras

Depois de ter a tabela da EAP gerada no ChatGPT:

- Quando estiver pronto, clique em **Abrir On-line** para abrir o plano diretamente no Project Plan 365 (Figura 5.9) ou clique em **Baixar MPP** para baixar o plano como um arquivo MPP para o seu computador.
- Se o nível da EAP não for um número inteiro, o ChatGPT pode não formatar os níveis corretamente. Nesse caso, edite o *chat* para converter o nível da EAP em um número inteiro antes de exportar.

Para obter detalhes adicionais sobre como usar essa extensão, visite o *site* de suporte do Project Plan 365: www.projectplan365.com/articles/project-plan-365-assistant-browser-extension.

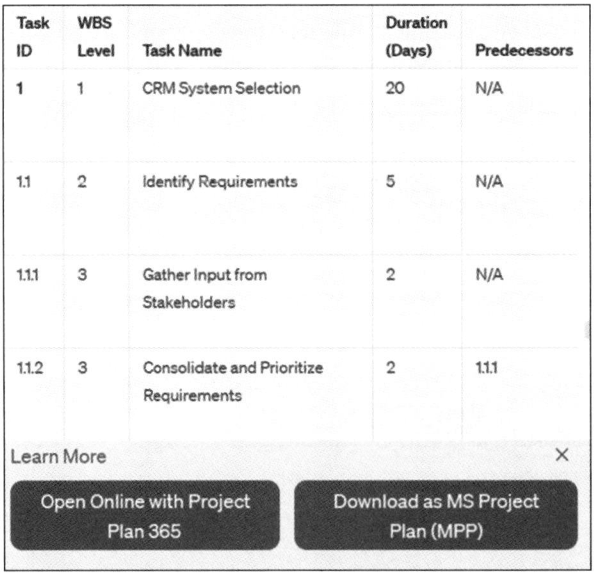

Task ID	WBS Level	Task Name	Duration (Days)	Predecessors
1	1	CRM System Selection	20	N/A
1.1	2	Identify Requirements	5	N/A
1.1.1	3	Gather Input from Stakeholders	2	N/A
1.1.2	3	Consolidate and Prioritize Requirements	2	1.1.1

Learn More

Open Online with Project Plan 365   Download as MS Project Plan (MPP)

FIGURA 5.9 Abrindo o plano do projeto a partir do ChatGPT.

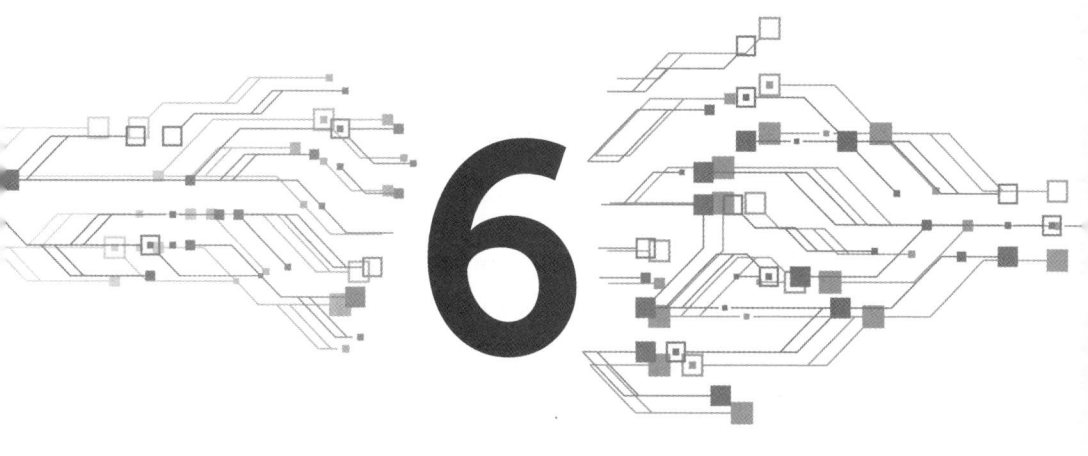

Projetos adaptativos e IA

Este capítulo explora a abordagem adaptativa, com foco no gerenciamento ágil de projetos. Usamos o Scrum, que é a estrutura adaptativa mais comum em projetos que contam com a inteligência artificial (IA) generativa no seu gerenciamento. O Scrum incentiva as equipes a trabalhar de forma iterativa e incremental em direção a um objetivo comum, facilitando o planejamento adaptativo, a entrega antecipada e a melhoria contínua. Com raízes na área de *software*, hoje o Scrum é usado em todas as indústrias e em muitas aplicações.

IA EM AÇÃO: TRANSFORMANDO A INDÚSTRIA DE VIAGENS

A indústria de viagens está à beira de uma grande transformação digital. A integração de IA generativa, como o ChatGPT da OpenAI e o Bard do Google, ao trabalho de agências de viagens *on-line* e *startups* promete revolucionar o setor.

Players do setor de viagens como Expedia, Booking.com e Kayak começaram cedo a investir em IA e aprendizado de máquina, porque as experiências *on-line* personalizadas são populares no planejamento de viagens. O surgimento do ChatGPT, em novembro de 2022, deu grande impulso a esse movimento.

PLUG-INS DO CHATGPT A OpenAI conta com *plug-ins* para o ChatGPT que proporcionam uma experiência aprimorada e mais imersiva.

A iniciativa de *plug-in* permite que as empresas treinem o ChatGPT com dados específicos do setor, oferecendo aos clientes as informações mais recentes e relevantes. Esse processo permite que os utilizadores solicitem ao ChatGPT recomendações de viagem e consultem facilmente as opções de reserva.

Vamos examinar uma implementação do ChatGPT da Expedia em seu aplicativo para iOS que integra IA conversacional e planejamento de viagens. Isso abre novas possibilidades no setor, eliminando a necessidade de os clientes passarem por processos manuais separados de pesquisa e reserva.

A primeira imagem mostra como ativar o ChatGPT no aplicativo Expedia e começar o planejamento de viagens para Toronto, no Canadá, com os clientes interagindo com o ChatGPT e recebendo recomendações. A **Figura 6.**1 ilustra como uma conversa é salva no planejador de viagens, que pode ser acessado em qualquer lugar,

Capítulo 6: Projetos adaptativos e IA   **191**

mesmo em um dispositivo separado, como um computador, para continuar o processo de reserva.

A **Figura 6.2** ilustra as possibilidades da conversa, neste caso sobre o clima em Toronto em determinada data. (Esses dados vêm do banco de dados histórico do ChatGPT.) As atividades recomendadas e as sugestões de hotéis com imagens e faixas de preço são salvas no planejador de viagens do cliente, permitindo que a pesquisa vá além de uma única sessão.

Os clientes podem revisitar e continuar conversas anteriores com o ChatGPT a qualquer momento, retomando suas atividades de planejamento de viagens exatamente de onde pararam. Eles podem então reservar hotéis ou pacotes turísticos. Essa integração facilita a pesquisa e a reserva das viagens, economizando tempo e esforço.

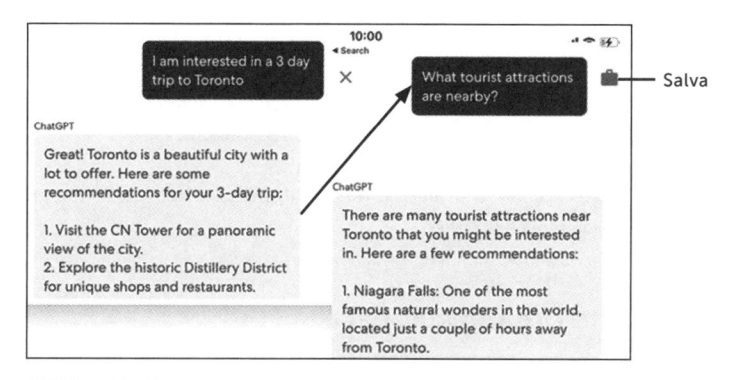

FIGURA 6.1 Viagem a Toronto e conversa salva.

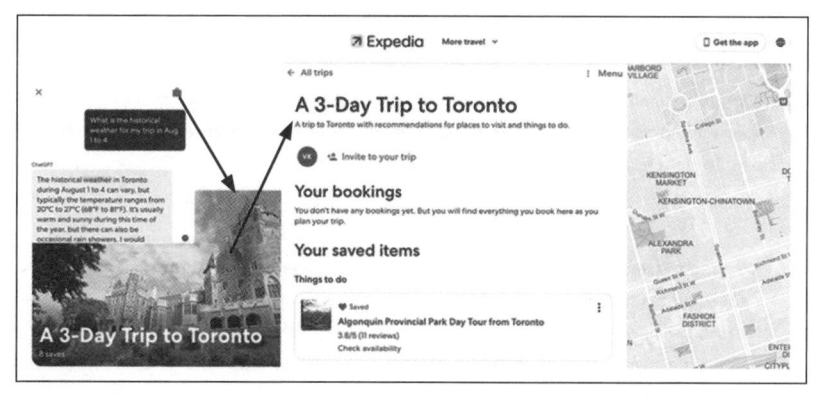

FIGURA 6.2 Integração do ChatGPT com o sistema da agência de viagens.

Aplicativos de IA como esse exigem uma abordagem adaptativa para concluir o projeto em tempo hábil. Os recursos mais valiosos são introduzidos em primeiro lugar, a partir de um *backlog* de requisitos.

Projetos adaptativos

O uso da abordagem adaptativa exige respostas afirmativas a perguntas-chave como: os requisitos não estão bem definidos? Eles evoluirão com descobertas? O *feedback* antecipado dos clientes será útil? Talvez a questão mais importante seja: a cultura organizacional permitirá uma abordagem única para o gerenciamento de projetos e se adaptará para garantir o sucesso?

Nenhum projeto é único, a possibilidade de desvios de escopo é sempre alta, e os melhores planos devem se curvar à mudança. Não é de surpreender que muitos profissionais e especialistas hoje sejam favoráveis à abordagem adaptativa, e agora você pode recorrer à IA para ajudar com os desafios dessa abordagem.

> **OBSERVAÇÃO** Neste capítulo, usaremos o termo "abordagem ágil" de forma intercambiável com "abordagem adaptativa".

Obtendo suporte organizacional

Para que os projetos adaptativos sejam bem-sucedidos, os gerentes de projetos ágeis sabem que três coisas são importantes: suporte da alta administração, envolvimento da equipe e disposição organizacional para ser ousado e experimentar novas práticas.

Vamos ver como o ChatGPT responde a esses problemas por meio de uma consulta:

> *"Planejo usar uma abordagem ágil para gerenciar meu próximo projeto; que orientação você pode me dar enquanto busco apoio da alta administração, inclusão e disposição para experimentar novas práticas?"*

Aqui está a resposta do ChatGPT:

- Suporte da alta administração: o ChatGPT pode ajudar na elaboração de apresentações concisas ou documentos que defendam a transformação ágil, incluindo princípios ágeis, benefícios e superação de possíveis desafios. Também pode ajudar a redigir atualizações para a gestão, mostrando o progresso e os benefícios da transformação.

- Envolvimento da equipe: o ChatGPT pode ajudar a criar comunicação para as equipes que explique a metodologia ágil e seus benefícios. Também pode sugerir maneiras de envolver todos no processo, como por meio de *workshops* ou sessões de treinamento que promovam princípios ágeis.
- Experimentação e *feedback*: o ChatGPT pode oferecer *insights* sobre práticas ágeis e sua implementação, sugerindo experimentos baseados em contexto. Também pode recomendar métodos eficazes para coletar e integrar *feedback*.

Estudo de caso: pioneirismo em um refúgio *fitness*

Nesta seção, apresentaremos um estudo de caso hipotético, da Caesar's Gym, envolvendo dois empreendedores, John e Mary, que pretendem fundar uma academia em sua comunidade depois que se aposentarem do trabalho na área financeira. Seu objetivo é oferecer atividades físicas para os moradores e obter uma renda razoável com cerca de 100 inscritos. Depois de alguma pesquisa, eles conseguem desenhar as principais etapas envolvidas na abertura do empreendimento. Entre elas estão formular um plano de negócios, encontrar um local adequado, obter certificação, fazer o seguro, comprar equipamentos e contratar funcionários. Claro, eles sabem que essa lista evoluirá com o tempo, mas começaram bem.

À medida que o projeto avança, eles precisarão investir em *marketing* para promover a academia e atrair membros. Essa etapa pode incluir construir um *site*, investir em *e-mail marketing*, enviar material promocional e oferecer descontos iniciais. Feito isso, poderão investir na grande inauguração. Esse marco essencial criará *buzz* e atrairá novos membros.

John e Mary participam de um curso de gerenciamento de projetos em uma universidade próxima, onde aprendem sobre abordagem preditiva no planejamento, na organização e no controle do projeto. Eles estão pensando em seguir essa linha. Eles conhecem o Guia do Scrum[1] e mergulham no livro de Jeff Sutherland, *Scrum: a arte de fazer o dobro do trabalho na metade do tempo*.[2] A estratégia do Scrum baseada em iteração e orientada por valor, bem como o potencial de redução de tempo e custo, atrai o seu interesse. Eles começam a entender:

- Funções do Scrum (Product Owner, Scrum Master, equipe de desenvolvimento).
- Eventos Scrum (planejamento, *stand-up* diário, revisão e retrospectiva).
- Artefatos do Scrum (*backlog* do produto, *backlog* do *sprint* e o incremento).

---

1 www.scrum.org/resources/scrum-guide.
2 Sutherland, J. (2019). *Scrum: a arte de fazer o dobro do trabalho na metade do tempo*. Editora Sextante.

Sua compreensão da estrutura Scrum, integrando o anterior, é ilustrada na **Figura 6.3**.

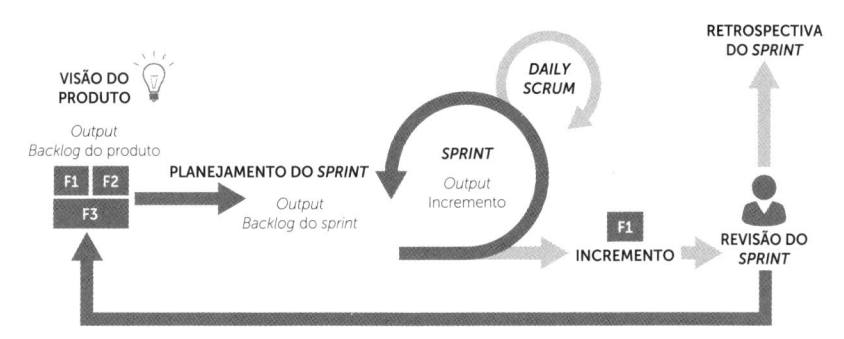

FIGURA 6.3 *Framework* do Scrum (vamos nos referir a esta figura ao longo desta seção).

No caso do projeto Caesar's Gym, a Figura 6.3 se traduziria nos seguintes conceitos Scrum:

- **Backlog do produto:** compreende os recursos e requisitos desejados para a academia.
- **Priorize o *backlog* do produto:** priorize com base nas necessidades do cliente, no custo, no tempo e nos objetivos estratégicos gerais. A aquisição de equipamentos para exercícios pode ser uma prioridade máxima (muito maior do que a implementação de um aplicativo de academia).
- **Iterações/*sprints*:** divida o *backlog* do produto em *sprints* pequenos e gerenciáveis, cada um com foco em uma pequena parte do produto maior – por exemplo, a configuração do espaço físico.
- **Revisão de *sprint*:** no final de cada *sprint*, revise, busque *feedback* e ajuste conforme necessário.
- **Retrospectiva:** reflita sobre o que pode ser melhorado para o próximo *sprint*.

Repita essas etapas por meio de iterações até que a academia esteja totalmente funcional e atenda ao desejado.

No contexto da gestão do projeto de construção da academia, o foco está na entrega antecipada de valor aos clientes. Isso significa que, mesmo que o incremento seja um produto minimamente viável, ele deve ser apresentado aos clientes o mais rápido possível.

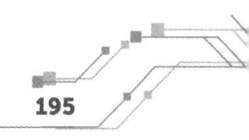

Mapeando conceitos preditivos com métodos ágeis

Mary está curiosa sobre como a abordagem adaptativa se compara à abordagem preditiva. Suas pesquisas usando os mecanismos habituais são frustrantes. Então, ela recorre ao ChatGPT:

> "Vou usar o *framework* Scrum para o meu projeto. Estou familiarizada com a abordagem preditiva. Você pode me apresentar os processos ou conceitos de abordagem adaptativa correspondentes, em um formato tabular?"

A resposta da IA vem na forma de uma tabela:

Nº	ABORDAGEM ADAPTATIVA	CONCEITOS DE ABORDAGEM PREDITIVA RELACIONADOS
1	Visão e objetivos do projeto	Desenvolver o termo de abertura do projeto
2	Criar um *backlog* do produto	Coletar requisitos
3	Planejamento do *sprint*	Planejar o escopo do gerenciamento, desenvolver plano do projeto
4	Desenvolvimento incremental	Gerenciar o cronograma, criar EAP, estimar a duração das atividades, identificar dependências, desenvolver e refinar o cronograma
5	Execução de *sprint*	Direcionar e gerenciar o trabalho do projeto, controlar escopo, cronograma, custos, qualidade e recursos
6	Reuniões diárias em pé	Monitorar e controlar o trabalho do projeto
7	Revisão de *sprint*	Validar escopo, controlar aquisições
8	Retrospectiva de *sprint*	Monitorar e controlar trabalho do projeto
9	Colaboração contínua com o cliente	Identificar as partes interessadas, planejar o gerenciamento da comunicação, monitorar a comunicação
10	Planejamento adaptativo	Planejar gestão de riscos, realizar controle integrado de mudanças

Os resultados são exatamente o que Mary estava procurando, exceto nas aquisições de controle, que ela imaginava fazer parte da execução de *sprint*.

Agora, John e Mary querem entender o conceito mais amplo do ciclo de vida do gerenciamento adaptativo de projetos (APM, do inglês *adaptative project management*). Ciclos de vida formais existem para projetos preditivos em muitas áreas, mas com projetos adaptativos parece um tópico confuso. Eles entendem que os projetos ágeis passam por três estágios: conceito, construção e fechamento. Em busca de mais clareza, eles solicitam que a IA mostre quais atividades podem ocorrer durante essas três fases ágeis do ciclo de vida do projeto.

"Considere as três etapas a seguir – conceito, construção e fechamento – para o nosso projeto. Como essas atividades seriam agrupadas nesse ciclo de vida ágil? Descreva a fase APM, as etapas e o aplicativo Scrum em um formato tabular."

Veja como essas etapas podem ser organizadas nas fases de gerenciamento adaptativo de projetos (APM) e como o Scrum pode ser aplicado nessas fases:

FASE APM	ETAPAS	APLICATIVO SCRUM
Conceito	Visão: criar uma declaração de visão. Plano de negócios: documentar mercado-alvo, análise de concorrência, estratégia de preços e projeções financeiras.	A declaração de visão e o plano de negócios servem como base para o *backlog* do produto. Cada componente do plano se traduz em um item no *backlog*. A equipe Scrum pode revisar e refinar esses itens nas reuniões de planejamento de *sprint*.
Construção	Localização: garanta um local adequado. Equipamento: adquira o equipamento necessário. Licenças e autorizações: obtenha as licenças necessárias. Seguro: garanta a cobertura de seguro necessária. Contratação de pessoal: contrate o pessoal necessário.	Cada uma dessas etapas pode ser um *sprint* em si, ou mesmo vários *sprints*, dependendo de sua complexidade. O Product Owner e a equipe Scrum precisariam priorizar essas tarefas no *backlog* do produto e trabalhar com elas em *sprints*. A equipe Scrum realizaria reuniões regulares para coordenar seus esforços e resolver qualquer problema.

continua

FASE APM	ETAPAS	APLICATIVO SCRUM
Construção (continuação)	Sistemas: implemente todos os sistemas de gerenciamento da academia, como o *site*, o *marketing* e a inscrição de alunos.	Isso pode ser uma série separada de *sprints*, com a equipe trabalhando em estreita colaboração com o fornecedor de *software* ou com uma equipe de TI interna. Novamente, reuniões regulares do Scrum são importantes para a coordenação e resolução de problemas.
Fechamento	*Marketing:* lançar esforços de *marketing* para atrair membros. Abertura: planejar e executar um evento de inauguração.	As tarefas de *marketing* e abertura podem ser os *sprints* finais do projeto. A equipe Scrum precisaria trabalhar em estreita colaboração com os profissionais de *marketing* para executar essas tarefas de forma eficaz. A revisão de *sprint* ao final desses *sprints* seria uma oportunidade para avaliar o sucesso dos esforços de *marketing* e abertura e fazer os ajustes necessários para as operações em andamento.

Esse resultado integra todos os processos de negócios da Caesar's Gym. John e Mary agora têm uma estrutura para introduzir o Scrum.

Prompts para Scrum

Nesta seção, apresentaremos *prompts* para obter a ajuda de uma ferramenta de IA com tarefas Scrum. Volte à Figura 6.3 para ver que o primeiro passo na estrutura do Scrum é articular a visão do projeto.

Usando IA para definir a visão da Caesar's Gym

Como você sabe, o sucesso de qualquer projeto, em última análise, está ligado à sua visão. No caso da Caesar's Gym, o primeiro artefato (em termos de Scrum) é uma declaração de visão, o primeiro passo obrigatório antes da reunião inicial. A filosofia ágil acredita em documentação leve, portanto, um termo de abertura é opcional.

John e Mary elaboram um *prompt* e pedem a um produto de IA uma visão completa para seu projeto:

> *"Crie uma declaração de visão completa para a Caesar's Gym. Inclua referências a estilo de vida, excelência em fitness e compromisso com o cliente."*

> A Caesar's Gym dedica-se a cultivar uma comunidade *fitness* próspera, em que os indivíduos são inspirados a adotar um estilo de vida ativo e perseguir seus objetivos de saúde e bem-estar com paixão e determinação. Estamos empenhados em oferecer excelência em *fitness*, com instalações modernas, orientação especializada e programas inovadores, para garantir que nossos membros desfrutem do mais alto padrão de bem-estar físico e mental. Na Caesar's Gym, priorizamos as necessidades e aspirações de nossos clientes, promovendo um ambiente de apoio e capacitação que incentiva o crescimento e a realização pessoal. Nosso compromisso inabalável com a satisfação do cliente está no centro de nossa missão de moldar vidas e transformá-las em versões mais saudáveis, fortes e felizes de si mesmas.

Articular uma declaração de visão como essa, em geral, exige mais de duas horas de *brainstorming* com as partes interessadas. Aqui temos um bom começo para ajustar e editar, prontamente elaborado pelo ChatGPT. Claro, o principal requisito é uma composição cuidadosa do *prompt*.

Criando e priorizando um *backlog* do produto

Volte, mais uma vez, à Figura 6.3. Nela, você vê que a segunda etapa é criar um *backlog* do produto.

A IA criará um *backlog* do produto partindo de um *prompt* simples, como:

> *"Crie um backlog do produto."*

> Um *backlog* de produto para o projeto de configuração da academia pode ser algo assim:
> - Como proprietário de uma academia, preciso encontrar um local acessível onde eu possa estabelecer a minha empresa.
>   Tarefas: identificar possíveis locais, negociar termos de aluguel e assinar o contrato.
> - Como proprietário de uma academia, quero projetar o leiaute para que os equipamentos e as instalações sejam organizados de forma otimizada.
>   Tarefas: colaborar com o *designer* de interiores e aprovar o leiaute final.
> - Como proprietário de uma academia, quero adquirir equipamentos de alta qualidade, para que os membros contem com várias opções de exercícios.

Tarefas: pesquisar opções de equipamentos, fazer pedidos, supervisionar a entrega e a instalação.

- Como proprietário de uma academia, quero contratar e treinar funcionários, para que os membros recebam um excelente atendimento.

Tarefas: publicar anúncios de emprego, entrevistar candidatos, contratar funcionários e fornecer treinamento.

- Como proprietário de uma academia, quero implementar um sistema de inscrição e cobrança, para que possa gerenciar o faturamento de forma eficaz.

Tarefas: selecionar o sistema, personalizá-lo conforme necessário e treinar a equipe.

A priorização também determina quais tarefas devem ser abordadas primeiro. O *marketing*, por exemplo, estaria mais no fim da fila, como mostrado anteriormente. As necessidades do cliente, o custo, o tempo e os objetivos estratégicos gerais podem mudar a ordem. A aquisição de equipamentos para exercícios é prioridade, diferentemente do uso de um aplicativo de academia, não tão importante. Os proprietários (John e Mary) tomam essas decisões.

Construindo a equipe

Embora esse processo possa ocorrer em qualquer momento da metodologia Scrum, é bom identificar a equipe do projeto com antecedência.

"Preciso identificar os recursos para o projeto. Um bom começo seria selecionar uma equipe para o projeto."

A equipe do projeto Caesar's Gym deve incluir as seguintes funções:

Proprietário do projeto ou Product Owner: é o principal interessado, responsável por maximizar o valor entregue pelo projeto; representa os interesses do negócio e prioriza o *backlog* do produto.

Scrum Master: responsável por facilitar as práticas ágeis, garantir que a equipe siga os princípios do Scrum e remover qualquer impedimento que impeça o progresso do projeto.

Equipe de desenvolvimento: uma equipe multifuncional de profissionais de várias áreas, como administradores de academias, treinadores, *designers* de interiores, especialistas em equipamentos, especialistas em *marketing* e equipe administrativa. Eles são responsáveis por entregar os incrementos do produto a cada *sprint*.

Treinadores/educadores físicos: treinadores com experiência em diferentes áreas, responsáveis por orientar e apoiar os frequentadores da academia, desenvolvendo as planilhas de treinamento.

Especialista em *marketing*: responsável por desenvolver e implementar a estratégia de *marketing* da academia para atrair membros e promover os serviços da academia.

Especialista em RH: responsável por contratar e treinar a equipe de instrutores da academia, garantindo que estejam equipados para oferecer um excelente atendimento ao cliente.

Especialista em TI (se aplicável): gerencia a implementação e a personalização de sistemas de associação e cobrança ou qualquer outra ferramenta de *software* necessária para as operações da academia.

Especialista em finanças: gerencia o orçamento do projeto e garante a viabilidade financeira.

Como se trata de uma *startup*, John decide desempenhar o papel de Product Owner e Mary, o de Scrum Master. Eles também concordam que usarão especialistas externos e pretendem terceirizar os sistemas financeiro e de administração dos alunos.

Entre outros profissionais envolvidos estão os administradores de academia, treinadores, *designers* de interiores, especialistas em equipamentos, especialistas em *marketing* e funcionários administrativos. Eles serão responsáveis por entregar os incrementos do produto durante cada *sprint*.

Vale a pena trazer o cliente da academia ainda no começo do processo – por exemplo, para avaliar os produtos intermediários. Uma excelente maneira de começar a pensar nos clientes é identificar personas.

PERSONAS Representações fictícias, mas realistas, de usuários ou partes interessadas que vão interagir com o produto.

"Identifique as personas dos clientes para o projeto Caesar's Gym. Elas podem ser solicitadas a avaliar as entregas no final de lançamentos e sprints específicos."

Aqui estão algumas possíveis personas dos clientes do projeto, que podem ser solicitadas a avaliar as entregas no final de lançamentos e *sprints* específicos:

- Emma, entusiasta de *fitness*: Emma é uma entusiasta de *fitness* dedicada a um estilo de vida saudável. Vai com frequência na academia para se exercitar e atingir seus objetivos de condicionamento físico. Emma valoriza a variedade de equipamentos da academia, as aulas de ginástica e a atmosfera com um todo.

- Alex, profissional ocupado: Alex é um profissional com pouco tempo livre. Ele procura uma academia com modalidades de adesão flexíveis e horários de aulas convenientes. Alex valoriza o registro *on-line* facilitado e o acesso a aplicativos móveis para reservar aulas.

- Susan, senhora em busca de saúde: Susan é uma aposentada que procura permanecer ativa e manter a saúde. Ela quer uma academia com instalações acessíveis e um ambiente seguro e acolhedor. Susan também valoriza programas personalizados e orientados de condicionamento físico.

A primeira reação de John e Mary é de surpresa com a criatividade do ChatGPT – ele identificou personas interessantes, como a entusiasta de *fitness* Emma e o profissional ocupado Alex. A equipe de desenvolvimento e o analista de negócios se concentrarão nos usuários ao longo do desenvolvimento. As personas guiarão o refinamento da história e o planejamento de *sprints* e criarão histórias de usuários significativas. Durante o teste de aceitação do usuário (UAT, do inglês *user acceptance testing*), clientes ativos identificados com as personas serão selecionados para fornecer *feedback* sobre os produtos e serviços intermediários.

Iterações e *sprints*

O próximo passo é dividir o *backlog* do produto em iterações, também conhecidas como *sprints*. Cada *sprint* se concentrará na entrega de uma pequena parte do produto. Por exemplo, o primeiro *sprint* pode se concentrar na configuração do espaço físico e na compra de equipamentos essenciais para exercícios.

Com o desenvolvimento ágil, há uma atração natural para agregar valor. Em uma abordagem Lean, a ênfase está em fornecer valor aos clientes o mais rápido possível, eliminando o desperdício e concentrando-se na melhoria contínua. O lançamento priorizaria os recursos mais valiosos e impactantes, com o objetivo de entregá-los antecipadamente para começar a gerar receita e coletar *feedback* dos clientes.

O ChatGPT conhece os conceitos do Lean e apresenta um plano de lançamento:

> *"Eu quero ser Lean e entregar valor cedo. Como seriam os lançamentos?"*

Veja como pode ser o lançamento inicial do Lean para a Caesar's Gym:

Roteiro Lean para a Caesar's Gym:
- Espaço de academia alugado e configuração básica (mês 1):
  - Garanta o espaço com um contrato de locação.
  - Configure o leiaute básico da academia com áreas de treino e equipamentos essenciais.
  - Contrate funcionários-chave, como uma recepcionista e, no mínimo, um treinador.
- Gestão de associados e início do *marketing* (mês 2):
  - Implemente um sistema básico de associação para inscrever e gerenciar membros.
  - Comece a trabalhar o *marketing* para promover a inauguração da academia e atrair os primeiros alunos.
- Inauguração e operações contínuas (mês 3):
  - Organize um evento de inauguração para atrair novos membros.
  - Inicie as operações regulares da academia com serviços essenciais.
  - Reúna o *feedback* dos clientes e envolva-se na melhoria contínua.

- Aprimoramentos iterativos (mês 4 e além):
  - Com base no *feedback* e nos dados do cliente, priorize melhorias iterativas nos serviços e nas instalações da academia.
  - Implemente recursos e serviços adicionais que se alinhem às necessidades e preferências do cliente.

Observe que o investimento na academia, como mobiliar as salas de atividades em grupo, é postergado no Lean. Isso ocorre porque o *feedback* do cliente pode decidir que tipo de sala e quais atividades devem ser previstas para o mês 4 e adiante.

Por fim, John e Mary querem identificar os recursos críticos do produto em que sua equipe trabalhará:

"Para o projeto da academia, quais são as principais características?"

- Instalações físicas
  - Área de treino com vários equipamentos (esteiras, estações de musculação, pesos livres etc.).
  - Vestiários e chuveiros.
  - Áreas para aulas em grupo (ioga, zumba, *spinning* etc.).
  - Área de recepção e *lounge*.
- Serviços e programas
  - Serviços de *personal training*.
  - Aulas de ginástica em grupo (ioga, zumba, *spinning* etc.).
  - Gerenciamento de associação (registro, planos de assinatura etc.).
- Recursos digitais
  - Um site com informações sobre academia, programação de aulas e inscrição *on-line*.
  - Aplicativo móvel para reserva de aulas, acompanhamento de treinos e comunicação.

Esses recursos podem ser divididos em histórias de usuários individuais ou itens de *backlog*. Por exemplo, o recurso Área de Treino pode ser dividido em várias histórias de usuários, cada uma detalhando um aspecto específico, como o arranjo de equipamentos, recursos de segurança ou padrões de limpeza.

Histórias de usuários

As histórias de usuários são muito utilizadas no gerenciamento ágil de projetos porque capturam vividamente uma descrição de um recurso e a meta do usuário.

HISTÓRIAS DE USUÁRIOS Declarações curtas sobre um recurso do produto escritas a partir da perspectiva de um usuário. Elas descrevem quem é o usuário, o que ele quer e por quê.

Quando a equipe de desenvolvimento escreve histórias de usuários, uma atividade liderada pelo Product Owner (proprietário do produto; neste caso, John), eles se referem às personas identificadas anteriormente.

"Dê exemplos de histórias de usuários para a área de treino."

Aqui estão exemplos de histórias de usuários para a área de treino de uma academia:

- Como membro da academia, quero ter acesso a uma variedade de máquinas para meu treino cardio, para que eu possa escolher diferentes maneiras de completá-lo.
  - Isso pode levar à compra de esteiras, bicicletas ergométricas, elípticos e máquinas de remo.
- Como interessado em levantamento de pesos, quero uma seção bem-organizada, para que eu possa encontrar facilmente o que preciso.
  - As tarefas podem incluir o planejamento do leiaute e da organização da seção de pesos livres, bem como a compra dos conjuntos de pesos necessários.
- Como aluno da academia, quero procedimentos de emergência claramente definidos e equipamentos de emergência facilmente acessíveis, para que qualquer lesão possa ser tratada de forma rápida e eficaz.
  - As tarefas podem incluir a definição de procedimentos de emergência, treinamento da equipe e instalação de kits de primeiros socorros.
- Como membro da academia, quero que a área de treino seja limpa e higiênica, para que eu possa me exercitar em um ambiente agradável e saudável.
  - Isso envolveria a criação de um cronograma de limpeza, a contratação de pessoal e talvez o fornecimento de material de limpeza para os membros limparem os equipamentos.

Vamos ampliar um pouco mais. Os critérios de aceitação definem o que deve ser feito para que uma história de usuário seja considerada completa. Os critérios devem ser testáveis, claros e ter condições específicas.

Aqui está um exemplo de como John poderia estabelecer critérios de aceitação para cada uma de suas histórias de usuários:

"Dadas as histórias de usuários mencionadas no prompt original, quais seriam os critérios de aceitação para cada uma?"

- Como aluno da academia, quero ter acesso a uma variedade de máquinas de cardio.
  — Estão disponíveis pelo menos quatro tipos diferentes de máquinas de cardio (p. ex., esteiras, bicicletas ergométricas, elípticas e máquinas de remo).

— Cada tipo de máquina tem várias unidades disponíveis para acomodar usuários simultaneamente.

- Como aluno da academia, quero uma seção de pesos livres bem-organizada.

— Os pesos livres são classificados por peso e tipo em uma área claramente definida.

— A sinalização é clara e facilmente visível, indicando o peso e o tipo dos pesos livres.

- Como membro da academia, quero que a área de treino seja limpa e higienizada.

— Um cronograma de limpeza foi estabelecido, com limpeza e sanitização diárias de todos os equipamentos da academia.

— Estações de saneamento com materiais de limpeza estão disponíveis perto de todas as áreas de treino, para os membros limparem o equipamento antes e depois do uso.

— Inspeções regulares confirmam que os padrões de limpeza estão sendo mantidos.

Os resultados imediatos do *prompt* são úteis e parecem abrangentes e completos.

Planejamento de iteração e metas de *sprint*

Mesmo que a metodologia seja flexível para acomodar surpresas, os projetos ainda podem ter cronogramas, como um plano de lançamento para a entrega de cada iteração.

Um acordo formal e legal, como o arrendamento da academia, seria tratado com uma abordagem preditiva (pouca flexibilidade). Faz sentido que o contrato de aluguel seja resolvido primeiro, antes do início das iterações adaptativas. Além disso, como a aquisição de equipamentos leva tempo, esse assunto também precisa ser tratado com antecedência.

"Gostaria de criar um plano de lançamento para o projeto. Apresente iterações e sprints para duas semanas."

- Trabalho pré-*sprint* (abordagem preditiva):
    - Garanta a locação: identifique possíveis locais, negocie termos de locação e assine um contrato.
    - Aquisição de equipamentos: pesquise opções de equipamentos e encaminhe a sua compra.
- *Sprint* 1 (2 semanas):
    - Leiaute da academia: colabore com o *designer* de interiores e aprove o leiaute final.
    - Recrutamento de funcionários: publique anúncios de emprego e comece a receber e revisar os currículos.

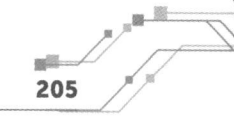

- *Sprint* 2 (2 semanas):
  - Busque outros acessórios: pesquise itens necessários, como colchonetes, e providencie a compra.
  - Continue a recrutar funcionários: entreviste os candidatos e comece o processo de contratação.
- *Sprint* 3 (2 semanas):
  - Supervisione a entrega e instalação do equipamento: certifique-se de que o equipamento seja entregue e instalado conforme o plano.
  - Finalize o recrutamento da equipe: conclua o processo de contratação e comece o treinamento da equipe.
- *Sprint* 4 (2 semanas)
  - Sistema de associação e cobrança: selecione e customize um sistema e treine a equipe.
  - Dê início ao desenvolvimento de uma estratégia de *marketing*: identifique o público-alvo e desenvolva um plano de *marketing*.
- *Sprint* 5 (2 semanas):
  - Treinamento completo da equipe: certifique-se que a equipe está treinada e pronta para a abertura da academia.
  - Finalize a estratégia de *marketing*: conclua o plano e crie materiais de *marketing*.
- *Sprint* 6 (2 semanas):
  - Materiais de *marketing* completos: finalize e comece a distribuir os materiais de *marketing*.
  - Prepare a abertura da academia: certifique-se de que está tudo pronto para a abertura.

Um plano de lançamento é muito útil pelas seguintes razões:

Priorização: o plano ajuda a identificar o que deve ser feito em primeiro lugar, considerando o valor para o negócio e possíveis repercussões.

Estimativa de linha do tempo: ainda que os métodos ágeis sejam flexíveis com o cronograma, é importante ter uma estimativa de linha do tempo para desenvolver as histórias de usuários.

Comunicação com as partes interessadas: garante um roteiro para a comunicação com os envolvidos, de forma que eles tenham uma ideia do que esperar a cada entrega.

Na abordagem adaptativa, esse plano de lançamento não é gravado em pedra. Deve ser revisitado e revisado ao longo do projeto.

Story map

O *story map* é uma técnica ágil para organizar as histórias de usuários em duas dimensões independentes. O mapa organiza as atividades dos usuários ao longo de um eixo horizontal (ou em colunas de uma tabela) mais ou menos na ordem em que o usuário desempenharia a tarefa. No eixo vertical (ou nas linhas da tabela), as histórias de usuários são organizadas por prioridade e grau de dificuldade de implementação. Em um *story map* configurado dessa forma, a primeira coluna horizontal seria uma espécie de "esqueleto ambulante", uma versão bem incipiente, ainda que utilizável, do produto.

A IA pode criar um *story map* para a Caesar's Gym com o seguinte *prompt*:

"Crie um story map em formato de tabela."

Um *story map* organiza visualmente as histórias do usuário com base na ordem de sua interação com diferentes recursos do produto. Aqui está um *story map* simples para o projeto de configuração da academia, apresentado em formato de tabela.

A **Tabela 6.1** apresenta o que o ChatGPT forneceu, ou o máximo que podemos encaixar nesta página!

TABELA 6.1 *Story map* do Chat GPT

TAREFA DO USUÁRIO	HISTÓRIAS DE USUÁRIOS		
	SPRINT 1	SPRINT 2	SPRINT 3
Leiaute da academia	Colabore com *designers* de academia	Finalize o leiaute da academia	Supervisione a instalação do equipamento
Aquisição de equipamentos	Pesquise opções de equipamentos	Faça os pedidos de equipamentos	Supervisione a entrega de equipamentos
Recrutamento e treinamento de funcionários	Publique anúncios de emprego	Entreviste e contrate candidatos	Comece o treinamento de funcionários
Sistemas de gestão	–	–	Selecione um sistema de associação e cobrança
Marketing	–	Comece a desenvolver o plano de marketing	–

Cada linha da tabela do *story map* fornece detalhes e funcionalidades adicionais para concluir a Caesar's Gym a tempo.

Esqueleto ambulante

A IA conhece conceitos avançados, como o do esqueleto ambulante, uma espécie de produto mínimo viável (MVP, do inglês *minimum viable product*) com uma funcionalidade muito básica sobre a qual o desenvolvimento adicional pode ser construído. Ou seja, é uma versão simples e básica do produto final que funciona e tem valor.

"Descreva um possível esqueleto ambulante com base no story map anterior."

No projeto da academia, o "esqueleto ambulante" provavelmente incluiria as seguintes etapas:

- Garantir o aluguel (usando a abordagem preditiva fora dos *sprints* do Scrum).
- Leiaute básico da academia com áreas de treino essenciais (do *sprint* 1).
- Aquisição e instalação de equipamentos essenciais, como esteiras, pesos etc. (dos *sprints* 2 e 3).
- Contratação de pessoal mínimo essencial (dos *sprints* 2 e 3).
- Uma versão básica do sistema de associação e cobrança (do *sprint* 4).

Esse MVP cumpre com a entrega da proposta de valor central aos clientes e permite testes precoces e *feedback* de clientes ou funcionários, o que ajuda na iteração e melhora do produto ao longo do tempo.

Estimativas com metodologias ágeis

Estimar projetos ágeis é diferente de estimar projetos preditivos. O objetivo da estimativa com metodologias ágeis é melhorar o planejamento e a tomada de decisões e construir um mecanismo para lidar com riscos e incertezas. A estimativa com métodos ágeis pode ser feita manualmente ou com o uso de *software*, mas é muito comum a utilização de *story points*.

STORY POINTS Unidades de medida usadas na estimativa ágil que expressam o esforço geral necessário para implementar as tarefas de um projeto.

Independentemente do método selecionado, você deve envolver toda a equipe no processo de estimativa para garantir o entendimento do que está sendo feito. Você deve se adaptar e aprender com a experiência.

John e a equipe Scrum começam com o seguinte *prompt* para descobrir técnicas de estimativa ágil:

"Preciso estimar os sprints para o meu projeto da academia. Qual é a melhor maneira de abordar isso?"

Divida as histórias de usuários: divida as histórias de usuários dentro de cada *sprint* em tarefas menores e gerenciáveis para uma estimativa clara e precisa.

Use *story points*: considere usar *story points* nas estimativas baseadas no tempo.

Dimensionamento relativo: compare histórias de usuários com uma referência, atribuindo *story points* com base na complexidade.

Planning Poker: utilize o Planning Poker para estimar *story points* e coletivamente chegar a um consenso.

A estimativa ágil geralmente usa dados históricos. John e a equipe Scrum podem consultar dados de *sprint* de iterações concluídas para chegar a uma estimativa mais embasada.

"Eu gostaria de usar o Planning Poker. Como ele funciona?"

1. Preparação: reúna a equipe de desenvolvimento, o Scrum Master e o Product Owner para a sessão de estimativa. Garanta que as histórias de usuários a serem estimadas sejam bem definidas e compreendidas.

2. *Cards* de estimativa: crie um conjunto de *cards* do Planning Poker, cada um exibindo uma sequência de Fibonacci ou tamanhos de camisetas (p. ex., 1, 2, 3, 5, 8, 13, 20 etc.). Esses valores representam a relativa complexidade ou esforço de cada história de usuário.

3. Facilitador: designe um facilitador, em geral o Scrum Master, para liderar a sessão de estimativa e manter o foco.

4. Processo de estimativa:

    a. O facilitador apresenta uma história de usuário de cada vez para a equipe.

    b. Cada membro da equipe seleciona um *card* do Planning Poker que representa sua estimativa para a complexidade ou o esforço da história do usuário.

    c. Depois que todos fizerem suas escolhas, os membros da equipe revelam suas cartas simultaneamente.

5. Consenso e discussão:

    a. Se houver um consenso claro, a estimativa escolhida se torna a estimativa acordada pela equipe.

    b. Se houver muita variação nas estimativas, a equipe discute as razões por trás de cada estimativa.

6. Reestimativa:

    a. Após a discussão, os membros da equipe escolhem um novo *card*, considerando os *insights* obtidos.

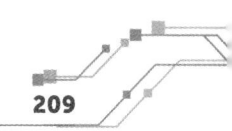

b. O processo de estimativa é repetido até que a equipe alcance o consenso, normalmente após algumas rodadas de discussão.
7. Registro da estimativa:
   a. A estimativa final acordada é registrada como os *story points* atribuídos à história do usuário.
   b. As estimativas servem como referência para o planejamento do *sprint*.

O Planning Poker incentiva a participação ativa da equipe e o seu envolvimento no processo de estimativa. O Product Owner John e a equipe Scrum precisarão de uma lista de histórias de usuários, juntamente com suas descrições, complexidade e riscos. Eles vão trabalhar em conjunto para atribuir *story points* baseados no seu conhecimento e na sua experiência. Agora, o ChatGPT vai simular o resultado do projeto da academia Caesar's Gym.

"Apresente estimativas para histórias de usuários com base em story points.*"*

Aqui estão três histórias de usuários para o projeto Caesar's Gym, juntamente com seus *story points* estimados:

- História do usuário: inscreva-se para as aulas
  - Como possível usuário, quero uma inscrição *on-line* para poder acessar as instalações e aulas da academia.
- *Story points* estimados: 5.
- História do usuário: participe de uma aula de *fitness* em grupo
  - Como aluna da academia, quero agendar e participar de uma aula de *fitness* em grupo por meio do meu aplicativo móvel.
- *Story points* estimados: 3.
- História do usuário: solicitação de treinamento pessoal
  - Como aluna da academia, quero solicitar uma sessão de treinamento pessoal através do *site*, para que eu possa receber orientações personalizadas sobre condicionamento físico.
- *Story points* estimados: 8.

Os valores de *story points* 5, 3 e 8 são medidas relativas de complexidade e esforço normalmente feitas com números de Fibonacci.

Durante essas sessões de estimativa, podem surgir discussões sobre riscos e incertezas (consulte o Capítulo 8, "O papel da IA na gestão de riscos"). Uma vez que a equipe considera sua velocidade, ela pode decidir quais histórias incluir no próximo *sprint*.

Execução do projeto

Planejar e estimar as funções de Scrum Master e de Product Owner é fundamental para liderar a equipe durante a execução. Vamos explorar a natureza única de uma equipe de desenvolvimento ágil em comparação com equipes em projetos preditivos.

Product Owner e Scrum Master

Até agora não discutimos as funções de Product Owner e Scrum Master. Com esse intuito, vamos documentar os papéis que John e Mary desempenharão no projeto da Caesar's Gym.

> *"Descreva os papéis que John e Mary desempenharão no projeto Caesar's Gym como Product Owner e Scrum Master, respectivamente."*

- John – Product Owner: como PO do projeto Caesar's Gym, John desempenhará um importante papel para garantir o seu sucesso, representando os interesses dos *stakeholders* e maximizando o valor entregue pela equipe. Suas principais responsabilidades incluem:
  - Visão e priorização: John definirá a visão e as metas gerais da Caesar's Gym, garantindo que todos os esforços de desenvolvimento estejam alinhados com os objetivos estratégicos da academia. Ele priorizará o *backlog* do produto com base nas necessidades do cliente e no valor do negócio.
  - Histórias de usuários: John trabalhará em estreita colaboração com as partes interessadas e a equipe de desenvolvimento para escrever histórias de usuários claras e concisas que capturem os requisitos.
  - Critérios de aceitação: John definirá os critérios de aceitação para cada história de usuário, fornecendo diretrizes claras para a equipe saber quando uma história de usuário está "pronta".
  - Revisão de *sprint*: John participará ativamente das revisões de *sprint* para fornecer *feedback* sobre as entregas, garantindo que elas atendam às metas do negócio e às necessidades do cliente.
  - Tomada de decisão: John tomará decisões sobre o produto com base em dados, *feedback* do cliente e prioridades do negócio, ajudando a equipe a manter o foco e a produtividade.
  - Refinamento do *backlog*: John se envolverá regularmente em sessões de refinamento do *backlog* com a equipe de desenvolvimento para esclarecer histórias de usuários, discutir possíveis mudanças e garantir que o *backlog* esteja pronto para os próximos *sprints*.

- Mary – Scrum Master: como Scrum Master no projeto da Caesar's Gym, Mary atuará como líder servidora, apoiando a equipe de desenvolvimento na adoção e implementação de princípios ágeis. Suas responsabilidades essenciais incluem:

    - *Framework* do Scrum: Mary garantirá que o *framework* do Scrum seja bem compreendido e seguido pela equipe, incluindo a facilitação de eventos Scrum, como planejamento de *sprints*, reuniões diárias, revisões de *sprints* e retrospectivas.

    - Remoção de obstáculos: Mary identificará e removerá os impedimentos ao progresso da equipe, garantindo que ela tenha um ambiente propício para trabalhar com eficiência.

    - Empoderamento da equipe: Mary capacitará a equipe de desenvolvimento a se organizar e tomar decisões coletivamente. Ela incentivará a colaboração, a transparência e a melhoria contínua.

    - Facilitação da colaboração: Mary promoverá a comunicação e a colaboração eficazes entre os membros da equipe, os *stakeholders* e o Product Owner, promovendo uma cultura de abertura e confiança.

    - Métricas e acompanhamento do progresso: Mary acompanhará e comunicará métricas relevantes do projeto (como gráficos de velocidade ou de *burndown*) para fornecer *insights* sobre o desempenho e o progresso da equipe.

Isso descreve sucintamente os dois papéis principais na liderança do projeto Caesar's Gym.

Equipe de desenvolvimento

A equipe de desenvolvimento é uma equipe multifuncional com o conjunto de habilidades necessário para fornecer o valor comercial definido pelo Product Owner. Eles trabalham juntos em busca de um produto de incremento potencialmente liberável ao final de cada *sprint*. Eles também defendem os cinco valores primários do Scrum: foco, compromisso, abertura, respeito e coragem.

> *"Descreva brevemente o papel da equipe de desenvolvimento no projeto da Caesar's Gym."*
>
> 1. Implementa histórias de usuários, transformando-as em produtos tangíveis.
> 2. Envolve auto-organização e colaboração para atingir as metas do *sprint*.
> 3. Possui a experiência multifuncional necessária para o desenvolvimento.
> 4. Compromete-se a fornecer um conjunto de histórias de usuários dentro de cada *sprint*.
> 5. Concentra-se em fornecer soluções de alta qualidade e testadas.
> 6. Participa ativamente de melhorias contínuas e retrospectivas.

Execução de *sprint*

A equipe do projeto da Caesar's Gym está pronta para iniciar a execução do *sprint*. A execução de *sprints* lida com a implementação de histórias de usuários selecionadas e a criação de incrementos de produtos. Consulte mais uma vez a Figura 6.3 para entender as principais atividades durante a fase de execução do *sprint*. John e Mary listam as seguintes atividades:

- **Planejamento de *sprint*:** selecionar histórias de usuários e definir metas de *sprint*.
- **Reuniões diárias:** uma reunião curta e diária (apelidada de *daily*) para a equipe sincronizar o trabalho, compartilhar o progresso e identificar possíveis impedimentos.
- **Colaboração do Product Owner:** validar o trabalho e responder a perguntas.
- **Teste de aceitação do usuário (UAT):** certificar-se de que as histórias dos usuários atendam aos critérios de aceitação.
- **Revisão de *sprint*:** apresentar o trabalho concluído e obter *feedback*.
- **Retrospectiva de *sprint*:** refletir sobre o desempenho e planejar melhorias.
- **Integração contínua:** integrar e testar regularmente o produto.

A IA pode listar as perguntas que John e Mary devem fazer durante a execução do *sprint*:

> *"Estamos prestes a conduzir e executar o* **sprint**. *Quais são algumas perguntas sobre planejamento de* **sprint**, *reuniões diárias, facilitação do Scrum Master, colaboração do PO, teste de aceitação do usuário e revisão de* **sprint** *que podem surgir? Quem deveria fazer essas perguntas e pesquisar essas questões?"*

Aqui estão os *prompts* com o nome da função do Scrum que pode fazer essas perguntas durante a execução do projeto da Caesar's Gym:

- Planejamento de *sprint*: Product Owner
    - Quais são as principais histórias de usuários para o próximo *sprint*?
    - Como essas histórias de usuários se alinham com a meta do *sprint*?
- Execução de *sprint*: Scrum Master
    - Como a equipe de desenvolvimento está colaborando na implementação de histórias de usuários?
    - Que desafios ou obstáculos eles enfrentam durante a execução?
- Reuniões diárias: equipe de desenvolvimento
    - Que progresso foi feito desde a última *daily*?

- Existem obstáculos que precisam ser abordados pela equipe ou pelo Scrum Master?
- Facilitação: Scrum Master
  - Como o Scrum Master está apoiando a equipe de desenvolvimento e removendo impedimentos?
  - Existem melhorias ou ajustes de processo sugeridos pelo Scrum Master?
- Colaboração: Product Owner
  - Como o Product Owner está se envolvendo com a equipe de desenvolvimento durante o *sprint*?
  - O Product Owner está fornecendo *feedback* claro e oportuno sobre a implementação das histórias de usuários?
- Revisão do *sprint*: Product Owner
  - Que *feedback* as partes interessadas forneceram durante a reunião de revisão de *sprint*?
  - Existem novos requisitos ou alterações solicitadas com base no incremento do produto entregue? Que impacto esse *feedback* terá no *backlog* do produto ou nos próximos *sprints*?
- Retrospectiva de *sprint*: Scrum Master
  - O que correu bem durante o *sprint* que a equipe gostaria de continuar fazendo?
  - Quais desafios ou gargalos foram encontrados e como podem ser melhorados?
- Integração e entrega contínuas: equipe de desenvolvimento
  - Com que frequência os incrementos de produtos estão sendo integrados e testados?
  - Como a equipe está garantindo a qualidade e a confiabilidade do incremento do produto?

Prompts para Product Owners

Se o Product Owner for inexperiente e estiver desempenhando esse papel pela primeira vez, pode ser útil que ele use alguns *prompts* para se beneficiar totalmente da IA. Veremos alguns *prompts* simples que oferecem uma visão geral dos principais conceitos. Vamos demonstrar um cenário em que John, o Product Owner, não sabe o que ocorre durante o refinamento do *backlog* e quer mais informações sobre sua responsabilidade:

"Aja como um Product Owner experiente; sua função é facilitar uma sessão de refinamento de backlog."

- Preparação:
  - Revise o *backlog* do produto e identifique histórias de usuários que provavelmente serão incluídas no próximo *sprint*. Certifique-se de que cada história de usuário seja escrita em um formato claro, conciso e compreensível.
- Agende a sessão:
  - Coordene com a equipe de desenvolvimento e outras partes interessadas para encontrar um momento adequado para a sessão de refinamento. Reserve tempo suficiente para uma discussão completa, sem pressa.
- Explique o propósito:
  - Comece a sessão explicando a importância de refinar o *backlog*, a fim de que a equipe entenda o trabalho que terá pela frente. Destaque a necessidade de esclarecer as histórias de usuários e identificar os critérios de aceitação.
- Revise todas as histórias:
  - Examine cada uma das histórias de usuários e discuta com a equipe. Incentive os integrantes da equipe a fazer perguntas, pedir explicações e dar sugestões.
- Defina os critérios de aceitação:
  - Defina, em conjunto, de forma clara e específica, os critérios de aceitação para cada história de usuário. Garanta que os critérios sejam mensuráveis e objetivamente verificáveis.
- Estimativa:
  - Se necessário, facilite a estimativa de histórias de usuários para fornecer à equipe uma ideia de sua complexidade ou esforço. Certifique-se de que a equipe entenda a lógica por trás da priorização.
- Dependências e priorização:
  - Discuta qualquer dependência entre histórias de usuários e identifique prioridades para o próximo *sprint*.
- Fechamento:
  - Resuma os principais resultados da sessão e garanta que todos estejam alinhados com as histórias de usuários e os critérios de aceitação. Agradeça à equipe por sua participação ativa e colaboração.

OBSERVAÇÃO A tarefa identificada no *prompt* "sua função é facilitar uma sessão de refinamento do *backlog*" pode ser substituída por outros itens de atividade que o Product Owner deseje conhecer mais.

Ou, eles podem usar o *prompt* a seguir:

> *"Seu papel como um experiente Product Owner no projeto da Caesar's Gym é orientar a equipe em várias atividades, facilitando uma sessão de refinamento de backlog, definindo uma meta de sprint, esclarecendo critérios de aceitação, priorizando histórias de usuários, revisando considerações técnicas, colaborando na estimativa de histórias e buscando feedback das partes interessadas. Forneça um plano detalhado para conduzir a sessão, incluindo instruções e perguntas específicas que você usará para cada atividade."*

- Atividade: definir uma meta de *sprint*
    - *Prompt* 1: como podemos definir, de forma colaborativa, uma meta de *sprint* clara e alcançável, alinhada com a visão do produto?
    - *Prompt* 2: quais são os principais objetivos e resultados que queremos alcançar no próximo *sprint*?
- Atividade: esclarecer os critérios de aceitação
    - *Prompt* 1: que medidas podemos tomar para garantir que os critérios de aceitação sejam específicos, mensuráveis e bem definidos para cada história de usuário?
    - *Prompt* 2: como garantimos que os critérios de aceitação sejam acordados pela equipe de desenvolvimento e pelas partes interessadas?
- Atividade: priorizar histórias de usuários
    - *Prompt* 1: como podemos priorizar, de forma colaborativa, as histórias de usuários com base no valor comercial e nas necessidades do cliente?
    - *Prompt* 2: existem dependências ou restrições que podem influenciar a ordem de implementação?
- Atividade: revisar considerações técnicas
    - *Prompt* 1: quais considerações ou desafios técnicos precisamos considerar em histórias de usuários específicas?
    - *Prompt* 2: como podemos envolver a equipe de desenvolvimento na discussão sobre viabilidade técnica e possíveis soluções?
- Atividade: colaborar na estimativa da história
    - *Prompt* 1: como podemos fazer uma estimativa eficaz da história para garantir uma ampla compreensão da complexidade das histórias de usuários?
    - *Prompt* 2: quais técnicas ou ferramentas de estimativa podemos utilizar para obter *insights* sobre o esforço necessário?

- Atividade: buscar o *feedback* das partes interessadas
  - Prompt 1: como podemos buscar o *feedback* das partes interessadas nas histórias de usuários para garantir que estejam alinhadas com as suas expectativas?
  - Prompt 2: que canais ou métodos podemos usar para obter e incorporar *feedback* no processo de refinamento?

Com o uso da engenharia de *prompt*, John pode aprender mais sobre o papel do Product Owner e desempenhar todas as suas tarefas de acordo.

Prompts para Scrum Masters

Scrum Masters novatos, como é o caso de Mary, também podem lucrar com a inteligência artificial. Veja os seguintes exemplos de *prompts*:

> *"Aja como um Scrum Master experiente. Sua tarefa é oferecer orientação e conselhos para que a equipe de desenvolvimento implemente a metodologia Scrum com sucesso.*

> *"Aja como um Scrum Master experiente. Sua função envolve orientar a equipe sobre conduta e prática eficientes de retrospectiva."*

> *"Aja como um Scrum Master experiente. Sua função é orientar a equipe em uma conduta retrospectiva eficiente, oferecendo* insights *para melhoria contínua e fornecendo recomendações de melhores práticas para otimizar os processos de trabalho."*

> *"Aja como um Scrum Master experiente. Sua tarefa é orientar a equipe sobre como projetar efetivamente um quadro de* sprint *para aumentar a visibilidade, melhorar o fluxo de trabalho e fazer crescer a produtividade como um todo."*

> *"Aja como um Scrum Master experiente. Sua responsabilidade é ajudar a equipe a explicar uma Definição de Pronto (Definition of Done) abrangente para garantir uma compreensão clara das expectativas de trabalho e dos padrões de qualidade."*

> *"Aja como um Scrum Master experiente. Sugira estratégias e técnicas para que a equipe melhore a comunicação e a colaboração."*

Ao incorporar as atividades e seus respectivos *prompts*, a Scrum Master Mary pode aprender a desempenhar todas as suas tarefas.

Prompts para a equipe de desenvolvimento

Até a equipe de desenvolvimento pode se beneficiar da IA. Veja os exemplos de *prompts* a seguir:

> *"Aja como um experiente integrante da equipe de desenvolvimento. Sua responsabilidade é dirigir a equipe, compartilhando as melhores práticas para obter bons resultados com a metodologia Scrum."*

"Aja como um experiente integrante da equipe de desenvolvimento. Sua responsabilidade é liderar a discussão sobre uma colaboração efetiva para maximizar a produtividade."

"Aja como um experiente integrante da equipe de desenvolvimento. Sua responsabilidade é liderar a discussão sobre técnicas que podem ser usadas para estimar o esforço e a complexidade das histórias de usuários durante a etapa de planejamento do sprint."

"Aja como um experiente integrante da equipe de desenvolvimento. Sua responsabilidade é lidar com os impedimentos e bloqueios levantados durante a daily para manter o sprint no caminho certo."

Os desenvolvedores de *software* e membros da equipe de TI podem utilizar os seguintes tipos de *prompts* para obter respostas de alta qualidade do ChatGPT, preenchendo o tópico desejado dentro dos colchetes angulares:

"Forneça um tutorial de início rápido sobre como usar o <software do projeto >."

"Escreva um trecho de código que implemente <funcionalidade> usando a linguagem <linguagem> de programação."

"Analise o código a seguir para identificar possíveis vulnerabilidades de segurança: <colar trecho de código >."

"Identifique as armadilhas comuns e as melhores práticas recomendadas ao usar o/a < framework/linguagem>."

"Depure o <erro> encontrado ao usar <linguagem/framework> e explique a causa e as soluções."

Medição e acompanhamento de projetos

Agora vamos ao tópico do acompanhamento: como as medições são feitas com várias técnicas e indicadores e como o *status* desses indicadores é comunicado.

Sabemos que os projetos Scrum são executados em iterações de duração fixa, chamadas *sprints*, normalmente de duas a quatro semanas de duração. O projeto da Caesar's Gym utiliza *sprints* de duas semanas. A equipe se compromete a entregar histórias de usuários ou itens de *backlog* no início de cada *sprint*. Durante a execução do *sprint*, as reuniões diárias (*daily*) permitem que os membros informem o que fizeram, os obstáculos e os próximos passos. As análises de demonstração do produto no final do *sprint* avaliarão a integridade das histórias de usuários.

Uma cultura que permita uma comunicação aberta e sem medo de riscos, problemas e ameaças do projeto é essencial. Certifique-se de que sua equipe se sinta à vontade para compartilhar de forma transparente as más notícias com antecedência – um conceito conhecido como "falhar rápido" –, para que o *feedback* possa ser coletado rapidamente e os ajustes possam ser feitos para resolver o problema.

Gráficos de *burndown*

O gráfico de *burndown* é uma ferramenta valiosa para acompanhar o progresso de um projeto e identificar se sua equipe está adiantada, dentro do prazo ou atrasada.

GRÁFICO DE *BURNDOWN* Uma apresentação visual que acompanha o progresso em um *sprint*, mostrando quanto do *backlog* prometido foi concluído.

Sua equipe pode usar essas informações para melhorar seu planejamento e execução em *sprints* futuros. O trabalho restante pode consistir em uma história de usuário, tarefas associadas, *story points* restantes, nomes de indivíduos responsáveis, *status* de conclusão e *status* de aceitação.

A **Tabela 6.2** apresenta os dados para os seis primeiros *sprints*, pois é o que está planejado para o projeto da Caesar's Gym, com *sprints* de duas semanas usando *story points*. Lembre-se de que, na metodologia ágil, um *story point* é uma unidade usada para estimar a quantidade de trabalho necessária para implementar uma história.

Nesse cenário, a equipe do projeto começa com 600 *story points*. Eles completam 80 *story points* no primeiro *sprint*, deixando 520 *story points*. No segundo *sprint*, a equipe completa 70 *story points*, reduzindo o faltante para 450 *story points*, e assim por diante. Isso deve resultar em um gráfico de tendência descendente mostrando a quantidade de trabalho restante no projeto.

Quando John pede ao ChatGPT para representar graficamente esses dados, ele vê o resultado mostrado na **Figura 6.4**. Ela fornece uma indicação visual clara da rapidez

TABELA 6.2 Produtividade planejada e realizada em *sprints*		
SPRINT	**TOTAL DE *STORY POINTS* RESTANTES (PLANEJADOS)**	**TOTAL DE *STORY POINTS* RESTANTES (REALIZADOS)**
Começo	600	600
S1	500	520
S2	400	450
S3	300	300
S4	200	210
S5	100	120
S6	0	30
Término	0	0

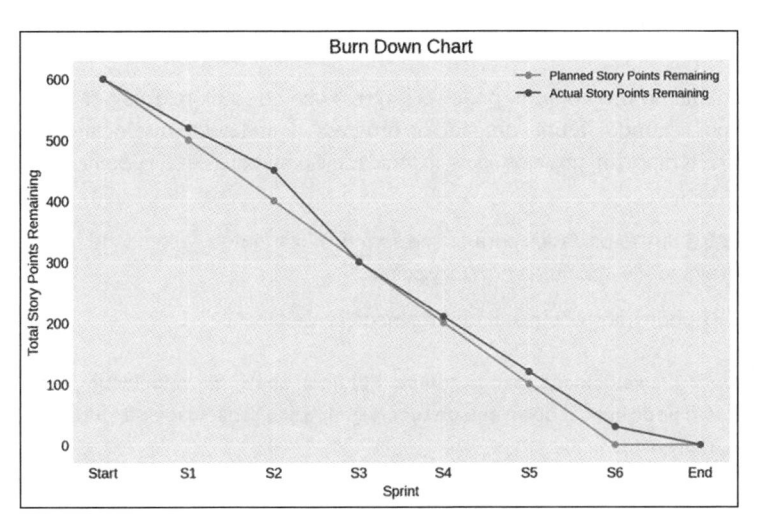

FIGURA 6.4 Gráfico de *burndown* criado pelo ChatGPT.

com que sua equipe está trabalhando no *backlog* e quanto trabalho resta. Ao comparar a linha de *burndown* real com a linha de *burndown* ideal (planejada), ele pode avaliar se o projeto está no caminho certo.

John então pergunta ao ChatGPT:

> *"Diante dos dados e do gráfico, o que você pode me dizer?"*

> O trabalho restante planejado, mostrado pela coluna *"StorypPoints* planejados restantes", diminui constantemente à medida que você passa de um *sprint* para o outro. Isso sugere que a equipe planejou concluir uma quantidade igual de trabalho em cada *sprint*.

> O trabalho restante real, mostrado pela coluna *"Story points* reais restantes", não segue de perto a linha planejada. A equipe estava atrasada nos *sprints* 1 e 2, alcançou a meta no *sprint* 3 e novamente ficou para trás no *sprint* 4.

Quando o trabalho está incompleto, a reunião de revisão de *sprint* é crucial. A equipe mostra o trabalho concluído, discute itens incompletos e coleta *feedback*. O foco está em concluir o trabalho de maior valor primeiro. Itens inacabados retornam ao *backlog* para futura priorização.

À medida que o projeto avança, a equipe pode visualizar e atualizar o gráfico de *burndown* a cada *sprint*. Isso ajuda a entender a trajetória do projeto, identificar possíveis problemas e ajustar o plano, se necessário.

Velocidade de trabalho planejada *versus* realizada

A velocidade, no uso comum, pode ser expressa como "quilômetros por hora" ou "metros por segundo". É uma unidade de progresso (geralmente distância) por uma unidade de tempo. Em projetos ágeis, velocidade é o número de *story points* concluídos por *sprint*.

A **Tabela 6.3** ilustra os dados para os seis *sprints*, mostrando a velocidade planejada *versus* a velocidade concluída em *story points*.

O ChatGPT pode interpretar os dados de medição da tabela:

> No *sprint* 1, a velocidade real da equipe (80) ficou abaixo da velocidade planejada (100). Isso pode indicar que a equipe superestimou sua capacidade ou enfrentou desafios imprevistos.
>
> No *sprint* 2, a velocidade real da equipe caiu ainda mais, para 70. Isso pode sugerir problemas contínuos com superestimação, aumento da dificuldade ou complexidade das tarefas ou outros fatores que reduzem a capacidade da equipe.
>
> No *sprint* 3, a velocidade real da equipe subiu para 150, significativamente acima da velocidade planejada. Isso pode ser resultado de uma subestimação da capacidade da equipe, diminuição na complexidade da tarefa, transferência de outros *sprints*, aumento da eficiência ou produtividade ou outros fatores.
>
> Nos *sprints* 4, 5 e 6, a velocidade real da equipe parece ter se estabilizado em torno de 90, ligeiramente abaixo da velocidade planejada, de 100.
>
> No geral, o desempenho da equipe parece ser bastante consistente, além do pico na *sprint* 3. A tendência de estabilização na segunda metade do projeto sugere que a equipe pode estar se tornando mais precisa em sua estimativa de capacidade.
>
> Para refinar o processo, pode ser útil fazer retrospectivas após cada *sprint*, discutindo o que deu certo, o que não deu e como a equipe pode melhorar no futuro. Essa é uma

TABELA 6.3 Velocidade planejada e realizada em *sprints*

SPRINT	VELOCIDADE PLANEJADA	VELOCIDADE REAL
S1	100	80
S2	100	70
S3	100	150
S4	100	90
S5	100	90
S6	100	90

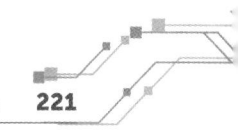

prática comum no gerenciamento ágil de projetos que ajuda as equipes a se adaptarem e melhorarem continuamente seus processos.

Dadas as informações da tabela, John quer ver se uma apresentação diferente lhe dá uma perspectiva melhor (**Figura 6.5**).

"Considerando os dados de velocidade, você pode, por favor, representar isso para mim visualmente?"

A representação gráfica dos dados fornece uma perspectiva clara sobre as tendências de velocidade da equipe do projeto da Caesar's Gym. Por exemplo, John observa que o aumento significativo na velocidade durante o *sprint* 3 (S3) pede um exame mais detalhado. Conforme destacado anteriormente pelo ChatGPT, as explicações podem variar do aumento da produtividade, talvez por maior colaboração ou remoção de obstáculos, até a conclusão do trabalho transferido de *sprints* anteriores.

Para a equipe do projeto da Caesar's Gym, essas possibilidades ressaltam a complexidade do trabalho e os fatores que influenciam sua produtividade. Ao discutir abertamente o tema e suas possíveis causas, as equipes ágeis podem refinar continuamente sua compreensão sobre desempenho, o que, por sua vez, melhorará o planejamento, a estimativa e a execução geral do projeto no futuro.

GUIA TÉCNICO Consulte o Guia Técnico no final deste capítulo para obter detalhes adicionais sobre o uso da Análise Avançada de Dados do ChatGPT para gerar gráficos de *burndown, burnup* ou velocidade.

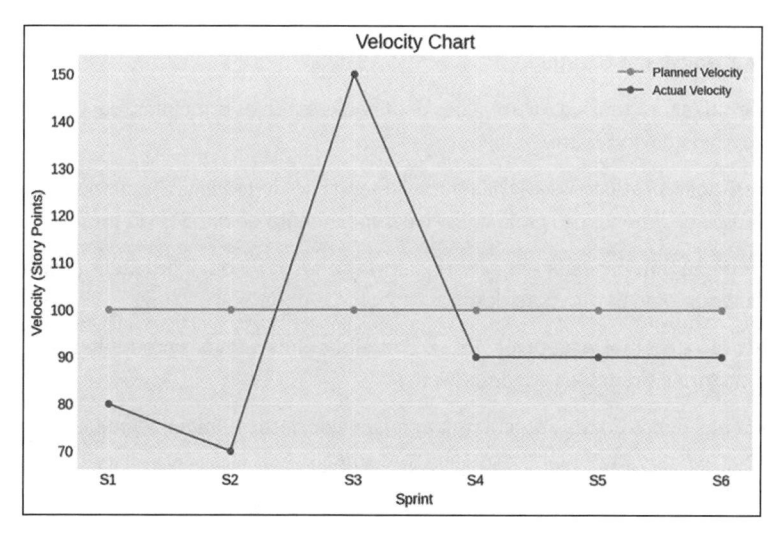

FIGURA 6.5 Gráfico de velocidade criado pelo ChatGPT.

Ética e responsabilidade profissional

Usamos várias ferramentas neste capítulo, incluindo o ChatGPT. Embora essas ferramentas possam ser úteis, a supervisão humana é essencial. No momento em que escrevemos, o conhecimento do ChatGPT vai até janeiro de 2022, o que pode levar a informações sobre custos e despesas incorretos. Além disso, a IA não se equivale ao julgamento e à intuição humanos, que devem orientar as decisões críticas.

Tenha em mente que a IA pode perpetuar vieses existentes nos dados em que foi treinada. Minimize isso de forma proativa, garantindo diversas fontes de dados e monitorando as saídas. Nunca deixe a IA prejudicar os colegas de equipe.

Lembre-se de que a responsabilidade é dos seres humanos, mesmo ao usar ferramentas de IA. Defina claramente quem é responsável pelas decisões influenciadas pela IA.

O controle de qualidade é importante. A IA comete erros. Os usuários devem conhecer seus limites, avaliar as saídas e ter um processo de verificação antes de agir sobre elas.

A chave é encontrar o equilíbrio certo, utilizando a IA como colaboradora, mas mantendo a supervisão humana sobre as escolhas. A supervisão e a governança cuidadosas nos permitem aproveitar a IA e, ao mesmo tempo, minimizar os riscos.

Pontos-chave a serem relembrados

A IA generativa pode fornecer suporte de várias maneiras quando se trata de aprender e implementar o Scrum:

- **Aprendizagem teórica:** explicações detalhadas sobre os princípios, papéis, eventos e artefatos do Scrum.

- **Orientação prática:** assessoria na implementação de práticas Scrum no projeto, como planejamento de *sprint*, *dailys* e gerenciamento do *backlog* do produto.

- **Aprendizagem baseada em cenários:** fornece soluções ou abordagens baseadas na metodologia Scrum para desafios específicos no projeto.

- **Reflexão e melhoria:** gera tópicos ou conselhos para reuniões produtivas de revisão de *sprint* e reuniões de retrospectiva.

- **Foco nas necessidades do cliente:** agrega valor desde o início, identificando recursos que podem ser lançados antecipadamente.

Guia técnico

Usando a Análise Avançada de Dados para criar gráficos de *burndown*, *burnup* e velocidade

Os seguintes *prompts* são projetados para a análise das principais métricas ágeis: *burndown*, *burnup* e gráficos de velocidade. Esses gráficos fornecem informações valiosas sobre o progresso e o desempenho de uma equipe ao longo do tempo.

O gráfico de *burndown* ilustra o trabalho restante em relação ao tempo, o gráfico de *burnup* mostra o trabalho cumulativo concluído ao longo do tempo, e o gráfico de velocidade mede a quantidade de trabalho que uma equipe conclui durante um *sprint* (*versus* velocidade esperada de conclusão).

Para mergulhar na análise dessas métricas usando a Análise Avançada de Dados do ChatGPT, siga estas etapas:

1. Inicie um novo *chat* com a Análise Avançada de Dados.
2. Use o recurso Carregar arquivo para fornecer seus dados do Excel.
3. Depois que seus dados forem carregados, use um dos seguintes modelos de *prompt* para orientar sua análise.

Prompt de gráfico de *burn*:

> *"Aja como um Scrum Master e coach ágil. Ao analisar um projeto, você recebe dados do Excel para os sprints do projeto, incluindo 'Total de story points restantes (planejados)' e 'Total de story points restantes (reais)'. Usando os recursos da Análise Avançada de Dados, sua tarefa é:*
>
> *Construir um gráfico de burndown (e/ou burnup) que descreva visualmente o progresso do projeto em relação à trajetória planejada.*
>
> *Formular uma análise que detalhe as tendências observadas, os desvios e o ritmo da equipe.*
>
> *Identificar possíveis razões para qualquer discrepância entre os story points planejados e reais e propor estratégias para melhorias futuras."*

Prompt do gráfico de velocidade:

> *"Aja como um coach ágil e consultor contratado para revisar um projeto. Você recebe os dados do Excel que incluem 'sprint', 'velocidade planejada' e 'velocidade real'. Usando a Análise Avançada de Dados, sua missão é:*
>
> *Projetar um gráfico de velocidade que mostre claramente a velocidade planejada versus a velocidade real nos sprints.*

Fornecer um relatório abrangente sobre a consistência do desempenho da equipe, a precisão do planejamento e qualquer mudança notável na velocidade.

Extrapolar possíveis causas para qualquer variação significativa de velocidade e orientar sobre estratégias potenciais para um melhor gerenciamento de velocidade em sprints *futuros."*

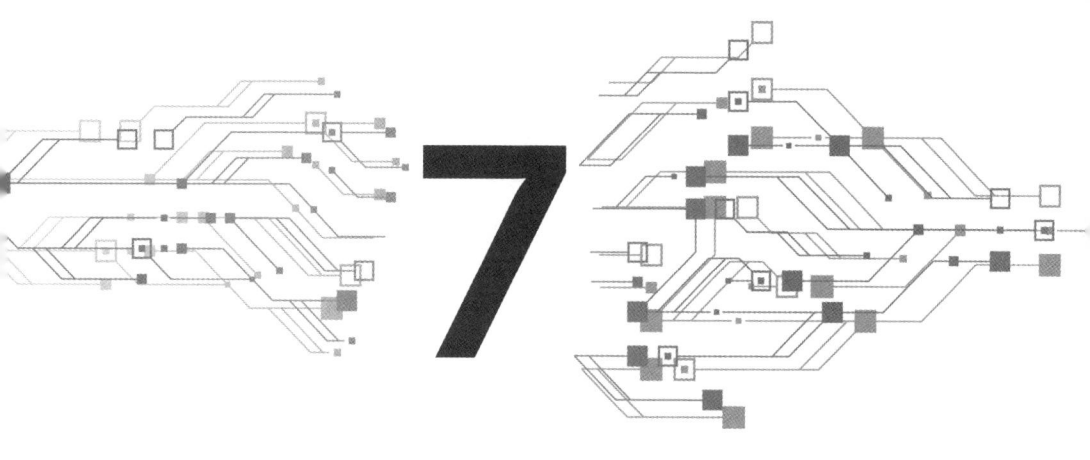

Monitoramento do trabalho no projeto com IA

Este capítulo investiga a integração da inteligência artificial (IA) generativa nas etapas de execução e de monitoramento e no controle do gerenciamento de projetos. Ferramentas poderosas de IA podem processar grandes quantidades de dados, fazer previsões, gerar relatórios e conversar usando a linguagem humana natural. Começamos mostrando como a IA pode ser aproveitada na fase de execução de um projeto – por exemplo, como usá-la na alocação de tarefas e no gerenciamento de recursos.

Em seguida, investigamos o papel da IA no monitoramento do escopo e dos cronogramas, no controle de custos e na manutenção da qualidade.

Ao final deste capítulo, você terá uma visão geral de como a IA pode ser aproveitada para melhorar a eficácia e a eficiência do gerenciamento de projetos. Verá ainda como é importante manter o foco em padrões éticos e responsabilidade profissional.

IA EM AÇÃO: A LUTA CONTRA O EXCESSO DE REUNIÕES

Manter as reuniões produtivas é um desafio para muitos profissionais hoje em dia. É aqui que as ferramentas de IA, como os novos produtos OtterPilot e Otter AI Chat, da Otter.ai, podem ajudar.

O OtterPilot é um assistente virtual alimentado por IA que pode participar de reuniões *on-line* e fazer anotações. Ele transcreve a conversa em tempo real e resume os principais pontos, itens de ação e decisões. Os usuários podem convidar o OtterPilot para qualquer reunião em sua agenda ou configurá-lo para participar de todas as reuniões. Ele também toma parte em várias reuniões simultaneamente, permitindo que você tenha *insights* de mais de uma reunião.

O OtterPilot capta as conversas com uma boa precisão. Ele destaca detalhes importantes na transcrição, como nomes, datas, números e *links*. Embora não sejam perfeitas, as transcrições são boas o suficiente para que os leitores possam entender facilmente o que foi discutido. Nenhum de nós pode reter tudo o que é dito em todas as reuniões de que participamos, e o OtterPilot fornece uma rápida atualização. O produto economiza muito tempo para profissionais que nem sempre podem dedicar toda a sua atenção às reuniões.

Já o Otter AI Chat é uma ferramenta complementar que aproveita a IA para responder a perguntas sobre reuniões de que o OtterPilot participou. Você pode pedir detalhes como "O que John disse sobre o orçamento?" ou "Qual é o prazo do próximo projeto?" O Otter AI Chat também pode sintetizar transcrições de reuniões em conteúdo de acompanhamento, como *e-mails*, resumos e relatórios.

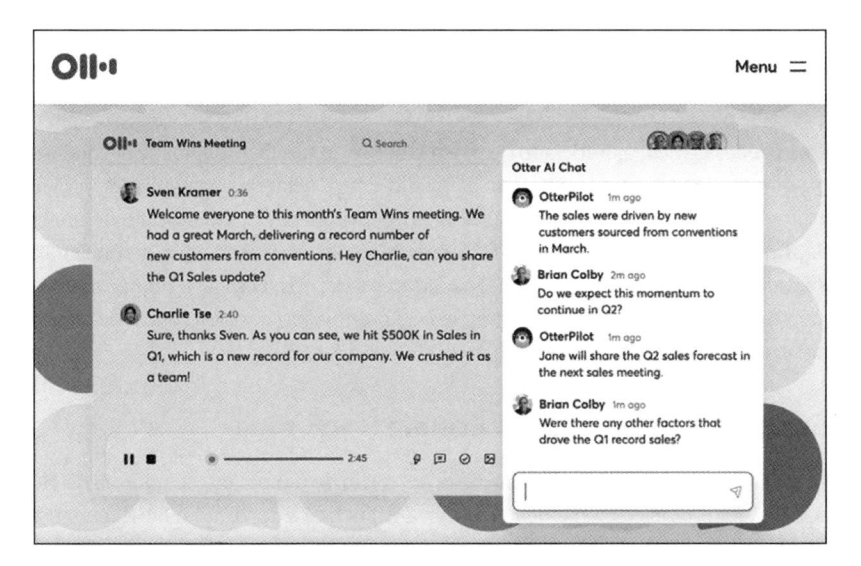

Capítulo 7: Monitoramento do trabalho no projeto com IA

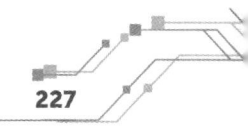

Este exemplo mostra o potencial da IA para aumentar as capacidades humanas no local de trabalho. No entanto, como acontece com qualquer nova tecnologia, existem desafios em torno do uso ético, da privacidade e das consequências não intencionais. Os dados da reunião exigem muito cuidado, especialmente quando envolvem informações confidenciais da empresa.

As ferramentas de assistente de reuniões da Otter.ai mostram o potencial da IA em termos de produtividade. Embora algumas perguntas permaneçam em aberto, as possibilidades em termos de documentação de conversas e extração de *insights* permitem aos profissionais maximizar seu tempo de reunião. Esses assistentes de IA podem ser um alívio para organizações que lutam contra o excesso de reuniões.

Dirigir e gerenciar o trabalho no projeto

O estágio de execução de um projeto envolve várias tarefas críticas para mantê-lo no caminho certo. O *Project Management Body of Knowledge* (PMBOK)[1] agrupa essas tarefas em um novo domínio de desempenho denominado trabalho do projeto, ou gestão de execução e controle. Esse domínio se concentra no processo pelo qual você, o gerente do projeto, pode controlar o trabalho necessário para entregar os

---

1 Do Project Management Institute: www.pmi.org.

produtos, serviços ou resultados do seu projeto. Esse processo mantém o projeto no caminho certo e ajuda a garantir que seus objetivos estejam alinhados com as expectativas das partes interessadas.

Esse processo inclui gerenciar o fluxo e a entrega de tarefas, adaptar-se às mudanças e garantir o foco da sua equipe. Um elemento-chave é liderar sua equipe de projeto e estabelecer sistemas e processos eficientes que resultem em um produto de qualidade. Também envolve comunicação clara com as partes interessadas, gerenciamento de recursos e coordenação com fornecedores externos. Essa fase requer monitoramento atento das mudanças, promoção do aprendizado e transferência de conhecimento entre os membros da equipe.

Estudo de caso – Hotel Bougie

Neste capítulo, nosso estudo de caso gira em torno de um projeto de reforma do Hotel Bougie, um estabelecimento de luxo. Com a expectativa de tornar o hotel um modelo entre estabelecimentos de alto padrão no centro da cidade, o projeto atraiu muita atenção pelo seu *design* ambicioso, instalações de primeira linha e localização privilegiada.

Como gerente do projeto de reforma do Hotel Bougie, você lidera uma equipe internacionalmente diversificada de arquitetos, engenheiros, empreiteiros e *designers*. O objetivo é reformar o edifício e garantir que ele atenda a rigorosos padrões de qualidade, cumpra todos os regulamentos locais e se alinhe com a visão de excelência do hotel para seus hóspedes.

Atribuição automática de tarefas com IA

A alocação adequada de tarefas aos membros da equipe é fundamental para o sucesso do projeto. Você deve considerar os conjuntos de habilidades, a disponibilidade e as cargas de trabalho dos membros da sua equipe. A alocação de tarefas pode ser um processo complexo e demorado, especialmente em equipes grandes, como é o caso do Hotel Bougie.

Produtos generativos de IA, como o ChatGPT, podem ter um papel importante na simplificação desse processo. Como gerente de projetos, você pode usar o ChatGPT para automatizar as atribuições de tarefas, o que é fundamental no direcionamento e gerenciamento do trabalho no projeto.

> *"ChatGPT, com base na matriz de competências e na carga de trabalho atual da equipe, a quem devemos atribuir a tarefa do design de interiores na reforma do Hotel Bougie?"*

Com base na matriz de habilidades e nos dados de carga de trabalho que você compartilhou, Laura Johnson, sua *designer* de interiores, que trabalha em Londres, é a melhor opção. Ela tem a experiência necessária, e sua carga de trabalho atual sugere que ela pode assumir essa tarefa. No entanto, confirme isso com ela e o resto de sua equipe para garantir que ela possa assumir.

Refletindo sobre essa interação, podemos ver o valor da IA na alocação de tarefas. Ela pode processar dados complexos, como matrizes de habilidades e cronogramas de carga de trabalho, com muito mais rapidez e precisão do que os métodos manuais. Isso permite que você, como gerente de projetos, tome decisões informadas.

Agendamento de tarefas com IA

O agendamento de tarefas em um projeto complexo, como a reforma do Hotel Bougie, exige a compreensão de cada tarefa, suas dependências, necessidades de recursos e o tempo que levará. Restrições de recursos e de horário de trabalho e as operações contínuas do hotel também devem ser consideradas. (Os itens nos colchetes angulares seriam fornecidos em seu *prompt*.)

> *"Aqui estão as principais tarefas para o projeto de reforma do Hotel Bougie, suas dependências, durações estimadas e recursos necessários:*
>
> *<Lista de tarefas, dependências, durações e recursos>*
>
> *Você pode ajudar a gerar um cronograma ideal para essas tarefas, considerando uma semana de trabalho de cinco dias?"*
>
> Certamente. Aqui está uma proposta de cronograma, considerando dependências, durações e restrições de recursos:
>
> Tarefa 1: revisão e aprovação do *design* de interiores
>
> Início: dia 1º
>
> Fim: dia 10
>
> Recursos envolvidos: gerente do projeto, equipe de *design*, representante do cliente
>
> Tarefa 2: avaliação e planejamento estrutural
>
> Início: dia 11 (dependente da conclusão da tarefa 1)
>
> Fim: dia 26
>
> Recursos envolvidos: engenheiro estrutural, gerente do projeto
>
> ...
>
> *{A resposta continua com o agendamento detalhado das tarefas restantes, truncado por brevidade e relevância.}*

A capacidade da IA de processar informações tão vastas rapidamente e propor um cronograma ideal oferece uma vantagem significativa, particularmente em projetos grandes e complexos. A IA pode ajudar a garantir que todas as tarefas sejam agendadas para minimizar atrasos e conflitos e permitir que os gerentes de projetos identifiquem possíveis gargalos e tomem medidas preventivas. Isso torna o processo de agendamento do projeto mais dinâmico e responsivo.

No projeto do Hotel Bougie, você continua a usar a IA para monitorar as comunicações em várias plataformas, como Slack ou Microsoft Teams. Esse monitoramento permite que a IA identifique tarefas mencionadas durante as discussões da sua equipe e as adicione automaticamente ao cronograma do projeto, garantindo que não sejam esquecidas.

Solicitando à IA que adicione tarefas

Digamos que você tenha configurado uma integração de automação que é acionada quando você reage a uma mensagem específica na comunicação do Slack ou do Microsoft Teams da sua equipe com um *emoji*. O *software* de IA processa esse alerta para ler a mensagem, resumi-la, gerar itens de ação e adicionar a nova tarefa ao cronograma do projeto e à lista de tarefas de um determinado membro da equipe no sistema de informações de gerenciamento de projetos (PMIS, do inglês *project management information system*).

> **GUIA TÉCNICO** Consulte o Guia Técnico 7.1 sobre o uso do Zapier e do ChatGPT para automatizar tarefas a partir de plataformas de comunicação e integrá-las ao seu PMIS.

Talvez você receba uma mensagem do *designer* de interiores no canal Slack do projeto: "Temos uma nova tarefa; precisamos adicionar lustres *vintage* no saguão principal. Vai levar cerca de uma semana."

A partir daqui, você decide adicionar o *emoji* "✔" (*check*) para enviá-lo ao PMIS do seu projeto.

> *"Recebi uma nova tarefa para adicionar lustres vintage no saguão principal. A tarefa levará cerca de uma semana. Você poderia me ajudar a avaliar o melhor encaixe para essa tarefa no nosso cronograma com os recursos atuais?"*

Capítulo 7: Monitoramento do trabalho no projeto com IA

Para integrar essa nova tarefa ao projeto, devemos considerar suas dependências, recursos necessários e potencial impacto no cronograma.

Com base no cronograma atual e nas dependências da tarefa, sugiro inseri-la após a tarefa de reforma do saguão, pois a instalação dos lustres deve acontecer após a reforma.

Em relação aos recursos, a equipe de *design* de interiores está liderando essa tarefa. Precisamos verificar sua disponibilidade, pois se estiverem envolvidos em outra atividade nesse período, talvez seja necessário realocar recursos ou reagendar tarefas.

Confirme a dependência e a disponibilidade de recursos para que eu possa ajudá-lo a atualizar o cronograma do projeto.

Ao integrar a IA com os canais de comunicação da sua equipe, você garante que cada atualização, cada nova tarefa, seja agendada com eficiência e que tudo funcione sem problemas. Além disso, o uso da IA nessas atividades libera mais tempo para que você, como gerente de projetos, se concentre em tarefas críticas de tomada de decisão.

Vamos supor que você acabou de concluir uma reunião repleta de importantes discussões. Numerosos riscos, ações e questões foram discutidos. Felizmente, você contava com um assistente de IA. Esse assistente gravou as atas, registrando data, hora, palestrantes e muito mais. No entanto, você esqueceu alguns dos tópicos.

"Revise as atas da reunião e forneça um resumo executivo. Além disso, descreva em uma tabela uma análise dos riscos, ações/suposições, problemas e decisões (RAID) identificados na reunião. Nessa tabela, certifique-se de listar quem falou o que e registrar data e hora. Além disso, diga-me quais itens estão ao meu encargo e o momento específico da reunião em que eles foram atribuídos."

Após revisar a ata da reunião, fica claro que vários pontos-chave foram discutidos. Os principais riscos identificados foram potenciais atrasos nos cronogramas do projeto em função de imprevistos e o possível estouro do orçamento. As ações e as suposições feitas incluíram a crença de que todos os membros da equipe concluirão suas tarefas a tempo e se esforçarão para monitorar regularmente o progresso. As principais questões foram a falta de recursos e os potenciais conflitos de horário das equipes. As decisões tomadas incluem alocar recursos adicionais para garantir a conclusão do projeto e ajustar os cronogramas da equipe para evitar conflitos.

Em termos de análise RAID, aqui está a tabela:

RAID	DESCRIÇÃO	GRAVIDADE/PRIORIDADE	SITUAÇÃO	DATA DA RESOLUÇÃO
Riscos	Possíveis atrasos nos cronogramas do projeto	Alta	Em aberto	–
Ações/suposições	Check-ins regulares para monitorar o progresso	Média	Em andamento	–
Problemas	Falta de recursos e potenciais conflitos nos cronogramas da equipe	Alta	Em aberto	–
Decisões	Alocação de recursos adicionais e ajuste de horários da equipe	Alta	Fechada	02/08/2023

(Algumas colunas foram excluídas da tabela devido ao espaço limitado.)

Quanto aos itens de acompanhamento, você foi designado para supervisionar a alocação de recursos adicionais no tempo 00:45:50.

"Faça uma análise de sentimentos a partir das atas da reunião."

A análise de sentimentos da ata da reunião indica um tom geralmente positivo, com os membros da equipe expressando otimismo sobre o progresso do projeto e confiança na superação dos riscos e problemas identificados. No entanto, também houve expressões de preocupação com possíveis atrasos e alocação de recursos, indicando áreas que podem precisar de atenção adicional no futuro.

GUIA TÉCNICO No Guia Técnico 7.2, você descobrirá como usar o recurso de transcrição do Microsoft Word para carregar ou transcrever áudio. Você pode, então, inserir a transcrição na ferramenta de IA Claude, da Anthropic, para que ela forneça resumos, itens de ação, *insights* e análises de sentimentos.

Em vez de ouvir toda a reunião, você pode pedir ao assistente de IA que forneça os principais destaques. Você pode pedir que ele confirme a data e a hora específicas em que os tópicos foram discutidos. Você também pode pedir que ele liste todos os itens de ação atribuídos a você. Pode adicioná-los ao cronograma do projeto e à lista de tarefas com automações e *plug-ins* que se valem da IA. Plataformas de comunicação populares, como o Slack, também integram serviços de IA em que os usuários podem interagir diretamente com agentes automatizados, como o Claude da Anthropic.

GUIA TÉCNICO Consulte o Guia Técnico 7.3 para aprender alguns recursos do Claude no Slack.

Alocação e otimização de recursos com IA

Na fase subsequente da reforma do Hotel Bougie, você encontra um desafio comum na gestão de projetos: alocação e otimização de recursos. Esse processo é complicado pela complexidade e natureza dinâmica do projeto.

Imagine que seja necessário mudar alguns membros da equipe devido a alterações nos requisitos do projeto ou por indisponibilidade de algum dos integrantes. Descobrir manualmente como realocar recursos e ajustar cronogramas pode consumir muito do seu tempo. Além disso, é difícil acompanhar todos os parâmetros, o que pode levar a decisões aquém do ideal. É aí que a IA pode ajudar, otimizando o processo.

Digamos que um dos membros fundamentais da sua equipe, o engenheiro-chefe, adoeça e fique indisponível por duas semanas. A IA pode ajudar, conforme mostra o *prompt* a seguir.

"O engenheiro-chefe está fora por duas semanas. Você poderia me ajudar a reavaliar o cronograma do projeto e sugerir uma realocação de tarefas e recursos?"

Com base nas atribuições atuais do engenheiro, as seguintes tarefas serão impactadas:

- Finalizar mudanças estruturais do lobby.
- Revisar os protocolos de segurança da reforma da cozinha.

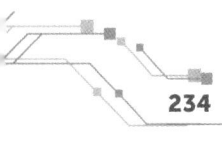

A tarefa de mudanças estruturais do *lobby* poderia ser realocada para o engenheiro-assistente, já envolvido com o projeto e seu conjunto de habilidades. No entanto, isso também exigirá mover a tarefa de reforma do pátio para uma data posterior ou atribuí-la a outro membro da equipe.

Devo revisar o cronograma considerando essas mudanças?

Alocar recursos de maneira eficaz não é apenas preencher uma lacuna na equipe quando alguém não está disponível; é um processo dinâmico que requer ajustes contínuos, considerando as condições do projeto, prioridades e mudanças na disponibilidade de recursos. Portanto, o valor da IA está em sua capacidade de otimizar a alocação de recursos para maximizar a eficiência continuamente.

Vamos supor que uma tarefa não planejada apareça, como redesenhar a varanda da frente em função de uma atualização no código de obras. Como gerente do projeto, você deve alocar essa tarefa a um membro da equipe. É aqui que a IA pode ser de grande valia.

"Preciso acrescentar uma tarefa ao projeto: redesenhar a varanda da frente. Essa tarefa requer conhecimento sobre arquitetura e regras de edificação. Você pode sugerir o melhor membro da equipe para assumir essa tarefa?"

Com base na carga de trabalho atual da equipe e no conjunto de habilidades necessárias, recomendo atribuir o redesenho da varanda da frente ao arquiteto-assistente. Ele tem o conhecimento necessário e está com tempo para assumir essa tarefa. Assumi-la não deve atrapalhar sua carga de trabalho atual. Ainda assim, você pode rever a tarefa de inspeção das paredes internas, que é de menor prioridade e pode ser adiada ou reatribuída sem impacto significativo no projeto.

A IA pode, assim, apoiar uma decisão baseada em dados, levando em consideração os requisitos da tarefa, o conjunto de habilidades necessárias e a carga de trabalho atual da equipe. Isso garante uma distribuição ideal e equilibrada de tarefas entre os membros da equipe.

As ferramentas de gerenciamento de projetos baseadas em IA permitem que você realoque recursos dinamicamente, garantindo o mínimo de interrupção no cronograma do projeto.

Gestão da qualidade com IA

A gestão da qualidade garante que o projeto satisfaça as necessidades pretendidas. Isso inclui todas as atividades da gestão que determinam a política de qualidade, os objetivos e as responsabilidades, bem como as implementa dentro do sistema de qualidade.

Muito tempo após a conclusão do projeto, as partes interessadas se lembrarão de apenas uma coisa: a qualidade do trabalho realizado. Assim, é importante que todos os gerentes de projetos prestem atenção especial a este tópico. Agora você pode contar com a IA para ajudá-lo, como gerente de projetos, a desenvolver e monitorar padrões de qualidade e sugerir melhorias a partir de *insights* baseados em dados.

Planejamento de qualidade com IA

O planejamento de qualidade envolve a definição dos padrões de qualidade de um projeto e a comparação dos resultados reais com esses padrões para otimizar a qualidade como um todo. A IA pode ter um papel significativo, ajudando os gerentes de projetos a desenvolver e monitorar esses padrões, ao mesmo tempo que previne defeitos e inconsistências ao longo do ciclo de vida do projeto.

Estabelecer padrões e *benchmarks* de qualidade claros e mensuráveis é parte do planejamento de qualidade. Esses *benchmarks* dão à equipe de projeto uma meta, e os padrões descrevem as práticas que devem ser seguidas para alcançar esses *benchmarks*.

Um produto de IA como o ChatGPT pode ajudá-lo a estabelecer *benchmarks* e padrões. Por exemplo, no projeto do Hotel Bougie, dois padrões de qualidade são importantes: preservar o apelo estético da arquitetura original e garantir um nível superior de conforto e luxo.

> *"Nosso objetivo é manter a estética arquitetônica original do Hotel Bougie durante nossa reforma, mantendo um alto padrão de conforto e luxo. Você poderia me ajudar a elaborar um padrão de qualidade detalhado para esse* benchmark*?"*
>
> A reforma do Hotel Bougie deve incorporar comodidades e instalações modernas sem comprometer a estética arquitetônica original, como a cantaria da era vitoriana, a marcenaria ornamentada no saguão e os vitrais exclusivos no refeitório. Os elementos adicionados devem ser complementares. O projeto geral deve respeitar as proporções espaciais originais e o leiaute para manter a história do ambiente. Todos os quartos devem ter sistemas de controle de temperatura de última geração, roupas de cama macias e utensílios de banheiro de alta qualidade, para proporcionar aos hóspedes uma experiência luxuosa. As áreas comuns, como o *lobby* e o refeitório, devem apresentar assentos confortáveis, iluminação elegante e decoração de bom gosto que realce o charme histórico do hotel. Materiais e acabamentos de alta qualidade são essenciais em todas as áreas do hotel para garantir durabilidade e uma atmosfera de luxo.

A capacidade da IA de fornecer respostas detalhadas e específicas pode facilitar a tarefa de definir padrões de qualidade, garantindo que eles estejam claros para todas as partes interessadas do projeto.

Garantia de qualidade com IA

A garantia de qualidade (QA, do inglês *quality assurance*) é um processo proativo que busca prevenir defeitos e assegurar que os padrões e procedimentos planejados sejam seguidos com precisão. No contexto do Hotel Bougie, a garantia de qualidade envolveria verificações e auditorias regulares para garantir a adesão aos padrões da arquitetura original e do luxo.

"Precisamos implementar um processo proativo de garantia de qualidade para garantir que nosso projeto de reforma respeite a estética arquitetônica original do Hotel Bougie e mantenha um alto padrão de conforto e luxo. De que forma podemos garantir isso?"

Para garantir que a reforma do Hotel Bougie siga os padrões de qualidade estabelecidos, a estratégia deve ser multifacetada.

Em primeiro lugar, deve ser criada uma equipe de qualidade, composta por indivíduos que conheçam o estilo arquitetônico e os padrões de luxo do hotel. Essa equipe deve fazer auditorias regulares do processo de reforma para garantir que a estética arquitetônica original seja respeitada.

Em segundo lugar, deve ser criada uma lista de verificação com os elementos que precisam ser preservados, como a cantaria da era vitoriana, a marcenaria ornamentada no saguão e os vitrais exclusivos no refeitório. Essa lista deve guiar as auditorias, para garantir que esses elementos sejam preservados e aprimorados.

Em terceiro lugar, devem ser realizadas sessões de treinamento para todos os membros da equipe do projeto, para garantir que eles entendam a importância de preservar a estética e os padrões. Essas sessões também podem reforçar os procedimentos e práticas a serem seguidos.

Qualquer desvio dos padrões estabelecidos deve ser documentado e revisado pelo gerente do projeto e pela equipe de qualidade. Ações corretivas devem ser tomadas imediatamente para corrigir qualquer problema.

Em resumo, o ChatGPT pode ajudar os gerentes de projetos a manter a qualidade, fornecendo orientação detalhada e específica. Você pode usar a IA para ajudá-lo a desenvolver uma série de etapas, ações e planos para preservar os *benchmarks* e padrões de qualidade do seu projeto.

Controle de qualidade com IA

O controle de qualidade envolve o monitoramento dos resultados do projeto para determinar se estão em conformidade com os padrões relevantes e identificar maneiras de eliminar as causas do desempenho insatisfatório. O ChatGPT também pode ajudar a enquadrar a abordagem para o controle de qualidade:

> *"Concluímos um conjunto de apartamentos no Hotel Bougie seguindo o padrão de conforto e luxo planejado. Precisamos garantir a qualidade do trabalho antes de continuarmos no restante dos apartamentos. Que itens devem fazer parte da nossa lista de controle de qualidade?"*

Uma lista de verificação de controle de qualidade é uma ótima maneira de garantir que os apartamentos atendam aos padrões desejados.

Aqui está um exemplo de lista de verificação:

- Mobiliário: verifique cada peça de mobiliário quanto a *design*, conforto e qualidade do material. Certifique-se de que correspondem aos critérios estabelecidos. Preste atenção a detalhes como o conforto da cama, o *design* ergonômico das cadeiras e a qualidade das cortinas.
- Comodidades: teste todas as comodidades oferecidas. A Smart TV deve funcionar corretamente, com acesso a serviços de *streaming* e conectividade *wi-fi* de alta velocidade, e o sistema de controle de temperatura do ambiente e o frigobar devem funcionar adequadamente.
- Paleta de cores: avalie a estética geral do apartamento. Verifique se a paleta de cores está alinhada com o esquema definido e se as texturas e os padrões se mesclam adequadamente.
- Impressão geral: por fim, entre no apartamento como se fosse o hóspede. Ele passa uma impressão de conforto e luxo? Tudo funciona como deveria? Há algo que esteja fora do lugar ou que possa ser melhorado?

Você também pode aproveitar a IA para analisar dados e criar ferramentas visuais, como gráficos de Pareto. Esses gráficos são particularmente úteis na identificação das fontes mais comuns de problemas de um projeto. Por exemplo, você pode pedir ao ChatGPT para criar um gráfico de Pareto a partir de um conjunto de dados de controle de qualidade usando a ferramenta Análise Avançada de Dados:

> *"ChatGPT, coletei dados de controle de qualidade do nosso projeto de reforma. Vários problemas surgiram. Você pode me ajudar a criar um gráfico de Pareto para identificar os problemas mais comuns?"*

Aqui está um gráfico de Pareto que mostra os problemas mais frequentes no projeto.

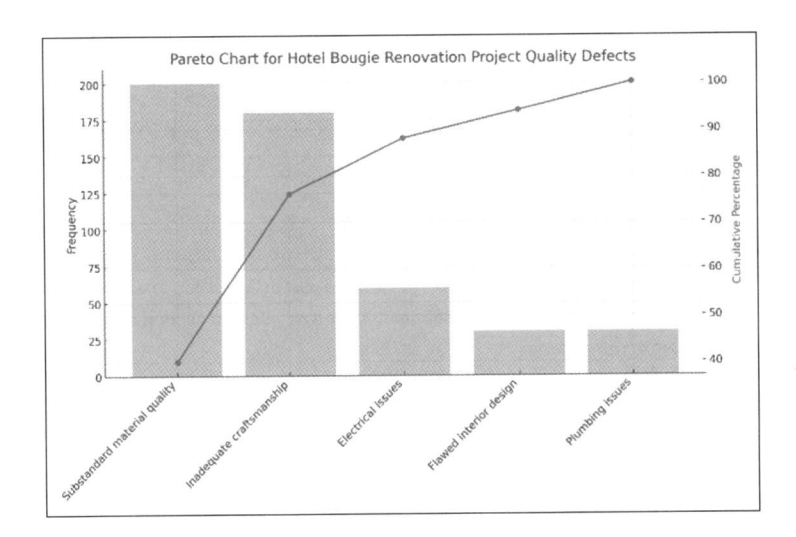

Pareto Chart for Hotel Bougie Renovation Project Quality Defects

Defect	Frequency
Substandard material quality	200
Inadequate craftsmanship	180
Electrical Issues	62
Flawed interior design	35
Plumbing Issues	35

A partir dos dados fornecidos, o ChatGPT pode gerar um gráfico de Pareto destacando os problemas mais comuns, como atrasos nas entregas de materiais, mudanças nos planos de *design* de interiores ou problemas com os contratados. Com essa ferramenta visual, você pode concentrar seus esforços na mitigação dos problemas mais significativos primeiro.

> **GUIA TÉCNICO** No Guia Técnico 7.4, você encontrará um modelo de *prompt* que pode ser usado para controle de qualidade.

Aproveitando a IA no controle de qualidade e na melhoria contínua

O controle de qualidade de um projeto exige monitoramento contínuo dos resultados para garantir o atendimento aos padrões. Qualquer desvio pode então ser prontamente corrigido. As ferramentas de IA podem apoiar ao rastrear resultados do projeto em relação aos critérios especificados e alertar para possíveis desvios.

Imagine que o ChatGPT tenha acesso a um banco de dados de projetos de reformas, incluindo imagens de antes e depois, *benchmarks* de qualidade e resultados alcançados. Veja como você pode solicitar que a IA verifique o trabalho:

> *"Acabamos a reforma do primeiro conjunto de apartamentos do Hotel Bougie. Aqui estão as imagens dos quartos reformados. Você poderia compará-los com nossos padrões de qualidade e me avisar se houver algum desvio?"*

A imagem pode ser analisada pelo recurso Visão do ChatGPT (ou IA semelhante com *prompts* de imagem, como o Bard do Google ou o Bing AI da Microsoft). A IA faria a comparação e destacaria possíveis desvios, recomendando ações corretivas. Esse *feedback* permitiria a adoção de rápidas medidas corretivas.

IA no monitoramento e controle do trabalho do projeto

Ferramentas de IA, como o ChatGPT, podem ser um divisor de águas no monitoramento e no controle do trabalho do projeto. Com a IA, você pode automatizar tarefas que normalmente consumiriam muito tempo e obter *insights* para ajustes proativos. Vamos explorar isso no projeto de reforma do Hotel Bougie.

Monitoramento do desempenho do projeto com IA

Como gerente do projeto de reforma do Hotel Bougie, você mantém registros do progresso do projeto. Foram registradas as horas de trabalho da equipe, o uso de materiais, os custos e o *status* de cada tarefa.

Agora, você pode recorrer ao ChatGPT para ajudar a digerir esses dados e gerar um relatório de desempenho. Neste exemplo, assumiremos que os dados foram pré--processados em um formato que o ChatGPT possa entender (você também pode carregar uma planilha usando o recurso Análise Avançada de Dados do ChatGPT).

> *"ChatGPT, aqui estão os dados do nosso projeto de reforma do Hotel Bougie:*
>
> *<Inserir dados do projeto aqui>*
>
> *Lista de tarefas: <Insira uma lista de tarefas com suas datas de conclusão planejadas e reais.>*
>
> *Registros de tempo: <Insira as horas de cada membro da equipe gastas em cada tarefa.>*
>
> *Registros de materiais: <Insira as quantidades de cada tipo de material usado até agora.>*
>
> *Registros de custos: <Insira custos de mão de obra e material para cada tarefa.>*
>
> *Relatórios de qualidade: <Insira resultados da garantia de qualidade para cada tarefa concluída.>*
>
> *Você poderia analisar esses dados e fornecer um breve relatório de desempenho do projeto?"*

Com base nos dados fornecidos, aqui está uma visão geral hipotética do desempenho do projeto:

Cronograma: de acordo com a lista de tarefas e as datas de conclusão informadas, o projeto está com três dias de atraso. O atraso se deve principalmente à tarefa 7, que demorou mais do que o previsto.

Custo: o projeto está um pouco acima do orçamento. O custo total realizado está 4% maior do que o custo orçado. Os custos de mão de obra estão dentro da meta, mas os custos de material são maiores do que o esperado, especialmente para a tarefa 5.

Qualidade: os relatórios mostram que 90% das tarefas concluídas atenderam aos padrões de qualidade estabelecidos, o que é um bom indicador. No entanto, três tarefas não atenderam aos padrões exigidos e precisaram ser refeitas, contribuindo para o atraso do cronograma.

Essa interação com o ChatGPT oferece uma visão geral do *status* do projeto em termos de cronograma, custo e qualidade. O exemplo fornecido não usa dados reais; se você usar, produzirá uma resposta mais específica e detalhada para o seu projeto.

Agora vamos ver como o ChatGPT pode ajudá-lo a realizar uma análise de gestão de valor agregado (GVA, do inglês *gross value added*):

"Usando os mesmos dados do projeto de reforma do Hotel Bougie, você poderia fornecer uma análise de GVA?"

Aqui está uma análise simples da gestão de valor agregado (GVA) baseada em seus dados, mostrando o valor planejado (VP), o valor agregado (VA) e o custo real (CR):

MÊS	VP	VA	CR
1	$ 50.000	$ 47.500	$ 49.400
2	$ 100.000	$ 95.000	$ 98.800
3	$ 150.000	$ 142.500	$ 148.200

Índice de desempenho do cronograma: considerando os dados que você forneceu, o índice é de 0,95, o que indica que, para cada hora de trabalho, você está completando apenas 95% do que havia planejado. Isso apoia a percepção de que o projeto está um pouco atrasado.

Índice de desempenho de custo: seu índice é de 0,96, o que significa que você está recebendo 96 centavos de trabalho por dólar gasto. Isso indica que você está um pouco acima do orçamento, confirmando o que foi observado anteriormente.

Essa análise confirma as descobertas anteriores de que o projeto está um pouco atrasado e acima do orçamento.

A IA permite um monitoramento eficiente e preciso do desempenho do projeto e fornece informações valiosas para a tomada de decisões.

Ajustes proativos do projeto com IA

O gerenciamento de projetos é um campo dinâmico, e os gerentes geralmente precisam ajustar suas estratégias em tempo real em resposta a mudanças ou problemas inesperados. A capacidade de antecipar essas mudanças e fazer ajustes com antecedência pode afetar significativamente o sucesso de um projeto.

A IA pode ajudar a gerar vários cenários alternativos ou planos de ação com base nos dados inseridos, permitindo que você antecipe decisões. Ela pode sugerir ações corretivas com base nas métricas de desempenho do projeto, oferecer sugestões de realocação de recursos ou propor ajustes no cronograma.

Por exemplo, com base na análise GVA para a reforma do Hotel Bougie, fica claro que o projeto está um pouco atrasado e acima do orçamento. Use a IA para explorar várias estratégias e levar o projeto de volta aos trilhos.

> *"Dado o seu status atual, que estratégias poderíamos empregar para trazer o projeto do Hotel Bougie de volta ao cronograma e orçamento? Você pode fazer uma análise de impacto?"*
>
> Realocação de recursos: realocação de alguns recursos de tarefas menos críticas para aquelas que causam o atraso. Por exemplo, se o atraso na reforma do saguão e do restaurante for por problemas elétricos, você pode alocar mais eletricistas para agilizar o processo.
>
> Revisão do cronograma do projeto: algumas tarefas que não dependem das reformas do saguão e do restaurante podem ser adiantadas. Isso permitiria que outras partes do projeto avançassem sem serem interrompidas pelo atraso.
>
> Negociação com fornecedores: pode ser benéfico negociar com fornecedores em busca de uma entrega mais rápida de materiais ou de descontos, para ajudar a controlar os custos. No entanto, isso deve ser feito sem comprometer a qualidade.

Essas estratégias podem ser avaliadas e ajustadas com base nas circunstâncias específicas do projeto. Você pode então implementar a abordagem mais adequada. A IA oferece opções de avaliação, fornecendo uma visão mais holística do projeto e aumentando as chances de sucesso. A IA ajuda você a entender as possíveis consequências de suas decisões, com uma análise de impacto detalhada.

GUIA TÉCNICO O Guia Técnico 7.5 mostra como você pode usar dados de projetos exportados de produtos do PMIS, como Asana, Jira ou Trello, e importar para a ferramenta de Análise Avançada de Dados do ChatGPT, a fim de realizar análises de impacto e criar cenários hipotéticos para o seu projeto.

Validando e controlando escopo, cronograma e custo com IA

Um gerenciamento eficaz exige cuidado com a restrição tripla – custo, escopo e tempo – sem perder a qualidade. É importante entender o escopo do projeto, acompanhar de perto a alocação do orçamento, identificar restrições de cronograma e definir o que significa qualidade no contexto do projeto. O equilíbrio dessas restrições pode mudar, mas ter uma compreensão clara de como cada restrição afeta as outras o ajudará a tomar decisões informadas.

Validação do escopo

Na gestão de projetos, a validação do escopo significa que o cliente concorda com os entregáveis. Ela garante que cada entrega seja completa e satisfatória, de acordo com o escopo do projeto. A IA pode aprimorar o processo de validação do escopo ao automatizar muitas verificações de rotina e fornecer uma avaliação objetiva. Por exemplo, no projeto do Hotel Bougie, o escopo inclui alto padrão de conforto e luxo. Várias verificações de qualidade e análises de clientes devem ser consideradas para validar esse escopo.

> *"Tenho avaliações de clientes sobre nossos quartos reformados em um arquivo CSV. Pedimos aos clientes que classificassem os quartos com base em conforto, luxo e satisfação geral, em uma escala de 1 a 5. Gostaria de entender a tendência geral e qualquer problema ou destaque específico mencionado pelos clientes. Você pode ajudar?"*

Certamente. Primeiro dê uma olhada nesta tabela do arquivo CSV:

ID DO CLIENTE	AVALIAÇÃO DO CONFORTO	AVALIAÇÃO DO LUXO	ÍNDICE DE SATISFAÇÃO GERAL	COMENTÁRIOS
001	4	5	5	"Excelente serviço e condições do apartamento. Muito confortável e luxuoso."
002	4	3	4	"Muito confortável, mas eu esperava detalhes mais requintados."
003	5	4	5	"O quarto era muito confortável. Luxuoso, mas há espaço para melhorias."
004	3	5	4	"Luxuoso, mas a cama poderia ser mais confortável."
005	4	4	4	"Bom equilíbrio entre conforto e luxo. Continue assim!"

Satisfação geral: a classificação média de satisfação geral é de 4,4 em 5, indicando altos níveis de satisfação entre os clientes.

Questões específicas:

Um cliente (ID 004) mencionou que a cama poderia ser mais confortável. Isso merece atenção, pois pode melhorar a classificação de conforto.

Outro cliente (ID 002) esperava detalhes mais luxuosos. Seria bom buscar *feedback* mais específico para entender quais áreas podem ser melhoradas para aumentar a classificação de luxo.

Pontos de destaque:

Vários clientes mencionaram que os quartos são confortáveis e luxuosos, o que se alinha ao escopo do projeto.

O atendimento foi elogiado por um cliente (ID 001).

A IA pode interpretar os dados e extrair as principais informações, dando uma imagem geral da satisfação do cliente e de qualquer preocupação ou elogio específico. Com essa visão, você pode determinar se o escopo do projeto (alto padrão de conforto e luxo) está sendo percebido pelos clientes.

Essa automação reduz o trabalho manual e minimiza o viés e o erro humanos. À medida que você avança no ciclo de vida do projeto, é essencial continuar validando seu trabalho em relação ao escopo definido para permanecer no caminho certo.

Controle de escopo com IA

Controlar o escopo do projeto é outro aspecto importante. Envolve o monitoramento do escopo do projeto e do produto e o gerenciamento de alterações. Usando a IA, você pode garantir que seu projeto esteja alinhado com o escopo original. Ao alimentar uma IA como o ChatGPT com dados do projeto, você pode ser alertado em caso de desvios.

O projeto do Hotel Bougie está em andamento e, como é natural, novas ideias estão surgindo. É aqui que a IA pode ajudá-lo, como gerente de projetos, a permanecer vigilante sobre o escopo.

> *"Aqui está a última rodada de atualizações de nossos vários grupos de stakeholders. Preciso saber se ficaremos dentro do escopo inicial de alto padrão de conforto e luxo. Você pode ajudar a identificar qualquer possível desvio de escopo?*
>
> *Equipe de arquitetura: a reforma está avançando como planejado. Tivemos problemas na cadeia de suprimentos e estamos pensando em trocar os acessórios nos banheiros para uma marca menos premium.*
>
> *Equipe de gastronomia: a equipe preparou um novo menu de serviço de quarto. Agora inclui vários pratos com base nas últimas tendências gastronômicas. No entanto, eles também querem introduzir um conceito 'da fazenda para a mesa', com produtos frescos e orgânicos de fazendas locais.*
>
> *Equipe de TI: a equipe sugeriu atualizar o sistema wi-fi do hotel para fornecer um serviço de internet mais rápido. Isso não estava no plano original, mas a equipe acredita que é fundamental para garantir um alto padrão de conforto para nossos hóspedes."*

Com base nas atualizações fornecidas, aqui estão alguns possíveis desvios que podem afetar o escopo:

1. Equipe de arquitetura: mudar os acessórios do banheiro para uma marca diferente pode não se alinhar com o escopo original de alto padrão de conforto e luxo do projeto. Você precisará garantir que a qualidade dos novos equipamentos corresponda aos padrões esperados.

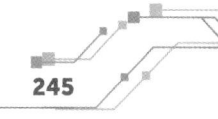

2. Equipe de gastronomia: o conceito "da fazendo para a mesa" é uma ótima ideia para potencializar o luxo, mas não foi incluído no escopo inicial. Isso pode aumentar os custos do projeto e exigir recursos adicionais.

3. Equipe de TI: a sugestão de atualizar o sistema *wi-fi* do hotel é importante para o conforto. No entanto, como não fazia parte do plano original, pode aumentar o custo e o tempo do projeto.

Isso mostra que, ao se envolver regularmente com uma IA como o ChatGPT, você pode obter *insights* valiosos que o ajudam a identificar e mitigar de imediato possíveis desvios de escopo. Você pode tomar decisões informadas sobre alterações com base no alinhamento aos objetivos e às restrições originais do seu projeto. Com base na resposta anterior, como gerente de projetos, você deve usar seu julgamento e coordenar com as expectativas dos *stakeholders* para garantir a qualidade e ter cuidado com a restrição tripla.

GUIA TÉCNICO O Guia Técnico 7.6 fornece um modelo de *prompt* para abordar o controle de escopo.

Controle de cronograma com IA

O projeto de reforma do hotel está em pleno andamento, e tudo parece estar no caminho certo. A reforma dos apartamentos foi concluída dentro do cronograma, levando os 30 dias planejados. As instalações hidráulicas deveriam começar logo após, com duração estimada de 45 dias. Após a parte hidráulica, seria a vez das instalações elétricas.

No entanto, houve um imprevisto – a entrega dos materiais hidráulicos foi adiada em uma semana, estendendo a obra por mais alguns dias. Naturalmente, a instalação elétrica foi afetada, mas até que ponto? Como esse atraso afetará o cronograma geral do projeto?

"Nosso projeto de reforma do Hotel Bougie está enfrentando alguns atrasos. A reforma dos apartamentos levou 30 dias, mas tivemos problemas na fase das instalações hidráulicas. Um atraso na entrega do material fez com que começássemos uma semana atrasados e estendêssemos a fase por mais uma semana. Como a parte elétrica começaria imediatamente após, ela também está atrasada. Você pode ajudar a analisar a variação do cronograma e explicar os impactos potenciais em nosso projeto?"

A IA pode fornecer uma análise detalhada da mudança no cronograma. Isso permite que você fique por dentro dos cronogramas do seu projeto e tome decisões informadas quando ocorrerem desvios, como você pode ver nesta resposta do ChatGPT:

> Eu posso ajudar com isso. O atraso inicial na fase de instalação hidráulica afeta também a parte elétrica. Veja como o atraso impacta o cronograma geral:
>
> Fase de instalação hidráulica: deveria durar 45 dias, mas com o atraso na entrega do material, vai levar 52 dias. Isso resulta em uma variação de cronograma de +7 dias para essa fase.
>
> Fase de instalação elétrica: pode começar somente após a conclusão da hidráulica. Assim, o atraso tem um efeito cascata, impactando a elétrica em sete dias. Se assumirmos que nenhum recurso extra será adicionado e a duração dessa fase permanecerá inalterada, ela também terminará sete dias depois do planejado inicialmente. Isso resulta em uma variação de cronograma de +7 dias para essa fase.
>
> Projeto geral: considerando essas variações, o cronograma do seu projeto foi prorrogado em mais 14 dias. Esse atraso pode afetar tarefas dependentes e as expectativas dos *stakeholders*, bem como ter implicações de custo.
>
> É importante notar que essas projeções são baseadas na situação atual e assumem que não haverá mais interrupções ou mudanças de recursos. Você deve comunicar imediatamente esse atraso a todas as partes interessadas e começar a explorar estratégias para mitigar seu impacto. Isso pode incluir reagendar tarefas, realocar recursos ou ajustar o escopo do projeto, se necessário.

Essa resposta detalhada do ChatGPT garante uma análise da variação do cronograma e fornece *insights* sobre formas de comunicar esse atraso e possíveis estratégias para mitigar seu impacto.

Previsão do cronograma do projeto com IA

A inteligência artificial oferece uma série de recursos que podem ajudar significativamente na previsão de cronogramas de projetos. A capacidade de processar grandes volumes de dados, aprender com dados históricos do projeto e analisar tendências atuais garante aos gerentes de projetos *insights* inestimáveis.

Por exemplo, na reforma do Hotel Bougie, você pode usar o ChatGPT para analisar dados em cada estágio:

- **Coleta e organização de dados:** inicialmente, como gerente de projetos, você precisa coletar e organizar dados relevantes. Isso inclui dados históricos do cronograma, do progresso do projeto e dos atrasos ou alterações no cronograma.

- **Análise baseada em IA:** de posse dos dados relevantes, você pode usar a ferramenta de Análise Avançada de Dados do ChatGPT para processar esses dados, identificar tendências, comparar o progresso com cronogramas históricos e analisar desvios.

- **Previsões:** com base na análise de dados, você pode pedir ao ChatGPT para prever a data potencial de conclusão do projeto. Isso pode levar à seguinte interação:

> *"Diante dos dados do cronograma do projeto, do progresso atual e dos atrasos que experimentamos, você pode me ajudar a prever a data provável de conclusão?"*
>
> Analisando os dados fornecidos, vejo que as fases de *design* e aquisição estão concluídas. A reforma está com duas semanas de atraso por complicações estruturais inesperadas. Dados o histórico e o ritmo atual, e supondo que não haja atrasos significativos, o projeto provavelmente levará mais duas semanas para ser concluído. Observe que essa é uma previsão, e os prazos reais podem variar. Aconselha-se o monitoramento e ajuste contínuos.

- **Revisar e planejar adequadamente:** você pode revisar as previsões geradas por IA e, com base em sua experiência e compreensão do projeto, elaborar estratégias para recuperar o tempo perdido ou ajustar as expectativas das partes interessadas.

- **Sistemas de gerenciamento de projetos:** a maioria das organizações usa algum sistema de gerenciamento para acompanhar o progresso de seus projetos. Sistemas como Microsoft Project, Jira, Trello ou Monday são populares. Esses sistemas podem fornecer uma grande quantidade de informações sobre conclusão de tarefas, dependências e ajustes de linha do tempo e geralmente suportam a exportação de dados para formatos como valores separados por vírgulas (CSV) ou Excel.

- **Dados da equipe:** as informações mais atualizadas geralmente são obtidas diretamente dos membros da equipe que trabalham nas tarefas. Reuniões regulares de atualização do projeto ou atualizações de *status* por escrito podem fornecer contexto e detalhes adicionais sobre o progresso e possíveis atrasos.

- **Registros de riscos:** os gerentes de projetos rastreiam possíveis riscos e problemas que afetam o cronograma do projeto. A incorporação desses dados pode melhorar a precisão das previsões.

Uma vez que todos os dados necessários são coletados, eles podem ser organizados em um formato adequado (como CSV ou Excel) e, em seguida, carregados na ferramenta de Análise Avançada de Dados do ChatGPT para análise.

Ética e responsabilidade profissional

A integração da IA no gerenciamento de projetos exige atenção a aspectos éticos. Ao planejar, ajustar, relatar ou tomar decisões, os cuidados éticos são muito importantes.

A IA pode sugerir ajustes no projeto e monitorá-lo em tempo real, mas devemos validar seus *insights*. A confiança cega e a negligência dos elementos humanos levantam preocupações éticas, assim como a transparência e a precisão das previsões de IA.

A IA pode agilizar a tomada de decisões por meio de relatórios rápidos, mas os dados de entrada devem ser precisos e imparciais. Os relatórios gerados por IA devem ser verificados. Devemos ser transparentes sobre quando e como eles são usados. Ao usar a IA para cálculos, como métricas de GVA, é importante verificar possíveis erros, lembrando que a qualidade do relatório depende dos dados de entrada.

A IA pode melhorar o monitoramento, mas não substitui a supervisão humana. É nosso dever ético revisar e validar consistentemente os resultados da IA.

Os princípios fundamentais da ética de gerenciamento de projetos – responsabilidade, respeito, justiça, honestidade – devem orientar o uso da IA.

Pontos-chave a serem relembrados

- **A IA na execução do projeto:** a IA pode facilitar a tomada de decisões na fase de execução de um projeto, auxiliando na alocação de tarefas e no gerenciamento de recursos e de conhecimento.
- **Monitoramento de cronograma com IA:** a IA pode processar grandes quantidades de dados relacionados ao cronograma e ajudar a identificar possíveis gargalos e problemas, propiciando oportunidades de solução de problemas.

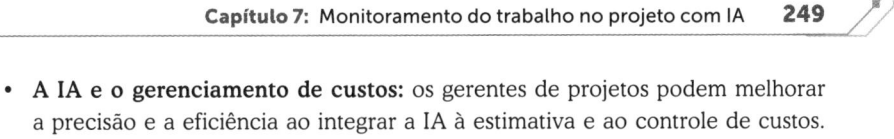

- **A IA e o gerenciamento de custos:** os gerentes de projetos podem melhorar a precisão e a eficiência ao integrar a IA à estimativa e ao controle de custos. O ChatGPT pode trabalhar com grandes conjuntos de dados e realizar cálculos complexos.

- **Controle de qualidade via IA:** o ChatGPT pode ajudar os gerentes de projetos a manter os padrões de qualidade, desde a análise de dados de desempenho anteriores até a identificação de possíveis problemas de qualidade.

- **O papel da IA no gerenciamento de escopo:** a IA pode ajudar a identificar e controlar o desvio de escopo, analisando as tendências do projeto e fornecendo alertas precoces. Ainda assim, os gerentes de projetos devem evitar a dependência excessiva da IA.

- **Considerações éticas e responsabilidade profissional:** à medida que usamos a IA no gerenciamento de projetos, é essencial defender princípios éticos como privacidade de dados, precisão, justiça e transparência. A IA não deve substituir a tomada de decisão humana no que diz respeito ao monitoramento e controle de projetos.

Guia técnico

7.1 Automação de tarefas de plataformas de comunicação em um PMIS usando Zapier e ChatGPT

O Zapier, uma poderosa ferramenta de automação, pode ser integrado ao Slack, ao Teams ou a outras plataformas de comunicação para agilizar as tarefas de gerenciamento de projetos. Ao configurar um Zap, você pode reagir a uma mensagem e acionar uma automação. Essa automação usa o ChatGPT da OpenAI para gerar um resumo da mensagem e identificar os principais itens de ação. Esses itens de ação são analisados automaticamente e enviados para um PMIS como a Asana. Esse processo resulta em um fluxo de trabalho mais eficiente, reduzindo a entrada manual de dados e garantindo que as tarefas sejam rastreadas e gerenciadas de forma eficaz.

Integre o Slack ao Zapier

1. Faça *login* na sua conta do Zapier ou crie uma conta.
2. Uma vez logado, clique em **Make A Zap**.
3. Defina o aplicativo a ser usado como Slack (ou a plataforma de comunicação de sua escolha).
4. Selecione **New Reaction Added**.
5. Conecte sua conta do Slack ao Zapier, se ainda não o tiver feito.
6. Defina a reação específica do *emoji* para acionar o canal Zap e Slack. Clique em **Continue**.

Integre o Zapier com o ChatGPT

1. Clique em **Add A Step** e, em seguida, em **Action/Search**. Selecione o **OpenAI ChatGPT** como seu aplicativo de ação.
2. Escolha o evento **Conversation In ChatGPT**.
3. Conecte sua conta OpenAI ao Zapier, se ainda não estiver conectada.
4. Em Aplicativo e Evento, escolha um tipo de **Conversation**.
5. Clique em **Continue**.
6. Em Ação, no campo Mensagem do Usuário (Obrigatório), instrua o ChatGPT com um *prompt*.
    a. Para personalizar esse *prompt* usando variáveis das entradas anteriores, no campo Inserir dados, selecione a variável Texto da mensagem em Nova reação

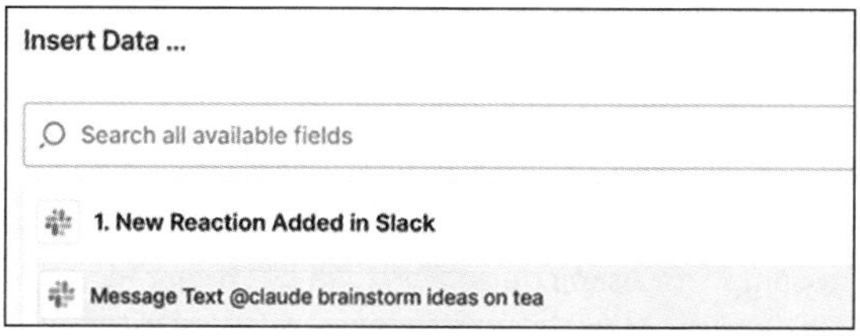

```
Insert Data ...

🔍 Search all available fields

⚏ 1. New Reaction Added in Slack

⚏ Message Text @claude brainstorm ideas on tea
```

FIGURA 7.1 Zapier inserindo dados do Slack.

adicionada no Slack. Isso é pegar a mensagem original do Slack e pedir ao ChatGPT para revisar o texto (**Figura 7.1**).

b. Forneça ao ChatGPT seu *prompt*, pedindo-lhe para revisar "Texto da mensagem:" (a variável) e fornecer título, resumo da mensagem e qualquer item de ação. Deve ser algo semelhante à **Figura 7.2**.

7. Defina o modelo, *tokens* máximos, temperatura e outros campos de acordo com sua preferência.
8. Clique em **Continue**.

Enviar ações para a Asana

1. Clique em **Add A Step** e, em seguida, em **Action/Search**.
2. Escolha **Asana** como o aplicativo.
3. Selecione a ação **Create Task**.
4. Conecte sua conta Asana ao Zapier, se ainda não estiver conectada.

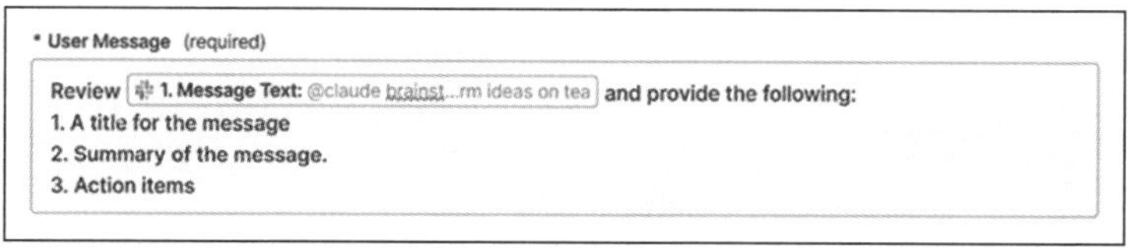

```
* User Message (required)

Review [ ⚏ 1. Message Text: @claude brainst...rm ideas on tea ] and provide the following:
1. A title for the message
2. Summary of the message.
3. Action items
```

FIGURA 7.2 Mensagem de usuário do Zapier ChatGPT.

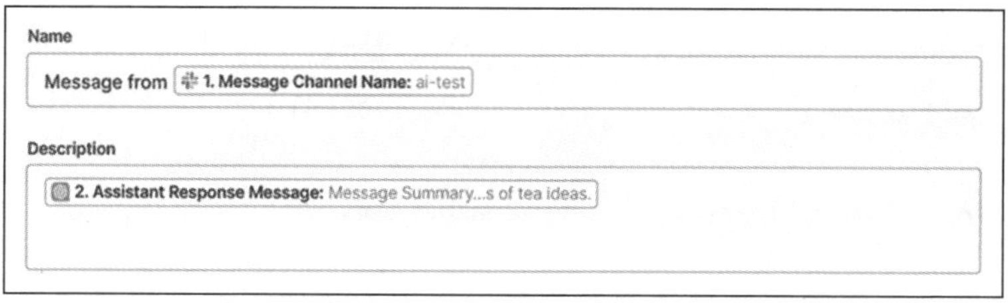

```
Name
Message from [ ⚏ 1. Message Channel Name: ai-test ]

Description
[ 📋 2. Assistant Response Message: Message Summary...s of tea ideas. ]
```

FIGURA 7.3 Zapier enviando tarefa para a Asana.

5. Configure a tarefa selecionando o espaço de trabalho, o projeto e a seção.
6. Em Nome, dê um nome à próxima tarefa da Asana (**Figura 7.3**).
7. Em Descrição, selecione a variável **Mensagem de Resposta do Assistente** no campo Conversa na janela de inserção de dados do ChatGPT (**Figura 7.4**).
8. Preencha qualquer outro campo da Asana de acordo com sua preferência.
9. Clique em **Continue**.
10. Lembre-se de testar o seu Zap antes de ativá-lo. Você pode fazer isso clicando em **Testar e Revisar** em cada etapa e, por fim, clicando em **Testar e Continuar**. Se tudo estiver configurado corretamente, você pode selecionar **Ativar o Zap**.

Juntando tudo: reagindo a uma mensagem no Slack

1. Abra o espaço de trabalho do Slack e navegue até a mensagem à qual deseja reagir.
2. Passe o *mouse* sobre a mensagem. Um conjunto de ícones aparecerá no canto superior direito da mensagem.
3. Clique no ícone **Adicionar reação** (um rosto sorridente com um sinal de mais).
4. Selecione o *emoji* de reação no menu. A reação será acrescentada à mensagem.
5. A partir daqui, a automação deve ocorrer quando o Zapier enviar a mensagem Slack, com a reação, para o ChatGPT para revisar e criar o título, o resumo e os itens de ação para enviar à Asana.

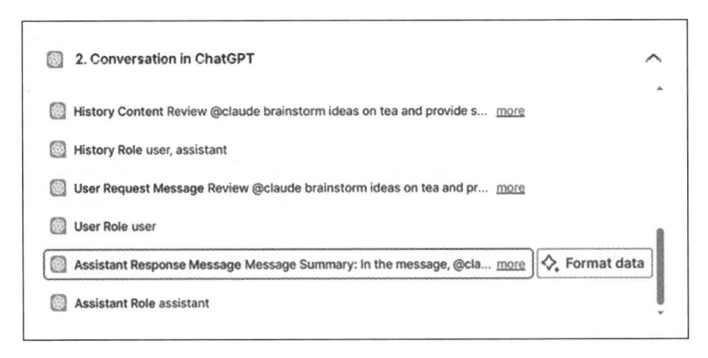

FIGURA 7.4 Zapier enviando saída do ChatGPT para a Asana.

OBSERVAÇÃO Essas etapas podem precisar de ajustes com base nos requisitos específicos e na configuração das suas contas do Slack, Zapier, ChatGPT e Asana.

7.2 Minutagem das atas de reunião gerada por IA a partir da transcrição de reuniões

O gerenciamento de projetos envolve o gerenciamento de várias partes móveis, e as reuniões são fundamentais para a comunicação, o planejamento e a execução bem-sucedidos.

Mas como você garante que capturou todos os detalhes discutidos nessas reuniões? Mais importante, como você gera *insights* acionáveis a partir dessas discussões?

Entre no recurso Transcrever do Microsoft Word e Claude AI. O recurso Transcrever converte as falas das reuniões do seu projeto em texto escrito, criando um registro preciso que pode ser consultado posteriormente. Mas a verdadeira magia acontece quando essas transcrições são inseridas no Claude, uma ferramenta avançada de IA.

Como Claude tem um grande limite de *tokens* (100 mil, aproximadamente o tamanho de um romance de 200 páginas), ele pode revisar esses dados brutos, gerando *insights* acionáveis, tarefas de acompanhamento, análise de sentimentos e resumos de reuniões. Essa sinergia entre o recurso de transcrição do Word e o Claude reduz o trabalho manual envolvido na anotação e na redação de atas e aprimora significativamente seus recursos de gerenciamento de projetos. Este tutorial irá guiá-lo pelo processo.

Começando uma transcrição no Microsoft Word:

1. Abra o Microsoft Word e crie um documento.
2. No menu superior, selecione **Página Inicial** e, em seguida, clique no menu suspenso **Ditar**, no lado direito da barra de ferramentas, e selecione **Transcrever**.
3. No painel Transcrever, você verá duas opções: Carregar Áudio e Iniciar Gravação.
    a. Você usará a opção **Carregar Áudio** se já tiver um arquivo de áudio gravado. Clique nessa opção e selecione o arquivo de áudio do seu dispositivo.
    b. Se você quiser gravar a reunião em tempo real, selecione a opção **Iniciar Gravação**. Lembre-se de interromper a gravação assim que a reunião terminar.
4. Depois de concluir o processo de transcrição, você verá o texto no painel. Você tem a opção de editar qualquer parte da transcrição, se necessário.

5. Quando estiver satisfeito com a transcrição, clique em **Adicionar ao Documento** na parte inferior do painel Transcrever. A transcrição será adicionada ao seu documento do Word.

6. Salve este documento como um arquivo DOCX ou TXT. Você vai copiar e colar as informações daqui para o Claude.

Atenção: certifique-se de ter as permissões necessárias para gravar e transcrever reuniões e informe todos os participantes com antecedência. O recurso Transcrever do Word pode ser restrito a algumas licenças e modelos de assinatura. Verifique sua versão e seu plano de assinatura do Microsoft 365 para saber se essa funcionalidade está disponível.

Usando transcrições no Claude:

1. Faça *login* na sua conta Claude e navegue para um novo *chat*.
2. Copie a transcrição do arquivo do Word que você salvou anteriormente. Cole o conteúdo no Claude.
3. Peça ao Claude para gerar *insights* da reunião, identificar itens de ação da reunião, realizar uma análise de sentimentos e muito mais.

7.3 Usando o Slack integrado ao Claude

O Claude AI, desenvolvido pela Anthropic, concorrente de IA do ChatGPT da OpenAI, é um *chatbot* que você pode usar no Slack para ajudá-lo em várias tarefas, como resumir, escrever e debater ideias. Você pode adicionar o Claude AI ao seu espaço de trabalho do Slack gratuitamente e se comunicar com ele diretamente ou em um bate-papo em grupo. O Claude AI pode resgatar seu histórico de conversas e seguir os *links* que você compartilha com ele. No entanto, ele também tem algumas limitações, cometendo erros ou "alucinando".

Adicionando Claude AI ao seu espaço de trabalho do Slack

1. Vá para a página Claude no diretório de aplicativos do Slack e clique em **Adicionar ao Slack**. Ou abra o Slack, clique em Aplicativos, selecione Adicionar Aplicativos e procure por **Claude**.
2. Certifique-se de adicionar o Claude ao espaço de trabalho certo e siga as telas para concluir o processo.
3. Para conversar com o Claude, selecione-o na lista Apps e digite sua mensagem no campo Message Claude. Você pode fazer referência a comentários anteriores inserindo **/reset** para iniciar um novo tópico.

4. Para incluir o Claude em uma conversa do canal, digite @**Claude** e sua mensagem. Convide o Claude para o canal, se solicitado. Qualquer pessoa no canal também pode mencionar o Claude e obter uma resposta.

5. Você pode aprender mais sobre o Claude AI e seus recursos visitando a página Claude do Anthropic no Slack ou enviando *feedback* para support@anthropic.com.

Casos de uso em gerenciamento de projetos

- Suponha que você tenha uma longa conversa com os membros da sua equipe sobre uma entrega de projeto em um canal do Slack. Você quer um resumo dos principais pontos e itens da discussão. Você pode mencionar o Claude em sua mensagem e depois pedir que ele resuma a conversa com marcadores e prioridades. O Claude, então, vai digitalizar o tópico e gerar um resumo para você.

- Digamos que você queira escrever um relatório de *status* do projeto com base em algumas informações coletadas. Você pode compartilhar os dados e informações com o Claude em uma mensagem direta ou em um bate-papo em grupo e pedir que ele faça um rascunho para você. O Claude usará suas habilidades de escrita criativa e colaborativa para produzir um rascunho, que você pode revisar e editar.

- Digamos que você esteja diante de um problema no projeto e precise de novas ideias ou soluções. Você pode fazer um *brainstorm* com o Claude e os membros da sua equipe em um canal do Slack mencionando o Claude e pedindo que ele gere algumas sugestões ou alternativas. Ele usará sua inteligência para desenvolver algumas ideias ou soluções possíveis para sua avaliação.

7.4 Modelo de *prompt* de controle de qualidade

O controle de qualidade é vital no gerenciamento de projetos. No entanto, definir esses *benchmarks* e comunicá-los de forma eficaz à sua equipe pode ser um desafio. Nossos *prompts* de controle de qualidade visam a orientá-lo na definição de padrões de qualidade, na navegação por fatores críticos de sucesso do projeto e na formulação de um plano de treinamento claro. Esses *prompts* simplificam sua abordagem ao gerenciamento de projetos e o ajudam a alcançar os objetivos de qualidade do projeto.

> *"Estamos no processo de delinear as métricas de qualidade para o nosso [nome_projeto]. Estamos buscando garantir [objetivos_qualidade_projeto]. Você pode me ajudar a elaborar padrões de qualidade para esses* **benchmarks***?"*

Para o nosso [nome_projeto], precisamos equilibrar custo, escopo e tempo para entregar nosso projeto adequadamente. Você pode me orientar sobre os fatores críticos que devo considerar para alcançar o [padrão_específico_qualidade] desejado?

Estamos com dificuldades em comunicar os padrões de qualidade do nosso [nome_projeto] à nossa equipe. Você poderia nos ajudar a criar um plano ou diretrizes de treinamento para garantir que todos entendam o [padrão_específico_qualidade] necessário?"

7.5 Usando a Análise Avançada de Dados do ChatGPT para revisar os dados do projeto e conduzir cenários hipotéticos

O gerenciamento de projetos geralmente exige lidar com cronogramas complexos e tomar decisões que podem afetá-los significativamente. Em tais cenários, ter uma ferramenta que possa analisar rapidamente os dados do projeto e realizar previsões pode ser muito útil. O ChatGPT, com seu recurso de Análise Avançada de Dados, pode ajudar os gerentes de projetos ao conduzir análises detalhadas do cronograma do projeto e facilitar cenários hipotéticos para previsões. O guia a seguir ilustra um processo de utilização dessa ferramenta de IA para gerenciar e prever os resultados do projeto. Você começará enviando os dados do seu projeto, exportados de seu PMIS (Asana, Jira ou Smartsheet), para obter *insights* a partir de mudanças hipotéticas. Este guia mostra como usar o ChatGPT para atender às suas necessidades de gerenciamento do projeto.

Carregar o arquivo de cronograma do projeto

1. O primeiro passo é carregar o arquivo do Excel que contém o cronograma do seu projeto. Esse arquivo pode ser uma exportação de seu PMIS (Asana, Jira, Smartsheet) ou qualquer outra ferramenta que você use. Essas ferramentas geralmente podem exportar dados do projeto para um formato Excel ou CSV, que o ChatGPT pode interpretar facilmente. Para carregar o arquivo, clique no ícone "+" na interface do *chat*.

2. Navegue até o local do arquivo no explorador de arquivos do seu dispositivo, selecione seu arquivo e clique em **Abrir** para carregá-lo.

3. O assistente confirmará que o arquivo foi carregado com sucesso. Esse arquivo será usado para realizar previsões preditivas, análises e cenários hipotéticos nas etapas subsequentes.

Certifique-se de que seu arquivo Excel esteja formatado corretamente e que o cronograma do projeto esteja claro e bem estruturado, para que o assistente possa interpretar e analisar os dados com precisão. O arquivo deve conter colunas para nomes de tarefas, durações, datas de início e término, dependências e assim por diante.

Leia e revise os dados

1. Assim que o arquivo for carregado, solicite ao ChatGPT:

    "Leia e analise os dados do cronograma do projeto a partir do arquivo carregado."

2. O ChatGPT fornecerá uma análise inicial do cronograma do projeto, incluindo duração, datas de início e término mais antigas e mais recentes e outros detalhes importantes.
3. Revise o *prompt*, se necessário, para refinar os resultados.

Conduza um cenário hipotético

1. Para conduzir um cenário hipotético, forneça ao assistente as informações necessárias sobre a nova tarefa, como seu nome, duração, dependências e onde ela se encaixa no cronograma.
2. Por exemplo, você pode dizer:

    "Examine um cenário hipotético adicionando uma nova tarefa chamada Tarefa X, com 10 dias de duração e dependente da Tarefa A."

O ChatGPT adicionará a nova tarefa ao cronograma do projeto, ajustará o cronograma do projeto de acordo e fornecerá uma análise atualizada.

Compare os resultados

1. Assim que o cenário hipotético for concluído, peça ao assistente para comparar o novo cronograma com o original.
2. Você pode dizer:

    "Compare o novo cronograma com o original."

O ChatGPT vai comparar os dois cronogramas, destacando as alterações na duração do projeto, nas datas de início e término e em outras métricas relevantes.

Avalie os *insights*

1. Por fim, peça ao ChatGPT informações sobre o impacto da nova tarefa no cronograma do projeto.
2. Você pode dizer:

    "Forneça insights sobre o impacto da nova tarefa no projeto."

O ChatGPT fornecerá seus *insights*. Ele pode apontar como a nova tarefa afeta o cronograma do projeto e suas dependências e se apresenta riscos ou problemas.

7.6 Modelo de *prompt* de controle de escopo

A IA pode fornecer uma análise objetiva dessas mudanças, mapeando-as em relação ao escopo e aos objetivos do projeto inicialmente acordados. Ela pode sinalizar possíveis desvios de escopo e analisar como esses desvios podem impactar outras áreas do projeto.

Aqui está um exemplo de um modelo personalizável que os gerentes de projetos de diferentes domínios e setores podem usar:

> *"Aja como um gerente de projetos capacitado em controle de escopo e gestão de mudanças. Recebemos várias solicitações das partes interessadas sobre possíveis alterações/adições ao nosso projeto. Peço que você analise essas sugestões à luz do escopo e dos objetivos do projeto inicialmente acordados e me avise se elas levariam a desvios do escopo planejado. Nosso objetivo principal é <objetivo principal do projeto>, e o escopo foi definido como <descrição do escopo do projeto >. Aqui estão as solicitações:*
>
> *1. <Solicitação 1>.*
>
> *2. <Solicitação 2>.*
>
> *3. <Solicitação 3>.*
>
> *Por favor, faça as perguntas de esclarecimento necessárias para garantir que você tenha a quantidade adequada de informações para uma análise objetiva das solicitações."*

Esse modelo pode ser adaptado para qualquer projeto em diferentes setores. Você deve substituir os espaços entre colchetes angulares pelos detalhes relevantes do projeto e pelas sugestões recebidas de suas partes interessadas. Com esse *prompt*, o ChatGPT pode analisar objetivamente as sugestões, dando-lhe a visão necessária para tomar decisões informadas.

8

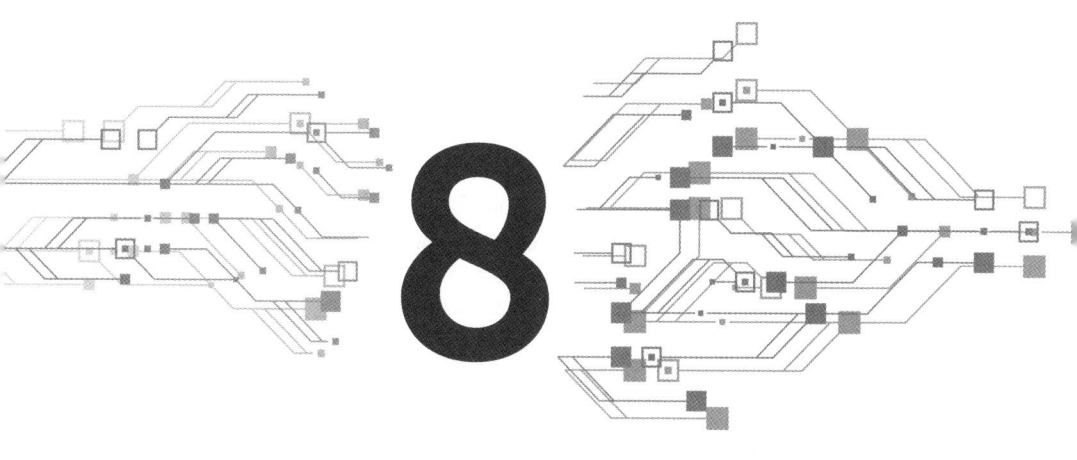

O papel da IA na gestão de riscos

Gerenciar a incerteza do projeto, ou os seus riscos, é fundamental para o sucesso do projeto como um todo. Seja na construção de um moderno arranha-céu, seja no lançamento de um *software* inovador, os gerentes de projetos enfrentam inúmeras incertezas e riscos. Em um mundo em constante mudança, as práticas tradicionais de gestão muitas vezes não são capazes de dar conta do trabalho. Já a inteligência artificial (IA) generativa tem o gerenciamento de riscos de projetos como um de seus pontos fortes.

Da identificação e análise de riscos até o planejamento de respostas e o monitoramento do progresso, as tecnologias de IA, como o ChatGPT, estão remodelando o cenário de gerenciamento de riscos. Elas oferecem um nível de precisão, eficiência e percepção anteriormente inatingível. Mas como exatamente a IA consegue isso? Este capítulo explora as muitas maneiras pelas quais a IA é incorporada na estrutura das práticas modernas de gerenciamento de riscos.

Por meio de exemplos e cenários do mundo real, você verá como as ferramentas de IA suportam análises de risco qualitativas e quantitativas, analisam impacto, probabilidade, correlações e custo-benefício e transformam "incógnitas conhecidas" em riscos bem-definidos e gerenciáveis.

A IA brilha no planejamento e na implementação de respostas a riscos, permitindo que os gerentes de projetos criem estratégias e planos de contingência robustos. Seja desenvolvendo estratégias de resposta direcionadas, seja automatizando alertas, a IA fornece uma estrutura para a tomada de decisão ágil.

Uma comunicação clara com as partes interessadas é vital. A IA leva isso ainda mais longe, gerando relatórios de risco precisos e resumos executivos adaptados a várias partes interessadas. De formulários detalhados de rastreamento de itens de risco a *insights* executivos, os recursos de relatórios da IA são um divisor de águas.

Neste capítulo, veremos as muitas facetas da IA na gestão de riscos, descobrindo como ela aumenta a produtividade e promove uma cultura de tomada de decisão informada e de tratamento proativo de riscos.

IA EM AÇÃO: GESTÃO DE RISCOS NO SETOR BANCÁRIO

O setor bancário está aproveitando cada vez mais as capacidades da IA. Muitos bancos estão capitalizando em *chats* com aplicativos inteligentes e oferecendo atendimento 24 horas por dia. Isso é inestimável para os clientes que procuram ajuda além do horário comercial padrão. Os bancos podem adaptar as interações com os clientes por meio da IA, discernindo suas necessidades e inclinações e sugerindo produtos bancários a partir de perfis individuais.

A detecção de fraudes por meio da análise de padrões transacionais é outro caminho promissor. Embora ainda em estágio inicial, vários bancos estão investigando o potencial da IA para filtrar grandes conjuntos de dados financeiros e identificar indícios de fraude. A IA pode produzir dados sintéticos que imitam transações fraudulentas, podendo refinar os modelos de aprendizado de máquina para uma detecção de fraude mais precisa.

A gestão de riscos é um domínio em que a IA oferece vantagens significativas. Com a IA, podem ser produzidos dados sintéticos que espelham várias situações de risco. Os bancos podem aproveitar esses dados para refinar os modelos de avaliação de risco, levando a opções de empréstimo e investimento mais informadas, sem usar dados reais do cliente.

Além disso, a IA ajuda os bancos na adesão regulatória, produzindo dados sintéticos para avaliar os mecanismos de conformidade. O uso de dados sintéticos, no entanto, pode levar a IA a não capturar totalmente a complexidade dos cenários do mundo real. Isso significa que as empresas devem priorizar a transparência quando utilizam ferramentas orientadas por IA para geração de conteúdo de *compliance*, divulgando limitações e vieses que podem existir nos dados sintéticos.

Aqui estão alguns exemplos de como a IA generativa é usada no setor bancário hoje:

- O Bank of America usa a IA para criar dados sintéticos para treinar seus modelos de detecção de fraudes. Isso ajudou o banco a reduzir as perdas por fraude em 20%.[1]
- O JPMorgan Chase usa IA na consultoria financeira personalizada para seus clientes. O sistema de IA do banco analisa os dados dos clientes para identificar seus objetivos financeiros, então recomenda produtos e serviços para ajudá-los a atingir esses objetivos.

O recurso de bate-papo de atendimento ao cliente é o aplicativo mais bem-sucedido e maduro da IA. Existem muitas razões para isso:

- Hoje, o cliente espera suporte instantâneo e atendimento 24 horas por dia, sete dias por semana.
- A tecnologia de suporte à IA no atendimento ao cliente está bem estabelecida, com muitas soluções prontas a um custo razoável.
- Vastos dados das interações com o cliente são um recurso rico para treinar modelos de IA, garantindo que sejam eficazes e personalizados.

À medida que a tecnologia de IA evolui, podemos esperar que os bancos usem estratégias mais inovadoras para melhorar suas operações e ofertas.

---

1 www.wsj.com/articles/bank-of-america-confronts-ais-black-box-with-frauddetection--effort-1526062763.

Identificação de riscos com IA: compreendendo ameaças e oportunidades

No mundo moderno e acelerado da gestão de projetos, a capacidade de usar a IA como colaboradora na gestão de riscos pode ser um divisor de águas. Plataformas de IA como o ChatGPT fornecem um ambiente dinâmico para os gerentes de projetos debaterem, analisarem e explorarem vários cenários.

Elas também permitem uma abordagem mais interativa para a identificação de riscos, simulando conversas humanas e possibilitando a descoberta de armadilhas ocultas e oportunidades inexploradas. A natureza colaborativa da IA acrescenta uma nova dimensão à gestão de riscos. Vamos nos aprofundar nesse processo colaborativo, começando com uma compreensão clara dos dois aspectos fundamentais dos riscos: ameaças e oportunidades.

Estudo de caso: construindo um arranha-céu à base de aço

Nosso estudo de caso fictício para este capítulo é a Skyline Soaring Construction, uma construtora conhecida por seus feitos arquitetônicos ousados e projetos de construção sustentáveis. Com a reputação de ultrapassar limites, ela assumiu seu projeto mais ambicioso até agora: a Torre SteelNexus, um arranha-céu de 100 andares projetado para ser uma estrutura marcante no horizonte da cidade.

A visão descrevia não apenas a construção de um edifício, mas também a elaboração de um monumento duradouro, um testemunho da engenhosidade humana e um símbolo do desenvolvimento urbano sustentável (**Figura 8.1**).

FIGURA 8.1 Imagem da Torre SteelNexus criada pelo DALL•E da OpenAI.

O aço foi escolhido como o principal material de construção por sua resistência, sustentabilidade e apelo estético. No entanto, o uso do aço em larga escala também apresenta muitos riscos, de flutuações de preços a metodologias de construção e protocolos de segurança.

A Skyline Soaring Construction optou, assim, por incorporar o gerenciamento de riscos orientado por IA em suas fases de planejamento, construção e monitoramento. O projeto da Torre SteelNexus estava no centro das atenções desde o primeiro dia. Investidores, autoridades municipais e o público observaram ansiosamente seu progresso, aumentando a pressão sobre o complexo empreendimento. Os riscos eram muitos: o preço volátil do aço, possíveis atrasos na aquisição, complexidades no projeto, potencial para problemas estruturais, atrasos relacionados ao clima e preocupações com a segurança. Ao longo deste capítulo, veremos como a IA se tornou parte do projeto da Torre SteelNexus, ajudando a Skyline Soaring Construction a identificar possíveis armadilhas, analisar riscos, adaptar-se a imprevistos e garantir a conclusão da majestosa torre.

Ameaças: reconhecendo potenciais armadilhas

Você, como gerente de projetos, sabe que ameaças são eventos ou condições que podem afetar adversamente um projeto. Vamos ver como uma conversa com o ChatGPT pode revelar ameaças e guiá-lo em direção a estratégias de mitigação.

"Estamos preocupados com a flutuação dos preços do aço no projeto da Torre SteelNexus. Como podemos identificar possíveis ameaças ligadas a essa questão?"

A flutuação no preço do aço pode afetar o orçamento, atrasar a construção e levantar questões contratuais com fornecedores. O monitoramento das tendências do mercado global e dos acordos com fornecedores será essencial.

"E quanto à instabilidade geológica no local escolhido? Isso também poderia ser uma ameaça?"

A instabilidade geológica pode levar a falhas na fundação, fraquezas estruturais e desafios de conformidade legal. Consulte especialistas geológicos e pense em locais alternativos, caso os riscos superem os benefícios.

A conversa com o ChatGPT revela ameaças potenciais ligadas ao projeto da Torre SteelNexus. É claro que um projeto dessa magnitude tem riscos significativos. As sugestões da IA de monitorar as tendências do mercado e de consultar especialistas geológicos ressaltam a importância de uma gestão proativa de riscos para garantir o sucesso do projeto.

Oportunidades: abraçando vantagens potenciais

Por outro lado, há oportunidades que você pode explorar para atingir ou exceder os objetivos do seu projeto. Identificar e aproveitar essas oportunidades é tão importante quanto descobrir riscos.

> *"O projeto da Torre SteelNexus tem a chance de usar novos materiais ecológicos. Isso poderia ser uma oportunidade?"*

A utilização de materiais ecológicos é uma oportunidade significativa de melhorar a imagem da sua marca e atrair investidores ecologicamente conscientes. A realização de uma análise minuciosa desses materiais seria o primeiro passo.

> *"Há também incentivos do governo local para projetos que incorporem espaços comunitários. Como podemos tirar proveito disso?"*

Essa é uma excelente oportunidade de aumentar o valor comunitário da Torre SteelNexus. Pense em fazer espaços que atendam às necessidades locais, como parques, centros culturais ou áreas de lazer. Colaborar com as autoridades locais e líderes comunitários garantirá o alinhamento com as expectativas da comunidade e permitirá que você aproveite os incentivos.

A identificação de ameaças e oportunidades é um processo dinâmico que requer *insight*, vigilância e adaptabilidade. Em conversas personalizadas com o ChatGPT, você e sua equipe podem explorar cenários potenciais, pesar prós e contras e criar estratégias que transformem riscos em fatores gerenciáveis.

Aprimorando os métodos tradicionais de identificação de riscos com IA

Ainda que os métodos tradicionais de identificação de riscos tenham se mostrado eficazes ao longo dos anos, a integração da IA pode melhorar significativamente essas práticas. A IA pode agilizar a identificação de riscos, fornecer *insights* mais profundos e previsões mais precisas. Vamos ver como a IA pode ser incorporada aos métodos tradicionais, como *brainstorming*, técnica Delphi, modelos preditivos e criação de um registro de riscos.

Brainstorming de riscos com IA

Você provavelmente já fez sessões de *brainstorming*, um método bastante usado para identificar riscos potenciais. Ferramentas de IA como o ChatGPT podem facilitar sessões de *brainstorming*, oferecer informações imparciais, sugerir ideias inovadoras e fornecer análises em tempo real dos riscos discutidos. Como vimos em muitas áreas, a IA pode trazer um novo nível de eficiência e eficácia.

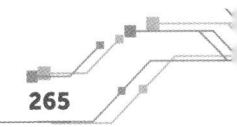

Criar um arranha-céu soa inspirador, mas pode ser um grande peso para um gerente de projetos. O uso extensivo de aço apresenta riscos complexos que exigem atenção meticulosa desde os estágios iniciais de planejamento. Como você começa a identificar os possíveis desafios? Você decide envolver a IA no debate sobre os riscos. É como ter uma conversa com um especialista:

> *"Atue como um especialista em gestão de projetos de construção. Estamos prestes a começar o projeto da Torre SteelNexus, uma estrutura de aço de 100 andares. A partir de sua experiência em metodologias de construção, estratégias de aquisição e protocolos de segurança, você pode me ajudar a identificar e analisar os riscos potenciais? Considere as melhores práticas do setor e forneça exemplos, quando relevante."*

Vamos dividir os riscos potenciais em categorias e explorá-los em detalhes, considerando desafios comuns e fatores únicos associados ao projeto da Torre SteelNexus. Veja como podemos abordá-los.

Riscos de aquisição: flutuações no preço do aço, possíveis atrasos na entrega e inconsistências de qualidade.

Metodologias de construção: complexidades no projeto com aço, possíveis problemas estruturais, dependência de mão de obra e de equipamentos especializados.

Protocolos de segurança: regulamentos de segurança relacionados à construção em aço, riscos potenciais com o manuseio de materiais pesados e medidas para garantir a segurança do trabalhador.

Gostaria que eu me aprofundasse em alguma área específica?

> *"Sim, por favor, explique os possíveis problemas estruturais e as medidas que podemos tomar para garantir a segurança do trabalhador."*

A conversa continua, com a IA fornecendo *insights* detalhados e exemplos adaptados ao seu projeto da Torre SteelNexus.

Esse exercício de *brainstorming* de IA faz mais do que dar início ao processo de identificação de riscos; ele o impulsiona com *insights* bem-informados. Com a IA, você pode criar uma lista inicial de riscos que não apenas aborda preocupações imediatas, mas também abre caminho para a identificação de riscos secundários e residuais. Reconhecendo que a identificação abrangente de riscos é um esforço contínuo ao longo de todo o projeto, você pode implantar a IA de forma incremental e iterativa em vários estágios. Você já começou a desvendar as complexidades do *design* com o aço, com destaque para possíveis problemas estruturais, preocupações de segurança e muito mais.

Técnica Delphi para identificação de riscos

Com base nos *insights* da sua sessão de *brainstorming* com IA, é hora de aproveitar o conhecimento dos especialistas. A técnica Delphi é um processo de comunicação estruturado usado para reunir informações e julgamentos de um painel de especialistas. A complexidade do projeto da Torre SteelNexus exige perspectivas adicionais. Como a IA pode melhorar esse processo?

Incorporando IA na técnica Delphi

A integração da IA agiliza a execução da técnica Delphi. Vamos seguir o fluxo, começando com um questionário com ChatGPT:

> *"Atue como especialista em gestão de projetos de construção. Preciso elaborar um questionário para reunir opiniões de especialistas sobre os potenciais riscos estruturais e de segurança da Torre SteelNexus. Você pode criar um rascunho sobre a exploração das complexidades de um projeto com aço, possíveis problemas estruturais e preocupações com segurança?"*

Aqui está um rascunho do questionário que examina as complexidades do projeto em aço, possíveis problemas estruturais e questões de segurança.

Complexidades do projeto em aço:

- Quais são os principais desafios de um projeto em aço para a Torre SteelNexus?
- Como você classificaria a complexidade de incorporar projetos em aço modernos às atuais diretrizes estruturais?
- Existem padrões específicos da indústria que exigem atenção especial?

Possíveis problemas estruturais:

- Quais riscos estruturais potenciais podem surgir durante a construção?
- Como você avaliaria a estabilidade de projetos estruturais inovadores?
- Você consegue identificar métodos essenciais para evitar falhas estruturais?

Preocupações com segurança

- Como a segurança pode ser garantida durante a fase de construção?
- Quais protocolos de segurança devem ser implementados?
- Existem preocupações específicas quanto à segurança em um projeto dessa magnitude?

Em seguida, você enviará o questionário gerado pela IA a um painel de especialistas em construção e segurança. Depois de reunir as respostas dos especialistas, o próximo passo é analisar e sintetizar os dados. É aqui que a IA pode ajudar muito.

"ChatGPT, analise as respostas e sintetize os insights em um relatório resumido, destacando os principais riscos e identificando o consenso."

Complexidades do projeto de aço: ambas as perspectivas destacam a necessidade de integração e padrões adequados, mas o engenheiro estrutural enfatiza as complexidades técnicas, enquanto o consultor de segurança se concentra no treinamento e na conformidade da segurança.

Possíveis problemas estruturais: há consenso sobre riscos como integridade estrutural e conformidade, mas diferentes opiniões sobre prevenção e avaliação.

Preocupações com segurança: há acordo sobre a necessidade de protocolos de segurança, enfatizando o treinamento e a supervisão constante.

Você vai querer fazer rodadas sucessivas de questionamento com especialistas, refinando as perguntas com base em respostas anteriores, até que um consenso seja alcançado.

"A resposta do engenheiro estrutural menciona 'falta de padrões claros'. Você pode explicar o que significa isso no contexto do design de aço?"

Claro! A falta de padrões claros refere-se à ausência ou ambiguidade nas diretrizes universais para projetos de aço complexos. Isso pode incluir a ausência de melhores práticas para integrar novos materiais ou metodologias, a necessidade de conformidade com os códigos de construção locais ou lacunas nas diretrizes de engenharia atuais, que podem não abranger elementos de *design* inovadores.

O desafio está em lidar com essas incertezas e, ao mesmo tempo, garantir a integridade estrutural, a segurança e a conformidade com os requisitos legais.

Combinar a experiência humana com ferramentas orientadas por IA, como o ChatGPT, oferece mais do que apenas a identificação de riscos; fornece *insights* diferenciados, aproveitando a sabedoria coletiva dos especialistas. A técnica Delphi requer anonimato, e a abordagem demonstrada pode fornecer isso.

Técnica Delphi baseada em IA: IA como especialista

Você pode também optar por ampliar a integração da IA com a técnica Delphi, experimentando um novo modelo totalmente impulsionado pela inteligência artificial. Aproveitando os recursos do ChatGPT como um painel de especialistas, em vez de usar seres humanos, o processo poderia ser o seguinte:

"A partir do questionário que geramos anteriormente, responda às perguntas a seguir como se você fosse um engenheiro estrutural."

Aqui está uma possível resposta de um engenheiro estrutural:

- Desafios no projeto com aço: complexidade na integração com novos projetos, necessidade de padrões claros.
- Potenciais riscos estruturais: os riscos incluem integridade estrutural devido ao não cumprimento dos códigos locais.
- Considerações de segurança: implementação de verificações de segurança regulares em conformidade com os padrões da OSHA.

"Agora, responda ao questionário como consultor de segurança."

Aqui está uma possível resposta de um consultor de segurança:

- Desafios no projeto com aço: garantir padrões de segurança e treinamento de trabalhadores durante projetos complexos.
- Potenciais riscos estruturais: falta de planejamento de segurança adequado, equipamentos de segurança insuficientes.
- Considerações de segurança: protocolos de segurança focados, treinamento de funcionários e supervisão constante.

Repita esse processo para reunir opiniões de diversos especialistas. No final do processo, é uma boa prática fazer com que a IA resuma as descobertas e os riscos mais importantes.

Essa técnica Delphi orientada por IA é uma nova abordagem na identificação de riscos. Embora ofereça benefícios óbvios, esse tipo de simulação com o ChatGPT traz limitações e possíveis vieses. Pode servir como uma ferramenta suplementar ou uma alternativa em contextos específicos, mas nunca deve substituir totalmente os *insights* e a sabedoria de especialistas humanos. Isso é ainda mais verdadeiro em cenários complexos ou altamente especializados, como o da Torre SteelNexus. Ainda assim, é possível perceber o potencial da IA no aprimoramento e na transformação de práticas tradicionais de gerenciamento de projetos.

Criando um registro de riscos com IA

O próximo passo na gestão de riscos para o seu projeto da Torre SteelNexus é consolidar todos os riscos e *insights* identificados em uma estrutura coerente e acionável. Isso exige a criação de um registro de riscos.

O registro de riscos documenta em detalhes todos os riscos identificados, sua categorização, probabilidade, impacto e estratégias de mitigação. Vamos recorrer à IA para construir seu registro de riscos.

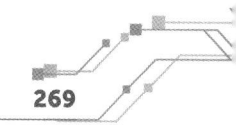

"O projeto da Torre SteelNexus identificou vários riscos, e precisamos compilá-los. Você pode explicar o que entra em um registro de riscos e nos ajudar a organizar as informações?"

Um registro de riscos detalha, classifica e avalia a probabilidade e o impacto de riscos. Também inclui estratégias de resposta planejadas. Vamos começar a criá-lo juntos?

"Vamos começar com os riscos materiais, como a potencial volatilidade nos preços do aço. Qual é a melhor maneira de categorizar e responder a isso?"

Podemos categorizar a volatilidade dos preços do aço como de alta probabilidade e médio impacto. Uma estratégia de *hedge* seria uma resposta adequada. Veja como seria:

CATEGORIA DE RISCO	RISCO IDENTIFICADO	PROBABILIDADE	IMPACTO	ESTRATÉGIA DE RESPOSTA
Material	Volatilidade do preço do aço	Alta	Médio	Estratégia de *hedge*

Vamos prosseguir com os riscos relacionados ao clima?

"Sim, o clima pode ser um fator significativo, especialmente durante a construção. Como devemos tratar atrasos relacionados ao clima?"

Os atrasos relacionados ao clima podem ser colocados na categoria clima, com probabilidade média e alto impacto. O planejamento de contingência ajudará na mitigação. Assim:

CATEGORIA DE RISCO	RISCO IDENTIFICADO	PROBABILIDADE	IMPACTO	ESTRATÉGIA DE RESPOSTA
Clima	Atrasos relacionados ao clima	Média	Alto	Planejamento de contingência

Podemos continuar dessa maneira para outros riscos, incluindo preocupações com segurança e conformidade legal.

"Agradeço a orientação. E quanto ao monitoramento e controle contínuos desses riscos?"

O registro de riscos não é um documento estático; ele requer atualizações regulares para refletir as mudanças no projeto. O monitoramento e controle contínuos garantirão sua relevância e utilidade.

"Sua assistência na criação desse registro de riscos simplificou nossa abordagem de gerenciamento de riscos para o projeto da Torre SteelNexus. No entanto, é muito difícil ler todos esses riscos em tabelas separadas. Você pode compilar todo o registro de riscos em uma tabela combinada, para que eu possa ler mais facilmente?"

Claro! Estou aqui para ajudar a garantir o sucesso do projeto. Vamos continuar a trabalhar juntos para navegar pelas complexidades da construção e alcançar nossos objetivos.

CATEGORIA DE RISCO	RISCO IDENTIFICADO	PROBABILIDADE	IMPACTO	ESTRATÉGIA DE RESPOSTA
Material	Volatilidade do preço do aço	Alta	Médio	Estratégia de *hedge*
Clima	Atrasos relacionados ao clima	Média	Alto	Planejamento de contingência
Segurança	Preocupações de segurança	Baixa	Alto	Protocolos de segurança aprimorados
Jurídica	Descumprimento de códigos	Baixa	Alto	Revisão detalhada dos documentos

Ao conversar com a IA, você construiu um componente vital da estrutura de gerenciamento de riscos. Esse diálogo ilustra a fusão entre tecnologia e experiência humana, mostrando a aplicação prática da IA na gestão de projetos.

GUIA TÉCNICO Consulte o Guia Técnico 8.1 para obter um modelo de registro de riscos personalizável, que você pode usar em seus próprios projetos.

Análise qualitativa de riscos e IA

Na fascinante jornada de construção da Torre SteelNexus, sua equipe na Skyline Soaring Construction enfrentou muitos desafios. A categorização desses riscos foi um primeiro passo muito importante. Agora você precisa classificá-los em termos de importância e urgência. Os resultados são mostrados em uma matriz de classificação de probabilidade/impacto ou em um formato tabular. Essa abordagem qualitativa permite que sua equipe crie uma lista de riscos sem a necessidade de fazer cálculos numéricos complexos.

"Classificamos os riscos do projeto da Torre SteelNexus. Você poderia nos ajudar a avaliar o impacto e a probabilidade desses riscos qualitativamente? Vamos nos concentrar nas estratégias de resposta mais tarde."

Risco: volatilidade do preço do aço

- Impacto: alto (potencial para afetar drasticamente o orçamento do projeto).
- Probabilidade: moderada (sensível às flutuações do mercado).
- Classificação: 1 (maior prioridade devido ao aumento de custo potencial).

Risco: atrasos nas aquisições

- Impacto: médio (pode causar um atraso de duas a três semanas).
- Probabilidade: alta (comum, pelo histórico do fornecedor).
- Classificação: 2 (alta prioridade pelo tempo de aquisição).

Risco: complexidade do projeto aumentando os custos

- Impacto: médio (potencial para afetar o custo geral do projeto).
- Probabilidade: moderada (depende da complexidade do projeto).
- Classificação: 4 (importante, mas com impacto potencial gerenciável).

Risco: atrasos relacionados ao clima

- Impacto: baixo (limitado a uma semana de atraso durante as monções).
- Probabilidade: sazonal (20% de probabilidade).
- Classificação: 5 (prioridade mais baixa, dado o impacto limitado).

Risco: conformidade com o regulamento de segurança

- Impacto: alto (ramificações legais, risco de reputação).
- Probabilidade: obrigatório (deve atingir 100%).
- Classificação: 3 (crítico, por razões legais e de reputação).

"Você pode resumir esses riscos em uma tabela ordenada por classificação, com o mais alto no topo e o mais baixo na parte inferior?"

CLASSIFICAÇÃO	RISCO	IMPACTO	PROBABILIDADE
1	Volatilidade do preço do aço	Alto	Moderada
2	Atrasos nas aquisições	Médio	Alta
3	Conformidade com o regulamento de segurança	Alto	Obrigatória
4	Complexidade do projeto	Médio	Moderada
5	Atrasos relacionados ao clima	Baixo	Sazonal

"Essa análise coloca as coisas em perspectiva para nossa equipe. Você acha que devemos refinar alguma dessas categorias com base no estado atual do projeto?"

As classificações e avaliações parecem alinhadas com os *insights* do setor e as especificidades do projeto da Torre SteelNexus. No entanto, seria bom revisá-los continuamente, à medida que o projeto avança, mantendo-se atento ao mercado e a qualquer mudança regulatória. Se surgirem detalhes adicionais, podemos recalibrar a análise de riscos.

"Você poderia, por favor, pensar passo a passo e explicar seu raciocínio por trás desses rankings? Isso ajudará nossa equipe e as partes interessadas a entender por que certos riscos são priorizados em detrimento de outros."

DICA DE PROMPT   A frase "pense passo a passo" é uma instrução vital. Isso incentiva a IA a dividir a análise em etapas lógicas e sequenciais, explicando claramente como cada risco foi avaliado e classificado. Esse raciocínio transparente pode aumentar a confiança dos membros da equipe e das partes interessadas.

Aqui está uma explicação passo a passo:

Volatilidade do preço do aço: classificado como o mais alto, devido ao potencial aumento de custo e à volatilidade atual do mercado.

Atrasos nas aquisições: alta probabilidade, com base no histórico dos fornecedores; portanto, ficou em segundo lugar.

Conformidade com o regulamento de segurança: a obrigatoriedade confere alta classificação a esse item.

Complexidade do projeto: o impacto e a probabilidade moderados o colocam em uma posição mais baixa.

Atrasos relacionados ao clima: classificado como o mais baixo pelo baixo impacto e probabilidade sazonal.

Os *rankings* são baseados em uma combinação de impacto e probabilidade, considerando ainda requisitos regulatórios e padrões do setor. O monitoramento contínuo e o julgamento de especialistas também desempenharam um papel na formação desses *rankings*.

A análise qualitativa perspicaz da IA fornece uma visão clara do impacto potencial e da probabilidade de cada risco. O estilo conversado torna o processo mais envolvente, e a tarefa foi realizada sem a necessidade de cálculos numéricos intrincados. A classificação de risco estabelece as bases para uma estratégia de gestão de risco diferenciada. Sua equipe de gerenciamento de projetos agora pode alocar recursos e atenção para onde for mais necessário.

A natureza iterativa e responsiva dessa análise, impulsionada pela profunda compreensão da IA sobre o cenário do projeto, garante uma abordagem dinâmica e adaptativa. O projeto da Torre SteelNexus agora tem um plano de risco perspicaz e altamente acionável.

Cenários hipotéticos na análise qualitativa de riscos

A análise qualitativa de riscos geralmente envolve a exploração de diferentes cenários que podem surgir durante o projeto. Esses cenários hipotéticos permitem que as equipes de projeto entendam os resultados potenciais e elaborem estratégias para abordá-los. Sua equipe de gerenciamento de projetos recorreu à IA mais uma vez para facilitar o planejamento de cenários hipotéticos. A IA foi encarregada de integrar o julgamento humano especializado com os seus próprios dados históricos para simular várias situações que poderiam influenciar o projeto.

"Precisamos entender os possíveis cenários em torno da volatilidade dos preços do aço, dos atrasos nas aquisições e das complexidades do projeto. Você pode simular cenários hipotéticos para nos ajudar a antecipar possíveis resultados?"

Claro! Vamos começar explorando diferentes cenários:

- Volatilidade do preço do aço: e se o preço do aço aumentar 20%?
- Atrasos nas aquisições: e se as aquisições atrasarem um mês?
- Complexidades do projeto: e se a complexidade do projeto levar a um aumento de 15% nos custos de mão de obra?

Você gostaria de explorar mais algum desses cenários ou abordar estratégias específicas de resposta a riscos?

Nesses cenários, a IA previu mudanças potenciais, como um aumento de 20% nos preços do aço, um atraso de um mês nas compras ou um aumento de 15% nos custos de mão-de-obra devido às complexidades do projeto. Esses cenários ajudaram sua equipe de gerenciamento de projetos a entender melhor os riscos potenciais e elaborar estratégias para abordá-los.

Vamos solicitar à IA que forneça *insights* mais detalhados sobre os impactos potenciais desses riscos e ajude você a desenvolver estratégias específicas de resposta. O objetivo é ser proativo na abordagem de gestão de riscos, garantindo que você esteja bem preparado para qualquer eventualidade.

"Estou preocupado com a volatilidade dos preços do aço. Você pode mergulhar mais fundo nesse cenário? Quais seriam as implicações se o preço do aço aumentasse 10%, 20% e 30%? Além disso, quais poderiam ser nossas estratégias de mitigação?"

Claro! Aqui está uma análise dos diferentes cenários de aumento de preços:

- Aumento de 10%: isso poderia ser absorvido dentro do orçamento de contingência, mas com monitoramento rigoroso.
- Aumento de 20%: pode levar a estouros orçamentários e exigir renegociação com fornecedores.
- Aumento de 30%: provavelmente exigirá ajustes orçamentários significativos, afetando outras áreas do projeto.

Estratégias de mitigação

- Bloqueio nos preços atuais do aço com fornecedores
- Exploração de materiais alternativos.
- Alocação de reservas orçamentárias adicionais especificamente para esse risco.

Gostaria de rever outros cenários ou discutir mais as estratégias de mitigação?

"Vamos discutir as estratégias de mitigação. Como podemos melhor implementá-las e quais seriam os possíveis desafios?"

Claro! Veja a seguir:

Bloqueio nos preços atuais do aço: implementação por meio de acordos contratuais; o desafio pode ser a relutância dos fornecedores.

Exploração de materiais alternativos: requer pesquisa e validação; os desafios potenciais incluem qualidade e compatibilidade com os requisitos de projeto.

Alocação de reservas orçamentárias adicionais: implementação imediata, mas os desafios podem incluir convencer as partes interessadas e redirecionar fundos de outras áreas do projeto.

Gostaria de explorar mais essas estratégias ou passar para outros cenários?

Os cenários hipotéticos fornecidos pela IA permitem que sua equipe visualize resultados diferentes. Ao analisar esses cenários, você pode identificar áreas em que terá de ser mais conservador no planejamento e áreas em que pode optar por assumir mais riscos. Por exemplo:

- A equipe decidiu travar os preços do aço para mitigar o risco de volatilidade dos preços.
- Outras contingências foram adicionadas ao cronograma para contabilizar possíveis atrasos nas aquisições.
- Equipes de projeto mais especializadas foram contratadas com antecedência para lidar com possíveis complexidades.

Os cenários hipotéticos na análise qualitativa de riscos permitiram que sua equipe do projeto criasse um plano mais resiliente e flexível. Ao entender os potenciais resultados, eles foram capazes de tomar medidas proativas para garantir que o projeto da Torre SteelNexus permanecesse no caminho, dentro do orçamento e dos padrões de qualidade.

Análise quantitativa de riscos e IA

A análise quantitativa de riscos normalmente utiliza valores numéricos para estimar probabilidades e impactos de riscos. Os valores numéricos descreverão o efeito geral do risco nos objetivos do projeto. Os modelos de IA, com seus recursos superiores de análise de dados, podem fornecer essas avaliações quantitativas de risco, ajudando os gerentes de projetos a tomar decisões informadas e elaborar estratégias proativas.

Para uma análise quantitativa, você precisa analisar numericamente o efeito dos riscos identificados nos objetivos gerais do projeto. Esses processos trabalham com muitos dados, e modelos de linguagem como o ChatGPT são ideais para o processamento de grandes conjuntos de dados.

DICA DE *PROMPT* Você pode solicitar uma análise qualitativa em dólares ou em qualquer outra moeda. Forneça um exemplo como "se o impacto for alto, o custo é > US$ 200 milhões".

Modelagem preditiva de IA usando previsão baseada em dados

A modelagem preditiva é uma ferramenta poderosa, usada para prever resultados a partir de dados históricos e identificação de padrões. Aqui está uma visão geral do que a modelagem preditiva oferece:

- **Gerenciamento de riscos:** ajuda a estimar riscos potenciais, como atrasos na construção ou flutuações de preços, permitindo um robusto planejamento de contingência.

- **Apoio à tomada de decisão:** ao transformar dados brutos em *insights* acionáveis, a modelagem preditiva orienta escolhas estratégicas informadas.

- **Otimização de recursos:** auxilia no agendamento e no orçamento, permitindo a alocação eficiente de recursos.

No contexto da Torre SteelNexus, a modelagem preditiva foi aplicada para analisar padrões climáticos, preços do aço e protocolos de segurança, que têm papel fundamental no sucesso do projeto.

Imagine um cenário em que a construção está progredindo bem. Mas agora há duas tarefas críticas: modelagem preditiva para avaliar riscos potenciais e análise de documentos para garantir a conformidade legal. Ambas são vitais para o sucesso da gestão de riscos e da garantia de conformidade, e a IA pode tornar esses processos mais eficazes, direcionados e eficientes.

> *"Estamos indo bem com nosso projeto da Torre SteelNexus, mas agora precisamos nos aprofundar na modelagem preditiva para prever riscos potenciais e analisar vários documentos legais. A IA pode nos ajudar aqui?"*
>
> Claro! A IA pode, de fato, ser uma poderosa aliada na modelagem preditiva e na análise de documentos. Veja como:
>
> Avaliação de risco com dados históricos: a IA pode analisar dados históricos de construção, padrões climáticos e tendências de mercado nos preços do aço. Para a Torre SteelNexus, isso significa estimar a probabilidade e o impacto de riscos como preços voláteis do aço, atrasos relacionados ao clima e questões de segurança.
>
> Análise estatística e reconhecimento de padrões: ao reconhecer padrões dentro dos dados históricos, a IA pode prever potenciais resultados. Por exemplo, pode prever uma alta probabilidade (70%) de preços voláteis do aço, mas com um impacto médio no projeto.
>
> Orientação para estratégias de mitigação de riscos: com base nessas previsões, a IA pode orientar o gerente do projeto na formação de estratégias para mitigar os riscos, garantindo que o projeto da Torre SteelNexus permaneça no caminho.

Capítulo 8: O papel da IA na gestão de riscos

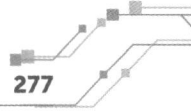

Verificação de conformidade: a IA pode analisar e revisar documentos, como códigos de construção, regulamentos ambientais e contratos. Para a Skyline Soaring Construction, isso significa garantir o atendimento aos padrões de segurança e aos protocolos de descarte de resíduos.

Insights e recomendações: ao identificar possíveis inconsistências ou riscos nesses documentos, a IA pode recomendar uma revisão detalhada de áreas específicas para garantir a conformidade total.

Eficiência de tempo: a capacidade da IA de revisar rapidamente conjuntos extensos de documentos economiza tempo valioso, que pode ser gasto em outros aspectos do projeto.

Sua equipe gostou de ver como a IA pode ajudar na modelagem preditiva e na análise de documentos.

"Agora vamos prosseguir com a modelagem preditiva real do nosso projeto da Torre SteelNexus para entender os riscos potenciais relacionados à volatilidade do preço do aço e aos atrasos na construção em razão do clima."

Claro! Aproveitando dados históricos, podemos analisar padrões e tendências associados aos preços do aço e às condições climáticas para prever riscos potenciais. Os *insights* resultantes nos permitirão desenvolver estratégias proativas de mitigação de riscos e garantir a conclusão bem-sucedida do projeto.

Assim, a IA pode ser usada em uma análise quantitativa de risco para o projeto da Torre SteelNexus. Ao analisar dados históricos e prever riscos potenciais, a IA oferece informações valiosas para a orientação da equipe de gerenciamento de projetos na tomada de decisões informadas. Essa abordagem não apenas garante a conclusão bem-sucedida do projeto, mas também contribui para a eficiência e eficácia gerais do seu gerenciamento.

"Então, ao empregar IA para modelagem preditiva, podemos gerenciar proativamente os riscos e garantir a conformidade, certo?"

Exatamente! Os *insights* da IA permitem que você preveja desafios e tome as medidas apropriadas antes que eles se tornem problemas reais. Essa abordagem proativa ajuda a Skyline Soaring Construction a ficar à frente de possíveis problemas, tornando o processo mais tranquilo e controlado.

"Tenho uma planilha Excel com dados meteorológicos históricos da região, tendências de mercado dos preços do aço na última década e relatórios de incidentes em projetos de construção anteriores. Você pode analisar esses dados e me fornecer insights preditivos sobre padrões climáticos, preços do aço e protocolos de segurança? Por favor, forneça também gráficos para me ajudar a visualizar os dados."

Claro! Vamos mergulhar em cada área individualmente:

Padrões meteorológicos:

- Ao analisar os dados meteorológicos históricos que você forneceu, vejo que os meses de verão são propensos a tempestades inesperadas, levando a uma chance de 40% de atrasos em fases críticas de construção. Pode ser necessário preparar planos de contingência para mitigar esses atrasos.
- Além disso, os meses de inverno têm como padrão a ocorrência de neve, levando a possíveis desacelerações. Seria bom considerar esses padrões quando montar o cronograma.

Preços do aço:

- Usando os dados de tendências de mercado, encontrei uma correlação entre os indicadores econômicos globais e os preços do aço. Especificamente, durante os *booms* econômicos, os preços do aço aumentaram em média 20%.
- Minha previsão para o próximo ano, considerando as condições econômicas atuais, sugere 60% de chance de um aumento moderado nos preços do aço.

A compra antecipada ou a proteção contra essa flutuação de preço podem ser uma boa ideia.

Então, o ChatGPT fornece o gráfico mostrado na **Figura 8.2**.

Protocolos de segurança:

Depois de analisar os relatórios de incidentes de projetos anteriores, identifiquei áreas específicas onde as medidas de segurança foram insuficientes. Por exemplo, quedas representaram 30% dos incidentes relatados.

Esses dados acentuam a necessidade de protocolos de segurança rigorosos, especialmente em torno de andaimes e trabalho em altura. Recomendo treinamento de segurança direcionado e auditorias periódicas para garantir um ambiente de construção seguro.

FIGURA 8.2 Gráfico gerado pela Análise Avançada de Dados do ChatGPT.

Como você pode ver, a IA forneceu *insights* específicos, adaptados ao projeto da Torre SteelNexus, para ajudar na tomada de decisões e nas estratégias de gerenciamento de riscos. A combinação entre dados históricos e a modelagem preditiva da IA fornece *insights* acionáveis e diretamente relevantes. Ter esse diálogo na Análise Avançada de Dados do ChatGPT permitiu a você fazer o *upload* de dados e vê-los apresentados na forma de gráficos.

Sua conversa no ChatGPT destaca o valor de dados detalhados e históricos e mostra como a IA pode transformar esses dados em *insights* acionáveis e recomendações concretas.

GUIA TÉCNICO Consulte o Guia Técnico 8.1 para saber como usar a Análise Avançada de Dados do ChatGPT para carregar uma planilha de dados históricos para gerar gráficos e fornecer *insights*.

Análise do valor monetário esperado e IA

A análise do valor monetário esperado (VME) é uma técnica quantitativa de análise de risco que estima o potencial impacto financeiro dos riscos identificados. Esta análise envolve multiplicar a probabilidade de cada risco pelas potenciais consequências financeiras. Para o projeto da Torre SteelNexus, sua equipe identificou dois riscos significativos: volatilidade do preço do aço e atrasos relacionados ao clima.

Você contratou a IA para calcular o VME para esses riscos:

"Precisamos entender o impacto monetário da volatilidade dos preços do aço e dos atrasos relacionados ao clima. Você pode realizar uma análise VME usando dados históricos de preços do aço e previsões meteorológicas?"

Claro! Vou fazer isso. Você poderia me fornecer detalhes?

"Claro, aqui estão as informações que você solicitou (anexadas por meio do recurso Análise Avançada de Dados):

Volatilidade do preço do aço: dados históricos do preço do aço de 01/01/2010 a 01/01/2023

Atrasos relacionados ao clima: previsão de possíveis tempestades nas próximas semanas"

Observe que você informa ao ChatGPT em seu *prompt* que anexou as informações por meio do recurso Análise Avançada de Dados. Como o ChatGPT agora tem esses dados, você pode solicitar uma análise:

"Analise os seguintes dados e calcule o VME para os riscos de volatilidade do preço do aço e atrasos relacionados ao clima."

Risco: volatilidade do preço do aço

- Probabilidade: 30% (com base em flutuações históricas de preços).
- Impacto: aumento de $ 2 milhões no custo de aquisição (análise do cenário usando dados históricos).
- VME: 0,30 × $ 2.000.000 = $ 600.000.

Risco: atrasos relacionados ao clima

- Probabilidade: 20% (com base nas previsões meteorológicas atuais).
- Impacto: $ 1 milhão em custos de atraso (considerando o cronograma do projeto e os padrões climáticos).
- VME: 0,20 × $ 1.000.000 = $ 200.000.

"Você pode explicar como derivou as probabilidades e os impactos desses riscos? Além disso, como podemos usar essa análise VME em nossa estratégia de gerenciamento de riscos?"

Claro! As probabilidades foram derivadas pela análise das flutuações históricas dos preços do aço e das previsões meteorológicas atuais para a região. Os impactos foram calculados considerando cenários potenciais e seus custos correspondentes.

A análise VME fornece um impacto financeiro médio esperado se esses riscos se materializarem. Ela pode ajudá-lo a alocar orçamento para contingências, projetar estratégias específicas de mitigação de riscos e tomar decisões informadas sobre a alocação de recursos. Por exemplo, você pode considerar o bloqueio dos preços do aço ou a criação de um plano de contingência relacionado ao clima para lidar com possíveis atrasos.

A análise VME feita pela IA oferece informações valiosas sobre as potenciais consequências financeiras dos riscos identificados. Isso permite que a equipe de gerenciamento de projetos tome decisões informadas sobre alocação de orçamento, planejamento de contingência e estratégias de mitigação de riscos.

Com a capacidade da IA de processar grandes quantidades de dados históricos e realizar análises de cenários complexos, os cálculos de VME são mais precisos e adaptados ao contexto específico do projeto da Torre SteelNexus.

Simulação de Monte Carlo para modelagem de risco

A simulação de Monte Carlo é uma técnica estatística que analisa problemas complexos simulando uma gama de resultados possíveis. No gerenciamento de projetos, esse método é usado para prever a distribuição de resultados potenciais para certas variáveis, como cronograma do projeto, orçamento ou riscos de aquisição. Ao entender essas distribuições, os gerentes de projetos podem tomar decisões mais bem informadas.

Para o cronograma do projeto, você precisa identificar as probabilidades de concluir o projeto dentro do prazo, com pequenos atrasos ou com atrasos significativos.

Os atrasos podem ser causados por fatores como clima, problemas de aquisição ou alterações no projeto.

"Execute uma simulação de Monte Carlo no cronograma do nosso projeto. Considere os riscos conhecidos de atrasos na aquisição, condições climáticas inesperadas e possíveis alterações no projeto. Simule mais de 1.000 iterações para entender as probabilidades de diferentes datas de conclusão."

Analisando o cronograma do projeto com a simulação de Monte Carlo, aqui estão as principais conclusões:

- 70% de probabilidade de conclusão dentro do tempo programado: os fatores considerados incluem atrasos padrão e riscos mitigados.
- 20% de probabilidade de atraso de uma a duas semanas: principalmente por possíveis atrasos na aquisição de aço e fatores relacionados ao clima.
- 10% de probabilidade de atraso de mais de duas semanas: impulsionado por interrupções imprevistas significativas, como grandes mudanças no projeto ou condições climáticas severas.

Esses *insights* permitem que a equipe planeje contingências e alinhe as expectativas das partes interessadas de acordo.

Então, o ChatGPT fornece o gráfico mostrado na **Figura 8.3**.

O controle orçamentário é um aspecto crítico do gerenciamento de projetos. A simulação de Monte Carlo ajuda a avaliar a probabilidade de permanecer dentro do orçamento, de ter pequenos excessos ou de ter excessos significativos. Fatores como preços do aço, custos de mão de obra e despesas inesperadas são considerados.

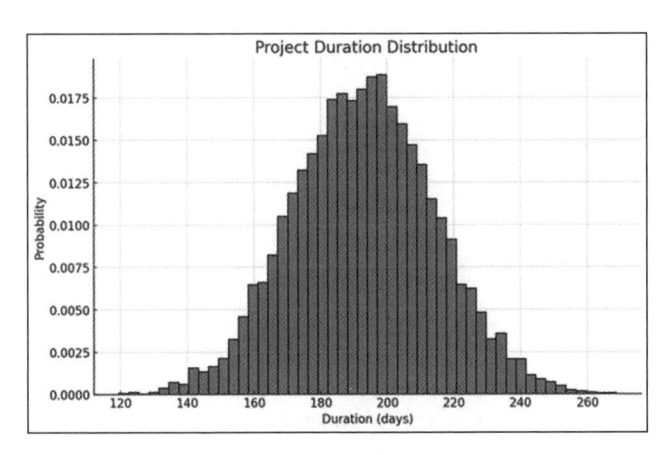

FIGURA 8.3 Criado pela Análise Avançada de Dados do ChatGPT.

> *"Faça uma simulação de Monte Carlo em nosso orçamento do projeto, analisando possíveis flutuações nos preços do aço, custos de mão de obra e outras variáveis imprevisíveis que podem afetar nosso orçamento. Simule mais de 1.000 iterações para ver os possíveis resultados orçamentários."*
>
> A simulação de Monte Carlo sobre o orçamento do projeto revela as seguintes probabilidades:
>
> - 60% de probabilidade de permanecer dentro do orçamento: assumindo custos de mão de obra estáveis e a implementação de estratégias de mitigação para os preços do aço.
> - 30% de probabilidade de estourar o orçado em 5 a 10%: influenciado por possíveis aumentos no preço do aço e aumentos inesperados nos custos de mão de obra.
> - 10% de probabilidade de estourar o orçado em mais de 10%: em cenários que envolvam grandes custos imprevistos, como alterações no projeto ou despesas relacionadas à conformidade.
>
> Esses resultados orientam o planejamento financeiro, permitindo um controle de custos mais eficaz e a comunicação com as partes interessadas.

A simulação de Monte Carlo serve como uma ferramenta sofisticada no arsenal de gerenciamento quantitativo de riscos. Ao simular vários cenários e resultados, ela oferece à sua equipe de projeto da Torre SteelNexus informações valiosas e úteis na avaliação de cronogramas, orçamentos ou outras variáveis complexas.

Você deve ter certos cuidados ao usar a simulação de Monte Carlo no ChatGPT. A precisão e a confiabilidade dos dados informados são muito importantes; dados incorretos podem levar a resultados falsos. A simulação pode simplificar cenários complexos e carece de integração com *feeds* de dados em tempo real. O julgamento humano é imprescindível, e a IA não pode substituir a experiência necessária para interpretar ou prever eventos de "cisne negro" (surpresa). Como na maioria das metodologias, combinar os recursos da IA com *insights* humanos e práticas robustas de dados é fundamental.

> **GUIA TÉCNICO** Consulte o Guia Técnico 8.3 para obter um modelo de *prompt* para criar uma simulação de Monte Carlo para seus próprios projetos.

Análise da árvore de decisão

A análise da árvore de decisão é uma ferramenta poderosa usada no gerenciamento de projetos para representar graficamente possíveis resultados, riscos e decisões. É mais do que um mero fluxograma; é um guia visual para a tomada de decisões complexa, refletindo a realidade da gestão de projetos, em que cada escolha leva a um conjunto de consequências.

No projeto da Torre SteelNexus, a análise da árvore de decisão é essencial para visualizar as conexões intrincadas entre vários fatores, ajudando a vislumbrar os caminhos que o projeto pode tomar, com base em decisões específicas.

A aquisição de aço foi identificada como uma preocupação significativa. A volatilidade do mercado pode impactar substancialmente o custo do projeto. Vamos explorar como você pode aplicar a análise da árvore de decisão a esse aspecto crítico do projeto.

> *"Analise nossas opções de aquisição de aço usando a árvore de decisão e considerando as condições atuais do mercado e os requisitos de nosso projeto."*

Com base na análise da árvore de decisão, aqui estão os cenários potenciais e as estratégias ideais para a aquisição de aço:

Bloqueio de preços por meio de contratos:

- Prós: garante a estabilidade de preços; reduz a exposição ao risco.
- Contras: perda potencial se os preços de mercado caírem; obrigações contratuais.
- Resultado: recomendado em 70% das aquisições para garantir a estabilidade.

Compras no mercado à vista:

- Prós: flexibilidade; economia de custos potencial se os preços de mercado diminuírem.
- Contras: exposição a flutuações de preços; possíveis atrasos.
- Resultado: recomendado em 30% das aquisições para alavancar potenciais oportunidades de mercado.

Essa mistura de estratégias é uma abordagem equilibrada de compras, refletindo a natureza complexa do projeto. Ao fixar alguns preços e deixar espaço para oportunidades de mercado, o projeto se beneficia de estabilidade e flexibilidade.

O sucesso de um projeto muitas vezes depende de encontrar o equilíbrio certo entre o cronograma e o orçamento. A decisão de acelerar o cronograma pode levar a estouros orçamentários, enquanto uma abordagem conservadora pode perder oportunidades de mercado. Vamos ver como a análise da árvore de decisão pode ajudar.

> *"Usando a análise da árvore de decisão, ajude-me a entender os trade-offs entre acelerar o cronograma e manter nosso orçamento."*

Analisando os *trade-offs*, a análise da árvore de decisão indica:

Aceleração do cronograma:

- Prós: conclusão antecipada; potencial vantagem de mercado.
- Contras: aumento de custos; possíveis comprometimentos de qualidade.
- Resultado: viável se as condições de mercado favorecerem a conclusão antecipada, com um aumento orçamentário controlado.

Manutenção do orçamento:

- Prós: controle de custos; alinhamento com objetivos financeiros.
- Contras: cronograma potencialmente mais longo; oportunidades de mercado perdidas.
- Resultado: recomendado se as restrições orçamentárias forem primordiais, com contingências planejadas para extensões de cronograma.

Agora, usando a Análise Avançada de Dados do ChatGPT, vamos pedir à IA que pegue o que analisou e coloque em um diagrama de árvore de decisão real:

"Ótimo. Você pode representar isso visualmente usando um diagrama de árvore de decisão?"

Claro!

A resposta incluiria então uma árvore de decisão completa, que é mostrada, em parte, na **Figura 8.4**.

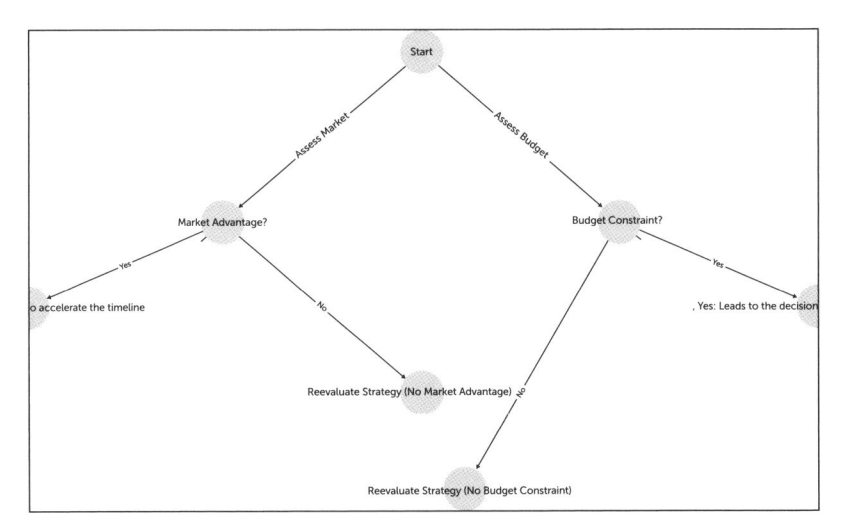

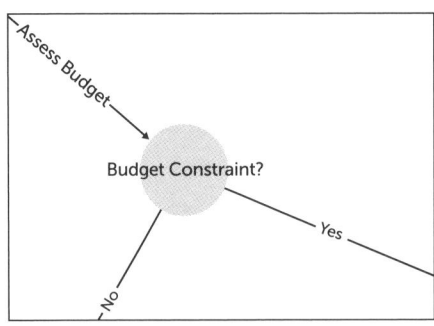

FIGURA 8.4 Árvore de decisão gerada pela Análise Avançada de Dados do ChatGPT (com detalhes).

Como você pode ver no diagrama gerado pela Análise Avançada de Dados do ChatGPT, esses *insights* revelam o delicado equilíbrio entre tempo e orçamento. Todos os projetos enfrentam esses *trade-offs*, e a análise da árvore de decisão permite escolhas com clareza e uma tomada de decisão alinhada aos objetivos estratégicos do projeto e às expectativas das partes interessadas.

À medida que você se aprofunda nos recursos da Análise Avançada de Dados do ChatGPT, é importante lembrar que este é um processo interativo e iterativo. O modelo de IA pode não produzir resultados perfeitos na primeira tentativa. Pense nele como um estagiário inteligente e diligente, ansioso para aprender e melhorar a cada interação.

Por exemplo, pode haver momentos em que os diagramas gerados pelo ChatGPT não sejam tão claros ou precisos quanto você deseja. Você pode ajustar as cores, adicionar ou remover conteúdo ou alterar o leiaute. Nesses casos, não hesite em fornecer instruções claras à IA, da mesma forma como orientaria um membro da equipe.

Lembre-se de que o poder da IA está em sua capacidade de aprender e se adaptar. Quanto mais *feedback* e orientação você fornecer, melhores serão os resultados. Portanto, continue o diálogo com o ChatGPT, refine suas instruções e observe como ele aprimora os resultados produzidos a cada interação.

Na gestão de projetos, a análise da árvore de decisão não é um exercício teórico; é um guia prático. Ao apresentar caminhos e resultados claros, oferece a qualquer projeto uma plataforma robusta para entender as implicações das escolhas.

IA em resposta a riscos

Após a quantificação do risco, você precisará desenvolver um plano de resposta ao risco acionável. A resposta dependerá do tipo de risco e, especificamente, se é uma ameaça ou uma oportunidade.

Planejamento e desenvolvimento de estratégias de resposta a riscos

As estratégias de resposta a riscos devem levar em consideração vários fatores, como impacto, probabilidade, correlações entre riscos e custo-efetividade. Vamos ver como seu projeto da Torre SteelNexus avança com esse esforço. Primeiro, sua equipe de gerenciamento de projetos percebeu que estratégias eficazes de resposta a riscos não eram apenas para combater ameaças, mas também para alavancar oportunidades. Nessa fase crítica, a IA foi fundamental para ajudar a equilibrar ambos os lados da equação de risco.

Respostas para ameaças e oportunidades

O planejamento eficaz de resposta a riscos é um exercício multifacetado que requer uma compreensão abrangente das ameaças e oportunidades dentro de um projeto. Em função da complexidade do projeto da Torre SteelNexus, sua equipe de gerenciamento de projetos busca ajuda na IA.

> *"Analise as ameaças e oportunidades identificadas e proponha estratégias de resposta, considerando os seguintes tipos de resposta ao risco: evitar, transferir, mitigar, aceitar, explorar, aprimorar, compartilhar."*

Ameaça: volatilidade do preço do aço

- Evitar: altere o *design* para reduzir o uso de aço.
- Transferir: busque contratos futuros para mudar o risco de preço.
- Mitigar: trave os preços por meio de contratos de longo prazo.
- Aceitar: crie contingência no orçamento para casos de flutuação de preço.

Ameaça: atrasos relacionados ao clima

- Evitar: planeje as fases de construção para contornar os padrões climáticos conhecidos.
- Transferir: faça um seguro vinculado ao clima.
- Mitigar: implemente planos relacionados ao clima.
- Aceitar: inclua atrasos climáticos no cronograma do projeto.

Oportunidade: técnicas de *design* inovadoras

- Explorar: envolva equipes de *design* especializadas com antecedência.
- Aprimorar: invista em treinamentos e novas tecnologias.
- Compartilhar: colabore com líderes da indústria e da academia.

Essa análise aprofundada permite que sua equipe entenda completamente a gama de opções disponíveis. Ao examinar cada risco através das lentes de vários tipos de resposta, você pode criar um plano matizado e flexível de adaptação a um cenário de projeto em constante mudança.

> *"Você pode elaborar a estratégia 'evitar' para a volatilidade do preço do aço e a estratégia 'explorar' para técnicas de design inovadoras? Forneça uma análise detalhada dos impactos potenciais, tanto positivos quanto negativos."*

Estratégia evitar para a volatilidade do preço do aço

- Impactos positivos: redução da dependência do aço; potencial economia de custos.
- Impactos negativos: risco de comprometer a integridade estrutural; esforço adicional de engenharia necessário.

- Conclusão: esta abordagem requer um equilíbrio delicado entre a economia de custos de material e a garantia da qualidade e segurança da estrutura. Uma avaliação de engenharia é altamente recomendada.

Estratégia explorar para técnicas de *design* inovadoras

- Impactos positivos: diferenciação no mercado; potencial de premiação/reconhecimento; redução de custos em algumas áreas.
- Impactos negativos: aumento dos custos iniciais em pesquisa e desenvolvimento; potenciais atrasos na implementação.
- Aproveitar técnicas de *design* inovadoras pode diferenciar o projeto, mas é importante evitar gastos excessivos ou atrasos na implementação. A colaboração com especialistas do setor pode mitigar esses riscos.

Na análise anterior, você examinou duas estratégias distintas: a estratégia evitar, no caso da volatilidade do preço do aço, e a estratégia explorar, no caso das técnicas de *design* inovadoras. Cada estratégia apresenta um conjunto exclusivo de potenciais impactos positivos ou negativos. Cada uma delas requer planejamento e execução cuidadosos para maximizar os benefícios e minimizar possíveis desvantagens.

"Considerando o cenário atual do mercado, como você trataria as estratégias de resposta a riscos para atrasos relacionados ao clima?"

Evitar: se possível, reestruturar o cronograma do projeto para evitar padrões climáticos conhecidos, embora isso possa causar conflitos com outras restrições.

Mitigar: desenvolver planos de contingência, incluindo fornecedores de *backup* e métodos de construção alternativos.

Transferir: adquirir um seguro que cubra perdas relacionadas ao clima, considerando a análise de custo-benefício atual.

Aceitar: prever atrasos climáticos específicos no cronograma do projeto, com um plano de contingência para lidar com condições climáticas inesperadas.

Uma combinação dessas estratégias, adaptadas às necessidades específicas do projeto e aos padrões climáticos locais, oferecerá a proteção mais robusta contra atrasos relacionados ao clima.

"Quais são os principais fatores de sucesso para implementar a estratégia 'aprimorar' em técnicas de design inovadoras?"

Investimento em tecnologia: aquisição ou desenvolvimento de ferramentas e *softwares* necessários.

Treinamento: a equipe deve dominar as novas técnicas.

Colaboração com líderes do setor: parceria com especialistas para obter *insights* e evitar armadilhas comuns.

Monitoramento e avaliação: revisões regulares para garantir que os aprimoramentos entreguem os benefícios esperados e não introduzam novos riscos.

A implementação bem-sucedida requer planejamento cuidadoso, investimento em tecnologia e treinamento, colaboração com especialistas e monitoramento contínuo.

Esses *prompts* de acompanhamento e respostas detalhadas ilustram como a IA pode ser empregada para construir *insights* acionáveis sobre estratégias de resposta a riscos. O envolvimento com a IA permite que sua equipe de projeto explore várias facetas das respostas ao risco para criar um plano resiliente.

IA no monitoramento de riscos

Ao explorar a capacidade da IA de gerenciar riscos, você se depara com uma questão complicada: o desafio das flutuações de custo da matéria-prima. É um problema que os gerentes de projetos conhecem muito bem. Vejamos o exemplo do aumento dos preços do aço em um projeto de construção, algo que sua equipe de gerenciamento de projetos enfrentou no projeto da Torre SteelNexus.

Implementação e monitoramento da resposta a riscos

A imprevisibilidade dos custos dos materiais é um problema conhecido, especialmente na construção. Fatores como oferta e demanda, regulamentações e mercados globais dificultam as previsões. Os principais riscos e desafios comuns incluem excessos ou atrasos orçamentários.

E se você pudesse transformar essas incógnitas conhecidas em algo administrável? Entra em cena a "raspagem de dados", ou *web scraping*, com IA.

Um serviço de *web scraping* é uma ferramenta ou *software* que extrai dados de *sites*. Ele funciona acessando a *web* e recuperando informações específicas, "raspando" os dados da página. Esse serviço coleta grandes quantidades de dados rapidamente, o que seria muito difícil de fazer de forma manual. Os dados coletados podem ser usados para uma variedade de propósitos, incluindo pesquisa de mercado, monitoramento de preços ou análise de dados.

Embora existam muitas maneiras de realizar a raspagem da *web* (normalmente isso exige conhecimento e experiência em codificação), novas ferramentas de *software* como serviço (SaaS) conseguem extrair dados usando processos sem código.

Por exemplo, a Browse AI é uma ferramenta de automação de *web scraping* sem código que extrai e monitora dados de *sites*. A Browse AI treina sua ferramenta de IA para extrair dados que atendam ao seu conjunto específico de critérios. Em seguida, adiciona esses dados a uma planilha ou API que pode se conectar ao seu próprio *software*.

Capítulo 8: O papel da IA na gestão de riscos

A Browse AI concentra-se em dados públicos, como valores de imóveis ou índices de preços.

"Explore a possibilidade de usar serviços de raspagem da web para monitorar sites relevantes e extrair dados sobre os preços do aço. Como isso pode ajudar na gestão de riscos?"

A raspagem da *web* pode monitorar continuamente os principais indicadores, como o índice de preço do aço nos Estados Unidos. Ao reunir dados de precificação, ela alimenta os modelos de análise de risco, transformando incertezas em riscos bem definidos e monitoráveis.

Com os dados raspados, você pode usar a Análise Avançada de Dados do ChatGPT.

"Analise os preços históricos do aço em anexo e identifique potenciais fatores de risco, como inflação, mudanças na oferta/demanda e custos logísticos. Como esses fatores se correlacionam com os preços do aço?"

A análise revela correlações significativas entre os preços do aço e fatores como inflação, dinâmica da oferta/demanda e custos logísticos. Esses *insights* podem informar a análise de correlação, a modelagem de regressão e a previsão, auxiliando no gerenciamento preciso de riscos.

À medida que cada vez mais produtos integram e alavancam a IA, crescem as possibilidades de uso dessa metodologia. Ao monitorar indicadores e prever cenários, você pode obter respostas de risco oportunas e apropriadas. É uma mudança de paradigma, com implicações profundas para os gerentes de projetos.

À medida que nossa exploração do papel da IA na gestão de riscos continua, descobrimos que há outra camada de sofisticação que pode ser adicionada a essa abordagem. Não se trata apenas de rastrear e prever; trata-se de agir em tempo real.

Pense, mais uma vez, em seu projeto da Torre SteelNexus. Sua equipe configurou a raspagem da *web* para rastrear os preços do aço, e o ChatGPT está fornecendo *insights* contínuos sobre a dinâmica do mercado. Agora, vamos dar um passo adiante.

"Suponha que os preços do aço atinjam um ponto crítico, que exija ação imediata. Como podemos automatizar uma resposta para alertar o gerente do projeto e a equipe usando serviços de web scraping?"

Você pode integrar serviços de *web scraping* com um sistema de alerta automatizado. Ao definir um limite para os preços do aço, um alerta pode ser acionado se o preço atingir ou exceder esse limite. Esse alerta pode ser enviado ao gerente do projeto e aos membros relevantes da equipe por *e-mail* ou por uma ferramenta de gerenciamento de projetos.

Além disso, o sistema pode iniciar ações de resposta ao risco predefinidas, como ativar planos de contingência ou interagir com fornecedores.

Ao usar um sistema de resposta automatizado, a equipe do projeto cria uma abordagem dinâmica e ajustável de gerenciamento de riscos. Quando os preços do aço atingem esse limite crítico, a equipe é notificada e ações predeterminadas são acionadas. Por exemplo, se o preço do aço cair, a IA pode alertar as partes e até executar uma ordem de compra, aproveitando a oportunidade para obter o material a um preço com desconto.

A automação transforma o monitoramento de riscos em um processo proativo e adaptável. Não se trata apenas de saber o que pode acontecer; trata-se de estar preparado para agir quando isso acontecer.

OBSERVAÇÃO A raspagem da *web* está sujeita às diretrizes legais e éticas do *site* da fonte de dados. É fundamental garantir que os termos e condições do *site* permitam tal atividade.

Relatórios de risco nas reuniões de *status*

A gestão de riscos em projetos é um processo contínuo e multifacetado. Avanços recentes em tecnologias de IA, como ChatGPT e Browse AI, facilitaram a identificação e análise de riscos. Mas o que acontece quando um risco atinge um limite crítico ou depois que uma resposta é implementada? Como essas informações são transmitidas às partes interessadas, especialmente à liderança? É aí que entram os recursos da IA em relatórios de risco e de *status*.

"Considerando a flutuação crítica do preço do aço e a resposta automatizada desencadeada, crie um formulário de rastreamento de itens de risco para a alta administração."

Item de risco: flutuação do preço do aço

- *Status*: crítico
- Resposta acionada: fazer um contrato de longo prazo
- Impacto: alto
- Probabilidade: moderada
- Medidas de controle atuais: sistema de alerta automatizado, monitoramento via Browse AI
- Outras ações necessárias: revisar plano de contingência, notificar fornecedores
- Nível de escalonamento: nível 2 (alta administração)

Esse é um relatório conciso, mas abrangente. Com o conhecimento da IA sobre dados e o contexto do projeto, o formulário de rastreamento de itens de risco é preenchido com precisão. Não é apenas um formulário genérico; é adaptado aos requisitos específicos de risco, resposta e projeto. A alta administração recebe um relato instantâneo e preciso da situação, permitindo a pronta tomada de decisão.

Agora, digamos que você precise da IA para gerar um resumo executivo do *status* atual dos riscos do projeto.

"Resuma o status de risco atual do projeto da Torre SteelNexus, incluindo os principais riscos, respostas e recomendações estratégicas, para a liderança executiva."

Projeto: Torre SteelNexus

- Principais riscos: volatilidade do preço do aço, atrasos em decorrência do clima, técnicas de *design* inovadoras
- Respostas implementadas: contratos de longo prazo, seguro contra intempéries, colaboração com líderes do setor
- Recomendações estratégicas: aumentar a contingência orçamentária para flutuações de preços, melhorar a colaboração com fornecedores, investir em mais ferramentas de previsão do tempo

A capacidade da IA de condensar informações complexas em um resumo executivo é extraordinária. Isso significa que a liderança não precisa vasculhar infinitos pontos de dados; ela recebe uma visão geral concisa, alinhada com sua perspectiva estratégica.

Ao embarcar em projetos ambiciosos, as capacidades de relatórios da IA não apenas economizam tempo, mas também elevam a qualidade da comunicação. Isso garante que as informações certas cheguem às pessoas certas no momento certo, permitindo orientar o projeto com confiança e agilidade.

Numa época em que os projetos são cada vez mais complexos, a IA surge não apenas como uma ajuda tecnológica, mas também como um parceiro estratégico. Trata-se de aproveitar as proezas analíticas e o brilho comunicativo da IA para promover uma cultura de tomada de decisão informada e gestão proativa de riscos.

Ética e responsabilidade profissional

No âmbito da gestão de riscos baseada em IA, a integridade e a transparência são fundamentais. A aplicação da IA deve ser acompanhada por uma divulgação clara de suas capacidades e limitações na identificação, análise e resposta ao risco. A transparência na comunicação dos algoritmos e modelos utilizados garante que as partes interessadas compreendam completamente como as decisões são derivadas.

Como sempre, a responsabilidade e a supervisão humana são fundamentais para a prática ética. Embora a IA possa fornecer um apoio valioso, a responsabilidade final pela tomada de decisões cabe ao humano que gerencia o projeto. A interpretação precisa dos *insights* gerados pela IA é essencial e requer validação para moldar estratégias de risco eficazes.

> **OBSERVAÇÃO** A IA não vai corrigir ou questionar os erros de *prompt*. Se você pedir que a probabilidade de risco seja expressa em $ (dinheiro), ela não vai saber se você quis dizer % (porcentagem).

Confidencialidade e segurança são a espinha dorsal da ética dos dados. Proteger dados confidenciais relacionados ao risco em conformidade com os regulamentos legais é fundamental. A implementação de medidas de segurança robustas protege contra o acesso não autorizado a informações vitais.

A justiça e a ausência de vieses também são muito importantes. A IA deve ser implementada sem preconceitos, garantindo avaliações de risco imparciais. Prever sua inclusão nas estratégias de risco evita a discriminação contra qualquer grupo ou indivíduo e garante uma abordagem justa.

A conformidade com o quadro mais amplo de normas legais e profissionais deve orientar a conduta ética. Aderir à legislação relevante e alinhar as práticas com as diretrizes profissionais, como as estabelecidas pelo Project Management Institute (PMI), reforça a administração ética.

À medida que o papel da IA na gestão de riscos é ampliado, você deve monitorar e auditar cuidadosamente o desempenho, bem como garantir a supervisão humana de todas as análises qualitativas e quantitativas.

Pontos-chave a serem relembrados

Neste capítulo, exploramos a interseção entre IA e gerenciamento de riscos. A IA não apenas melhora os métodos tradicionais de gerenciamento de riscos, mas também introduz novos métodos inovadores.

- A IA pode aprimorar o planejamento de contingência ao analisar os dados atuais de desempenho do projeto, prever riscos potenciais e recomendar ações para desvios identificados.

- A IA pode ajudar no planejamento e desenvolvimento de estratégias de resposta a riscos, fornecendo análises detalhadas e recomendações para ameaças e oportunidades.

- A abordagem de gerenciamento de riscos varia significativamente entre as abordagens preditiva e adaptativa. A abordagem preditiva é rígida e requer extenso planejamento antecipado, enquanto a metodologia ágil é mais flexível, acomodando mudanças e riscos ao longo do projeto.

- A análise da árvore de decisão é uma ferramenta valiosa para visualizar possíveis resultados e orientar a tomada de decisões, particularmente no gerenciamento de cronogramas e orçamentos de projetos.

- A IA pode monitorar e prever riscos em tempo real, permitindo respostas imediatas e automatizadas quando os limites críticos são atingidos.

- Por meio de uma integração inovadora, você pode combinar a raspagem da *web* e ferramentas de IA, como o monitoramento da Browse AI, com um sistema de resposta automatizado para criar uma abordagem dinâmica de gerenciamento de riscos.

- A IA pode gerar relatórios de risco abrangentes e resumos de *status* para a alta administração, fornecendo visões gerais concisas e recomendações estratégicas.

- Considerações éticas na gestão de riscos baseada em IA incluem integridade e transparência, responsabilidade e supervisão humana de todas as análises de risco apoiadas por IA e conformidade com os padrões legais e profissionais.

Guia técnico

8.1 Modelo de *prompt* para criar um registro de riscos

Aqui está um modelo de *prompt* com variáveis que você pode preencher para o registro de riscos do seu projeto. Ao inserir seus detalhes, remova os colchetes angulares.

> *"Aja como gerente de projetos e especialista em gestão de riscos. Estou gerenciando um projeto chamado< ⛏ Nome do projeto >. Nosso projeto está alinhado com as < ◎ Metas do projeto > e precisamos identificar possíveis riscos, ameaças e oportunidades que possam impactá-lo. Por favor, ajude-me a criar um registro de riscos com as seguintes informações:*
>
> *Informações do projeto:*
>
> *Nome do projeto: < ⛏ Nome do projeto >*
>
> *Descrição do projeto: < 📄 Descrição do projeto >*
>
> *Gerente do projeto: < 👤 Gerente do projeto >*
>
> *Metas do projeto: < ◎ Metas do projeto >*
>
> *Escopo do projeto: < 📄 Escopo do projeto >*
>
> *Documentos do projeto: <Se estiver usando a Análise Avançada de Dados do ChatGPT, plug-ins ou qualquer outra IA com a capacidade de fazer upload de anexos, anexe documentos relevantes para fornecer contexto adicional.>*
>
> *DIRETIVAS*
>
> *Identificação de risco:*
>
> *Ameaças: liste ameaças potenciais, em categorias como operacional, financeira ou estratégica, juntamente com uma breve descrição e fonte de cada uma delas.*
>
> *Oportunidades: liste oportunidades potenciais, categorizadas de forma semelhante, com descrições e fontes.*
>
> *Análise de risco:*
>
> *Ameaças: avalie a probabilidade e o impacto de cada ameaça identificada, atribuindo níveis de prioridade conforme necessário.*
>
> *Oportunidades: avalie a probabilidade e o impacto de cada oportunidade identificada.*
>
> *Respostas de risco: sugira respostas para cada risco identificado, incluindo, mas não se limitando a:*
>
> *Evitar: estratégias para evitar o risco.*
>
> *Aceitar: critérios de aceitação e justificativa.*

Mitigar: estratégias de mitigação e planos de implementação.

Transferir: métodos para transferir o risco para terceiros.

Explorar: estratégias para garantir que a oportunidade seja concretizada.

Aprimorar: ações para aumentar a probabilidade e/ou o impacto das oportunidades.

Compartilhar: aloque parte ou toda a propriedade a terceiros para melhor capturar a oportunidade.

Por favor, adapte o registro de riscos para refletir as necessidades específicas do projeto, considerando as informações fornecidas. Pense passo a passo. Explique seu raciocínio para mim para cada risco identificado e suas estratégias de resposta ao risco correspondentes."

8.2 Usando a Análise Avançada de Dados do ChatGPT para revisar dados históricos e fornecer *insights*

Aqui estão as etapas para usar a Análise Avançada de Dados do ChatGPT para revisar dados históricos e fornecer *insights* de uma planilha ou arquivo de dados existente.

1. Prepare os dados:
    a. Reúna os dados históricos do material ou aspecto que você deseja analisar (como preços do aço ou custos de mão de obra).
    b. Defina o escopo, o orçamento e o cronograma do seu projeto.
2. Customize o *prompt*:
    a. Substitua <material_ou_aspecto> com o material ou aspecto que você está analisando.
    b. Substitua <escopo_projeto>, <orçamento_projeto> e <cronograma_projeto> com os detalhes específicos do seu projeto.
    c. Substitua <período_previsto> com o prazo de previsão que você deseja (p. ex., "6 meses").
3. Copie o *prompt* customizado:
    a. Copie todo o *prompt* customizado.
    b. Cole na Análise Avançada de Dados do ChatGPT.
4. Abra uma nova sessão com o ChatGPT:
    - Cole o *prompt* personalizado na Análise Avançada de Dados do ChatGPT.
5. Execute a análise:
    - Execute o *prompt* e o ChatGPT fornecerá a previsão, a avaliação de riscos e as representações visuais.

6. Interprete os resultados:
   a. Analise o gráfico ou o diagrama fornecido para entender as tendências e os riscos.
   b. Use os *insights* para criar estratégias e gerenciar seu projeto de forma eficaz.

"Aja como um especialista em gestão de projetos 📊 *e análise de dados* 📈*. Por favor, ajude o gerente do projeto com o seguinte:*

Analise o conjunto de dados: Utilize o conjunto de dados históricos do <material_ ou_aspecto > (preços do aço, custos trabalhistas ou padrões climáticos)

Considere os parâmetros do projeto:

Ffoco no projeto:

Escopo: <escopo_do_projeto>

Orçamento: <orçamento_do_projeto>

Cronograma: <cronograma_do_projeto>

Previsão de tendências: use o conjunto de dados selecionados de <material_ou_aspecto>, preveja tendências para o futuro próximo <período_da_previsão>.

Identifique os riscos potenciais relacionados a mudanças no escopo do projeto <escopo_do_projeto>, no orçamento <orçamento_do_projeto> e no cronograma <cronograma_do_projeto>. Mostre um gráfico/diagrama para representar a análise.

Forneça insights*: interprete a previsão, apresente os riscos associados e ofereça estratégias para gerenciá-los de forma eficaz.*

Lembre-se de pensar passo a passo e fornecer insights por meio de representações visuais."

8.3 Modelo de *prompt* para simulação de Monte Carlo na Análise Avançada de Dados do ChatGPT

Instruções para executar o *prompt* no ChatGPT

- Identifique as variáveis do seu projeto:
  - **Duração do projeto:** determine a duração total esperada do seu projeto em dias, semanas ou meses.
  - **Riscos conhecidos:** identifique riscos específicos que podem afetar seu projeto, como disponibilidade de recursos ou volatilidade do mercado.
  - **Número de iterações para simulação:** decida quantas vezes você deseja executar a simulação. Um número maior (como 10.000) geralmente dá resultados mais precisos.

- **Resultados desejados:** defina o que você deseja analisar, como concluir o projeto dentro de um orçamento ou prazo específico.
- Preencha o *prompt*:
  - Substitua <duração_do_projeto> com a duração esperada do seu projeto.
  - Substitua <riscos_conhecidos> pelos riscos identificados, separando os diferentes riscos com vírgulas.
  - Substitua <iterações> com o número desejado de simulações.
  - Substitua <resultados_esperados> pelos resultados definidos.
- Execute o *prompt* na Análise Avançada de Dados do ChatGPT:
  - Forneça o *prompt* para a Análise Avançada de Dados do ChatGPT.
  - O ChatGPT executará a simulação de Monte Carlo com base nos detalhes fornecidos.
  - Você receberá gráficos, tabelas e recursos visuais para ajudá-lo a entender as probabilidades dos resultados desejados.
- Analise os resultados:
  - Estude os gráficos e as tabelas para entender as probabilidades de risco.
  - Interprete os resultados para tomar decisões informadas sobre o seu projeto.
  - Utilize os *insights* para alinhar as partes interessadas, gerenciar riscos e conduzir seu projeto ao sucesso.

"Vamos analisar os riscos do projeto usando simulações de Monte Carlo. Siga este passo a passo, considerando as seguintes funções:

"Atue como especialista em gestão de projetos.

Atue como especialista em simulação e análise de risco

Diretrizes: executar simulação de Monte Carlo; mostrar tabelas, gráficos, recursos visuais.

Pense passo a passo, mostre a lógica.

Defina as variáveis do projeto:

Insira estes valores:

Duração do projeto: <duração_do_projeto>

Riscos conhecidos (p. ex., disponibilidade do recurso, volatilidade do mercado): <riscos_conhecidos>

Número de iterações para simulação: <iterações>

Resultados esperados (p. ex., conclusão dentro do orçamento): <resultados_esperados>

Execute a simulação de Monte Carlo: o ChatGPT vai simular <iterações> para entender as probabilidades de<resultados_esperados>. Espere gráficos, tabelas e recursos visuais.

Interpretar os resultados: analise os recursos visuais, tome decisões informadas.

Execute o código por meio da Análise Avançada de Dados do ChatGPT: substitua as variáveis entre colchetes pelos seus dados. A ferramenta da Análise Avançada de Dados do ChatGPT executará a simulação, fornecendo insights."

8.4 ChatGPT AI Assistant para Jira

O Jira é uma plataforma de gerenciamento de projetos completa e muito usada da Atlassian. As ferramentas de IA generativas podem aprimorar o gerenciamento de riscos do projeto com sua capacidade de processar e analisar com eficiência grandes quantidades de dados do projeto. Ao identificar padrões e correlações entre os dados, esse recurso da IA é capaz de gerar informações sobre riscos potenciais do projeto.

As principais vantagens incluem a possível descoberta de riscos não conhecidos, a quantificação do impacto dos riscos identificados e o desenvolvimento de estratégias proativas de mitigação. Um formato de bate-papo simples permite que a equipe do projeto consulte riscos e soluções para problemas (**Figura 8.5**).

No geral, as ferramentas de IA complementam os gerentes de projetos humanos, permitindo identificação, quantificação e planejamento de riscos mais abrangentes e integrando prontamente dados históricos das plataformas corporativas.

O ChatGPT AI Assistant para Jira pode ser adquirido no Atlassian Marketplace. Você pode visitar o *marketplace* e procurar por "ChatGPT AI Assistant for JIRA".

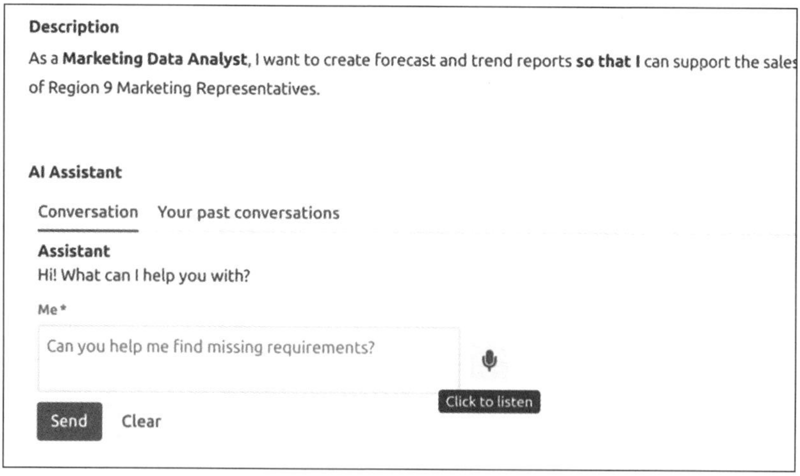

Description

As a **Marketing Data Analyst**, I want to create forecast and trend reports **so that I** can support the sales of Region 9 Marketing Representatives.

AI Assistant

Conversation   Your past conversations

Assistant
Hi! What can I help you with?

Me *

Can you help me find missing requirements?   🎤
                                              Click to listen

[Send]   Clear

FIGURA 8.5 O formato de *chat* do Jira.

9

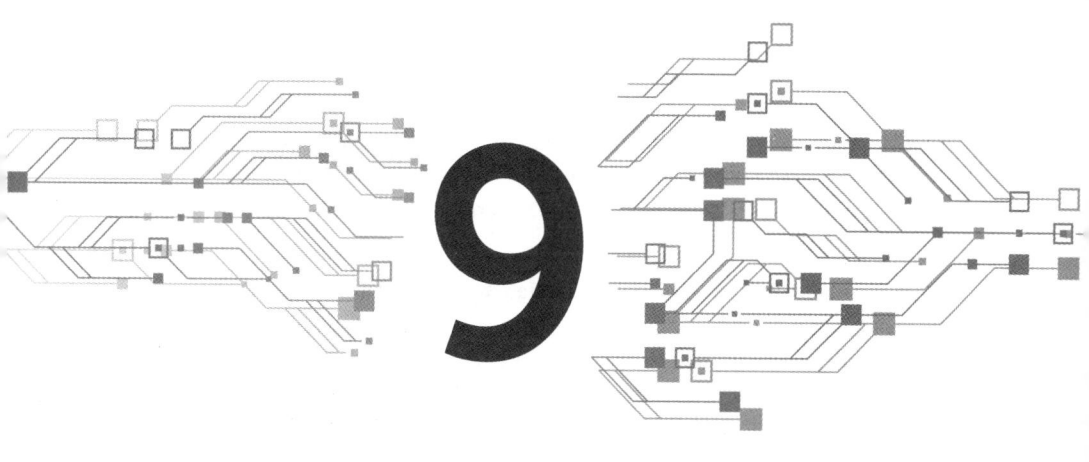

Finalizando projetos com IA

Neste capítulo, você verá como a inteligência artificial (IA) generativa pode ajudá-lo a finalizar seu projeto. Verá as possibilidades de uso da IA para aumentar a produtividade nos processos de verificação, validação, liberação (implantação) e encerramento do projeto. Independentemente da qualidade e da eficiência alcançadas no desenvolvimento do produto, é fundamental ser cuidadoso também nas etapas finais, quando a pressão do cronograma é, muitas vezes, muito intensa.

IA EM AÇÃO: VERIFICAÇÃO E VALIDAÇÃO

A IA é hoje usada pelas empresas para verificação e validação de produtos. Aqui estão alguns exemplos:

A Siemens usa a IA para identificar defeitos nas pás das turbinas eólicas.
A empresa utiliza um modelo de IA para gerar imagens de pás de aerogeradores com defeitos. Essas imagens são então usadas para treinar um modelo de aprendizado de máquina na identificação de defeitos em pás de turbinas eólicas do mundo real. Isso ajudou a Siemens a melhorar a qualidade de suas pás de turbinas eólicas e reduzir o número de defeitos.

A Tesla está usando a IA para testar seus carros autônomos.
São criados cenários de teste de *software* e *hardware* do carro autônomo. Isso ajuda a Tesla a melhorar a segurança e a confiabilidade de seus carros autônomos.

A Amazon está usando a IA para automatizar a validação de suas listagens de produtos.
Essas variações são usadas para testar a precisão e a integridade das listagens de produtos. Isso ajudou a Amazon a melhorar a qualidade de suas listagens e reduzir o número de erros. As ferramentas são valiosas porque:

- Permitem que testadores e desenvolvedores criem casos de teste e dados sem intervenção manual.
- Geram *scripts* de teste fáceis de entender e dados realistas para testes de desempenho.
- Reduzem o risco de erro, antecipando possíveis problemas e defeitos.

O objetivo é liberar recursos humanos para se concentrarem em outras tarefas críticas. Usar a IA dessa maneira também pode ajudar a melhorar a eficiência e a precisão do processo de validação.

A assistência da IA ajuda a melhorar a precisão e robustez do produto em desenvolvimento. A IA pode identificar defeitos do produto gerando imagens ou textos, documentando os erros e integrando essa documentação aos ativos históricos para testes. As equipes de controle de qualidade são, assim, capazes de identificar defeitos no início do processo de fabricação. Na conclusão, a IA pode automatizar algumas das tarefas de validação feitas de maneira manual.

Ferramentas e novos processos são necessários para apoiar as organizações nesse esforço. Ferramentas de IA estão surgindo para apoiar as equipes de projetos com tarefas variadas de verificação e validação. Por exemplo, a Applitools desenvolve modelos de IA que geram dados de teste sintéticos que podem ser usados para treinar modelos de aprendizado de máquina. Esses dados ajudam a melhorar a precisão e a robustez desses modelos, garantindo que os produtos sejam exaustivamente testados e que todos os cenários possíveis sejam cobertos. Os modelos de IA dos fornecedores também podem gerar imagens sintéticas para verificar se a aparência visual dos produtos está correta.

Essa é uma prévia do que vem por aí. Agora, passaremos sistematicamente pelo processo de uso da IA no lançamento de produtos.

> **OBSERVAÇÃO** Seu projeto pode produzir um produto físico, um edifício, um programa de *software* ou um serviço (ou conjunto de serviços). A partir de agora, neste capítulo, vamos tratar o resultado tangível ou entregável do projeto como "produto" ou "solução".

Lançamento de produtos e serviços

A IA pode ser de grande ajuda no momento de lançar ou implantar um produto. Vamos usar um estudo de caso fictício para ilustrar essa situação. O *site* da Sophie's Pet Food é uma oportunidade de avaliar o papel da IA no encerramento do trabalho do projeto. Veremos exemplos de *prompts* com foco na avaliação da solução, incluindo verificação e validação. Os resultados mostrarão o poder da IA no apoio à automação de tarefas tediosas, aumentando a eficiência e economizando tempo da equipe do projeto. Aqui, novamente, você está no papel de um gerente de projetos ansioso para adotar as ferramentas de IA onde elas têm mais a oferecer.

Se a abordagem preditiva for usada, observe os resultados ou o escopo entregue a partir da execução do plano do projeto. Os resultados do trabalho e as solicitações de mudança são os principais resultados. Exemplos de resultados podem ser as entregas do produto ou até artefatos do projeto, como relatórios de *status*. Você deve revisar o progresso, documentando áreas que sinalizem a necessidade de mudança. Os parâmetros de cronograma, custo e qualidade são monitorados de perto. Se houver uma solicitação de mudança, esta geralmente é comunicada às partes interessadas para revisão e aprovação.

Se uma abordagem adaptativa, como o Scrum, for usada para lançar produtos ou serviços, o Scrum Master ajudará a equipe com o planejamento de um produto funcional. Lembre-se de que cada *sprint* resulta em um incremento de produto potencialmente liberável.

Em ambos os cenários, uma análise prévia é necessária, como a gestão da qualidade e a validação das entregas antes de sua liberação para os clientes.

Estudo de caso: redesenho do *site* de comércio eletrônico da Sophie's Pet Food

Nosso estudo de caso fictício para este tópico é a Sophie's Pet Food, uma produtora *premium* de alimentos naturais para animais de estimação. Em 2018, a empresa lançou um *site* de comércio eletrônico com WordPress (**Figura 9.1**). Com um tempo de desenvolvimento de seis meses e um orçamento de US$ 50 mil, o *site* contava com uma ferramenta de pesquisa amigável e opções seguras de pagamento. Após uma promoção bem-sucedida por meio de mídias sociais, anúncios de pesquisa e campanhas de *e-mail*, a empresa atraiu 10 mil visitantes em seu primeiro mês, com uma taxa de conversão de 5% deles. A receita ultrapassou US$ 1,5 milhão, e o valor médio dos pedidos ficou em US$ 65. O tráfego mensal atual chegou ao pico de 46 mil visitas.

Melhorias propostas

Para impulsionar as vendas, a Sophie's Pet Food pretende fazer melhorias a partir do *feedback* dos clientes e de *insights* de dados.

- **Recomendações personalizadas:** usar algoritmos para sugerir produtos com base no histórico de compras do cliente.
- **Programa de fidelidade:** introduzir um sistema que recompensa compras com pontos resgatáveis. Isso substituiria o programa de assinatura anual.

FIGURA 9.1 Página de anúncios da Sophie's Pet Food (exemplo fictício).

- **Conteúdo interativo:** adicionar uma calculadora de nutrição canina e vídeos focados em ingredientes.

- **Seção de perguntas e respostas:** permitir que os clientes comentem sobre os produtos e façam perguntas.

- **Aplicativo móvel:** desenvolver um aplicativo para notificações, com facilidade para fazer novos pedidos e *checkout* simplificado.

Além das melhorias voltadas para os clientes, a empresa solicitou a otimização do *site* e o acesso a análises avançadas da *web*.

Essas mudanças visam a:

- atrair novo tráfego para o *site*;
- prolongar as sessões do usuário com conteúdo envolvente;
- aumentar a taxa de conversão em 3% por meio de experiências personalizadas;
- aumentar a retenção de clientes em 20% por meio do programa de fidelidade e do aplicativo móvel.

A empresa também quer introduzir duas funções – gerente de produto e analista de negócios – no contexto do projeto de redesenho do *site*. Você precisará trabalhar em estreita colaboração com ambos na liderança da equipe. Os gerentes de produto são fundamentais na definição, no lançamento e no gerenciamento de produtos. Eles fazem a coordenação entre várias equipes de engenharia, *design* e *marketing* para garantir o sucesso de um produto. Formal ou informalmente, a maioria dos projetos terá um analista de negócios para ajudar a identificar os requisitos e a documentar a solução.

Avaliação da solução

O analista de negócios revisou o *site* atual e concluiu as seguintes etapas da análise do negócio: análise de necessidades; elicitação de requisitos e análise da solução; rastreabilidade e monitoramento da construção da solução; e avaliação da solução. Sua equipe do projeto está concluindo a renovação do *site* e chegou à fase de avaliação da solução.

Você pergunta à IA de que se trata esse estágio (ou domínio), para que os processos fiquem claros para a equipe.

> *"Você pode explicar para a equipe do projeto a importância da avaliação da solução?"*
>
> Claro! A avaliação da solução é uma fase essencial no processo de desenvolvimento de *software* e implantação da solução. Essa avaliação garante que a solução desenvolvida atenda aos objetivos e padrões do projeto e às expectativas das partes interessadas. Vamos detalhar as etapas para entendê-las melhor:

Avaliação do desempenho da solução:
- Avalie o desempenho em relação aos *benchmarks*.
- Reúna dados sobre métricas, como tempos de resposta e taxas de erro.
- Compare com os padrões da indústria.
- Use dados para melhorar a solução.

Determinando a abordagem de avaliação:
- Identifique as principais métricas.
- Selecione ferramentas e metodologias de avaliação apropriadas.
- Crie um plano de avaliação

Avaliando a aceitação do usuário:
- Realize testes de aceitação do usuário.
- Colha o *feedback* dos usuários.
- Analise os resultados para identificar lacunas e áreas de melhoria.

Obtenção de aceitação formal:
- Apresente os resultados da avaliação às partes interessadas.
- Aborde as preocupações levantadas.
- Obtenha aprovação formal para a solução e seu lançamento.

{Em um esforço para manter a brevidade e a relevância, o diálogo com a IA apresentado aqui foi reduzido.}

Esse resumo é útil e garante que a solução que está sendo construída atenda aos requisitos técnicos e se alinhe aos objetivos das partes interessadas. Duas perguntas rápidas surgiram quando a equipe do projeto discutiu as atividades de avaliação da solução: qual é a diferença entre verificação e validação e como todas as atividades se relacionam com a gestão da qualidade do projeto? Você decide pedir o apoio da IA:

"O que é gestão da qualidade do projeto? Qual é o processo de condução da gestão da qualidade? Forneça uma resposta simples."

Qualidade do plano: o processo proativo de definir padrões de qualidade relevantes para um projeto e determinar como eles serão atendidos. Este opera com base no princípio de que a qualidade deve ser planejada no início em vez de inspecionada posteriormente, quando o produto for concluído.

Garantia da qualidade: um processo contínuo que audita e avalia o desempenho do projeto para garantir que esteja alinhado com padrões de qualidade predefinidos, garantindo que o projeto atenderá a esses padrões.

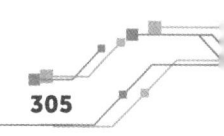

Controle de qualidade: a prática de monitorar os resultados do projeto para que eles cumpram os padrões de qualidade estabelecidos, com foco na identificação de desvios e correção de resultados insatisfatórios.

Essa é uma resposta bastante simples e clara. Segue-se uma discussão sobre garantia da qualidade e controle de qualidade. Alguns membros da sua equipe estão confusos sobre a diferença entre verificação e validação.

Portanto, seu Product Owner consulta a IA:

O que é a verificação e qual é a sua diferença em relação à validação?"

Aqui está uma análise de suas diferenças:

Verificação: envolve garantir que o produto foi construído corretamente. Responde à pergunta: "Estamos construindo da maneira certa?" A verificação se concentra em processos, atividades e produtos intermediários para garantir que o produto final tenha a qualidade desejada.

Validação: determina se o produto atende às necessidades e requisitos do usuário. Ele responde à pergunta: "Estamos construindo o produto certo?" A validação garante que o produto cumprirá o uso pretendido quando colocado no ambiente pretendido.

Métodos de verificação: geralmente são métodos de verificação não baseados em execução. Pode envolver revisões, instruções passo a passo, artefatos de *software* e inspeções de processos.

Métodos de validação: geralmente são testes baseados em execução, em que a funcionalidade do produto é verificada em relação aos requisitos do usuário. Pode envolver testes funcionais, testes de aceitação do usuário e testes do sistema.

Objetivo da verificação: o objetivo é garantir que os produtos atendam aos requisitos especificados.

Objetivo da validação: o objetivo é garantir que o produto atenda às necessidades do usuário e se comporte conforme o esperado no ambiente do mundo real.

Ferramentas e técnicas de verificação: as técnicas podem incluir ferramentas de análise estática, revisões por pares, orientações e inspeções.

Ferramentas e técnicas de validação: técnicas geralmente dinâmicas, como a execução do *software* e a realização de testes de sistema, testes de aceitação e testes de regressão.

Resultado da verificação: o resultado da verificação pode ser uma lista de problemas documentados, revisão de descobertas e recomendações de melhoria.

Resultado da validação: o resultado da validação é tipicamente um produto de trabalho pronto para produção ou implantação, atendendo às necessidades e aos requisitos do usuário.

A partir desses resultados, a equipe inferiu que, em termos simples, a verificação busca garantir a correção do projeto e da construção do produto, e a validação, que o produto seja adequado ao uso e ao ambiente pretendidos (**Figura 9.2**).

Você decide pedir exemplos à IA para dissipar a confusão.

"Forneça exemplos simples de verificação e validação de entregáveis para o projeto de redesenho do site da Sophie's Pet Food."

Verificação de entregáveis:

- Revisão de código: garantir que o código atenda aos padrões e seja livre de *bugs*.
- Inspeção do projeto: confirmar se o projeto segue as diretrizes.
- Teste de funcionalidade: checar se os componentes de teste funcionam como pretendido.

Validação de entregáveis:

- Teste de aceitação do usuário: validar se o *site* atende às necessidades do usuário.
- Teste de desempenho: verificar como o *site* lida com o tráfego do mundo real.
- Coleta de *feedback*: reunir *insights* sobre melhorias.

{Em um esforço para manter a brevidade e a relevância, o diálogo com a IA apresentado aqui foi reduzido.}

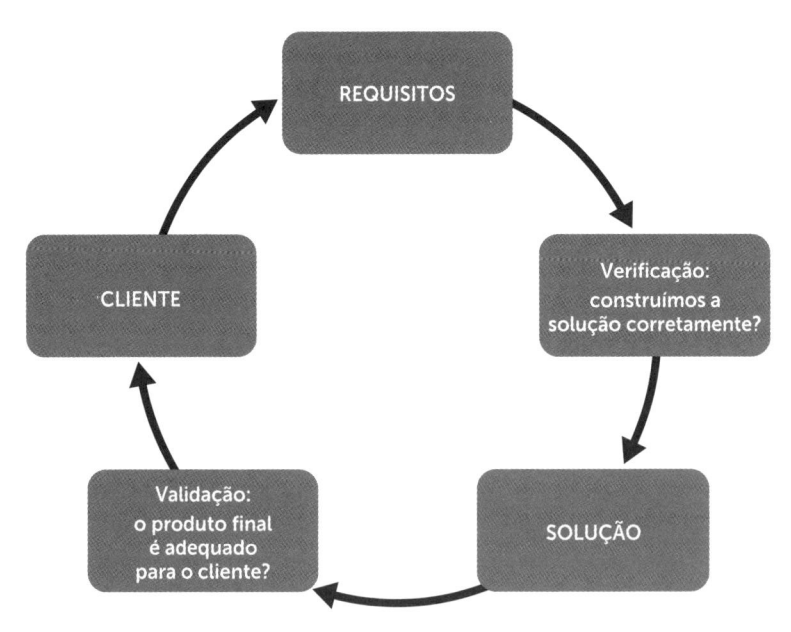

FIGURA 9.2 Validação e verificação são atividades cognatas.

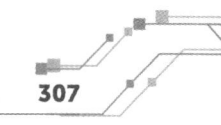

Esses resultados vêm do ChatGPT. Assim, a equipe do projeto decide explorar o Bard, outro produto de IA, para entender o processo e as atividades da fase de aceitação. Você pergunta ao Bard:

"Que papel a IA pode desempenhar na fase de aceitação de um projeto?"

- Geração de documentação: o Bard pode gerar documentação para um projeto usando seu conhecimento sobre requisitos, base de código e interface do usuário. Por exemplo, o Bard poderia gerar um manual do usuário sobre o uso de recursos do projeto e um manual de treinamento ensinando os usuários a tirar o máximo proveito do projeto.

- Criação de testes de aceitação: o Bard pode criar testes de aceitação para um projeto usando conhecimento sobre seus requisitos. Um exemplo disso seria um teste que verifica se a interface de usuário do projeto atende aos requisitos de seus usuários.

- Comunicação com as partes interessadas: o Bard pode se comunicar com as partes interessadas gerando relatórios que resumem o progresso do projeto e respondendo perguntas a respeito. Seria o caso de um relatório que mostra o progresso do projeto em relação aos seus marcos e responde perguntas das partes interessadas sobre o orçamento do projeto.

- Acompanhamento do progresso: o Bard pode seguir o progresso de um projeto acompanhando a conclusão das tarefas, o cumprimento dos prazos e o orçamento. Pode, por exemplo, verificar o número de tarefas concluídas, o número de tarefas atrasadas e a quantidade de dinheiro gasto no projeto.

Você pode ver que tanto o ChatGPT quanto o Bard são ferramentas valiosas para ajudar sua equipe do projeto a entender as atividades da fase de entrega e aceitação do seu projeto.

Verificação e validação de resultados do projeto e testes de usabilidade com IA

Agora vamos nos aprofundar em testes de verificação, testes de validação e criação de um plano de teste – tudo para ajudá-lo como gerente do nosso projeto fictício do *site* da Sophie's Pet Food.

Testes de verificação para o *site* Sophie's Pet Food

A seguir, vamos entender melhor os conceitos de teste de verificação, incluindo o teste de fumaça, teste de unidade, teste de integração e teste do sistema.

"Como verificação, a equipe decidiu realizar um teste de fumaça, teste de unidade, teste de integração e teste do sistema. Você pode definir esses testes e dar um exemplo?"

1. Teste de fumaça:
- **Definição:** um teste de fumaça, também conhecido como "teste de sanidade", é um teste preliminar que verifica as funcionalidades básicas de um aplicativo para garantir que ele seja estável o suficiente para testes adicionais.
- **Finalidade:**
  - Identificar rapidamente os principais problemas após uma compilação ou atualização.
  - Garantir que os recursos fundamentais funcionem corretamente.

Exemplo para Sophie's Pet Food: antes de mergulhar profundamente nos testes, a equipe pode fazer um teste de fumaça para garantir que o *site* carrega corretamente, os principais botões de navegação funcionam e o processo de *checkout* não é interrompido.

2. Teste de unidade:
- **Definição:** o teste de unidade avalia unidades individuais ou componentes de um *software* isoladamente do resto. Uma unidade pode ser uma função, um procedimento ou um módulo específico.
- **Finalidade:**
  - Verificar se cada unidade ou componente funciona como pretendido.
  - Detectar e corrigir problemas em um estágio inicial, facilitando a depuração.

Exemplo para Sophie's Pet Food: os desenvolvedores podem testar uma função que calcula o preço total dos itens em um carrinho, garantindo que ela some de forma precisa e aplique descontos ou impostos corretamente.

3. Teste de integração:
- **Definição:** o teste de integração se concentra no teste das interfaces entre unidades ou componentes para garantir que eles interajam e se integrem bem, trabalhando juntos como esperado.
- **Finalidade:**
  - Identificar questões decorrentes da interação entre diferentes unidades.
  - Garantir que o fluxo de dados entre os módulos seja preciso e consistente.

Exemplo para Sophie's Pet Food: depois de testar componentes individuais, como o banco de dados do produto e o carrinho de compras, um teste de integração pode verificar se os produtos selecionados pelos usuários são adicionados corretamente ao carrinho de compras e se o carrinho é atualizado com precisão quando um item é removido.

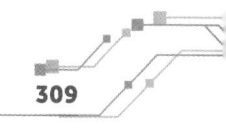

4. Teste do sistema:

- **Definição:** o teste do sistema é uma abordagem holística que avalia o aplicativo como um sistema completo para garantir que atenda aos requisitos especificados.
- **Finalidade:**
  - Avaliar o comportamento e desempenho geral do sistema.
  - Garantir que o *software* funcione bem em ambientes que se assemelham às configurações de produção.

Exemplo para Sophie's Pet Food: a equipe testaria todo o *site* de comércio eletrônico, desde o registro do usuário até a seleção do produto, as operações do carrinho e o *checkout* final. Isso também pode envolver um teste da responsividade do *site* em dispositivos e navegadores distintos e de sua *performance* sob utilização.

Cada um desses testes tem um papel importante no processo de verificação do *site*, garantindo que os componentes individuais e todo o sistema estejam funcionais, eficientes e prontos para implantação.

> *"ChatGPT, crie uma lista de verificação de testes para a página inicial do* site *da Sophie's Pet Food. Suponha que, além da tela de* splash, *existam alguns* links *e uma opção de* login *do cliente."*

Lista de verificação de testes para a página inicial do *site* da Sophie's Pet Food:

Verificações gerais:

- A página é carregada corretamente em todos os navegadores e dispositivos.
- *Branding* e multimídia são de alta qualidade e consistentes.

Tela de *splash*:

- Os elementos de *splash* são exibidos corretamente nas telas.
- O *call-to-action* está destacado e é clicável.

Links:

- Os *links* são identificáveis e direcionam para as páginas corretas.
- *Links* internos e externos abrem corretamente.

Funcionalidade de *login*:

- A opção de *login* é fácil de encontrar e funciona corretamente.
- Recuperação de senha e registro de novo usuário estão presentes.

Cabeçalho e rodapé:

- Menu de navegação e *links* essenciais estão presentes.
- As mídias sociais e as informações de contato são precisas.

Acessibilidade e desempenho:
- O *site* é navegável por teclado e compatível com leitura de tela.
- O tempo de carregamento da página e as interações são rápidas e suaves.

(Para brevidade e relevância, este diálogo foi reduzido.)

Essa lista de verificação é um guia fundamental para garantir que a página inicial funcione de forma eficaz e ofereça aos usuários uma experiência ideal. A inexperiente equipe de desenvolvimento tem agora uma lista de verificação que eleva seus padrões ao nível profissional. Os detalhes passo a passo para testar a página inicial são incrivelmente abrangentes. A IA tem acesso aos sucessos e fracassos das páginas iniciais de milhões de *sites*. Cabe à sua equipe aproveitar essa lista e criar um *site* que agrade aos usuários finais.

Teste de validação para o *site* da Sophie's Pet Food

O teste de validação é uma revisão que procura garantir que o *site* atenda aos requisitos do projeto, esteja dentro do escopo e alinhado com a estratégia de negócios da Sophie's Pet Food. O teste de usabilidade garante que o *site* seja fácil de usar e forneça uma experiência intuitiva. É essencial identificar problemas de interação de um *site* com os usuários finais desde o início, a fim de evitar os altos custos de uma correção mais adiante. Portanto, esse teste deve ser realizado desde o início e com frequência. Você incentiva sua equipe de desenvolvimento a usar a IA para aprender sobre as heurísticas para projetar um bom *site*.

"Quais são as boas heurísticas para projetar boas páginas da web?"

As heurísticas de usabilidade, introduzidas por Jakob Nielsen, são um conjunto de diretrizes ou princípios gerais aos quais *designers* e desenvolvedores podem se referir para avaliar a usabilidade de interfaces de usuário, incluindo páginas da *web*.[1] Aqui estão as 10 heurísticas de usabilidade de Nielsen, com foco no *design* de páginas da *web*:

1. Visibilidade do *status* do sistema: mantenha os usuários informados com *feedback* oportuno e indicadores de velocidade de carregamento.
2. Combinação entre o sistema e o mundo real: use a ordem natural e ícones/linguagem familiares.
3. Controle e liberdade do usuário: ofereça opções de desfazer e pontos de saída claros dos estados.
4. Consistência e padrões: use palavras, ícones e ações consistentes.
5. Prevenção de erros: tome medidas proativas para manter o mínimo de erros.

---

1 www.nngroup.com/articles/ten-usability-heuristics/.

6. Reconhecimento em vez de *recall*: minimize a carga de memória tornando as opções visíveis.
7. Flexibilidade e eficiência de uso: atenda usuários novos e especialistas.
8. Design estético e minimalista: concentre-se no conteúdo principal, evite a desordem.
9. Ajude os usuários a reconhecer, diagnosticar e recuperar-se de erros: use linguagem simples e sugira soluções para erros.
10. Ajuda e documentação: ofereça acesso fácil às seções de ajuda e perguntas frequentes.

A aplicação dessas heurísticas pode ajudar *designers* e desenvolvedores a criar páginas da *web* mais fáceis de usar e eficazes.

Criando um plano de teste para o *site* da Sophie's Pet Food

Criar um plano de teste envolve detalhar o escopo, a abordagem, os recursos e o cronograma das atividades de teste pretendidas.

"Crie um plano de teste básico para o site *da Sophie's Pet Food."*

Plano de teste para o *site* da Sophie's Pet Food

Introdução: visão geral do *site* e finalidade do teste.

Objetivos:
- Verificar a funcionalidade em relação aos requisitos.
- Garantir boa usabilidade e experiência.
- Corrigir defeitos.

Escopo:
- Incluído: página inicial, páginas de produtos, acesso do cliente, carrinho, *checkout* e *feedback*.
- Excluído: *links* externos e pagamentos de terceiros (interface testada).

Abordagem:
- Funcionalidade: verifique recursos como pesquisa de produtos.
- Usabilidade: revise a navegação e o *design*.
- Desempenho: avalie o tempo de carregamento.
- Segurança: garanta a proteção de dados, especialmente durante o *login*.
- Responsivo: teste em vários dispositivos.

Ambientes:
- *Hardware*: desktop, tablet, smartphone.
- *Software*: Chrome, Firefox, Safari, Edge.
- Rede: 3G, 4G, *wi-fi*.

Dados:
- Contas fictícias e dados de produtos.

Critérios:
- Entrada: *site* pronto e dados de teste disponíveis.
- Saída: os defeitos abordados e os testes atendem aos critérios de aprovação.

Cronograma: cronograma para as fases de teste.

Equipe: membros e funções nos testes.

Riscos: aborde possíveis problemas, como recursos incompletos.

Entregáveis: *scripts*, *logs*, relatórios de *bugs*, resumo.

Revisão: indivíduos responsáveis pelas aprovações.

Esse plano de teste fornece uma abordagem estruturada para garantir que o *site* da Sophie's Pet Food funcione corretamente e atenda aos padrões desejados de experiência do usuário. A IA pode expandir ou reduzir o plano de teste com base em requisitos específicos.

Além disso, a IA pode identificar perfis de usuários de vários públicos-alvo que você deve considerar para o teste.

"Você pode recomendar características do perfil do usuário para testes? Descreva os resultados em um formato tabular."

Claro, aqui está.

CARACTERÍSTICA	DESCRIÇÃO	EXEMPLOS DE PERFIS
Idade	Diferentes faixas etárias podem interagir de forma diferente com o *site*.	- Jovens adultos (entre 20 e 35 anos) - Meia-idade (36 a 55 anos) - Idosos (56 anos ou mais)
Proficiência tecnológica	A familiaridade dos usuários com tecnologia pode afetar a qualidade da navegação.	- *Expertise* técnica - Usuário médio - Novato em tecnologia
Dono de animal de estimação	Se o usuário tem animal de estimação ou está comprando para outra pessoa.	- Donos de cães - Donos de gatos - Sem animais de estimação, mas comprando presentes

continua

CARACTERÍSTICA	DESCRIÇÃO	EXEMPLOS DE PERFIS
Frequência de compras	A frequência com que fazem compras *on-line* pode influenciar as suas expectativas.	• Comprador *on-line* frequente • Comprador *on-line* ocasional • Comprador *on-line* raro
Uso de dispositivos	Dispositivo mais usado para acessar o *site*.	• Computador ou *notebook* • *Tablet* • *Smartphone*
Velocidade da internet	Diferentes velocidades de conexão podem afetar a experiência de carregamento do *site*.	• Banda larga de alta velocidade • Dados móveis 4G/5G • Conexões mais lentas (como 3G)
Necessidade de acessibilidade	Os usuários com deficiência podem precisar de acomodações específicas no *site*.	• Pessoas com deficiência visual usando leitores de tela • Pessoas com deficiência auditiva • Pessoas com deficiência motora navegando com o teclado
Localização geográfica	Fatores geográficos podem influenciar as preferências de compra e as preocupações com o envio.	• Áreas urbanas • Áreas rurais • Não doméstico/internacional

A tabela cita diversos perfis de usuário a serem considerados no teste. Ao entender essas características, os testadores podem garantir que o *site* forneça uma experiência inclusiva e amigável para todos os potenciais visitantes.

Implantação com conhecimento de IA

Uma implantação bem-sucedida não envolve apenas mover código ou conteúdo para o ambiente de produção ou excluir o *site* antigo e apontar para o novo *site*. É uma abordagem abrangente que considera as tarefas de pré-implantação, implantação e pós-implantação para garantir a disponibilidade e a funcionalidade do *site*.

A IA pode ajudar na transição e na recomendação de planos de implementação de amostras. A implantação (ou liberação) pode ser considerada parte de um projeto ou uma atividade pós-projeto, dependendo de sua definição e da metodologia usada. No desenvolvimento de *software*, muitas vezes faz parte do ciclo de vida do projeto. Em projetos maiores ou mais complexos, pode ser um projeto de acompanhamento separado.

"Descreva uma implantação bem-sucedida de um site."

Implantação bem-sucedida do *site* da Sophie's Pet Food:

Preparação:

- Fazer *backup* do *site* atual e do banco de dados.
- Notificar os clientes sobre a janela de manutenção.

Teste de pré-implantação:

- Avaliar todas as alterações em um ambiente de teste.

Plano de implantação:

- Descrever tarefas sequenciais e estratégias de reversão.

Para minimizar o tempo de inatividade:

- Implantar durante horário de baixo tráfego.

Monitoramento e verificação:

- Testar as principais funções pós-implantação.
- Reunir *feedback* dos usuários.

Pós-implantação:

- Alterar documento.
- Revisar o sucesso e as melhorias com a equipe.

Monitoramento contínuo:

- Verificar o desempenho, especialmente durante as promoções.
- Garantir a segurança dos dados do cliente.

{Para manter a brevidade e a relevância, o diálogo com a IA apresentado aqui foi resumido.}

"Forneça uma amostra para o lançamento do site da Sophie's Pet Food, garantindo uma transição suave do site antigo para o novo. Documente os atributos – semanas, tarefas, responsáveis e contingência – usando um formato tabular."

Aqui está a tabela:

SEMANA	TAREFA	RESPONSÁVEL	CONTINGÊNCIA
Semana 1	Revisão final do *site*	Líder técnico e patrocinador	Se houver preocupações, defina prioridades e aborde questões críticas primeiro.
	Configurar ferramentas de monitoramento e análise	Equipe de DevOps	Se houver um atraso na configuração de ferramentas internas, considere soluções temporárias de terceiros.
Semana 2	Acesso à equipe interna e coleta de *feedback*	RH e equipes internas	Colete *feedback* por *e-mail* se as ferramentas ou plataformas internas enfrentarem contratempos.
	Teste de desempenho e carga	Equipe de garantia da qualidade	Use soluções em nuvem se a infraestrutura interna não for suficiente para simular altas cargas de usuários.
Semana 3	Implementação da estratégia de *backup* e *rollback*	Equipe de DevOps	Manter sempre o *site* antigo em espera, pronto para ser revertido em caso de problemas de lançamento.
	Plano de comunicação para usuários (pré-lançamento)	Equipes de *marketing* e suporte	Prepare boletins informativos por *e-mail* e anúncios em mídias sociais. Em caso de problemas de *e-mail*, confie mais nos canais sociais.
Semana 4	Lançamento do *site* oficial	Equipes de DevOps e *marketing*	Comece fora do horário de pico para minimizar as interrupções. Se houver problemas, reverta para o *backup*.

continua

SEMANA	TAREFA	RESPONSÁVEL	CONTINGÊNCIA
	Monitoramento pós-lançamento e correções imediatas	Equipes de suporte e DevOps	Durante os primeiros dias, tenha equipes dedicadas 24 horas por dia, sete dias por semana, para lidar com imprevistos rapidamente.
Semana 5	Colete *feedback* do usuário para o novo projeto	Equipe de UX	Faça uma pesquisa *pop-up* no *site* ou um levantamento por *e-mail* para obter *feedback*. Priorize o *feedback* ao fazer correções.
	Atividades de promoção e engajamento	Equipe de *marketing*	Se houver problemas com o *site*, adie eventuais promoções, como descontos e ofertas, em uma semana.
Semana 6	Análise e revisão do lançamento	Todas equipes com o patrocinador	Reúna os dados sobre o desempenho do *site*, o *feedback* dos usuários e as métricas de vendas. Planeje melhorias subsequentes a partir das informações obtidas.

Essa tabela mostra o desenvolvimento de um plano que cobre o essencial. Nesse contexto, como gerente de projetos, você quer comunicar à equipe os indicadores de melhores práticas para o desenvolvimento do projeto.

"Você poderia indicar algumas das melhores práticas para o desenvolvimento do site*? Liste apenas as etapas essenciais para um lançamento bem-sucedido do* site *da Sophie's Pet Food."*

Aqui está uma lista sucinta de sete indicadores de melhores práticas para o desenvolvimento de um *site*.

1. Ambiente de preparação: antes de entrar em operação, sempre teste as alterações em um ambiente de preparação idêntico à configuração de produção.
2. *Backup* e *rollback*: certifique-se de ter feito *backup* de tudo antes de qualquer lançamento. Tenha um plano de reversão para o caso de problemas.

3. Lançamento gradual: inicialmente, libere o novo *site* para um público menor. Amplie à medida que tiver confirmadas a estabilidade e o desempenho.

4. Teste de desempenho: antes de entrar em operação, certifique-se de que seu *site* possa lidar com o tráfego e as cargas esperados sem falhas.

5. Lançamento fora do horário de pico: implante mudanças durante períodos de pouco tráfego para minimizar possíveis interrupções.

6. Comunicação clara: informe seu público sobre as próximas mudanças, o possível tempo de inatividade e os novos recursos para gerenciar as expectativas.

7. SEO: certifique-se de que as alterações de URL tenham redirecionamentos para manter as classificações de pesquisa e colete continuamente o *feedback* dos usuários para refinar a experiência do *site*.

Embora muitas das sugestões sejam diretas, a recomendação final se destaca. Você, como gerente de projetos, deve colaborar ativamente com o *webmaster* da organização. Dado o foco da equipe do projeto em suas tarefas específicas, ela pode ignorar essa etapa crucial e levar a um revés no lançamento do projeto.

TREINAMENTO No caso de um projeto de *site*, treinamento pode ser necessário para a equipe de operações. Em geral, essa é uma atividade pós-projeto realizada por uma equipe de treinamento.

Encerramento do projeto

Todos os projetos terminam. É claro que um projeto pode ser encerrado mais cedo, durante as revisões do *stage gate*, pelos patrocinadores. As razões comuns incluem mudanças de prioridades, desafios técnicos e restrições de recursos. Nesta seção, analisaremos vários tópicos importantes do encerramento. Também veremos o encerramento planejado de um projeto bem-sucedido.

Encerramento antecipado de um projeto

Com a ajuda da IA, é possível identificar circunstâncias que podem causar um encerramento antecipado do projeto (também conhecido como pré-morte).

"Você pode listar as razões para um hipotético encerramento antecipado do projeto do site *da Sophie's Pet Food?"*

Restrições orçamentárias: dificuldades financeiras ou gastos excessivos podem interromper as atividades do projeto.

Mudança na estratégia de negócios: um modelo de negócios ou uma mudança de estratégia pode tornar o projeto menos relevante.

Desafios técnicos: questões imprevistas, como problemas de integração ou limitações técnicas.

Restrições de recursos: a perda de membros-chave da equipe do projeto ou a falta de habilidades necessárias pode causar atrasos significativos ou o encerramento.

Mudanças no mercado: um concorrente lança uma solução superior, diminuindo as vantagens de continuar com o projeto.

Desacordos entre as partes interessadas: diferenças de opinião entre as partes interessadas em relação à direção do projeto.

Previsão de ROI insuficiente: uma reavaliação pode mostrar um retorno sobre o investimento menor do que o esperado para o *site*, levando a uma interrupção.

Feedback dos usuários de teste: o *feedback* negativo de uma versão beta ou fase de teste do usuário pode levar à reavaliação e possível encerramento.

As possíveis causas da conclusão antecipada do projeto do *site* da Sophie's Pet Food devem ser discutidas com todas as partes interessadas no início do projeto. Essa previsão capacita a equipe a ser mais resiliente na resposta aos riscos, caso uma dessas situações se concretize.

Aceitação do patrocinador do projeto

O fator mais importante ao fechar um projeto é obter a aceitação do patrocinador. A conclusão bem-sucedida não significa necessariamente que o patrocinador ou cliente aceitará o *site*.

"Como gerente de projetos, de que maneira posso mitigar o risco de o patrocinador do projeto ou cliente não aceitar o produto?"

Para mitigar o risco de um patrocinador não aceitar um *site* concluído, é importante adotar uma abordagem de desenvolvimento iterativo com *feedback* contínuo. A implementação de uma estrutura ágil garante o envolvimento regular do patrocinador, permitindo ajustes com base em revisões intermediárias. A prototipagem inicial fornece uma referência visual, enquanto critérios de aceitação claros definem as expectativas. O teste de aceitação do usuário (UAT) é uma excelente verificação final para alinhar o *site* com os requisitos do patrocinador. Manter canais de comunicação abertos ao longo do projeto garante o alinhamento com as expectativas do patrocinador e a pronta adaptação a qualquer mudança ou preocupação.

Essa orientação oferece uma oportunidade para você garantir um planejamento proativo para resultados bem-sucedidos. A comunicação deve começar cedo, e os objetivos e o escopo do projeto devem ser claramente definidos com o patrocinador. Além disso, um plano estruturado de engajamento e comunicação das partes interessadas é essencial para definir a frequência e o formato das interações. Abordamos esse tópico no Capítulo 2, "Os *stakeholders* e a IA generativa".

Relatório final do projeto

Como gerente de projetos, você deve preparar um relatório conclusivo e fazer uma apresentação ao seu patrocinador e às partes interessadas. Essa tarefa pode ser muito demorada, mas a IA é muito eficiente nessa atividade.

> *"Quais tópicos o relatório final do projeto deve incluir e discutir para o projeto do site?"*

Para um projeto de *site*, no mínimo, o relatório deve incluir e discutir:

1. **Sumário executivo:** uma visão geral do projeto, seus objetivos e principais descobertas ou resultados.
2. **Objetivos do projeto:** uma recapitulação do que o projeto visava a alcançar.
3. **Escopo:** descrição detalhada do que estava incluído no projeto e eventuais mudanças de escopo que ocorreram.
4. **Concepção e desenvolvimento:** visão geral dos princípios do projeto do *site*, da sua arquitetura e das metodologias de desenvolvimento utilizadas.
5. **Funcionalidade e recursos:** uma lista com uma breve descrição de todas as funcionalidades e recursos do *site*.
6. **Teste e garantia de qualidade:** informação sobre as fases de teste, metodologias utilizadas, *bugs* ou problemas encontrados e respectivas soluções.
7. **Feedback do usuário:** *insights* decorrentes de testes com usuários e outros *feedbacks* recebidos durante o ciclo de vida do projeto.
8. **Orçamento e financiamento:** uma análise do orçamento do projeto, eventuais desvios financeiros e as razões para tais desvios.
9. **Marcos e linha do tempo:** uma visão geral da linha do tempo do projeto, seus marcos mais importantes, eventuais atrasos e razões para tal.
10. **Riscos e outras questões:** um resumo dos desafios enfrentados durante o projeto e como foram resolvidos.
11. **Indicadores-chave de desempenho (KPIs):** métricas usadas para medir o sucesso do projeto, como tempo de carregamento do *site* e taxas de engajamento do usuário, e seus resultados.
12. **Recomendações e próximos passos:** sugestões para futuras melhorias, planos de manutenção ou qualquer fase subsequente do *site*.

13. **Feedback e aceitação pelas partes interessadas:** *feedback* das principais partes interessadas, especialmente do patrocinador, e sua aceitação ou preocupações sobre o produto.
14. **Lições aprendidas:** uma reflexão sobre o que correu bem, o que poderia ter sido feito de forma diferente e *insights* para projetos futuros.
15. **Apêndices:** qualquer documentação de apoio, *wireframes*, modelos de *design* ou dados adicionais que suportem o conteúdo do relatório.

Discutir e relatar esses elementos permite que sua equipe encerre o projeto. Também garante que o relatório forneça uma visão abrangente do projeto do *site*, seus sucessos, desafios e direções futuras.

"Como a IA pode ajudar a criar um relatório e fazer uma apresentação?"

A IA pode aprimorar a preparação de relatórios e apresentações de um gerente de projetos para as partes interessadas:

1. **Análise de dados:** a IA pode filtrar os dados do projeto para destacar tendências e indicadores-chave.
2. **Criação de conteúdo:** a IA pode elaborar seções de relatórios com o uso de modelos predefinidos, garantindo uma comunicação clara.
3. **Visualização:** a IA pode gerar tabelas e gráficos para apresentar os dados de forma mais intuitiva.
4. **Personalização:** a IA pode adaptar o conteúdo da apresentação aos interesses específicos das partes interessadas.
5. ***Insights* preditivos:** a IA pode fornecer previsões com base em dados atuais, oferecendo uma perspectiva futura.
6. **Análise de *feedback*:** a IA pode analisar o *feedback* passado para refinar o conteúdo da apresentação atual.
7. **Resumos automáticos:** a IA pode criar resumos de relatórios concisos para as partes interessadas com tempo limitado.
8. **Simulação:** a IA pode criar cenários hipotéticos para auxiliar nas discussões estratégicas.
9. **Formatação consistente:** a IA garante um estilo uniforme em todo o relatório e na apresentação.

Como você pode ver, a IA pode ajudar a reunir ativos importantes para fazer um relatório e uma apresentação impactantes.

Capítulo 9: Finalizando projetos com IA 321

Apresentação final

A apresentação final é uma oportunidade para obter aprovação formal, sinalizar a transferência do projeto e comunicar a todas as partes interessadas e participantes que o projeto acabou.

"Quais tópicos devem estar na apresentação final de encerramento do projeto?"

Visão geral do projeto: recapitule rapidamente os objetivos, o escopo e os principais marcos do projeto

- Conquistas: destaque as realizações e o atendimento aos KPIs.
- Desafios e soluções: resuma os principais riscos e mostre como foram abordados.
- Visão geral do orçamento: faça um breve resumo financeiro e de eventuais desvios.
- Revisão do cronograma: apresente marcos concluídos e atrasos.
- *Design* e desenvolvimento: apresente os recursos do *site*.
- Qualidade e testagem: forneça uma visão geral dos testes realizados.
- Aceitação das partes interessadas: mostre os níveis de satisfação e aceitação.
- Lições aprendidas: diga o que funcionou bem e o que poderia melhorar.
- Próximos passos: dê recomendações, como manutenção e atualizações.
- Perguntas e respostas: reserve um tempo para perguntas adicionais.

O objetivo é fornecer um resumo completo do projeto, oferecendo às partes interessadas todas as informações necessárias para avaliar seu sucesso e seu potencial futuro.

Com uma visão geral de alto nível, a IA pode criar um esboço detalhado da apresentação de cada ponto. Isso permite uma divisão mais granular, garantindo que todos os aspectos vitais sejam abordados de forma abrangente, mas sucinta. Ao inserir diretivas e preferências específicas, a IA pode ajustar a apresentação, tornando-a adequada ao público, especialmente ao lidar com restrições de tempo ou preferências específicas das partes interessadas. Essa abordagem garante que, mesmo em um período limitado, as informações mais críticas sejam comunicadas de forma eficaz, facilitando a tomada de decisão.

Tudo está bem quando acaba bem. A apresentação pode ser simples e rápida se você liderou e gerenciou cuidadosamente o projeto.

GUIA TÉCNICO Consulte o Guia Técnico 9.1, "Como criar apresentações do PowerPoint usando o ChatGPT", e o Guia Técnico 9.2, "Usando *software* de terceiros com integração de IA para criar apresentações com o Google Slides".

Encerramento administrativo

Depois que seu patrocinador aceitar o projeto, permanecem ainda vários processos críticos de encerramento administrativo. A IA pode ajudar a listá-los, para que você não esqueça nenhum.

"Quais são as tarefas críticas de encerramento administrativo que o gerente do projeto deve considerar?"

Aqui está uma lista consolidada:

1. **Revisão pós-projeto e lições aprendidas:** reuniões para reunir *insights* e documentar descobertas para orientar projetos futuros.

2. **Documentação e arquivamento:** feche e arquive toda a documentação do projeto, coletando as contribuições finais da equipe e garantindo que as partes interessadas recebam os documentos relevantes. Isso envolve indexação, armazenamento e *backup* adequados de arquivos.

3. **Gerenciamento de equipe e recursos:** promova a reatribuição dos membros da equipe do projeto, atenda às necessidades administrativas de RH e libere recursos físicos ou equipamentos de acordo com o plano.

4. **Fechamento financeiro:** finalize as questões financeiras, incluindo o processamento de faturas, garantindo pagamentos de fornecedores e concluindo o faturamento do cliente.

5. **Sistemas e encerramento de rastreamento:** conclua o uso de sistemas de gerenciamento de projetos, rastreamento de problemas e colaboração, garantindo que os dados relevantes sejam arquivados.

6. **Comunicação com as partes interessadas:** notifique formalmente todas as partes interessadas sobre o encerramento e os resultados do projeto.

7. **Avaliação e coleta de *feedback*:** colete *feedback* sobre os sucessos do projeto e as áreas de melhoria, utilizando métodos como questionários ou entrevistas.

8. **Revisão do contrato:** preencha e revise todos os termos de fechamento dos contratos do projeto com fornecedores ou clientes.

9. **Análise de métricas:** analise as métricas pertinentes ao orçamento, à qualidade e ao desempenho, comparando os objetivos estabelecidos com os resultados reais.

Essa lista facilita a visualização das categorias mais amplas de tarefas e sua importância no processo de encerramento do projeto. Observe que a IA pode criar uma lista personalizada, dependendo do tipo de projeto. Se nenhum fornecedor estiver envolvido, você não verá informações sobre fornecedores ou vendedores pagantes.

Lições aprendidas com a assistência de IA

Para facilitar a reflexão e a melhoria contínua, você decide aproveitar os recursos de extração de conhecimento do ChatGPT durante o estágio de encerramento do projeto.

"Você pode extrair as principais lições aprendidas da documentação do projeto do site da Sophie's Pet Food?"

Claro. Analisando os documentos do projeto, estas são algumas lições importantes aprendidas:

- As iterações frequentes do projeto durante o desenvolvimento levaram a atrasos na linha do tempo, de acordo com os relatórios de *status*. A sugestão é agilizar o processo de revisão e aprovação de alterações de *design*.

- Ocorreram vários problemas de integração ao conectar o módulo de carrinho de compras personalizado ao *gateway* de pagamento, conforme observado nos registros de teste. Recomendo testes de integração iniciais mais completos.

- Durante o teste, o usuário pediu recomendações mais personalizadas e recursos para o programa de fidelidade. Considere priorizá-los para a próxima fase.

"Você também pode fornecer algumas recomendações de melhoria de processo com base nas experiências desse projeto?"

Aqui estão algumas melhorias recomendadas:

- Instituir revisões de projeto multifuncionais para alinhar todas as partes interessadas no início, evitando retrabalho excessivo posteriormente.

- Criar um ambiente antecipado, para que os testes de integração detectem problemas antes do lançamento da produção.

- Implementar um processo de controle de mudanças para gerenciar e rastrear alterações de projeto após a aprovação inicial.

- Agendar sessões regulares de demonstração do cliente para coletar *feedback* e fazer melhorias incrementais.

Essas recomendações parecem razoáveis para aprimorar processos para projetos futuros?

"Muito perspicaz. Vamos fazer um resumo das lições aprendidas para compartilhar com a equipe."

Aqui está um resumo das principais lições aprendidas e recomendações para o projeto do *site* da Sophie's Pet Food:

Lições aprendidas:

- Inúmeras mudanças de *design* levaram a atrasos, indicando a necessidade de um processo de revisão simplificado.
- Problemas de integração com o *gateway* de pagamento apontam para a falta de testes antecipados.
- O *feedback* do usuário destacou a demanda por recursos personalizados.

Recomendações:

- Instituir revisões de projeto multifuncionais para alinhamento antecipado.
- Criar o ambiente de preparação mais cedo para testes de integração.
- Implementar o processo de controle de mudanças para mudanças de projeto pós-aprovação.
- Desenvolver casos de teste de aceitação do usuário antecipadamente, com base nos requisitos.
- Agendar sessões regulares de demonstração do cliente para melhorias incrementais.

O fluxo de conversa permitiu uma extração natural de *insights* relevantes dos dados do projeto. A IA também foi capaz de aproveitar essas lições para gerar recomendações significativas. Isso demonstra como a IA pode ser o consultor confiável de um gerente de projetos para retrospectivas de equipes que melhorem os processos e o desempenho.

Entrega de valor

O valor imediato obtido com o *site*, como o engajamento dos usuários e as vendas iniciais, validará o sucesso do projeto e proporcionará impulso. Isso pode dar segurança às partes interessadas e aumentar a confiança nas iniciativas digitais.

O valor a longo prazo garante que o *site* não seja apenas um sucesso passageiro, mas continue impulsionando o crescimento e a fidelidade à marca da Sophie's Pet Food nos próximos anos.

Como os patrocinadores são diretamente interessados na entrega de valor, você pode aproveitar a IA para obter um esboço e uma compreensão dessa entrega.

"Comente sobre como o valor é derivado e entregue para o projeto."

Aplicando o conceito de valor imediato e de longo prazo ao projeto do *site* da Sophie's Pet Food, podemos derivar e medir seu valor da seguinte maneira:

Considerações sobre os ganhos imediatos do *site* da Sophie's Pet Food:

- **Lançamento do *site*:** o lançamento bem-sucedido do próprio *site* é uma entrega tangível imediata que fornece valor direto aos negócios da Sophie's Pet Food.

- **Experiência e usabilidade do usuário:** se o *site* for intuitivo e fácil de usar, o *feedback* imediato dos usuários pode indicar seu valor no aumento da satisfação do cliente.

- **Aumento de vendas ou consultas:** um aumento nos pedidos ou consultas logo após o lançamento do *site* indicaria diretamente seu efeito imediato no negócio.

- **Eficiência operacional:** com recursos como processamento automático de pedidos ou perguntas frequentes de clientes, o *site* pode reduzir o trabalho manual e aumentar a eficiência.

Considerações sobre os ganhos no longo prazo do *site* da Sophie's Pet Food:

- **Crescimento sustentado nas vendas:** ao longo do tempo, um aumento consistente nas vendas de alimentos para animais de estimação ou compras repetidas indicaria o ROI do *site* e seu valor a longo prazo para o negócio.

- **Reconhecimento da marca:** à medida que mais usuários visitam e recomendam o *site*, a marca pode se estabelecer como um nome confiável na indústria de alimentos para animais de estimação.

- **Feedback e construção de comunidade:** recursos como avaliações, fóruns ou *blogs* podem promover uma comunidade de clientes fiéis, levando a um valioso *marketing* boca a boca.

- **Oportunidades de expansão:** com maior visibilidade *on-line* e dados de clientes, o negócio da Sophie's Pet Food pode identificar áreas potenciais para expansão, como introduzir novos sabores de alimentos para cães ou produtos relacionados a animais de estimação.

Você deve enfatizar o sucesso sustentável, garantindo que o novo *site* atenda às necessidades imediatas do usuário e às estratégias de negócios de longo prazo.

Ética e responsabilidade profissional

Incorporar a IA em um projeto oferece inúmeras vantagens, mas também introduz complexidades em torno da ética e da responsabilidade profissional. Você deve abordar proativamente essas preocupações, garantindo que o uso da IA esteja alinhado com os padrões éticos, beneficie os usuários e defenda a integridade do projeto.

Testes e garantia da qualidade: a IA revolucionou a forma como testamos. Agora é possível usar a IA para gerar dados ou casos de teste. No entanto, é fundamental garantir que esses dados sigam os padrões. Devemos validar os modelos subjacentes e auditar rigorosamente os conjuntos de dados para eliminar vieses. Certifique-se de que os resultados dos testes sejam revisados quanto à precisão e integridade. Precisamos de supervisão humana, especialmente durante o teste de aceitação do usuário, para garantir que os requisitos do projeto sejam atendidos.

Documentação do projeto: o mundo da documentação do projeto teve muitos avanços com a IA. Um dos principais pontos fortes da IA é escrever e resumir grandes volumes de dados de forma eficiente. Contudo, você deve ter cautela e não se apoiar na IA para simplesmente produzir relatórios e resumos de projetos. Antes que esses documentos gerados por IA obtenham aceitação formal, eles exigem revisão e personalização humanas. O ônus de sua precisão recai diretamente sobre a equipe do projeto. Quando se trata de documentos legais, a IA pode ser uma ferramenta útil para fornecer modelos ou estruturas. No entanto, sua finalização requer conhecimento jurídico para garantir precisão e exequibilidade.

Lições aprendidas: embora as ferramentas de IA possam ajudar a sintetizar as lições aprendidas e relatá-las, os principais *insights* devem vir da equipe do projeto que liderou e contribuiu ativamente com o trabalho.

Implantação: a IA pode desempenhar um papel fundamental durante a fase de implantação, auxiliando em tarefas como comunicação personalizada. No entanto, é essencial ser transparente e informar as partes interessadas sobre o envolvimento da IA, para garantir que os usuários confiem nas novas ferramentas e no processo. Além disso, mesmo com as capacidades da IA, a supervisão humana é indispensável. Planos alternativos devem estar em vigor para mitigar qualquer imprevisto.

Pontos-chave a serem relembrados

- Na avaliação da solução, a IA ajuda a revisar ou explicar processos como testes de aceitação do usuário e testes de desempenho.

- No encerramento do projeto, a IA pode analisar rapidamente os dados para produzir relatórios, resumos e apresentações.

- A IA retira lições da documentação do projeto e gera recomendações de melhoria.

- Ao avaliar métricas e dados, a IA pode fornecer *insights* sobre como agregar valor ao projeto.

- A supervisão humana é fundamental nas etapas de testes, implantação e encerramento.

- O poder da IA de sintetizar dados deve ser totalmente aproveitado. A supervisão humana, no entanto, é indispensável ao reportar documentação de encerramento do projeto.

Guia técnico

9.1 Como criar apresentações do PowerPoint usando o ChatGPT

Você vai precisar de uma conta Microsoft 365 e uma licença com acesso a OneDrive, Word (*desktop* ou *on-line*) e PowerPoint.

1. Peça ao ChatGPT para criar um esboço detalhado ou forneça o seu próprio. Escolha um tema. Aqui está um modelo para um esboço de apresentação do relatório final:
   - *Slide* inicial (1 min)
     - Nome do projeto
     - Data
     - Nome do apresentador
   - Agenda (1 min)
     - Um breve resumo do que será abordado
     - Visão do projeto (2 min)
     - Recapitulação dos objetivos e do escopo do projeto
   - Principais realizações e resultados (3 min)
     - Destaque três a quatro grandes realizações.
     - Use recursos visuais sempre que possível – por exemplo, capturas de tela ou métricas antes e depois.
   - Desafios e soluções (3 min)
     - Mencione dois a três grandes desafios enfrentados
     - Discuta brevemente como eles foram resolvidos.
   - Resumo financeiro (2 min)
     - Visão geral do orçamento vs. gastos reais.
     - Destaque qualquer desvio significativo e suas razões.
   - Revisão da linha do tempo (2 min)
     - Mostre os marcos do projeto e atrasos.
     - Use um diagrama de Gantt ou um gráfico de linha do tempo simplificado.

- *Feedback* e envolvimento do usuário (3 min)
  - Apresente dados sobre envolvimento e *feedback* dos usuários.
  - Destaque depoimentos significativos de usuários ou pontos-chave de *feedback*.
- Próximos passos e recomendações (3 min)
  - Discuta ações pós-projeto ou planos de manutenção.
  - Mencione possíveis atualizações ou desenvolvimentos adicionais.
- Perguntas e respostas (4 min)
  - Permita que as partes interessadas façam perguntas ou busquem esclarecimentos.
- *Slide* de fechamento (1 min)
  - Agradeça aos participantes.
  - Forneça informações de contato para discussões de acompanhamento.

2. Peça ao ChatGPT para converter o esboço para HTML. Inclua o texto completo do esboço no *prompt*. A resposta será o HTML (**Figura 9.3**).
3. Copie o código HTML da janela do ChatGPT.
4. Abra o Bloco de Notas ou outro *software* de edição de texto simples ou de código, crie um documento TXT e cole o código HTML.
5. Escolha **Arquivo > Salvar como** para salvar o arquivo de texto como um arquivo HTML.
   a. Digite o nome do seu arquivo.
   b. Certifique-se de acrescentar **.html** no final do nome do seu arquivo.
   c. Certifique-se de trocar o campo Salvar Como para **Todos os Arquivos**.
   d. Clique em salvar.
6. Vá para o local do arquivo onde você salvou o arquivo HTML no seu computador. Abra o arquivo HTML no Microsoft Word.
7. Escolha **Arquivo > Salvar como** no Word e salve o arquivo HTML como um DOCX (um tipo de documento do Word). Salve-o em um local de sua escolha em seu diretório do OneDrive.

USE O MICROSOFT WORD ONLINE Quando esta seção foi escrita, essas etapas não podiam ser realizadas localmente.

```
Sure, here's your project outline converted into HTML format:

html                                                          Copy code

<!DOCTYPE html>
<html>
<head>
    <title>Project Final Report</title>
    <style>
        /* Add your preferred CSS styling here */
    </style>
</head>
<body>
    <div class="slide">
        <h1>Project Name</h1>
        <p>Date: [Insert Date]</p>
        <p>Presenter: [Insert Presenter's Name]</p>
    </div>

    <div class="slide">
        <h2>Agenda</h2>
        <p>Brief outline of what will be covered:</p>
        <ul>
            <li>Project Overview</li>
            <li>Key Achievements and Outcomes</li>
            <li>Challenges and Solutions</li>
            <li>Financial Summary</li>
            <li>Timeline Review</li>
            <li>Feedback and User Engagement</li>
            <li>Next Steps and Recommendations</li>
            <li>Questions &amp; Answers</li>
            <li>Closing</li>
        </ul>
    </div>

    <div class="slide">
        <h2>Project Overview</h2>
        <p>Recap of project objectives and scope:</p>
        <p>[Insert project overview content]</p>
    </div>
```

FIGURA 9.3 Estrutura de tópicos em código HTML, fornecida pelo ChatGPT (que você pode copiar).

8. Abra o seu navegador de internet e vá até www.microsoft365.com.
9. No portal do Microsoft 365, procure o arquivo que você acabou de salvar como documento do Word.
10. Abra o arquivo **DOCX** usando o Microsoft Word Online.
11. No Microsoft Word Online, escolha **Arquivo > Exportar > Exportar para apresentação do PowerPoint** (Figura 9.4).
12. **Selecione um tema** de preferência.
13. Clique em **Exportar**.
14. Quando o arquivo estiver pronto para ser aberto, clique em **Abrir Apresentação**. Isso o levará à versão *on-line* do PowerPoint.
15. No canto superior direito da tela do menu do PowerPoint, no menu suspenso Edição, selecione **Abrir no aplicativo da área de trabalho** (Figura 9.5).

Agora você tem a sua apresentação disponível no PowerPoint!

9.2 Usando *software* de terceiros com integração de IA para criar apresentações com o Google Slides

Sobre o *software*

O GPT for Docs Sheets Slides é um complemento gratuito do Google Workspace que integra o ChatGPT e o Bard aos vários aplicativos do Google.

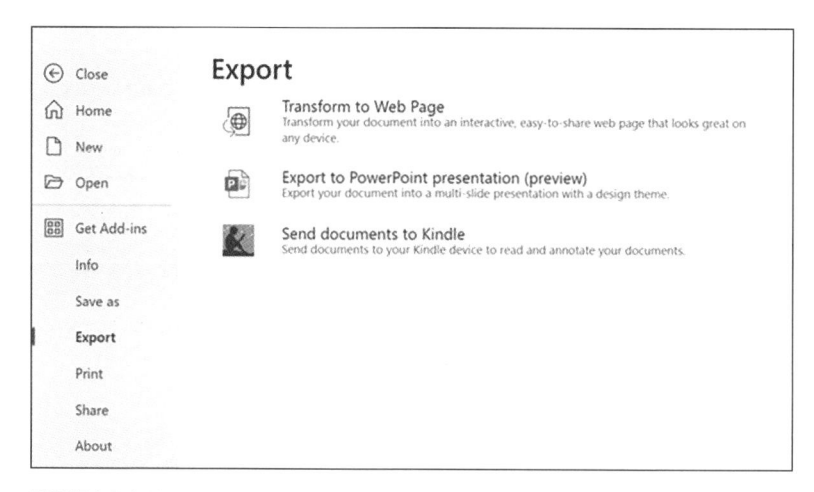

FIGURA 9.4 Modelo de tela com a exportação para o PowerPoint.

Capítulo 9: Finalizando projetos com IA   **331**

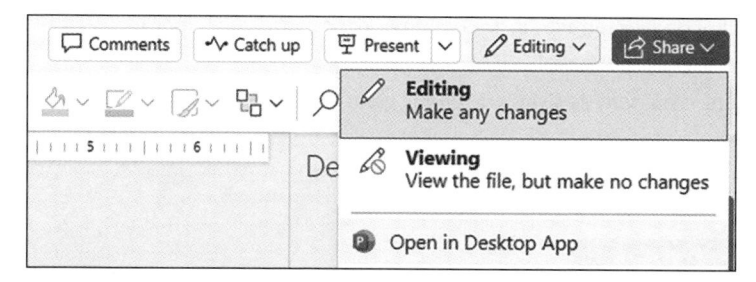

FIGURA 9.5 Tela mostrando como abrir no aplicativo da área de trabalho.

ISENÇÃO DE RESPONSABILIDADE Este documento é de autoria independente e não recebeu patrocínio ou endosso de qualquer *software* ou ferramenta referenciada. Deve-se notar que soluções alternativas no mercado oferecem funcionalidades semelhantes para gerar apresentações de *slides* a partir de *prompts*.

- Esse *software* permite que os usuários usem o poder da IA para várias tarefas de análise de texto e de dados, como escrever, editar, extrair, limpar, traduzir e resumir.
- Esse *software* funciona com o Google Sheets, o Google Docs e o Google Slides por meio de funções personalizadas simples.

Como instalar

1. Visite o *site* GPT for Docs Sheets Slides pelo Google Workspace Marketplace.[2]
2. Clique em **Instalar**.
3. Assim que o complemento for instalado, abra o **Google Slides** usando a sua conta Google.
4. Na barra de menu do Google Slides, selecione **Extensões > GPT Docs Sheets Slides > Iniciar** (**Figura 9.6**).

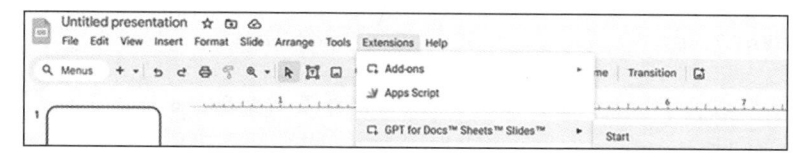

FIGURA 9.6 Tela mostrando a barra GPT for Docs Sheets Slides.

---

2 http://workspace.google.com/marketplace/app/gpt_for_docs_sheets_slides/451400884190.

5. No painel do lado direito, insira o *prompt* para o que você quer nos seus *slides*, como o esboço que você usou anteriormente.
6. Selecione o número de *slides* que deseja gerar e qualquer outro parâmetro de sua escolha.
7. Clique em **Executar**. Veja a **Figura 9.7**.

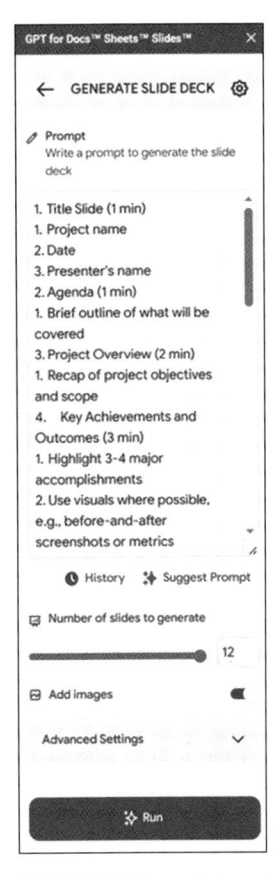

FIGURA 9.7 Menu da barra lateral do GPT for Docs Sheets Slides.

Agora você tem sua apresentação gerada por IA no Google Slides!

10

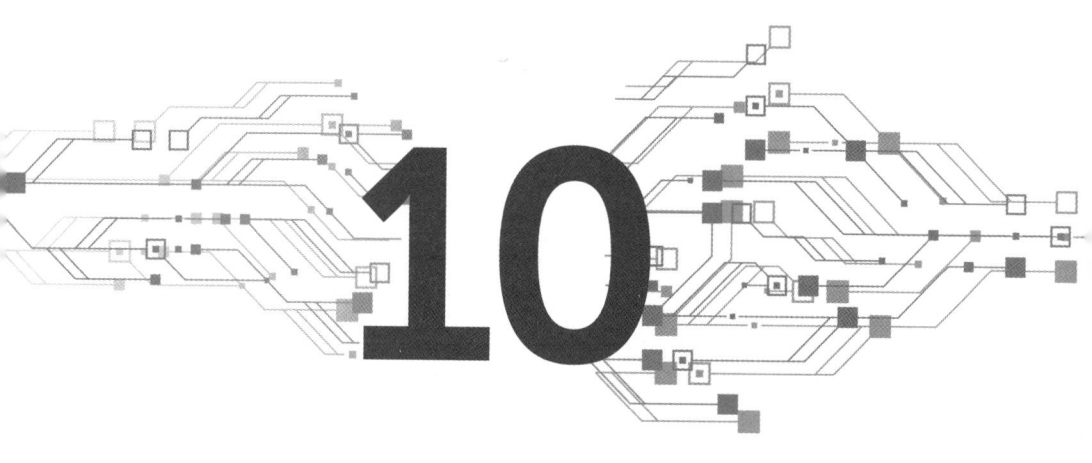

Ferramentas de IA para a gestão de projetos

Este capítulo oferece uma visão geral sobre seis categorias de ferramentas relevantes que usam inteligência artificial (IA) generativa. Os sistemas de gestão de projetos simplificam a distribuição de tarefas e o seu acompanhamento. Ferramentas de agendamento ajudam na gestão do tempo, e plataformas de comunicação favorecem a interação do time. Ferramentas de documentação e produtividade aumentam a eficiência, e os instrumentos de colaboração e *brainstorming* incentivam a criatividade da equipe.

À medida que evoluímos nesta exploração, nosso objetivo é lançar luz sobre o poder transformador da inteligência artificial e como ela está redesenhando e modernizando a gestão de projetos atual.

Os produtos e as ferramentas mencionadas neste capítulo não são endossados ou patrocinados pelos autores. Cada ferramenta é única em termos de pontos fortes e capacidades. Sua inclusão neste texto é puramente para fins informativos, para oferecer um vislumbre do estado atual das ferramentas orientadas a projetos integradas à IA. Esse campo está evoluindo rapidamente, e novas ferramentas e tecnologias de gerenciamento de projetos surgem o tempo todo.

MAIS INFORMAÇÕES Uma cobertura abrangente das ferramentas de IA para gerenciamento de projetos pode ser encontrada no *site* da Pearson: www.informit.com/AIforPM. Se você é um fornecedor de produtos com uma ferramenta que atende às necessidades dos gerentes de projetos nas categorias mencionadas, entre em contato com os autores para possível inclusão no *site* do livro ou em futuras edições.

Valor e implicações das ferramentas integradas de IA à gestão de projetos

A integração de recursos de IA em ferramentas de gerenciamento de projetos tem diversas implicações e efeitos sobre os resultados estratégicos. Vamos examinar as principais áreas em que a IA está remodelando o gerenciamento de projetos.

Eficiência e produtividade aprimoradas: o principal benefício da IA reside na eficiência da automatização de um grande número de tarefas repetitivas, que, em geral, tomam muito tempo dos gerentes de projetos. Entre elas estão os resumos de reuniões, a elaboração de relatórios de *status*, a triagem de *e-mails* e o agendamento de encontros, que podem ser automatizados pela IA. Isso permite que os gerentes de projetos concentrem sua energia em trabalhos de alto valor, como planejamento estratégico, gerenciamento de riscos e engajamento das partes interessadas.

Tomada de decisão ampliada: a IA fornece uma riqueza de *insights*, previsões e recomendações baseadas em dados que os gerentes podem aproveitar para tomar decisões estratégicas bem-informadas. Essas ferramentas vão desde análises preditivas em plataformas de gerenciamento de projetos até assistentes virtuais que usam GPT para gerar *insights* de dados passados, sinais externos e tendências de mercado para prever incertezas e sugerir caminhos ideais para o projeto.

Colaboração e comunicação aprimoradas: a IA permite uma colaboração perfeita entre equipes globais e multidisciplinares por meio de recursos como tradução de reuniões em tempo real, documentação automatizada e facilitadores que subsidiam as discussões. Os gerentes de projetos podem manter todas as partes interessadas alinhadas com a geração instantânea de resumos de reuniões, portais de equipe alimentados por IA e salas de guerra virtuais. Os recursos de tradução e localização de IA também simplificam a comunicação entre idiomas e geografias.

Identificação e mitigação de riscos: ao analisar rapidamente fontes de dados díspares e reconhecer padrões, a IA ajuda os gerentes de projetos a enfrentar riscos potenciais de forma proativa. O processamento de linguagem natural examina a documentação do projeto em busca de possíveis gatilhos de risco. A análise preditiva monitora as métricas do projeto para destacar vulnerabilidades. Com os riscos identificados com antecedência, os gerentes podem pensar em formas de mitigação para garantir a resiliência e a lucratividade do projeto.

Orientação personalizada e contextual: o advento de *chatbots* inteligentes e assistentes virtuais oferece aos gerentes de projetos orientação específica de contexto em tempo real. Da adaptação da agenda de reuniões até a sugestão de correções baseada em métricas, a inteligência artificial é um consultor virtual, eliminando a necessidade de consultar os membros da equipe constantemente. A evolução da inteligência artificial promete aumento de produtividade, previsibilidade e influência estratégica para gerentes. Adotar as ferramentas certas pode canalizar os pontos fortes humanos para tarefas orientadas por valor, essenciais para o sucesso do projeto.

Fatores a considerar ao avaliar ferramentas de IA

Ao avaliar ferramentas que oferecem recursos de IA para gerenciamento de projetos, os gerentes de projetos devem considerar vários fatores (**Tabela 10.1**).

Os preços variam entre as ferramentas; algumas atendem a grandes empresas, outras são acessíveis para *startups* ou pequenas empresas. Os gerentes de projetos devem encontrar um equilíbrio entre custo e necessidade. A funcionalidade móvel é outro ponto a ser avaliado: algumas ferramentas oferecem aplicativos móveis abrangentes, enquanto outras funcionam apenas na *web*. A profundidade da integração da IA também varia. Algumas têm IA embutida, outros se apoiam em integrações de terceiros. A facilidade de uso também não é igual; algumas ferramentas são fáceis de navegar, enquanto outras podem ter uma curva de aprendizado mais acentuada. Segurança e conformidade são primordiais, especialmente ao lidar com dados confidenciais. Além disso, a compatibilidade da plataforma é vital para garantir a acessibilidade para toda a equipe. A integração com outras ferramentas padrão, como Slack ou Dropbox, pode aumentar a utilidade de uma ferramenta. Por fim, os gerentes de projetos devem considerar o suporte fornecido pela ferramenta, seja por meio de recursos de treinamento, fóruns da comunidade ou assistência ao cliente.

TABELA 10.1 Critérios para avaliação de ferramentas de IA de gerenciamento de projetos

CRITÉRIOS	DESCRIÇÃO/CONSIDERAÇÕES
Nível e modelo de preço	As ferramentas variam de preço com base em recursos, usuários e projetos. Algumas atendem a grandes organizações, enquanto outras são mais indicadas para *startups*.
Capacidade móvel	Algumas ferramentas oferecem aplicativos móveis abrangentes, enquanto outras podem ser focadas na *web* ou ter recursos móveis limitados. A importância da mobilidade deve influenciar a escolha.
Nível de integração de IA	As ferramentas têm recursos integrados de IA ou dependem de adições de terceiros. Considere a confiabilidade e a eficiência da integração entre a ferramenta e as funcionalidades de IA.
Facilidade de uso	As ferramentas diferem na facilidade de uso; algumas são intuitivas, outras exigem mais treinamento. A facilidade de adoção é um fator crítico.
Segurança e *compliance*	Uma vez que as ferramentas de IA manipulam dados confidenciais, é essencial avaliar suas medidas de segurança e a conformidade com os padrões do setor.
Plataformas compatíveis	As ferramentas podem ser compatíveis com várias plataformas, como iOS e Android. Os gerentes devem garantir que a ferramenta se adapte aos dispositivos mais usados pelas suas equipes.
Recursos de integração	Algumas ferramentas podem se integrar perfeitamente a outros aplicativos, aprimorando a funcionalidade. Avalie a adaptabilidade da ferramenta a outras ferramentas usadas com frequência.
Treinamento, fóruns da comunidade e suporte ao cliente	As ferramentas diferem no suporte que fornecem. A avaliação dos recursos de treinamento disponíveis, dos fóruns da comunidade e do suporte ao cliente orientará a escolha com base nas necessidades da equipe.

Com esses fatores em mente, optamos por apresentar ferramentas de gerenciamento de projetos selecionadas com base no uso significativo de IA. Para fins de avaliação, agrupamos os produtos em categorias funcionais (**Figura 10.1**). Vale ressaltar que eles não estão listados em uma ordem específica de recomendação ou preferência.

Capítulo 10: Ferramentas de IA para a gestão de projetos

Sistemas de gestão de projetos
Otimizam a alocação de tarefas e o acompanhamento do progresso.

Ferramentas de agendamento
Otimizam a gestão do tempo.

Ferramentas de comunicação e reunião
Têm grande impacto em nossos *slides* e gráficos.

Ferramentas de produtividade
Apoiam as tarefas para aumentar a produtividade e auxiliar na documentação.

Colaboração
Brainstorming e tomada de decisão.

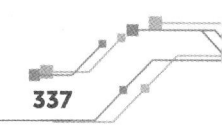

FIGURA 10.1 Categorias de produtos de IA ligados à gestão de projetos.

Sistemas de gestão de projetos

Os sistemas de gerenciamento de projetos são ferramentas de *software* que ajudam equipes e organizações a planejar, executar e monitorar seus projetos. Tais sistemas são usados para otimizar fluxos de trabalho, melhorar a colaboração, acompanhar o progresso e gerenciar recursos. Os sistemas de gerenciamento de projetos podem atuar na gestão de tarefas, compartilhamento de arquivos, comunicação, relatórios, agendamento ou orçamento. Dependendo das necessidades e preferências dos usuários, os sistemas de gerenciamento de projetos podem ser personalizados e integrados a outras ferramentas e plataformas.

À medida que a tecnologia avança, também avança a sofisticação desses sistemas. A integração da IA em plataformas de gerenciamento de projetos inaugura uma nova era.

As principais plataformas de gerenciamento de projetos, como Monday.com, Wrike, Asana e Smartsheet, estão integrando recursos de IA para transformar completamente o planejamento, a produtividade, a geração de *insights* e a colaboração.

A principal vantagem é libertar os gerentes de projetos de tarefas administrativas repetitivas e permitir que eles se concentrem nas relações de liderança, estratégia e partes interessadas por meio dos recursos de síntese e automação de dados da IA. Ainda assim, a orientação humana intencional continua fundamental para manter a supervisão e a ética à medida que essas ferramentas de IA evoluem.

Monday

O Monday.com é um WorkOS baseado em nuvem. Esta ferramenta aproveita uma mistura de estruturas sem código e *low-code*, permitindo que os usuários criem *software* personalizado e ferramentas de trabalho (**Figura 10.2**).[1] O Monday.com promove uma espécie de sistema de gerenciamento de trabalho holístico. Suas principais características são os quadros, que simbolizam projetos ou produtos; as colunas, unidades flexíveis que podem denotar funções ou classificar itens; e as visualizações, que exibem dados do quadro em formatos variados, auxiliando na tomada de decisão.

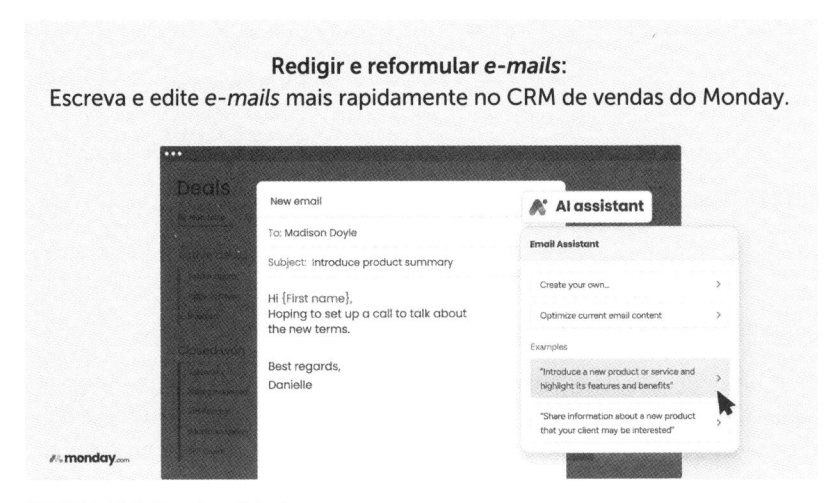

FIGURA 10.2 Monday AI Assistant.

- **Monday AI Assistant:** uma ferramenta beta que transforma as interações do usuário com a plataforma WorkOS, com foco na assistência inteligente às atividades diárias, e não apenas na automação.
- **Automação e geração de tarefas:** a IA pode criar planos de projeto de forma autônoma a partir das entradas do usuário, permitindo uma configuração rápida e completa do projeto.
- **Resumo e reformulação:** a IA destila tópicos complexos para uma compreensão mais clara e reformula o conteúdo para minimizar a confusão.
- **Construção de fórmulas:** os usuários podem descrever seus objetivos para a IA, que então elabora as fórmulas necessárias, maximizando a eficiência e a precisão.
- **Assistência por *e-mail*:** um recurso futuro com o qual a IA ajuda a redigir e refinar *e-mails*, garantindo uma comunicação clara e sem erros.

---

1 https://support.monday.com/hc/en-us/articles/11512670770834-Get-started-monday-AI

Wrike

O Wrike é uma plataforma abrangente de gerenciamento de trabalho que simplifica os fluxos de trabalho em vários departamentos (**Figura 10.3**). Esta plataforma fornece às equipes as ferramentas para colaborar, gerenciar projetos, impulsionar iniciativas estratégicas e atingir seus objetivos. Com sua inovadora Work Intelligence, o Wrike visa a revolucionar a forma como as organizações trabalham, oferecendo uma plataforma centralizada que se integra a aplicativos populares, aprimora a colaboração e aumenta a eficiência.[2]

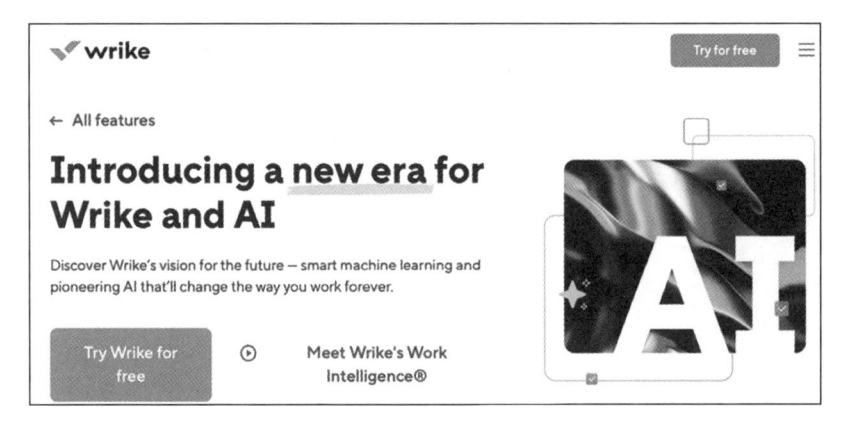

FIGURA 10.3 Plataforma de gerenciamento de trabalho Wrike.

Os principais recursos do Wrike incluem gerenciamento de trabalho centralizado, espaços de trabalho adaptáveis, automação, painéis em tempo real, aplicativos móveis, anotações e aprovações, formulários de solicitação personalizados e modelos.

O Work Intelligence do Wrike revoluciona o gerenciamento de projetos por meio de seus recursos orientados por IA, que incluem:

- **Priorização automatizada de tarefas:** a IA do Wrike pode recomendar e organizar tarefas com base na urgência.

- **Reconhecimento histórico de padrões:** a plataforma identifica problemas e padrões recorrentes, destacando riscos potenciais para uma execução mais eficiente do projeto.

- **Comando de voz móvel:** os usuários podem dar diretivas de voz por meio de *smartphones* para criar e acessar tarefas.

- **Digitalização de documentos:** o sistema pode transformar texto manuscrito em formatos digitais, reduzindo a entrada manual de dados.

- **Geração de subtarefas:** a IA do Wrike analisa notas e planos, criando automaticamente subtarefas detalhadas a partir de conceitos iniciais.

---

2 www.wrike.com/features/work-intelligence.

Asana

A Asana é uma ferramenta de gerenciamento de projetos baseada na *web*, projetada para ajudar as equipes a organizar, colaborar, planejar e executar tarefas (**Figura 10.4**). Esta ferramenta centraliza as atividades, eliminando a necessidade de comunicação baseada em *e-mail* para rastreamento de tarefas. A Asana ganhou popularidade entre os líderes do setor por seus recursos abrangentes de gestão de projetos e colaboração.[3]

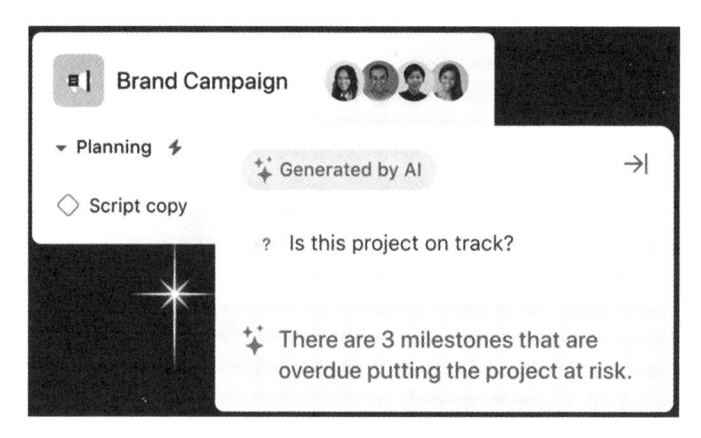

FIGURA 10.4 Gestão de projetos baseada na *web* da Asana.

Os principais recursos desse *software* incluem gerenciamento de tarefas, espaços de trabalho, integração de calendários, ferramentas de comunicação, várias visualizações, relatórios, criação de equipes, controles de privacidade e integração de aplicativos.

Os avanços de IA da Asana se concentram em melhorar a experiência do usuário e a eficiência organizacional. Os principais recursos orientados por IA incluem:

- **Gerenciamento de recursos baseado em metas:** usa dados históricos e projeções futuras para recomendar alocações de recursos, aumentando a velocidade de tomada de decisões.
- **Verificação de integridade:** detecta possíveis problemas e obstáculos, oferecendo às equipes diretrizes claras para alcançar as metas com eficiência.
- **Fluxos de trabalho de auto-otimização:** a IA projeta fluxos de trabalho automatizados personalizados, recomendando as melhores práticas para processos simplificados.

---

3   www.asana.com/product/ai.

- **Assistente de redação:** promove uma comunicação clara e impactante que corresponde ao tom desejado.

- **Resumos instantâneos:** fornece resumos concisos de reuniões, tarefas e comentários, mantendo o alinhamento da equipe.

- **Pergunte o que quiser à Asana:** fornece *insights* instantâneos sobre projetos, minimizando a necessidade de reuniões extras.

- **Organização do trabalho:** sugere melhorias na estrutura, gerando automaticamente campos e regras inteligentes, o que ajuda os gerentes a priorizar as tarefas.

OnePlan

O Sofia GPT da OnePlan é um portfólio estratégico habilitado para IA e uma plataforma de gerenciamento de trabalho que une a estratégia à execução (**Figura 10.5**).[4] O Sofia GPT é um módulo avançado do Azure OpenAI GPT. A plataforma é versátil, atende a várias necessidades organizacionais e se integra perfeitamente a Microsoft Project, Azure DevOps, Jira, Smartsheet e outros. Essa integração fornece uma visão abrangente de todas as atividades relacionadas ao trabalho em uma empresa. O OnePlan fornece alinhamento estratégico de portfólio, gerenciamento de projetos adaptativo, expansão de práticas ágeis, alinhamento de portfólio de produtos, serviços profissionais simplificados, modelagem de capacidade de negócios e uma experiência de ferramenta unificada da Microsoft.

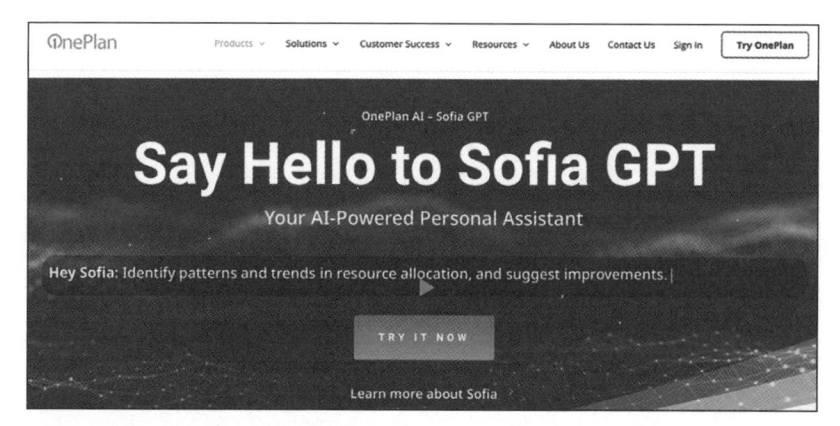

FIGURA 10.5 OnePlan com Sofia GPT.

---

4 www.oneplan.ai/products/sofia.

O Sofia GPT da OnePlan, baseado no Azure OpenAI GPT, visa a transformar o portfólio estratégico, os recursos e o gerenciamento de trabalho. Entre as principais atividades estão:

- **Compreensão da linguagem natural:** permite a interação perfeita entre o usuário e o sistema, elevando o planejamento estratégico.

- **Automação que economiza tempo:** automatiza tarefas comuns, permitindo que os usuários se concentrem em aspectos essenciais do trabalho.

- **Previsão:** usa análise preditiva para orçamento preciso, identificação de riscos e detecção de anomalias.

- **Assistência personalizada:** adapta as respostas com base nas preferências individuais do usuário.

- **Entrada de dados aumentada:** simplifica a entrada de dados, analisando e extraindo dados relevantes do OnePlan.

- **Automação de comunicação:** gera atualizações automáticas, garantindo uma comunicação tranquila com as partes interessadas.

- **Otimização de orçamento e recursos:** fornece recomendações para uso eficiente de recursos e ROI aprimorado.

- **Identificação de riscos:** analisa vários pontos de dados para identificar possíveis ameaças.

- **Priorização de portfólio:** avalia dados para priorizar projetos de alto impacto, levando a alocação eficiente de recursos e sucesso estratégico.

PMOtto

No mundo dinâmico da gestão de projetos, a IA generativa é cada vez mais importante. As ferramentas baseadas em IA revolucionam a forma como as equipes colaboram, formulam estratégias e executam projetos. Na vanguarda dessa transformação está o PMOtto.ai (**Figura 10.6**). O PMOtto é um assistente virtual de última geração que visa a redefinir a forma como os usuários lidam com suas tarefas e interagem com o *software* de gerenciamento de projetos.

- O PMOtto.ai usa o processamento de linguagem natural (PNL), permitindo que os usuários se comuniquem em linguagem cotidiana, que é então transformada em tarefas acionáveis dentro de seu *software* de gerenciamento de projetos. Isso promove uma experiência intuitiva e amigável.

- A plataforma se orgulha de sua extensa base de conhecimento, construída sobre milhares de recursos, como livros, artigos, modelos e casos de uso. Esse vasto repositório garante que os usuários tenham uma riqueza de informações na ponta dos dedos, auxiliando na tomada de decisão.
- O PMOtto.ai também oferece uma camada corporativa personalizada para as organizações. Essa camada permite a integração de documentos de projeto específicos, dados históricos, métodos e outros dados internos do sistema, garantindo uma experiência personalizada.
- A segurança e a confidencialidade dos dados são de extrema importância para o PMOtto.ai. A plataforma conta com medidas de segurança rigorosas, e o controle sobre o acesso aos dados permanece com os servidores do usuário, garantindo a máxima privacidade.

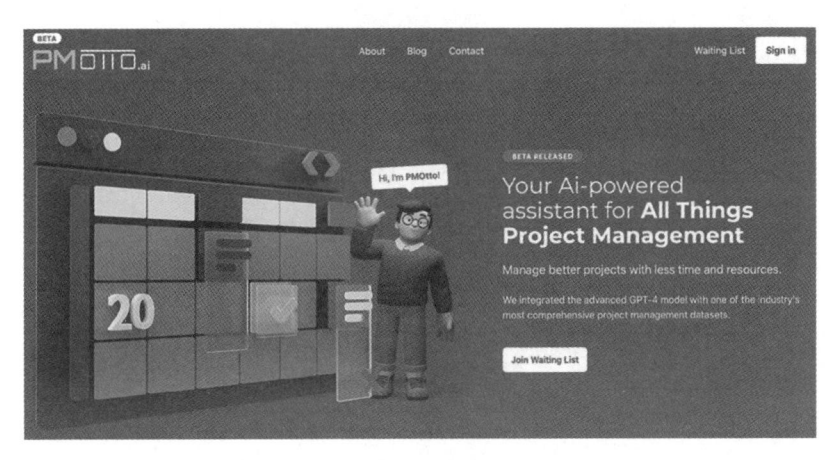

FIGURA 10.6 PMOtto, uma ferramenta na convergência de IA e no gerenciamento de projetos.

Ferramentas de agendamento

As ferramentas de agendamento são indispensáveis para os profissionais, garantindo dias organizados e reuniões pontuais. Elas navegam habilmente em meio a complicadas agendas diárias, harmonizando muitas tarefas, prazos e obrigações. A integração da IA ampliou a utilidade dessas ferramentas. Com ela, é possível obter *insights* de nossas ações e preferências passadas, propondo horários de reuniões e espaços que se alinham aos nossos padrões. Além disso, ela se funde com outras plataformas de produtividade, aumentando nossa eficiência.

Clockwise

A IA Clockwise é um assistente de agendamento que aproveita o poder da IA para transformar a forma como gerenciamos nosso tempo (**Figura 10.7**).[5] Em sua essência, o Clockwise torna o agendamento uma tarefa muito fácil. A análise e a organização dos eventos do calendário em tempo real garantem um bom gerenciamento e minimizam conflitos.

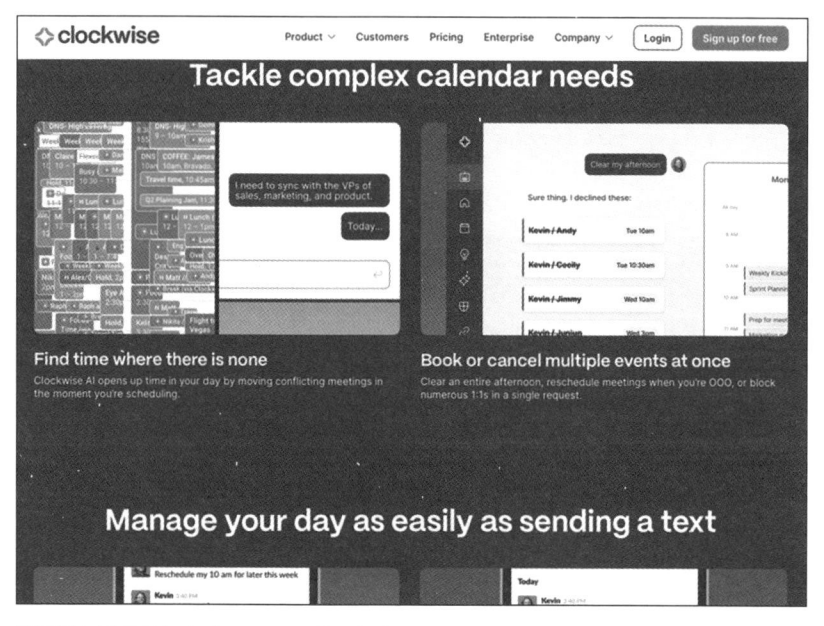

FIGURA 10.7 Tela da ferramenta Clockwise.

Recursos da IA Clockwise:

- **Agendamento intuitivo:** habilidosa em navegar por demandas complexas de agenda, encontra espaços disponíveis, remarca eventos e gerencia os horários fora do escritório de forma eficiente.

- **Gestão móvel:** possibilita ajustes *on-the-go* via *chat*, eliminando os desafios da gestão tradicional de agendas.

- **Preferências personalizadas:** adapta-se às preferências individuais de agendamento, como intervalos de almoço, garantindo que cada dia esteja alinhado com a rotina do usuário.

- **Benefícios para toda a equipe:** oferece a cada membro da equipe um assistente pessoal, garantindo um agendamento harmonizado e livre de conflitos.

---

5 www.getclockwise.com/ai.

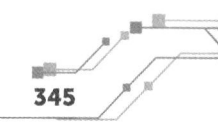

Ferramentas de comunicação e reunião

As ferramentas de comunicação e reunião são aplicativos que permitem que as pessoas colaborem, comuniquem-se e coordenem umas com as outras em tempo real. São utilizadas para diversas finalidades, como:

- Realização de reuniões *on-line*, *webinars*, conferências e apresentações.
- Compartilhamento de arquivos, documentos, telas e multimídia.
- Conversas, mensagens e chamadas com colegas, clientes e parceiros.
- Criação, gerenciamento e acompanhamento de tarefas, projetos e fluxos de trabalho.
- Fornecimento de *feedback*, suporte e treinamento.

Plataformas de comunicação baseadas em IA, como Microsoft Teams, Slack e Zoom, estão automatizando tarefas de documentação que tomam muito tempo dos gerentes de projetos. Recursos como resumos inteligentes de reuniões, geração automática de notas e transcrição libertam os gerentes de projetos de anotações manuais exaustivas após reuniões e chamadas. Isso permite que eles realoquem tempo para um planejamento e execução mais estratégicos. Com melhorias como tradução e localização em tempo real, a IA também remove as barreiras de comunicação causadas pelo idioma e pela geografia. Isso facilita a colaboração contínua com equipes globais e multiculturais.

Slack GPT

O Slack, uma renomada plataforma de comunicação, ampliou suas capacidades ao integrar a IA generativa para redefinir como as equipes colaboram e gerenciam projetos.[6]

O Slack é um aplicativo de mensagens orientado a negócios que promove a colaboração ao conectar indivíduos às informações necessárias. O objetivo é transformar a comunicação organizacional, dando às equipes uma plataforma unificada. O Slack oferece canais dedicados que reúnem as equipes às informações necessárias. A plataforma suporta trabalho assíncrono, garantindo que os usuários possam acessar as informações quando desejarem, independentemente de localização, fuso horário ou função. O Slack promove a inclusão, dando a todos da organização acesso a informações compartilhadas e pesquisáveis, o que permite que as equipes permaneçam alinhadas e tomem decisões rápidas.

---

6 www.slack.com/blog/news/introducing-slack-gpt.

Aqui estão os recursos orientados por IA no Slack:

- **Recursos de IA integrados nativamente:** o Slack aprimora a experiência do usuário com recursos de IA integrados às principais funções da plataforma. Por exemplo, o Slack GPT refina o tom e a duração das mensagens para uma comunicação clara.
- **Fluxos de trabalho automatizados:** o Slack oferece ferramentas avançadas para criar fluxos de trabalho personalizados sem codificação. A integração com grandes modelos de linguagem, como o ChatGPT, aumenta ainda mais a eficiência da automação.
- **Aplicativo Einstein GPT:** uma integração do assistente de IA da Salesforce, o Einstein GPT fornece *insights* de clientes em tempo real, fundamentais para as equipes de vendas e CRM.
- **Resumos de conversas:** o Slack GPT resume instantaneamente as conversas, garantindo que os usuários sejam atualizados rapidamente, o que promove uma melhor coesão da equipe.

Microsoft Teams Premium

O Microsoft Teams fornece um espaço de trabalho unificado para uma organização, facilitando a comunicação em tempo real, a colaboração, as reuniões, o compartilhamento de arquivos e a integração de aplicativos. O Microsoft Teams Premium integra funcionalidades orientadas por IA para aprimorar seus recursos colaborativos. É mais do que automação; é transformar a colaboração organizacional para ser mais intuitiva e produtiva. A dedicação da Microsoft à IA é evidente nas últimas atualizações do Teams Premium, com o objetivo de maximizar a eficiência da TI, elevar a produtividade geral e alinhar-se às demandas em evolução do local de trabalho de hoje.[7]

Os recursos aprimorados de IA do Microsoft Teams incluem:

- **Recapitulação inteligente:** seleciona automaticamente as notas da reunião, recomenda tarefas e fornece destaques personalizados. Além disso, segmenta as gravações de reuniões para facilitar a referência futura.
- **Destaques personalizados da reunião:** oferece marcadores de linha do tempo que indicam a participação do usuário na reunião.
- **Traduções ao vivo:** fornece traduções em tempo real para legendas de reuniões, garantindo uma comunicação clara independentemente do idioma.

---

7 www.microsoft.com/en-us/microsoft-365/blog/2023/02/01/microsoft-teamspremium-cut-costs-and-add-ai-powered-productivity/.

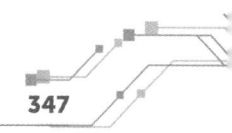

Zoom AI Companion

O Zoom é uma conhecida plataforma de videoconferência que permite interações virtuais, muito útil quando reuniões presenciais não são possíveis (**Figura 10.8**).[8] É uma ótima solução para reuniões profissionais e pessoais, garantindo atividades diárias ininterruptas para diversas equipes. O Zoom permite videoconferências suportadas pela nuvem, em que os usuários participam por meio de vídeo, áudio ou ambos, contando também com funcionalidade de bate-papo em tempo real. Os principais recursos abrangem reuniões individuais ilimitadas, conferências em grupo que acomodam até 1.000 participantes (com base no plano escolhido), a capacidade de compartilhar telas e opções de gravação de sessões para referência futura.

FIGURA 10.8 Zoom AI Companion.

O **Zoom AI Companion (anteriormente Zoom IQ)** ajuda os usuários a serem mais produtivos e colaborativos e melhorar suas habilidades em toda a plataforma Zoom.

Os recursos do Zoom AI Companion incluem:

- **Chat aprimorado por IA:** o bate-papo do Zoom agora conta com uma composição de mensagens orientada por IA com base no contexto do bate-papo. Este recurso também oferece personalização para tom e extensão da mensagem.

- **Agendamento de reuniões:** o AI Companion pode detectar automaticamente a intenção de marcar uma reunião em mensagens de *chat* e exibir um botão de agendamento, simplificando o processo de reserva de uma reunião.

---

8 https://blog.zoom.us/zoom-ai-companion.

- **Resumos de reuniões e itens de ação:** durante ou após uma reunião, o AI Companion pode fornecer um resumo da reunião e informações importantes, informando os próximos passos para os participantes.

- **Geração de ideias:** ao fazer um *brainstorming* com uma equipe, o AI Companion pode gerar ideias em um quadro branco digital e categorizá-las.

Ferramentas de produtividade e documentação

Ferramentas de produtividade e documentação são aplicativos de *software* que ajudam os gerentes de projetos a criar, gerenciar e compartilhar vários documentos. Essas ferramentas podem ser usadas para fins pessoais, acadêmicos ou profissionais. Alguns dos recursos padrão das ferramentas de produtividade e documentação são:

- **Processamento de texto:** os gerentes de projetos podem criar e editar documentos de texto, como cartas, relatórios, redações e currículos. Eles também podem formatar seu texto e adicionar imagens, tabelas, gráficos e outros elementos.

- **Planilhas:** as ferramentas de IA podem auxiliar na criação e edição de planilhas (tabelas de dados dispostas em linhas e colunas). Estas planilhas também podem fazer cálculos, analisar dados, criar gráficos e tabelas e aplicar fórmulas e funções aos seus dados.

- **Apresentação:** os gerentes de projetos podem criar e editar apresentações, bem como adicionar animações, transições, áudios, vídeos e outros efeitos para torná-las mais envolventes e interativas.

- **Colaboração:** um gerente de projetos pode trabalhar com outras pessoas no mesmo documento em tempo real ou de forma assíncrona. Eles também podem comentar, conversar, compartilhar comentários e acompanhar as alterações no seu documento.

- **Armazenamento em nuvem:** alguns produtos permitem que os gerentes de projetos armazenem documentos *on-line* e os acessem a partir de qualquer dispositivo com conexão à internet. Eles também podem sincronizar documentos em vários dispositivos e plataformas.

Criar planos, relatórios, *e-mails* e apresentações detalhados sempre foi um desafio, mas a IA facilita esse processo. As ferramentas do Microsoft 365 e do Google Docs utilizam IA para ajudar os usuários a criar documentos adaptados às suas necessidades. Da concepção ao ajuste de tom/estilo e à ampliação dos pensamentos iniciais, a IA oferece rapidamente conteúdo personalizado e de alta qualidade. Aplicativos como o Microsoft Excel e o Google Sheets também empregam IA para oferecer análise automatizada de dados, incluindo previsão, visualização e *insights*, o que permite decisões mais rápidas e informadas. Soluções como a Otter

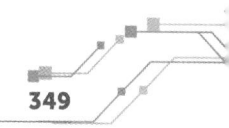

AI também oferecem transcrição automatizada de reuniões, aliviando a necessidade de os gerentes de projetos fazerem exaustivas anotações.

Microsoft 365 Copilot

O Microsoft 365 é um pacote integrado que amplifica a produtividade com aplicativos avançados, funções de nuvem e segurança de primeira, adaptados para diversos usuários, de indivíduos a grandes empresas.[9] Lançado em março de 2023, o Microsoft 365 Copilot é um conjunto de ferramentas de IA que se integra aos principais aplicativos, como Word, Excel e PowerPoint, automatizando tarefas como criação de rascunhos e análise de dados. O recurso Business Chat permite ainda solicitações de atualizações em linguagem natural, ressaltando o controle do usuário.

O Copilot concretiza o impulso da Microsoft de incorporar a IA em seus aplicativos (**Figura 10.9**).

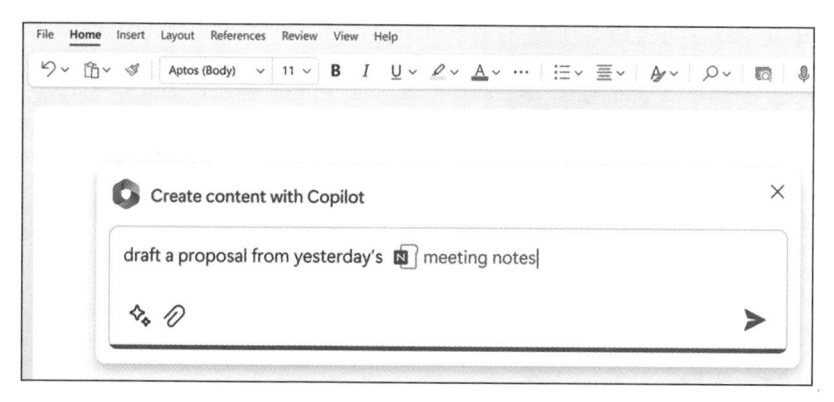

FIGURA 10.9 Microsoft 365 Copilot.

Os recursos do Microsoft 365 Copilot AI incluem:

- **Integração baseada em IA:** o Copilot, baseado no GPT-4 da OpenAI, funde-se perfeitamente com aplicativos do Microsoft 365, como Word, Excel, PowerPoint, Outlook e Teams, convertendo a entrada do usuário em conteúdo significativo.
- **Produtividade aprimorada:** o principal objetivo do Copilot é elevar a eficiência do usuário. Este recurso ajuda na geração de conteúdo, análise de dados, criação de apresentações, elaboração de *e-mails* e tarefas colaborativas.
- **Respostas relevantes de IA:** o Copilot usa a API do Microsoft Graph para garantir que as respostas sejam contextualmente adequadas e específicas do usuário.

---

9 https://blogs.microsoft.com/blog/2023/03/16/introducing-microsoft-365-copilot-your-copilot-for-work/.

- **Recursos específicos de aplicativos:**
  - **Word:** auxilia na geração e edição de textos.
  - **Excel:** facilita a análise de dados e a criação de gráficos e de fórmulas.
  - **PowerPoint:** desenvolve apresentações com base em *prompts*.
  - **Outlook:** escreve *e-mails*, resumindo tópicos.
  - **Teams:** ajuda na apresentação, transcrição e resumo de reuniões.
  - **Business Chat:** um recurso de bate-papo que integra dados de aplicativos do Microsoft 365 para atender às consultas dos usuários.
  - **OneNote:** suporta criação de notas, *brainstorming* e criação de listas.

Google Duet

Lançado em maio de 2023, o Duet AI é uma iniciativa do Google que integra recursos de IA em todos os aplicativos do Workspace.[10] Esse aprimoramento visa a facilitar a colaboração em tempo real entre usuários e IA, oferecendo ferramentas que ajudam a escrever, organizar, visualizar e simplificar fluxos de trabalho. Com base nos recursos anteriores de IA no Gmail e no Google Docs, o Duet AI foi projetado para melhorar a produtividade em tarefas profissionais e pessoais (**Figura 10.10**).

FIGURA 10.10 O Google Duet integra recursos de IA aos aplicativos do Google.

---

10 https://workspace.google.com/blog/product-announcements/duet-ai.

Aqui está uma visão geral dos recursos do Duet AI:

- **Integração baseada em IA:** o Duet AI integra IA generativa em aplicativos do Google Workspace, como Docs, Gmail, Sheets e Slides. Este recurso ajuda na geração de texto, em resumos, na criação de imagens a partir de *prompts* e na organização eficiente de dados, aprimorando as tarefas de gerenciamento de projetos.

- **Colaboração com IA em tempo real:** o Duet AI foi projetado para colaborar com os usuários em tempo real, da mesma forma que você faria com colegas humanos, auxiliando em tarefas como elaboração de *e-mails*, criação de apresentações e análise de dados, o que melhora a qualidade e a eficiência do trabalho.

- **Assistência de conteúdo personalizado:** o recurso Ajude-me a Escrever no Google Docs e no Gmail cria *e-mails* e documentos personalizados a partir de solicitações do usuário, sendo crucial para que os gerentes de projetos transmitam ideias complexas.

- **Tratamento de dados em planilhas:** o Duet AI simplifica a análise e a organização de dados, criando classificações automatizadas e planos de tarefas. Isso permite que os gerentes de projetos compreendam os dados rapidamente e reduzam a necessidade de entrada manual.

- **Aprimoramento visual de *slides*:** com o Duet AI, os usuários podem gerar imagens a partir de *prompts* de texto no Google Slides, tornando as apresentações mais envolventes e atraentes.

Ferramentas de colaboração e *brainstorming*

As ferramentas de colaboração e *brainstorming* são plataformas de *software* usadas para facilitar o trabalho de equipe em projetos, ideias e desafios. Estas ferramentas oferecem um espaço para as equipes visualizarem seus pensamentos por meio de diagramas, mapas mentais, notas adesivas e outros recursos visuais. Esses aplicativos são essenciais para melhorar a comunicação, promover a criatividade e aumentar a produtividade, em especial para equipes que atuam em diferentes locais ou trabalham remotamente.

Miro

A Miro é uma plataforma de colaboração visual projetada para ajudar as equipes a se conectarem, colaborarem e criarem, independentemente do local (**Figura 10.11**).[11]

Atendendo a equipes internas e remotas, a Miro oferece um espaço unificado para *brainstorming*, diagramação, planejamento estratégico e muito mais, com a flexibilidade de se integrar a mais de 100 outras ferramentas, como Google Docs, Jira e Zoom. A Miro fornece recursos como notas adesivas, imagens, mapas mentais,

---

11 www.miro.com/ai.

vídeos e recursos de desenho para *brainstorming*, além de oferecer integrações com outras ferramentas para agilizar o processo de colaboração.

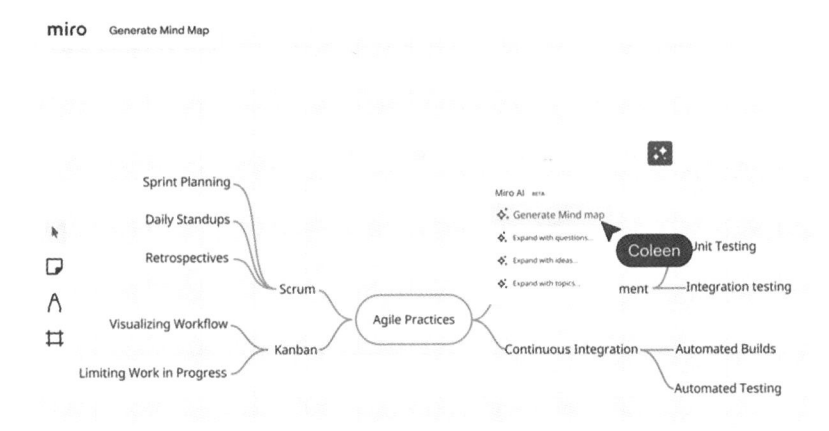

FIGURA 10.11 Plataforma de colaboração visual Miro.

Os recursos de IA da Miro incluem:

- **Criação de mapas mentais:** automatiza a geração de mapas mentais para *brainstorming* e visualização.

- **Resumo de *post-its*:** condensa vários *post-its* em uma única nota clara, destacando as ideias principais.

- **Texto para imagem:** converte palavras-chave em recursos visuais relevantes, aprimorando a apresentação do conteúdo.

- **Texto para código:** permite a geração de blocos de código a partir de texto simples, facilitando a vida de quem não usa programação.

- **Detalhamento da história de usuário:** transforma ideias de recursos em histórias de usuário para planejamento simplificado do desenvolvedor.

- **Autoestruturação:** transforma o *brainstorming* em fluxos de trabalho organizados, diagramas e mapas mentais.

Ética e responsabilidade profissional

Como em todos os tópicos deste livro, é fundamental reforçar a importância de aderir aos padrões éticos e às responsabilidades profissionais. Só porque um produto de IA pode ajudá-lo com o gerenciamento de projetos, não significa que ele sempre será a escolha certa. Ao usar ferramentas, tenha em mente as preocupações a seguir.

Perda de habilidades de gerenciamento de projetos

Com o tempo, a dependência excessiva da IA pode afetar as habilidades de gerenciamento de projetos. A IA melhora a eficiência e a produtividade, mas os gerentes de projetos não devem se tornar excessivamente dependentes dela. A IA pode automatizar tarefas de rotina, mas os gerentes devem manter suas habilidades afiadas, executando manualmente as principais funções. Um equilíbrio saudável entre IA e experiência humana é fundamental para o sucesso.

Análise de dados incorreta e alocação injusta de tarefas

Os algoritmos de IA no gerenciamento de projetos podem inadvertidamente herdar vieses de seus dados de treinamento. Se esses dados não tiverem diversidade ou refletirem preconceitos sociais, a IA pode tomar decisões distorcidas. Por exemplo, uma IA tendenciosa pode julgar mal as capacidades de certos tipos demográficos ou alocar tarefas-chave de forma desproporcional. É essencial que os gerentes de projetos estejam cientes dos possíveis vieses nos sistemas de IA. Os dados de treinamento devem ser examinados no que diz respeito à diversidade, e as decisões da IA devem ser auditadas quanto a vieses. A supervisão responsável garante que as ferramentas de IA sejam usadas de forma eficaz, reduzindo os riscos de discriminação ou conclusões errôneas.

Desafios de integração com sistemas e fluxos de trabalho existentes

A integração da IA em sistemas e fluxos de trabalho pode ser um desafio. Os sistemas legados podem não ser compatíveis com a IA, e a resistência humana à mudança também pode ser uma barreira. Os gerentes de projetos devem planejar cuidadosamente para que os fatores técnicos e humanos adotem a IA com sucesso. Eles devem considerar todos esses fatores cuidadosamente ao planejar a integração da IA em seus projetos. Os gerentes de projetos precisam compreender claramente os desafios técnicos e os fatores humanos que podem afetar o sucesso do projeto.

Dependência excessiva de resumos automatizados de reuniões

Resumos e recapitulações de reuniões gerados por IA podem fornecer visões úteis. No entanto, os gerentes de projetos precisam garantir que esses resumos sejam usados com responsabilidade.

Verifique a precisão: os resumos criados pela IA devem ser vistos como pouco precisos, pois podem interpretar mal comentários específicos ou perder nuances e detalhes. Os gerentes devem revisar minuciosamente os resumos automatizados e corrigir erros factuais ou deturpações.

Respeite as informações confidenciais: as recapitulações de reuniões de IA podem inadvertidamente incluir comentários não registrados ou informações confidenciais do cliente que não devem ser documentadas. Os gerentes precisam estar atentos para excluir qualquer coisa inadequada ou confidencial.

Aumente, não substitua: a conveniência dos resumos de IA não deve criar dependência excessiva. Os gerentes de projetos devem permanecer totalmente engajados nas reuniões e não usar recapitulações como muletas ou substitutos para a participação direta. A IA deve aumentar a compreensão da reunião humana, não substituí-la.

Transcrições em tempo real

Embora a transcrição em tempo real baseada em IA forneça documentação útil a respeito de reuniões e discussões, os gerentes de projetos precisam garantir que ela seja implementada de forma ética.

Informe os participantes: para transparência, os participantes devem estar cientes de que a IA transcreverá suas conversas. Isso faz com que eles fiquem atentos ao que é dito.

Permita revisão: para corrigir erros ou excluir conteúdo inadequado, os participantes devem revisar e editar transcrições de IA antes da finalização e do seu compartilhamento.

Mitigue o viés: a transcrição automatizada de aprendizado de máquina pode perpetuar vieses nos dados de treinamento. Os gerentes de projetos precisam examinar as transcrições em busca de vieses que se repetem para garantir inclusividade.

Tradução e localização em tempo real

A tradução em tempo real habilitada por IA facilita a comunicação em vários idiomas. No entanto, os gerentes de projetos devem garantir seu uso adequado.

Verifique a adequação cultural: as traduções devem ser revisadas para garantir que a terminologia e os exemplos sejam culturalmente apropriados e não causem ofensa precipitada a determinados grupos demográficos.

Habilite a revisão do participante: para resolver imprecisões, os participantes devem ser capazes de revisar traduções em tempo real e enviar correções ou reformulações de traduções problemáticas. Verificar a qualidade é fundamental.

Proteja a segurança: o conteúdo localizado deve ter as mesmas proteções de segurança que o material original. Prevenir o acesso não autorizado a documentos ou comunicações traduzidas confidenciais é fundamental.

Automação e gerenciamento de tarefas

O uso da IA para automatizar os fluxos de trabalho de gerenciamento de projetos requer uma supervisão cuidadosa.

Faça auditoria: os gerentes de projetos devem auditar continuamente tarefas e fluxos de trabalho automatizados para identificar erros, inconsistências ou lacunas e corrigi-los prontamente. A automação não verificada pode propagar erros.

Mantenha a supervisão humana: para evitar o excesso de automação, os gerentes de projetos devem manter a supervisão humana e a capacidade de editar ou substituir decisões automatizadas que pareçam incorretas ou abaixo do ideal. Deve haver *guardrails* humanos na automação.

Avalie o impacto no trabalho: o uso da automação exige a avaliação proativa do impacto potencial no trabalho e a tomada de medidas para mitigar efeitos adversos por meio de retreinamento e transições de trabalho. O deslocamento de trabalhadores deve ser tratado com sensibilidade.

Geração de ideias e *brainstorming*

Embora as ferramentas criativas de IA sejam promissoras, os gerentes de projetos precisam manter uma supervisão responsável.

Mantenha a autoridade de decisão: os gerentes de projetos devem se lembrar de que a IA é projetada para expandir horizontes e opções, não para tomar decisões finais. O julgamento humano deve prevalecer na determinação de quais ideias seguir.

Evite vieses algorítmicos: os *prompts* de ideias inseridos na IA devem ser cuidadosamente elaborados para evitar vieses embutidos. Os dados de treinamento também podem precisar de escrutínio para garantir que os modelos algorítmicos representem perspectivas diversas.

Mantenha a perspectiva humana: a criatividade e o *brainstorming* devem ser entregues apenas parcialmente aos sistemas de IA. O julgamento, os valores e o raciocínio humanos devem permanecer centrais para a idealização, fornecendo orientação ética e sabedoria.

Pontos-chave a serem relembrados

- As tecnologias de gerenciamento de projetos baseadas em IA são fascinantes e cativantes. No entanto, a IA deve ser vista como uma ferramenta para aumentar as capacidades humanas no gerenciamento de projetos, em vez de substituir o julgamento e a experiência humanos.

- Os gerentes de projetos devem manter a supervisão humana e a autoridade de tomada de decisão, verificar a precisão do conteúdo gerado por IA, respeitar informações confidenciais, mitigar vieses e garantir a segurança do conteúdo traduzido e localizado.

- Embora a IA possa melhorar significativamente o gerenciamento de projetos, é essencial que os gerentes de projetos mantenham um equilíbrio entre automação e experiência humana e estejam cientes de possíveis vieses nos algoritmos de IA.

- Ferramentas de colaboração e *brainstorming*, como a Miro, usam a IA para estruturar ideias, gerar mapas mentais e fornecer resumos automatizados de sessões.

- O Microsoft 365 Copilot e o Google Duet AI são poderosas ferramentas de IA que se integram a vários aplicativos para aumentar a produtividade, simplificar os fluxos de trabalho e facilitar a colaboração em tempo real.

Guia técnico

Plug-in do ChatGPT: There's An AI For That

Ao usar o *plug-in* There's An AI For That, o melhor *prompt* é uma descrição concisa da tarefa, problema ou caso de uso em que você está interessado.

Aqui estão algumas diretrizes para criar um *prompt* eficaz:

- **Seja específico:** defina claramente a tarefa ou o problema que você deseja enfrentar. Em vez de apenas "escrever", especifique "criar conteúdo para *blogs*" ou "elaborar roteiro para vídeos."

- **Evite palavras-chave desnecessárias:** o *plug-in* é projetado para identificar ferramentas de IA, então você não precisa incluir palavras como "IA" ou "ferramenta" no seu *prompt*. Por exemplo, "desenhar" é melhor do que "IA para desenhar".

- **Use *prompts* curtos:** *prompts* concisos são mais propensos a produzir resultados relevantes. Por exemplo, "edição de imagens" é preferível a "ferramentas que podem me ajudar a editar e aprimorar minhas fotos".

- **Considere o objetivo final:** pense no resultado que deseja alcançar. Em vez de apenas "agendamento", você pode especificar "agendamento automatizado para salões de beleza".

> *"Usando o* plug-in *There's An AI For That, encontre uma ferramenta de IA que possa fazer <Tarefa/recurso> na <Fase do projeto> de gerenciamento de projetos para <Indústria/tipo de projeto> com foco em <Requisito/resultado específico>."*

Aqui está um detalhamento dos espaços reservados:

<Tarefa/recurso>: a ação ou recurso específico que você está procurando, como "automação de tarefas", "colaboração em equipe" ou "avaliação de riscos".

<Fase do projeto>: o estágio do projeto em que a ferramenta será mais utilizada, como "planejamento", "execução", "monitoramento" e "fechamento".

<Indústria/tipo de projeto>: o setor ou tipo de projeto específico em que você está trabalhando, como "construção", "desenvolvimento de *software*" ou "planejamento de eventos".

<Requisito/resultado específico>: uma necessidade específica ou resultado desejado que você está buscando, como "colaboração em tempo real", "otimização de orçamento" ou "comunicação com as partes interessadas".

Usando o modelo, aqui estão alguns exemplos de *prompts*:

"Usando o plug-in There's An AI For That, encontre uma ferramenta de IA que possa fazer automação de tarefas na fase de planejamento do gerenciamento de projetos para desenvolvimento de software com foco na colaboração em tempo real."

"Usando o plug-in There's An AI For That, encontre uma ferramenta de IA que possa fazer a alocação de recursos na fase de execução do gerenciamento de projetos para construção com foco na otimização do orçamento."

"Usando o plug-in There's An AI For That, encontre uma ferramenta de IA que possa fazer a avaliação de riscos na fase de monitoramento do gerenciamento de projetos para o planejamento de eventos com foco na comunicação com as partes interessadas."

Esse modelo detalhado permite que os gerentes de projetos adaptem sua pesquisa a necessidades específicas, garantindo que encontrem as ferramentas de IA mais relevantes para seus projetos.

11

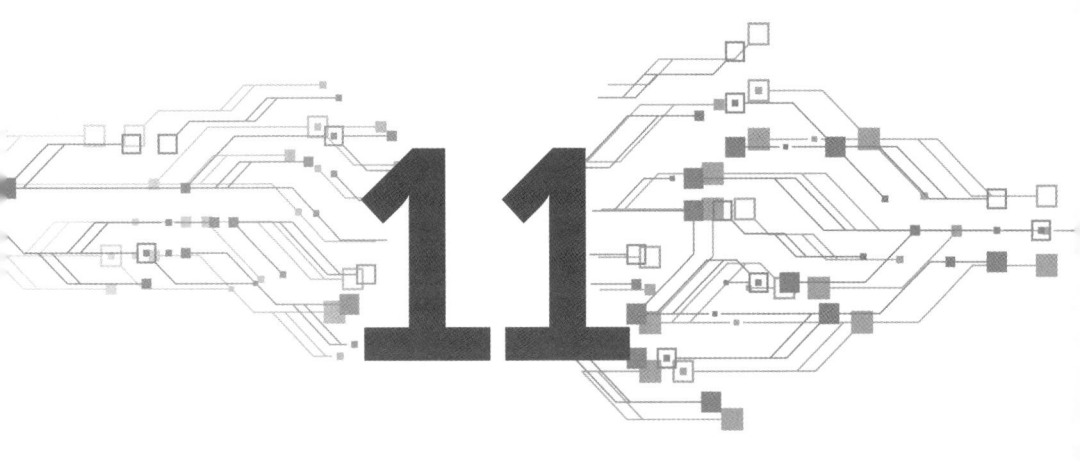

De olho no futuro

Neste capítulo, resumimos os principais conceitos abordados no livro e destacamos o papel que a inteligência artificial (IA) generativa pode assumir no gerenciamento de projetos daqui para frente. Descrevemos como o poder da IA será aproveitado no nível corporativo e a sua sinergia com o gerenciamento ágil de projetos. Discutimos brevemente os modelos abertos de IA e enfatizamos novamente a importância da ética e da responsabilidade profissional no gerenciamento de projetos orientado por IA. No cenário em evolução do gerenciamento de projetos, integrar a IA aos sistemas corporativos não é apenas uma tendência – é o futuro.

Hoje não é mais novidade o fato de a IA ter tomado o mundo de assalto. Para muitos leitores, o primeiro contato com o ChatGPT foi com uma história criativa, uma nova piada baseada em parâmetros informados ao ChatGPT, talvez uma música com uma mistura de gêneros ou um roteiro baseado em seus *prompts* que o surpreendeu. Mas desde os primeiros dias, os casos de uso do ChatGPT foram muito além do divertido e trivial. A integração da IA nos processos de negócios organizacionais tem sido transformadora, levando a mais eficiência e à criação de modelos de negócios inteiramente novos. Vamos dar uma olhada no setor de saúde.

À medida que as organizações reconhecem o potencial da IA para revolucionar fluxos de trabalho, aumentar a eficiência e impulsionar a inovação, a integração de suas ferramentas com produtos empresariais está se tornando um imperativo estratégico. Essa mudança não envolve apenas automação; trata-se de reimaginar como trabalhamos e desbloquear novos caminhos para a criação de valor.

IA EM AÇÃO: O PANORAMA EMPRESARIAL DA ÁREA DA SAÚDE

O setor de saúde é um bom exemplo de uma indústria que passa por muitas transformações desde a chegada a IA. Dois grandes *players* emergem: a Epic, uma empresa líder em *software* especializada em registros eletrônicos de saúde (RES), e uma empresa de propriedade da Microsoft, a Nuance Communications, Inc., conhecida por trabalhar com reconhecimento avançado de fala e soluções de IA.

A colaboração entre as duas empresas deu origem à tecnologia Dragon Ambient Experience Express Copilot (Dax Copilot), desenvolvida pela Nuance e alimentada pelo modelo GPT-4 AI. O Dax Copilot foi projetado para capturar e converter conversas médico-paciente com registros precisos. O Dax Copilot simplifica a documentação clínica – uma tarefa demorada e exaustiva para os médicos. Em vez de os médicos inserirem dados manualmente durante ou após a consulta, o Dax Copilot ouve a interação, entende o contexto e atualiza automaticamente o registro eletrônico de saúde do paciente. Isso simplifica a documentação clínica e reduz o risco de erros, garantindo que os profissionais de saúde possam se concentrar nas interações com os pacientes, sem a preocupação com a papelada. Com a IA, o tempo de documentação pode ser reduzido de horas para segundos. Esse é um exemplo de integração da IA com os fluxos de trabalho existentes para remodelar os processos clínicos.

A Microsoft está contribuindo com sua plataforma Azure, que oferece serviços em nuvem e recursos de IA. Uma parceria criou a Epic on Azure, que demonstra o potencial da IA no aprimoramento da precisão e eficiência dos RES. Ao integrar ferramentas orientadas por IA, como o serviço Microsoft Azure OpenAI, com plataformas empresariais, como o RES da Epic, as organizações podem automatizar tarefas, reduzir erros humanos e obter *insights* valiosos para melhorar o atendimento ao paciente.

A transformação empresarial com IA fornece o seguinte:

- **Integração perfeita:** na adoção da IA, o sucesso está em integrar as ferramentas aos produtos existentes, garantindo uma transição suave e maximizando o valor.
- **Fluxos de trabalho reinventados:** a IA tem o potencial de redefinir os fluxos de trabalho, automatizando tarefas mundanas e permitindo que os profissionais se concentrem em atividades de maior valor agregado.
- **Inovação colaborativa:** no futuro, a gestão de projetos verá a IA como um parceiro colaborativo, impulsionando a inovação e melhorando a tomada de decisões.
- **Criação de valor estratégico:** com a IA lidando com tarefas baseadas em dados, as organizações podem obter *insights* estratégicos, levando a uma melhor tomada de decisão.

No domínio da gestão de projetos, a integração da IA nos sistemas empresariais é uma mudança de paradigma. À medida que a IA evolui e se integra aos fluxos de trabalho organizacionais, os gerentes de projetos poderão aproveitar o seu poder para impulsionar projetos para o sucesso e moldar o futuro do trabalho no cenário corporativo.

A adoção da IA é um benefício para o gerenciamento de projetos

Com um influxo de fundos de investimento, as empresas estão mais motivadas e equipadas do que nunca para integrar a IA em várias funções. Esse apoio financeiro impulsiona o desenvolvimento e a adoção de soluções. No suporte ao cliente, os *chatbots* orientados por IA respondem a consultas e agendam compromissos, enquanto as ferramentas de *feedback* analisam as avaliações dos clientes para identificar áreas de melhoria. No *marketing*, a IA auxilia na análise preditiva para conversão de *leads* e apoia os processos de criação de conteúdo.

As melhorias operacionais incluem a otimização da cadeia de suprimentos e o aproveitamento da IA no RH para triagem de candidatos e previsões de retenção. Estrategicamente, a IA oferece *insights* de pesquisa de mercado e avalia os riscos de investimento, especialmente em finanças. Além disso, a automação alimentada por IA permite que os funcionários priorizem assuntos mais complexos. Com os avanços nos modelos de linguagem de grande escala (LLMs) e no processamento de linguagem natural, isso só aumentará em todos os setores.

Vejamos outra área que está se beneficiando significativamente da IA: a educação. A integração da IA generativa na educação está mudando a forma como o ensino e a aprendizagem são abordados. O ônus das tarefas administrativas sobre professores e instrutores é imenso. Desde a avaliação de trabalhos até a criação

TABELA 11.1 Ferramentas de gerenciamento de projetos por grupo de processos

GRUPOS DE PROCESSOS	ARTEFATOS, FERRAMENTAS E TÉCNICAS DE GERENCIAMENTO DE PROJETOS
INICIAÇÃO	Inovação e geração de ideias; casos de seleção de projetos; termo de abertura do projeto; viabilidade; declaração de trabalho do projeto; RFP; RFI; RFQ.
PLANEJAMENTO	Plano de gestão de projetos; alocação de recursos; plano de gestão de *stakeholders*; gestão de aquisições e contratos; orçamento e estimativa de custos; plano de comunicação; gestão de mudanças; gestão de dados e conhecimento; garantia da qualidade; análise de riscos; gestão de escopo; EAP; cronograma do projeto; priorização de tarefas; histórias de usuários; personas ágeis; plano de treinamento; RACI; matriz de rastreabilidade de requisitos; critérios de aceitação; verificar e validar.
EXECUÇÃO	Técnicas de resolução de problemas; tomada de decisão do projeto; *status* e progresso; atas de reunião e itens de ação; solicitação de mudança; registros; implantação; formulário de aceitação; interação e gestão de fornecedores; *team building*; liderança; inteligência emocional; gestão de conflitos.
MONITORAMENTO E CONTROLE	Gerenciamento de valor agregado; auditoria de projeto; plano de contingência; matriz de poder e interesse; gerenciamento de configuração; gráfico de *burndown*.
FECHAMENTO	Auditoria de projeto; resumo do projeto; encerramento do projeto; pós-implementação; lições aprendidas; encerramento administrativo.

de planos de aula, essas tarefas, embora necessárias, consomem uma parte considerável do tempo que poderia ser gasto de forma mais eficaz no atendimento às necessidades dos alunos.

Pense na Khanmigo, a interface de IA disponível na Khan Academy. Ela é personalizada para facilitar a criação de aulas e acessa o ChatGPT para fins educacionais. Entre os principais recursos está a capacidade de criar rubricas, perguntas de teste e outras atividades interativas especificamente adaptadas para a sala de aula.

Veja também o setor de serviços e a proliferação de IA em dispositivos portáteis. O Walmart está lançando um programa que dá acesso a um aplicativo de IA treinado com dados da empresa para cerca de 50 mil funcionários que não são das lojas. Chamado de My Assistant, esse recurso ajuda a resumir documentos longos e gerar novos conteúdos. O Walmart promoveu esse movimento como maneira de diminuir a carga de tarefas repetitivas dos trabalhadores.

Na **Tabela 11.1**, resumimos as ferramentas e técnicas de gerenciamento de projetos e descrevemos os recursos que a IA suporta, organizados pelos grupos de processos de gerenciamento de projetos.

Embora tenhamos ilustrado muitos desses recursos neste livro, vários outros produtos e artefatos podem ser gerados por ferramentas de IA.

O futuro das empresas impulsionado pela IA

Quando concluíamos a edição original deste livro, os principais *players* começavam a introduzir versões corporativas de seus produtos. Por exemplo, a OpenAI anunciava o lançamento do ChatGPT Enterprise, uma versão comercial de seu *chatbot* de IA, para tornar as equipes mais produtivas. As empresas terão controle total sobre seus dados nessa versão. A necessidade de treinamento explícito sobre conversas específicas de negócios é mitigada. Todas as interações dos funcionários com o ChatGPT são criptografadas, e a plataforma é compatível com controles de sistema e organização (SOC, do inglês *system and organization controls*) – um padrão de privacidade do Instituto Americano de Contadores Públicos Certificados (AICPA, do inglês American Institute of Certified Public Accountants).

O ChatGPT Enterprise oferece segurança e privacidade aprimoradas e uma variedade de recursos avançados. Por exemplo, a versão Enterprise inclui o seguinte:

- Acesso ilimitado de alta velocidade ao GPT-4.
- Janelas de contexto ampliadas para processar entradas mais longas.

- Recursos adicionais de análise de dados.
- Criptografia de todas as conversas em trânsito e em repouso.
- Um painel de administração para gerenciar os membros da equipe.
- Verificação de domínio, *logon* único (SSO, do inglês *single sign on*) e *insights* de uso.

O ChatGPT Enterprise também fornece acesso ilimitado a recursos avançados de análise de dados por meio da ferramenta Análise Avançada de Dados. Esse recurso permite que equipes técnicas e não técnicas analisem informações em segundos, pesquisadores financeiros processem dados de mercado, profissionais de *marketing* avaliem resultados de pesquisas ou cientistas de dados depurem *scripts*. Além disso, há uma oportunidade de adaptar o ChatGPT às necessidades da organização, como criar fluxos de trabalho comuns e compartilhar modelos de bate-papo.

O modelo de IA do Google, o Gemini, pretende desafiar o GPT-4 com uma capacidade de computação cinco vezes maior. Utilizando os *chips* TPU v5 do Google, ele pode funcionar com 16.384 *chips* de uma só vez. Treinado em um conjunto de dados diversificado de 65 trilhões de *tokens* que incluem texto, vídeos, áudio e imagens, o Gemini pode gerar texto e recursos visuais. Uma versão corporativa baseada no Gemini não deve ficar muito atrás.

Os LLMs avançaram na comunidade de código aberto. Esses modelos estimulam inovações e contribuem para o desenvolvimento da IA e dos seus conjuntos de ferramentas. Os LLMs de código aberto oferecem a pesquisadores, desenvolvedores e entusiastas a chance de examiná-los minuciosamente, adaptá-los para aplicações definidas e construir novas arquiteturas em suas fundações. O paradigma de código aberto mitiga barreiras, alimentando colaborações que exploram o imenso potencial dos LLMs.

Riscos da IA

Isso nos leva a uma discussão sobre como os modelos de IA, embora poderosos, enfrentam desafios relacionados a qualidade e alucinação dos dados. Contudo, essas preocupações estão sendo progressivamente reduzidas pela evolução da IA e pela comunidade de computação. Tomemos o exemplo das redes geradoras adversárias (GANs); os modelos de IA baseados nesse algoritmo se destacam na elaboração de dados sintéticos críveis. Eles são arquitetados com duas redes neurais entrelaçadas: o "gerador", que fabrica imagens, e o "discriminador", que as julga. Enquanto o gerador cria uma imagem ou peça de dados, o discriminador avalia sua autenticidade. Essa interação competitiva garante dados de qualidade.

As empresas e os gerentes de projetos, especialmente, dominaram a identificação e a redução de riscos. Um registro de riscos deve ser mantido no nível da empresa e gerenciado com rigor (**Tabela 11.2**).

TABELA 11.2 Riscos da IA no gerenciamento de projetos e respostas para mitigar tais riscos

RISCOS	RESPOSTAS ATENUANTES
POTENCIAL PARA IRREGULARIDADES E ILEGALIDADES	Coleta de dados aprimorada, refinamento de algoritmos, aumento da transparência.
DESINFORMAÇÃO E RISCO DE VIÉS	Ferramentas orientadas por IA estão em desenvolvimento para autenticar informações e detectar conteúdo gerado por IA para rastrear *"should" messages* (*prompts* que solicitam conselhos, recomendações ou orientações sobre o que deveria ser feito em uma situação). A coleta de dados aprimorada, o refinamento de algoritmos, o aumento da transparência e a introdução de diversas equipes de IA podem ajudar a reduzir os vieses nos modelos de IA.
PERDA DE LETRAMENTO	A abordagem educacional precisa mudar e se concentrar no pensamento crítico. As plataformas usarão marcadores para indicar conteúdo gerado por IA para evitar problemas de plágio.
PREOCUPAÇÃO COM EMPREGO	A introdução de novas tecnologias pode levar a mudanças no trabalho em vez de perdas de emprego. Investimentos em qualificação e requalificação podem preparar a força de trabalho para novas funções e indústrias.
DESAFIOS LEGAIS E ÉTICOS	O diálogo ativo entre as partes interessadas pode levar a uma jurisprudência abrangente. As leis de propriedade intelectual podem ser adaptadas para atender ao conteúdo gerado por IA.

Use a IA apenas para atender a uma necessidade

Embora demonstremos entusiasmo com a IA ao longo deste livro, queremos dar um passo atrás. A ideia de que as empresas devem usar soluções de IA simplesmente por causa da tecnologia ou para acompanhar uma tendência é o risco mais significativo de todos. Deve haver uma necessidade ou oportunidade de negócios clara que impulsione a adoção da IA. Os gerentes de projetos e analistas de negócios estão cientes da abordagem estruturada a ser adotada. As seguintes questões devem ser consideradas antes que as soluções de IA sejam introduzidas em uma organização:

- **Análise das necessidades:** na adoção de uma tecnologia, é fundamental o alinhamento com a estratégia geral de negócios. No centro de cada decisão de negócios deve estar um problema ou uma oportunidade bem definida, e a solução deve estar alinhada com a estratégia de negócios. Sem essa clareza, é fácil se apaixonar pela tecnologia mais recente (como a IA) e vê-la como uma solução para um problema. Isso pode levar a investimentos mal pensados e resultados aquém do desejado. Uma análise sólida das necessidades deve ser o primeiro passo.

- ***Business case*:** implementar soluções de IA não é uma tarefa trivial. Muitas vezes, envolve custos relacionados à coleta de dados; infraestrutura; recrutamento de talentos, como cientistas de dados e especialistas em IA; e treinamento. Sem um *case* claramente articulado, uma organização pode gastar recursos valiosos em uma solução que não oferece valor financeiro significativo.

- **Gerenciamento de mudanças:** a introdução da IA pode exigir mudanças significativas em processos, funções e fluxos de trabalho. Os funcionários podem precisar ser treinados ou até mesmo requalificados. Sem um *case* forte que justifique essas mudanças, as organizações podem enfrentar resistência de funcionários e partes interessadas, prejudicando a implementação bem-sucedida da tecnologia.

- **Considerações éticas e sociais:** os sistemas de IA às vezes podem introduzir preconceitos involuntariamente, infringir a privacidade ou tomar decisões difíceis de explicar. Tais riscos devem ser identificados e mitigados.

- **Sustentabilidade:** os modelos de IA podem exigir atualizações e refinamentos frequentes. Se o ambiente mudar, eles podem se tornar obsoletos. A implementação da IA sem um *business case* claro pode levar a soluções insustentáveis que exigem recursos contínuos sem entregar um valor proporcional.

Considerações finais

A rápida evolução e adoção da IA em vários setores – como na educação, ilustrada neste capítulo – exige investimentos contínuos em IA. O aumento nos projetos centrados em IA colocou a própria disciplina de gerenciamento de projetos no centro das atenções. A natureza intrincada dos projetos de IA, que abrange ética de dados, complexidades tecnológicas e áreas muitas vezes inexploradas de inovação, fez crescer a demanda por gerentes de projetos qualificados. Esses profissionais agora estão encarregados, além da execução tradicional de projetos, de navegar pelos desafios multifacetados impostos pela IA. Como resultado, as metodologias, as ferramentas e as técnicas de gerenciamento de projetos estão sendo obrigadas a evoluir para atender às necessidades exclusivas dos projetos de IA. O Capítulo 10, "Ferramentas de IA para a gestão de projetos", descreve esses produtos. Um ponto importante a ser observado é que, com a crescente adoção da IA em todos os setores, a demanda por gerentes de projetos que se sintam confortáveis em planejar e liderar projetos de IA continuará a crescer.

Há muito mérito em investir nesse tipo de transformação na prática da gestão de projetos. Numerosos estudos demonstram os aumentos consideráveis de produtividade devido à IA.[1] É provável que aumentos semelhantes de produtividade no gerenciamento de projetos e na qualidade se materializem quando o escopo de trabalho do projeto se enquadrar nas habilidades da IA.

Chegamos ao fim de nossa jornada explorando como a IA está transformando o gerenciamento de projetos. Obrigado novamente pelo seu tempo e interesse neste importante tópico. Estamos confiantes de que você obteve informações valiosas sobre como a IA pode aumentar a produtividade. Isso vai ajudá-lo profissionalmente como gerente de projetos e ajudará também a sua organização. As possibilidades são infinitas – seja usando ferramentas de IA para atualizações de *status*, seja aproveitando seus pontos fortes em análises preditivas, antecipando riscos ou automatizando tarefas de rotina.

Não tenha medo de experimentar e inovar. Os projetos de amanhã serão geridos de forma diferente por causa da IA. Incentivamos você a começar com um único conceito que aprendeu neste livro e aplicá-lo ativamente em seu ambiente de projetos.

---

1 Fabrizio, D., McFowland, E., Mollick, E. R., Lifshitz-Assaf, H., Kellogg, K., Rajendran, S., Candelon, F., & Lakhani, K. R. (2023). "Navigating the Jagged Technological Frontier: Field Experimental Evidence of the Effects of AI on Knowledge Worker Productivity and Quality," Harvard Business School Working Paper, Nº 24-013.

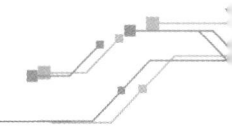

Índice

A

abordagem adaptativa
 considerações éticas, 222
 cultura de equipe para, 217
 estudo de caso de, 190-192, 193-194
 execução do projeto, 210-217
 formação de equipe, 199-201
 iterações/*sprints*, 201-204
 medição/rastreamento em, 217-221
 principais métricas, 223
 quando escolher, 127-131
 suporte organizacional para, 192
 três fases de, 196-197
 visão geral de, 120-121
 vs. abordagem preditiva, 194-197
abordagem do ciclo de vida híbrido, 121-122, 132-134
abordagem preditiva do ciclo de vida
 abordagem ágil *vs.*, 194-197
 adicionando agilidade à, 137-138
 agendamento via EAP, 172-176
 considerações éticas, 182
 criação de EAP, 166-171
 definição de escopo, 163-166
 escolha assistida por IA de, 123-127
 estimativas de custo/orçamento, 176-182
 estudo de caso de, 146-147
 fase de planejamento, 156-162
 implementação, 124
 início do projeto, 147-155
 visão geral de, 118-120
abordagens de desenvolvimento
 abordagem adaptativa, 120-121
 aperfeiçoamento, 134-138
 ciclo de vida híbrido, 121-122
 ciclo de vida preditivo, 118-120
 considerações éticas, 139-140
 erros em, 116
 escolha informada por IA de, 122-134
 estudo de caso de, 116

integração de várias, 135
 para novos membros da equipe, 74-78
aceitação do patrocinador, 318-319
acomodação, 112
acompanhamento de projetos, 217-221
agendamento
 ajuda com IA, 126
 considerações éticas, 182
 controlado via AI, 245-246
 de tarefas, 229-230
 ferramentas, 343-344
 via EAP, 172-176
alinhamento de missão, 81
alinhamento, metas, 84
alocação de recursos, 125, 172, 179, 230, 233-234
alucinações
 como um risco da IA, 365
 impacto de, 139
 razões para, 26-27
 verificação de fatos, 31
ambientes estruturados, 118, 124, 133-135
ameaças
 identificação, 263-270
 resposta a, 286-288
análise da gestão do valor agregado (GVA), 240
análise da necessidade, 366
análise de custo-benefício, 151
análise de dados
 atualizações direcionadas via, 57-58
 ChatGPT, versão empresarial, 158
 ferramenta de Análise Avançada de Dados, 49, 51, 57, 59, 64-65, 223-224
 IA como economia de tempo para, 41, 157
 para a tomada de decisão, 102
 para determinar o escopo do projeto, 164
 precisão da, 139
análise de negócios, 11, 147, 156
análise de sentimentos
 das partes interessadas, 41, 44-45, 59-60

dos membros da equipe, 88–91
para resolução de conflitos, 98
análise de viabilidade, 150
análise documental, 157
análise RAID, 231–232
analogias, terminologia, 97, 98
aperfeiçoamento, 79
Applitools, 301
aprendizado de máquina (ML), 20, 300, 301
aprendizagem
adaptando estilo de, 76
capacidades, 61
contínua dos membros da equipe, 79
lacuna entre aprender e aplicar, 79
aprendizagem baseada em cenários, 79
aprendizagem profunda, 20–21
árvore, EAP, 169
Asana, 242, 251–252, 256, 340–341
assistência em tempo real, 42, 79
atribuições de tarefas, 228–229
atualizações visuais, 57
autoconsciência, 89, 90
autogestão, 89, 91
automação, campo de expansão de, 73
avaliação, conhecimento, 76, 79
avaliação da solução, 303–307
avaliação de habilidades, 71, 72
avaliação de necessidade, 147–149

B

backlog de produto, 198
Bard
como usar, 33–34
prompting multimodal, 184–185
reconhecimento de imagem com, 159, 160
uso com o Google, 330
benefícios, avaliação, 151–154
BERT, 19
brainstorming
com ChatGPT, 157
e colaboração em equipe, 93
ferramentas, 351–352
na resolução de conflitos, 101
riscos, 264–265
Brooks, Frederick P., 7, 8
business case, 147, 149–154, 182, 366

C

cadeia de pensamento, 27
cenários hipotéticos, 273–275
cerimônias ágeis, 138
chain-of-thought; *ver também* cadeia de pensamento
chatbots
generativos, 3–4
tradicionais, 2, 4
ChatGPT
alternativas ao, 95
avaliação de necessidades com, 147–149
avanços do PNL no, 22
como funciona, 24–27
como humano, 3–4
como modelo de linguagem de grande escala (LLM), 19
como usar, 32–33
definição, 24
diagramas EAP com, 185–186
Enterprise, 364
evolução autônoma do, 61
experiência diversificada do, 11–16
gráficos de Gantt com, 186–188
impacto do, 4, 360
poder de processamento, 38
prompts para, 8
Ver também ferramenta de Análise Avançada de Dados
Claude, 19, 34, 139–140, 254–255
Clockwise AI, 344
colaboração
considerações éticas, 108
em desenvolvimento adaptativo, 120, 129
entre os membros da equipe, 91–98
ferramentas, 130, 334, 351–352
interdepartamental, 11
modelo de *prompt*, 112
multifuncional, 95–98
necessidade de humanos em, 11
para aumentar a produtividade, 4
técnica Delphi para, 266–268
coleta de requisitos, 156–162
compatibilidade de plataforma, 335
competição, 113

comunicação
  a respeito de mudanças, 136
  apoio do PNL na, 22
  canais favoritos para, 50-52
  colaboração em equipe, 91-98
  com as partes interessadas, 54-60
  da visão aos membros da equipe, 82-83
  e a Lei de Brook, 7
  em projetos ágeis, 192, 205, 217
  ferramentas, 130, 334-335, 345-348
  IA como facilitador da, 6-7
  no recrutamento, 71
  persuasiva, 86-87
  "soft skills" da IA na, 15-16
comunicações técnicas, 56
conciliação, 112
conclusão, prompt, 25
configuração da estação de trabalho, 6
confronto, 112
consciência/habilidades sociais, 89, 91
considerações ambientais, 30
considerações éticas
  com as partes interessadas, 61-63
  e uso de IA, 30-31, 365
  na finalização, 325-326
  na gestão de equipe, 108-109
  na gestão de riscos, 292
  no monitoramento do desempenho, 248
  para abordagens de desenvolvimento, 139-140
  para projetos adaptativos, 222
  para projetos preditivos, 182
construção de confiança, 16
construção de sequência, 25
consultores, IA, 117
contexto, 10, 25, 27
contratação, 69-74
controle de qualidade, 236-239, 305
critérios de aceitação, 203-204
cronograma
  em projetos ágeis, 205
  para entregas, 149
  previsão, 246-248
  Ver também agendamento
cultura, equipe
  avaliação de candidato para, 70, 72
  em projetos ágeis, 217
  mantendo positiva, 85
  papel de liderança em, 83
  para abordagem preditiva, 118
custo das ferramentas de IA, 335
custos diretos, 180
custos indiretos, 180

D

declaração de escopo, 163-164, 166
defeitos, identificação, 300
dependência da tecnologia, 72, 73
dependências, 167, 172, 175
desempenho no trabalho
  acompanhamento de integrantes da equipe, 79
  análise do progresso, 103
  controle de agendamento, 245-246
  controle/validação de escopo, 242-245
  direção/gerenciamento, 227-234
  gestão da qualidade, 234-239, 255
  monitoramento/controle, 126, 239-242
  no modelo de Tuckman, 104, 106
  otimização de IA, 27
  previsão da linha do tempo, 246-248
  projeto de rastreamento, 119
Desempenho. Ver desempenho no trabalho
desenvolvimento ágil, 120, 141; ver também abordagem adaptativa
desenvolvimento de tutorial, 11-14
direção, configuração, 81-83
direcionando o desempenho no trabalho, 227-234
discriminação, 62
dissolução da equipe, 107
dissolução de uma equipe, 104, 107
documentação
  das partes interessadas, 158-162
  ferramentas, 348-351
  para projetos preditivos, 119
  supervisão humana de, 326
documentação de requisitos, 158-162, 166
Dragon Ambient Experience Express Copilot (Dax Copilot), 360
duração, tarefa, 167, 172

E

EAP (estrutura analítica de projeto)
  agendamento via, 172–176
  considerações éticas, 182
  formatos para, 170–171
  para projetos preditivos, 163–166
  tabelas, com ChatGPT, 185–186, 188
economia de tempo
  na colaboração em equipe, 92
  na rotatividade de pessoal, 6–7
  resumo de dados, 86
eficiência, 75, 334
elaboração de orçamentos
  considerações éticas, 182
  definição de escopo para, 163
  e estimativas de custo, 176–182
e-mails
  gerados por IA, 54–55
  para identificar as partes interessadas, 38–42
  privacidade e, 39, 59
empatia, 15, 16
encerramento administrativo, 322
encerramento antecipado, 317–318
encerramento de projetos, 317–324
engajamento, 59–60, 75
entrega de valor, 324–325
entrega incremental, 120, 133
entrega única, 132
entregáveis
  estruturadas, 124
  implantação, 313–317
  incrementais, 120, 129
  liberação, 301–307
  roteiro/cronograma para, 149
  únicas, 132
  verificação/validação, 307–313
Epic, 360–361
equipe de desenvolvimento ágil, 211, 216–217
equipe de projeto, 38, 199–201
escopo
  considerações éticas, 182
  controle/validação, 242–245, 257
  declaração de, 163–164
  desvio de, 141, 163, 164
  gerenciamento, 165–166
  mudanças de, 136–137
  para projetos preditivos, 163–166
esqueleto ambulante, 207
estabelecimento de fluxo de trabalho, 104, 105–106
estado futuro desejado, 148
estimativa de custo
  análise de custo-benefício, 151
  considerações éticas, 182
  de riscos, 279
  e orçamento, 176–182
estimativa de custos, 176–182
estimativa de orçamento de baixo para cima, 177–179
estimativa de orçamento de cima para baixo, 176–177
estrutura SMART, 77–78
estudos de caso
  abordagens de desenvolvimento, 116
  gerenciamento de riscos, 260–261
  identificação das partes interessadas, 36–40
  mediação comprador/vendedor, 68–69
  para finalização, 300
  projetos adaptativos, 190–192, 193–194
  projetos preditivos, 146–147
  rotatividade de pessoal, 4–7
evitando conflitos, 113
evolução autônoma, 61
experimentação, 192
expertise
  de IA generativa, 3
  diversidade de IA, 11–16
  gerenciamento de lacunas em, 94–98
  para a técnica Delphi, 267–268
explicabilidade
  e partes interessadas, 62–63
  especificidade para, 139

F

falhas, 142, 217–218
fase de aceitação, 307, 318–319
fase de execução, 227
fase de projeto, 119, 120, 126
fases, projeto distinto, 119
feedback
  em desenvolvimento adaptativo, 127

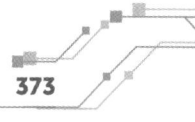

em projetos ágeis, 193
flexibilidade para, 137
melhorias com base em, 302
para aceitação do patrocinador, 318
ferramenta de Análise Avançada de Dados
  guia técnico, 59, 64–65
  para cenários hipotéticos, 256–257
  para gráficos de *burn* e de velocidade, 223–224
  para revisão de risco histórico, 295–296
  recursos visuais, 49, 51, 57
  simulação de Monte Carlo, 296–297
ferramentas integradas à IA
  avaliação de, 335–337
  brainstorming/colaboração, 351–352
  comunicação/reuniões, 345–348
  ética e responsabilidade com, 352–355
  outros recursos, 368
  para agendamento, 343–344
  produtividade/documentação, 348–351
  sistemas de gerenciamento de projetos, 337–343
  valor e implicações de, 334–336
few-shot prompting; *ver também* solicitação com poucos exemplos, 27
finalização de projetos
  encerramento do projeto, 317–324
  entrega de valor, 324–325
  estudos de caso de, 300
  ética/responsabilidades para, 325–326
  implantação, 313–317
  lançamentos de produtos, 301–307
  verificação/validação, 307–313
flexibilidade, 121, 128, 129, 132, 137, 141
fluxo de trabalho visual, 130
foco seletivo, 26
formação de equipe, 199–201
formação de uma equipe, 104–105
formato tabular, EAP em, 170–171
funcionalidade móvel, 335

G

garantia da qualidade (QA), 236, 304
Gemini, 364
generative pretrained transformer (GPT), 23
gerenciamento de equipe
  adesão das partes interessadas e, 86–88
  aprimoramento de liderança, 80–91
  atribuições de tarefas, 228–229
  desenvolvimento e treinamento, 78–80
  integração e treinamento, 74–78
  linguagem compartilhada da equipe, 95
  matriz RACI para, 162
  modelo de Tuckman, 104–107
  para colaboração, 91–98
  recrutamento/seleção, 69–74
  resolução de conflitos, 98–101
  responsabilidades éticas, 108–109
  sincronizando equipes, 138
gerenciamento de riscos
  análise qualitativa, 271–275
  análise quantitativa, 275–285
  avaliação de risco, 14–15
  estratégias de resposta, 15
  estudo de caso de, 260–261
  identificação de riscos, 125, 262–270, 335
  mitigando os riscos, 102, 335
  monitoramento de riscos, 288–291
  no uso de IA, 365–366
  preocupações das partes interessadas, 44
  registros de riscos, 268–270, 294–295
  resposta ao risco com IA, 285–290
gestão da qualidade, 116, 234–239, 255, 304–305
gestão de mudanças, 366
gestão de projetos
  abordagem preditiva para, 125
  benefício da IA para, 2, 3, 361–363
  estudo de caso de, 4–7
  evolução da, 367
  ferramentas de IA para, 334
  histórico da/necessidade da, 2
  sistemas para, 337–343
  verificações regulares, 139
Google Bard, 33–34, 159, 184–185
Google Duet, 350–351
Google Slides, 330–331
GPT for Docs Sheets Slides, 330
GPT-3, 23
GPT-4, 3, 23
gráficos de *burndown*, 218–219, 223
gráficos de *burnup*, 223
gráficos de Gantt, 146, 186–188
gráficos de velocidade, 220–221, 223–224
guias comportamentais, 27

H

habilidades de escrita, 93-94
hierarquia, EAP, 169
histórias de usuários, 202-204, 206, 209

I

IA conversacional, 3
IA generativa
   adaptabilidade da, 155
   alternativas ao ChatGPT, 95
   plataformas baseadas na nuvem, 95
   respostas únicas por, 8
identificação de tarefas, 167
implantação, 313-317, 326
Impromptu (Hoffman), 3
influenciando as partes interessadas, 86-88, 129
informação enganosa, 8
iniciando projetos, 147-155
inspiração, equipe, 82
instruções, *prompt*, 28
inteligência artificial (IA)
   chatbots tradicionais, 2, 4
   como parte interessada no projeto, 60-61
   história da, 16-18
   responsabilidades éticas, 30-31
   riscos de uso, 365
   termos/conceitos, 19-23
   Ver também ChatGPT
   versões corporativas, 363-364
inteligência emocional, 87, 88-91
interação semelhante à humana, 3, 10
iteração
   como *sprints*, 201-204
   de *prompts*, 155
   em projetos ágeis, 120, 128, 194
   personalização, 135
   planejamento e metas, 204-205

J

janela de contexto, 26
Jira, 79, 130, 242, 247, 256, 298, 341
julgamento humano
   na tomada de decisão, 11, 50, 72
   para detectar nuanças, 47
   para monitorar o desempenho, 248
   sem substituto para, 108

K

Kanban, 130, 131
Khanmigo, 362

L

lacuna, ligação, 94-98, 148
lançamento, 313-317
lançamento, *site*, 313-317
Lean, 130, 131, 201
Lee, Peter, 16
Lei de Brook, 7-11
letramento, perda de, 365
lições aprendidas, avaliação, 107, 323-324, 326
liderança
   considerações éticas, 108
   direção de ajuste, 81-83
   evolução do projeto, 367
   influenciando as partes interessadas, 86-88
   inteligência emocional, 88-91
   motivação para atingir objetivos, 82-86
   Ver também gerenciamento de equipe
linguagem natural, 3, 10, 19
LLaMA, 19

M

marcos, identificação de, 124, 174
marketing, 199
matriz RACI (Responsável, Autoridade, Consultado, Informado), 161
mecanismos de atenção, 26-27
medicina, IA, 16
melhoria contínua, 120
mensagens geradas por IA, 54-55
mentoria
   na consultoria, 117
   para melhorar a escrita, 93-94
   para novos membros da equipe, 80

metas
  de indivíduos, 84
  definindo o futuro, 85
  equipe de esclarecimento, 81
  motivação para, 82-86
  resolução de conflitos em, 98-99
metas individuais, 84
metodologias ágeis, 130, 131
Microsoft 365 Copilot, 349-350
Microsoft Project, 186, 247, 341
Microsoft Teams Premium, 95, 346
Miro, 351-352
mitigação de viés
  com as partes interessadas, 62
  e risco, 292
  e uso de IA, 30, 365
  no recrutamento, 70, 72, 74
modelagem preditiva, 276-279
modelo de Tuckman, 104-107, 114
modelo em cascata. Ver abordagem preditiva do ciclo de vida
modelo MoSCoW (must-have, should-have, could-have, won't-have), 11, 12
modelo Water-Scrum-Fall (Wagile), 137
modelos de fundação, 23
modelos de prompts. Ver prompts
modelos multimodais de IA, 159, 184
Monday, 247, 338
moral da equipe, 85, 98
motivação da equipe, 82-86
motivação, manutenção, 85
motores de busca vs. IA, 8-9

N

novas contratações, 77

O

objetividade, 98
objetivo do prompt, 28
onboarding
  considerações éticas, 108
  modelo de prompt, 112
  orientada por IA, 5-6, 74-78
OnePlan, 341-342
opções, comparação, 148

OpenAI, 24
oportunidades, 150, 264, 286-288
Otter AI Chat, 226
OtterPilot, 226

P

pacotes de trabalho, 166
partes interessadas (stakeholders)
  análise de, 46-53
  antecipando preocupações dos, 42, 45
  atender às expectativas de, 42-46
  atualização da lista de, 42
  classificação de, 48-50
  clientes como, 200
  comunicação de IA com, 54-60, 126
  definição, 37
  ética da IA e, 61-63
  exemplos de, 38
  IA como potencial, 60-61
  IA na identificação de, 36-37, 38-41
  influência, 86-88
  interesse/necessidades de, 46-48
  na criação da EAP, 167
  na matriz RACI, 161-162
  preferências de comunicação, 50-52
  relatório final para, 319-321
  resposta ao trabalho adaptativo, 129
persona, 27
personalização
  de integração, 75-76
  ferramentas, 335
  rascunho de e-mails, 41, 42, 54-55
  via capacidade de aprendizagem da IA, 61
personalização de abordagens de desenvolvimento, 134-138
persuasão, mensagem, 86-87
planejamento
  da qualidade, 235
  de iterações, 204-205
  definição de escopo para, 163
  para projetos ágeis, 207-209
  para projetos preditivos, 156-162
  resposta ao risco, 282-285
planejamento da qualidade, 235
Planning Poker, 208

plataformas baseadas em nuvem, 95
Plug-ins do ChatGPT, 185, 190, 357–358
PMOtto, 342–343
"por que", compreensão, 81–82
positividade, 85
PowerPoint, 327–330
prazos, 93, 103
precisão da resposta de IA, 4, 8, 139, 248
precisão preditiva, 45
predição de *token*, 25
preferências, determinar, 87–88
preocupações com o emprego, 365
previsibilidade, 121
previsões realistas, 45, 276–279
priorização
   do *backlog* do produto, 199
   envolvimento das partes interessadas em, 129
   resolução de conflitos em, 98–99
   tutorial para desenvolver, 12–14
privacidade, dados
   das partes interessadas, 61–62
   e *uploads* no ChatGPT, 125
   e uso de IA, 30
   em conformidade com as diretrizes, 39
   no recrutamento, 72, 74
   para *e-mails*, 39, 59
   relacionada ao risco, 292
problema/oportunidade, 150
processamento de dados, 38
processamento de linguagem natural (PNL), 22
Product Owner, 210–211, 213–216
produtividade, 4, 334, 348–351
produto mínimo viável (MVP), 207
produtos
   backlog de, 198
   implantação, 313–317
   lançamento, 301–307
   roteiro/cronograma para, 149
   verificação/validação, 307–313
Project Management Book of Knowledge (PMBOK), 37, 227
Project Plan 365, 186–188
projetos adaptativos; *ver* abordagem adaptativa
projetos de grande escala, 71
projetos de transformação tecnológica, 71

prompts
   em projetos ágeis, 213–217
   exemplos de bons, 29
   gráfico de *burn* e velocidade, 223–224
   iteração/refinamento, 155
   modelo de Tuckman, 114
   modelos para estruturar, 27–28
   multimodal, com Bard, 184–185
   para abordagens de desenvolvimento, 142–143
   para controle de escopo, 257
   para controle de qualidade, 255
   para engenharia, 27–30
   para integração, 112
   para resolução de conflitos, 112–113
   para risco, 294–295
   para Scrum Masters, 216
   redação "passo a passo" de, 272
   Scrum, 197–207
   simulação de Monte Carlo, 296–297
   uso do ChatGPT de, 8, 25
proposta de valor, 147, 201
propriedade dos dados, 31

Q

questões interdepartamentais
   colaboração em, 95–98
   Matriz RACI para, 162
   resolução de conflitos, 100–101

R

recomendações proativas, 241
recontratação, 4–5
recrutamento, 69–74, 108, 110–111
redes neurais, 21
relatório de progresso
   dados de desempenho para, 103
   em tempo real, 42
   metas para, 82, 83
   personalizado/direcionado, 55–59
   respostas rápidas para, 92
relevância, 26
resolução de conflitos
   como "tempestade", 104, 105
   considerações éticas, 109

e tomada de decisão, 98–101
modelo de *prompt*, 112–113
resolução de problemas, 95, 112
responsabilidade
  e uso de IA, 30
  em relação às partes interessadas, 63
  na matriz RACI, 161
  para a tomada de decisão, 108
responsabilidade profissional
  e abordagem de desenvolvimento, 139–140
  e partes interessadas, 62–63
  e risco, 292
  e uso de IA, 30–31, 365
  na finalização, 325–326
  na gestão de equipe, 108–109
  no monitoramento do desempenho, 248
  para projetos adaptativos, 222
  para projetos preditivos, 182
respostas do ChatGPT, 25
restrições, 26, 28
resultados, 37
reuniões
  análise/resumo de, 94–95, 231–233
  ferramentas para, 345–348
  minutos, 231, 253–254
rotatividade de pessoal, 4–7, 9

S

Scrum
  aplicação de, 131
  definição, 130
  diagrama de, 194
  papéis, eventos, artefatos, 193
  prompts, 197–207
  recursos em, 193
  Scrum Masters, 199, 210–211, 216
segurança, 24
segurança, 61–62; *ver também* privacidade, dados
seleção de membro da equipe, 69–74
serviços. *Ver* entregáveis; produtos
simulação de Monte Carlo, 280–282, 296–297
sistemas especialistas, 19–20
sistemas *human in the loop*, 139

Slack, 254–255
Slack GPT, 95, 345–346
Smartsheet, 256, 337, 341
"*soft skills*", 15–16, 41
solicitação com poucos exemplos, 27
solicitação sem exemplos, 27
soluções de projetos, 10
sprints, trabalho
  abordagem enxuta para, 199–201
  acompanhamento do progresso em, 217–221
  estimativa de, 207–209
  executando, 212–213, 217
  feedback sobre, 129, 219
  histórias de usuários para, 202–204
  metas para, 130, 204–205
  no *framework* Scrum, 194
  para projetos ágeis, 120, 128
story map, 206
sucesso, 122, 163, 318–319
supervisão regulatória, 30
suporte
  da alta administração, 192
  de ferramentas de IA, 335
  integração, 75
suporte da alta gerência, 192
sustentabilidade, soluções de IA, 366

T

técnica Delphi para, 266–268
terminologia, 19–23, 95–98
termo de abertura do projeto, 154–155, 182
termo de abertura do projeto, 154–155, 182
teste de usabilidade, 307–313
testes
  insuficientes, 141
  iterativos, 120
  na abordagem preditiva, 119
  plano de, 311–313
  supervisão humana de, 325
  usabilidade de, 307–313
  validação de, 310–311
  verificação de, 307–310
The AI Revolution in Medicine (Lee), 16
tokenização, 25
tom emocional, 89–90

tomada de decisão
 análise de árvore de decisão, 282-285
 considerações éticas, 109
 estimativa ágil para, 207-209
 ferramentas, 334
 humana, 11, 50, 61, 63, 72, 292
 prestação de contas de, 108
 questionário criado por IA para, 122
 suporte de IA para, 101-103
Tom's Planner, 146
trabalho humano
 aumento do, 31, 108, 139
 para discernir detalhes, 47, 72
 para tomada de decisão, 50, 61, 63
 sem substituto para, 365-366
 Ver também considerações éticas
trabalhos tediosos, 69, 75
transformers, 22
transparência, 30, 62-63, 108
treinamento
 alucinações por impropriedades, 27
 dos membros da equipe, 74-78
 viés em decorrência do, 70
Trello, 130, 242, 247
triagem de candidatos, 71
triagem de currículo, 69
Tuckman, Bruce, 104

V

validação, 305, 306, 310-311
validação de escopo, 242-244
valor monetário esperado (VME)
 análise, 279-280
valores, empresas, 70
verificação, 305, 306, 307-310
versões corporativas, 363
viés amplificado, 72
viés amplificado, 72, 73
visão
 adesão das partes interessadas à, 86
 equipe de configuração, 81-83
 projeto de configuração, 197-198

W

Wrike, 339

Z

Zapier, 248-252
zero-shot prompting; ver também solicitação
 sem exemplos
Zoom AI Companion, 95, 347